基于群智能最优化算法的投影寻踪理论

——新进展、应用及软件

楼文高　编著

复旦大學出版社

前　言

　　美国科学家 Kruskal 于 1960～1970 年代首先提出投影寻踪（projection pursuit，PP）理论。这是一种分析和研究高维非线性、非正态分布数据（尤其是贫样本、小样本）特性的新兴统计方法，是统计学、应用数学、群智能最优化算法和计算机技术的交叉学科，是现代数据挖掘处理技术的前沿领域。PP 模型（或技术）把高维数据投影到低维（通常是 1～3 维）子空间，寻找能揭示样本投影值数据结构特性的最佳投影方向（也称为"感兴趣"方向），从而研究和分析原高维数据结构的特性。它具有鲁棒性（稳定性）好、抗干扰性强等特点，在自然科学、社会科学、管理科学等诸多领域获得广泛应用。PP 技术主要可分为回归（投影寻踪回归模型，主要应用于数据拟合、预测、预警等的建模，也可用于综合评价）和分类（投影寻踪分类模型，PPC）两大类，是典型的客观统计建模方法。PP 技术主要应用于诸如综合评价、分类、排序、模式识别、图像处理以及预警研究等。针对已经具备一定研究基础、专家知识（也称为先验知识，统称为决策者偏好）的问题，可以将这些决策者偏好添加到约束条件中，建立基于决策者偏好的 PP 模型，从而最大限度实现专家主观知识（经验、已有研究成果等）与客观建模方法的有机结合，实现主观与客观的有机统一。这是 PP 方法的最显著优点之一，其他如主成分分析法（PCA）、因子分析法（FA）、TOPSIS 法、灰色关联度法（GRA），以及人工神经网络（ANN）模型、随机森林（RF）模型、支持向量机（SVM）模型等线性或者非线性综合评价、分类与预测、预警方法等均很难实现。而且，PPC 建模的基本思想与人类综合评价、排序与分类的思维方式完全一致，在上述研究领域具有独特的优势。

　　PP 理论和应用虽然已经出现了 50 余年（国内 40 多年），但仍然处于不断发展和完善阶段，不少投影指数函数还没有得到应用，或者应用很少。PP 模型属于高维、同时含有等式和不等式约束的非线性最优化问题，故求解真正的全局最优解非常困难。随着群智能最优化算法的不断发展以及对 PP 理论研究的不断深入，近年来，在判定是否已经求得了 PP 模型全局最优解、不同 PP 模型的特性与差异、确定合理的投影窗口半径值、正确判定评价指标性质等探索性研究方面，取得了一系列的新成就、新进展。本书以 10 多年来作者团队的研究成果为主，集成其他学者的最新研究成果，剖析现有研究成果存在的主要问题和错误，以及欠合理的结果等,是 PP 理论与应用研究最新进展的系统总结,阐述了 PP 理论与应用研究的发展趋势。

本书包括 10 章内容:第一章绪论,简要介绍投影寻踪的由来、特点,论述 PP 理论与应用研究的新进展,以及存在的主要问题。第二章介绍目前常用的 PP 模型以及特性、适用条件和存在的问题等。针对一维 PP 模型无法充分挖掘高维数据特性的问题,提出并建立逐次一维 PP 模型,以及一维 PP 模型的组合原理、方法及权重确定原则,并建立了低维逐次投影寻踪(LDSPPC)模型。第三章简要介绍全局搜索能力强和局部收敛快速的群搜索(GSO)、平衡优化器(EO)、寄生-捕食(PPA)等 7 种群智能最优化算法,并进行了实证研究。第四章通过大量实例,介绍建立投影寻踪聚(分)类(PPC)模型、基于信息熵的 PPC(E-PPC)模型、动态聚类投影寻踪(DCPP)模型的流程、投影窗口半径等参数,以及归一化方法等对建模结果的影响及其注意事项,提出判断群智能最优化算法求得全局最优解的定理和推论。第五章通过实例,论述建立基于单指标区间评价标准的插值型 PPC(IPP)模型的基本原理,提出判定模型合理性的原则及其注意事项等。第六章通过实例,论述建立低维逐次投影寻踪(LDSPPC)模型的基本原理、构建原则、适用条件及其注意事项等。第七章通过实例,论述建立投影寻踪回归(PPR)模型、基于试验优化设计的 T-PPR 模型,分析其适用条件和存在的问题等。第八章通过实例,论述建立数据拟合与预测的 PPTR、PPBP、PPAR、PPARTR、PPARBP 等 PP 耦合模型的基本原理、适用条件、存在的问题等,以及 PPBP 与 BPNN 模型的区别、联系及选用原则等。第九章通过实例,论述建立 PPC 模型与 TOPSIS、GRA、ANN、SFA、云模型等组合模型的基本原理、适用条件和存在的问题等。第十章通过实例,手把手带领读者学习建立 PPC、IPP、DCPP、MPPC、PPR、PPAR、PPTR 等的原则、判定结果合理性的原则和注意事项等,以及 PP 研究的发展趋势。

非常感谢复旦大学出版社对出版本书的支持和帮助!欢迎广大读者与作者讨论:wlou64@126.com,愿为读者计算应用案例。

编者

2021 年 10 月

目　　录

绪 论

1.1 PP 模型的优势和特色

人类社会的发展历史就是一部不断认识、改造自然和社会的历史，人们无时无刻不在对自然和社会现象进行各种各样的分析判定、评价（评估）、预测和分类，从而为行动提供决策依据和参考。自然界和社会系统的变化往往遵循自身的演变规律，犹如一个复杂的系统和生命有机体，总系统与子系统之间、子系统与子系统之间存在着多种信息传递和多向交换，对外界的多数干扰具有自动修复功能，又表现出渐进的演变趋势。虽然是超级的稳定系统，但受外界突发重大干扰时，也会出现明显、剧烈的变化。信息是人与人之间、人类与机器之间交流的载体，是构筑人类社会的神经系统。信息已成为表示、描述系统的最基本要素和最常用方法。因此，在 Shannon 信息论的基础上，信息系统科学获得了极大的发展，主要研究、揭示系统（事件或者子系统）的数据信息特征及结构等定性和定量问题，涉及数据信息的提取、描述、推理、量化、判断或者评估和决策，或者处理预测、预警等工作，其中还可能涉及不确定问题或者灰色信息等。无论是工业、农业，还是商业、旅游业、金融业、文化产业等产业子系统，抑或是整个国民经济大系统，或者是大气环境、水环境、土壤等自然生态系统，其子系统之间及其内部结构均错综复杂，其演变过程受到外部环境（因素）以及产业政策、资源环境等众多因素的影响。这些因素之间往往存在着复杂的勾稽关系，人类又不断根据自身发展的需要和不同的目的，自觉或者不自觉的影响、干预这些系统的运行规律，使系统与外部环境之间以及系统内部各因素的关系更加多样、复杂。为了了解、掌握、控制这些复杂系统的运行规律，提高利用效率等，必须抽取描述这些系统的参数，并采用合适的方法，建立合理、有效、可靠的模型，其中综合评价（估）和数据拟合就是两种最常用的模型。传统综合评价方法（模型）主要有专家主观评价的德尔菲法（Delphi）、层次分析法（AHP），常规的客观综合评价、统计建模方法主要有逼近理想解法（TOPSIS）、主成分分析法（PCA）、因子分析法（FA）、灰色关联法（GRA）、密切值法、突变函数法，等等。为了更好适应复杂、不确定性、随机性、模糊性系统的建模，又发展了模糊数学法、灰色系统理论（GS）模型、支持向量机（SVM）模型、随机森林（RF）模型、人工神经网络（ANN）模型、投影寻踪（PP）模型等新兴的现代数据挖掘和统计建模技术。这些综合评价方法（模型）的计算原理不尽相同，针对相同的数据，评价结果往往是不同的，有的差异还很明显。这些模型各具特色和优势，但又都存在一定的不足和适用条件。

1.1.1 传统综合统计建模技术的优势和局限性

AHP、PCA、FA、TOPSIS 等综合评价方法已得到广泛应用,发挥着重要作用。AHP 法具有模型结构简单等优势,但其结果的合理性直接取决于评价专家的知识、阅历、能力和水平,属于主观评价法,结果因人而异,存在不确定性;TOPSIS 法属于非线性评价模型,需要采用诸如信息熵等其他方法确定每个指标的合理权重,而且评价指标的自然权重不同于实际权重;PCA、FA 方法本身不能实现"排序和聚类"的目的,不能实现类与类之间尽可能分散、类内样本尽可能密集的目标。而且,PCA、FA 等传统的多元统计分析(综合评价)方法主要适用于评价指标数据服从或者接近服从正态分布规律,还必须满足中样本条件才能得到稳健、可靠的结果。而实际研究的许多问题,评价指标往往不服从正态分布规律,有时候样本数量也比较少,不能满足中样本条件,必须使用更稳健、可靠的统计建模方法来解决。针对高维非线性、小(贫)样本数据,PCA、FA 等传统统计建模方法主要面临 3 个困难:一是随着评价指标维数的增多,计算工作量成倍增加,而且无法用低维(二或三维)图形直接展示高维数据的分布规律;二是当评价指标维数较高时,即使是低维时数据样本点较多的问题,样本点散布在高维空间就变得非常稀疏,通常称为维度灾难(curse of dimensionality)问题;三是针对低维数据建模稳健性很好的统计方法,而在高维数据建模时,其稳健性就变得难以保证。

假设有 m 个维度的 n 个样本数据,则样本数据在 m 维超立方体空间内的密度正比于 $n^{\frac{1}{m}}$。如果样本数量 $n=100$,对于一维空间就已经具有较高的密度了,而对于维度 $m=10$ 的问题,要达到相同的样本空间分布密度,样本数量必须多于 $100^{10}=10^{20}$。否则,在这个 10 维空间中,各个样本之间的距离就会变得很大。如在 m 维超立方体单位空间中有均匀分布的 100 个($n=100$)样本点,则包含 p 部分样本的超立方体的平均边长为 $e_{100}(p)=p^{\frac{1}{m}}$。对于 10 个维度的问题,立方体内有 1 个样本点和 10 个样本点超立方体的边长分别为 $e_{100}(0.01)=0.63$、$e_{100}(0.1)=0.80$,即包含全部样本点的超立方体边长为 1 时,边长为 0.63 的超立方体内只有 1 个样本点,几乎是"空"的;当边长小于 0.63 时,超立方体内没有任何样本点,是真正"空"的超立方体。对如此"空空如也"(稀疏)的样本数据,无法建立可靠的统计模型。

因此,在研究高维、非正态分布数据时,通常先采用诸如聚类分析、因子分析、典型相关分析等方法降维。但这些降维方法都要求样本数据近似服从正态分布规律,否则无法确保建模结果的正确性和稳健性。

1.1.2 ANN 等现代数据建模技术的优势和局限性

在数据拟合、预测领域,ANN(以 BPNN 为例)模型、随机森林(RF)模型、支持向量机(SVM)模型具有很好的非线性逼近能力,得到了广泛且成功的应用。但这些模型主要适用于大样本条件。尤其是 ANN 模型,建模过程非常繁琐,必须采用检验样本实时监控训练过程。一旦检验样本误差出现增大趋势,应立刻停止训练,以避免发生过训练。取发生过训练前的网络连接权重,才可能建立具有较好泛化能力和实用价值的模型,同时还必须遵循基本的建模原则和步骤。如果发生了过训练,或者没有检验样本无法判定是否发生了过训练,即使训练样本误差很小,甚至于少量测试(验证)样本的误差也很小,其泛化能力和实用价值也是不能保证的。而且,ANN 模型、RF 模型、SVM 模型不能应用于小样本问题,用于中等样本建模时必须慎重。ANN 等现代数据处理模型的最大问题是其建模结果往往是不可重复的,针对相同的数据,不同的研究者不可能得到相同的建模结果(ANN 的网络连接权重、误差大小、泛化能力等),前后两次建模也不可能得到相同的结果,所以,较难验证模型结果的正确性和有效性。

1.1.3　PP 模型的优势和特色

1. PP 模型尤其适用于高维非线性、非正态分布样本数据的建模

在统计建模实践中,当样本数量与评价指标维度之比 $\frac{n}{m} > 50$ 时,一般称为大样本,介于 $5 \sim 50$ 时,称为中(等)样本,介于 $1 \sim 5$ 时,称为小样本,小于 1 时为贫样本;评价指标维度 $m > 20$ 时,一般称为高维问题,介于 $4 \sim 20$ 时为中等维度问题,小于 3 时为低维问题。高维小样本、贫样本问题的系统空间中,样本数据往往非常稀疏,降低了参数估计的稳健性,建模非常困难。应用 PCA、FA 等传统数理统计方法往往不能取得可靠、合理的结果。ANN、RF、SVM 等都主要适用于大样本数据建模,不能用于小样本数据建模,对中(等)样本数据问题要格外慎重,必须严格遵循建模的基本准则、原理和步骤。因此,针对高维非线性、非正态分布规律的小样本样本数据,应优先采用 PP 技术进行综合评价和数据拟合建模。

2. PPC 建模基本思想与人类开展综合评价的思维方式基本一致

PP 建模技术主要有两个思维基础,一是其建模基本思想与人类的思维方式基本一致。人类在开展综合评价(包括排序、分类)时,首先在大脑内对影响因素(评价指标)进行综合、加工处理,得到简单直观的评价结果。把研究对象分为 K 类(少至 2 类,多至 5、6 类不等),类与类之间应尽可能分开,而类内的样本最好能够相互替代,差异应尽可能小。二是人类更擅长和习惯在低维子空间内分析研究数据(图形)结构特征,用直观观察或者“眼见为实”的方式判断对象。如将复杂问题用一维和二维数据结构(或者图像、图形)来表示,其中最常用的是一维数据结构(图形)。绘制直方图来分析一维数据的结构特征,并根据直方图的变化规律,判定样本数据的结构特性。当数据维数 $m > 4$ 时,必须将原始数据“投影”到低维子空间上,通常是一或二维。Friedman 等正是基于这两个思维基础,提出了把高维数据沿某个“感兴趣”方向投影到低维(通常是一维)子空间上,分析低维子空间上样本投影值(点)的分布特性,揭示原始高维数据结构特性。并且,建立了一个被广泛应用的一维 PPC 模型的投影指标函数 $\max(S_z D_z)$,使样本投影点在整体上应尽可能分散、局部样本点尽可能密集,使样本投影点形成若干类(团),类与类之间尽可能散开,每个类内的样本投影点尽可能密集。这是一个完整的投影寻踪聚类建模概念。

人类在进行综合评价、排序和分类时,还会考虑一些附加条件。在 PPC 建模时,就可以将这些附加条件添加到 PP 模型的约束条件中,建立基于决策者偏好的 PPC 模型。因此,PPC 建模的基本思想与人类的思维方式是一致的。

3. PP 模型具有应用范围广的特点

应用 PP 模型可进行综合评价、排序和分类,也能进行数据拟合、预测、预警等研究,既能进行有监督(有教师值)条件下的建模,也能进行无监督条件下的建模。针对同一样本数据,可建立多种 PP 模型。

一维 PPC 模型主要用于无监督条件下的综合评价、排序和分类研究，可以将不同指标的权重大小关系、不同研究对象（样本）投影值的大小关系等添加到约束条件中，进行半监督条件下的建模，结合单指标评价区间标准等，还可以进行有监督条件下的建模。PPR 模型主要用于数据拟合、预测、预警研究。结合评价标准、分类标准等教师值，可以进行综合评价、排序和分类研究。针对有单指标评价区间标准的问题，主要建立 IPP 模型，也可以用一维 PPC 模型建模；可以在每个指标的等级区间范围内随机生成足够多的样本或者直接根据分界值样本建立 IPP 模型或者一维 PPC 模型。针对有教师值或者无教师值问题，可以用多种 DCPP、PPDC 模型建模，也可以建立一维 PPC 模型。如果建立一维 PPC 模型无法从样本数据（尤其是小样本、贫样本）中挖掘出足够多的有用信息，不能实现完全排序等，应该建立第二维、第三维等的逐次 PPC 模型，并采用矢量合成法构建 LDSPPC 模型。含有一个岭函数的 PPR 模型如果不能满足精度要求，可以建立含第二个、第三个岭函数等的 PPR 模型，以提高模型精度，等等。因此，针对同一样本数据，可以建立多种不同类型（PPC、PPR，或 DCPP 等）、不同形式（如不同的一维 PPC、PPR 模型）的 PP 模型。

4. 建立 PPR 模型不容易发生过训练、过拟合

建立 PPR 模型，需要合理确定 Hermite 正交多项式的最高阶数，或者样本一维投影值多项式的最高幂次数，但可供选择的参数范围较窄，函数型式和结构比较简单。与 ANN、时间序列 ARIMA 模型相比，最优化计算效率高，更容易确定模型的合理参数值，模型的稳健性好、抗干扰能力强。PPR 模型结构简单，各个评价指标的最佳权重平方和等于 1，建立 PPR 模型不容易发生过训练、过拟合，但模型的"柔性"、数据拟合能力略低于 ANN 模型。同时，模型的泛化能力更好。

5. PP 模型结果能正确反映指标数据之间的真实相关关系

PP 模型的投影向量系数（也称为权重）不仅与数据结构特性有关，还与数据归一化（规格化）方法有关。如果某个指标的所有样本值均相同，则其权重必定等于 0。与变异系数法、信息熵法确定的权重不同，在 PP 方法中，数据呈负相关关系的指标权重一般有正负之分，指标权重只与指标的数据属性有关，与指标的理论属性无关，但多数情况下指标的理论属性与数据属性是一致的。一般情况下，研究者根据先验知识等判定指标的理论属性，绝大部分是正确的，但也有可能是错误的，指标的数据属性由收集的实际数据决定。

6. PPC 模型的数学意义清晰，实践意义明确

建立 PPC 模型的数学意义非常清晰——实现两个目的，一是将样本投影点分成若干类（团），实现类内样本点尽可能密集（样本点之间的差异尽可能小）；二是使不同的类之间尽可能散开（即不同类之间的样本差异要尽可能大），实现样本点整体上尽可能分散。PPC 建模的实践意义更加明确，根据样本投影值的大小，实现对样本的综合评价、分类和排序。

近年来，PP 建模理论和应用研究取得了很大进展，本书旨在解决 PP 建模理论和应用研究上的一些关键问题，系统解决高维非线性、非正态分布数据，尤其是高维中小样本数据的评价、分类、排序问题，为 PP 模型的进一步发展奠定基础。

1.2 建立 PP 模型的核心问题

1.2.1 建立 PPC 模型的核心问题

首先要建立符合 PP 建模基本思想,比较简洁、合理、可靠的模型。第二,找出能揭示高维数据结构特征的最佳投影方向。因为 PP 模型是高维、含有等式和不等式约束条件、复杂的非线性最优化问题,要求得全局最优解是非常困难的。因此,提出或者遴选全局搜索能力强、局部收敛速度快的群智能最优化算法非常重要,提出判断群智能最优化过程是否已经求得了全局最优解的准则是关键中的关键。因为迄今为止,没有任何一种群智能最优化算法能够保证每次计算(运行程序)都一定能求得真正的全局最优解,也没有一种群智能算法对所有问题都是最有效的。第三,确定到底需要建立多少维 PP 模型才能从样本数据中挖掘出足够多的有效信息;采用的一维 PPC 模型的结果是否可靠、科学合理和有效;如果需要建立第二维或者第三维 PPC 模型,这几个逐次建立的 PPC 模型应明确组合方法。第四,针对多种 PPC 模型,应该明确选取 PPC 模型的原则。第五,PPC 建模的结果与分类研究的目的是一致的,而 PCA、FA 等综合评价方法的结果与分类研究的目的无关。

1.2.2 建立 PPR 模型的核心问题

一是与人工神经网络(ANN)等现代数据拟合、挖掘技术相比,PPR 模型结构简单,属于显性和半显性模型,最优化求解过程简洁,能得到确定性建模结果,但非线性逼近能力一般略逊于 ANN 模型。实践中,应优先建立 PPR 模型;如果 PPR 模型不能满足精度要求,再考虑建立隐性、黑箱的 ANN 模型。二是在 3 种 PPR 模型中,应优先建立基于样本投影值幂指数多项式岭函数的显性 PPR 模型;如果不能满足精度要求,再考虑建立基于 Hermite 正交多项式岭函数的 PPR 模型;如果仍然不能满足精度要求,再考虑建立基于 SMART 算法的分段线性岭函数 PPR 模型。三是在建立 PPR 模型过程中,应该遵循一些基本原则和步骤,最大限度避免过训练、过拟合等现象。

1.2.3 建立 PP 耦合(组合)模型的核心问题

一是把 PP 模型的结果(最佳权重)作为其他综合评价方法的权重,建立组合模型,优势和劣势分别是什么? 二是采用 PP 技术优化其他模型参数,建立组合模型,优势和劣势有哪些? 三是在数据拟合建模中,应该建立 PPR 模型,还是建立投影寻踪神经网络耦合(PPBP)模型? PPBP 模型的优势和劣势有哪些? 针对时间序列数据,如何建立合理、可靠的 PPAR 或者 PPARBP 模型? 对于存在突变等时间序列数据,如何建立合理、可靠的 PPTR、PPARTR 模型,等等。建立耦合(组合)模型的核心和关键,仍然是建立正确的 PP 模型。

本书将对上述核心问题进行充分论述和讨论,给出原则性意见,手把手指导读者建立合理、可靠的 PP 模型以及 PP 耦合(组合)模型。

1.3 PP 模型研究历程概述

1.3.1 PP 早期的研究历程及第一次高潮

1974 年,Friedman 等提出了一维 PPC 模型的投影指标函数 $\max(S_z D_z)$,同时提出了确定投影窗口半径 R 值的原则,要求投影窗口半径内的样本点个数既不能太少,以免投影窗口移动时窗口内的样本个数相差太大;同时,样本总数 n 增大时,又不能增加太多,并建议 R 取样本投影值标准差 S_z 的 10%(即 $R = 0.1S_z$)。这个建议值被国内学者广泛采用。Friedman 等同时指出,建立二维 PPC 模型,可以从样本数据中挖掘出更多的有效信息。1980 年代,Friedman 等和 Hall 等相继提出投影寻踪回归(PPR)模型、基于不同投影指标函数的投影寻踪分类(PPC)模型、投影寻踪密度估计模型等。1985 年,Huber 在 *The Annals of Statistics* 上发表了著名的 PP 技术综合性学术论文,其他学者同时发表了 20 多篇讨论论文,系统论述了多种 PPC 模型,基本确立了 PP 模型在统计学中的独立体系和地位,极大地推动了 PP 理论和实际应用的研究,出现了 PP 研究的第一个高潮。

1.3.2 国内 PP 模型的早期研究历程——PPR 模型为主

李国英把 PP 技术引入到国内,陈忠链应用 PP 方法进行了多元数据分析。王柏钧等研究了 PP 多元回归、PP 主成分分析和 PP 判别分析的稳健性,并用于城市降水等问题的研究,取得了比传统的多元回归模型、PCA 方法更优的结果。左月明于 1988 年发表了应用两种 PPR 模型预测土壤内所含植物可给态磷的研究论文。在 1990 年代,出现了应用 PPR 进行回归建模分析的高潮,用于解决农业、环境、水利、地震预测预报等通常样本数据量比较少、数据变化范围比较大或者数据变化规律性比较差、用其他模型较难取得理想结果的领域,取得了较好的效果,有学者甚至认为 PPR 模型优于 ANN 模型。1995 年发表了第一篇应用 PPC 模型进行震群分析的论文,直到 2000 年才发表了第二篇应用 PPC 模型的论文。

1.3.3 国内 PP 模型研究的高潮

2000 年后,应用 PPC 模型进行综合评价开始进入快速发展期,主要提出了确定投影窗口半径 R 值的"较大值方案""中间适度值方案"等,在投影指标函数中增加样本投影值信息熵或者投影向量系数信息熵、将投影值标准差与局部密度的乘积关系修改为求和关系、修改局部密度值的计算公式等;提出了多种基于动态聚类的 PP 模型;建立了低维逐次投影寻踪模型;针对具有单指标评价区间标准的特定情况(样本具有期望值或者教师值),建立了多个插值型 PP 模型;将多种群智能最优化算法用于求解 PP 模型的全局最优解;引入交叉验证思想,提高 PPR 模型的泛化能力和实用价值,等等。

2010 年以后,理论研究不断深入,应用领域日益广泛。

1.4 国内 PP 模型研究新进展

PP 模型研究与应用领域不断拓展,不断提出新的 PP 模型,提出确定 R 值的多个不同方案;建立最优化过程与分类结果有机结合的动态聚类 PP 模型;针对小样本数据,建立低维逐次投影寻踪(LDSPPC)模型;将 PP 模型与其他诸如人工神经网络(ANN)等建立组合模型;将 PP 模型与 TOPSIS 等其他综合评价方法建立组合模型;针对时间序列数据,与 ANN、门槛模型、自回归模型等建立耦合模型。随着群智能最优化算法(SIOA)研究的日渐兴起,越来越多的 SIOA 被用于求解 PP 模型的全局最优解。

1.4.1 一维 PPC 模型研究新进展

PPC 模型的基本思想是利用 PP 方法抽取高维数据的主要(或者综合)特征值后,再对研究对象(数据)进行综合评价、排序、分类等,其建模基本思路与人类思维方式完全一致。多位学者根据上述建模基本思想,提出了包括增加样本投影值信息熵或者最佳投影向量系数信息熵等 10 余种基于密度值的 PPC 模型;还有学者用样本点之间的信息熵局部密度替代基于样本点之间距离的局部密度,建立新的基于信息熵的一维 PPC 模型;也有学者直接用样本投影值的信息熵来建立新的投影指标函数。

楼文高等从 PPC 模型的特性出发,通过理论证明和实证研究,提出了"如果投影向量 a 是全局最优解,则 $-a$ 也必定是全局最优解"等判定最优化过程,求得真正全局最优解的 3 个定理和 2 个推论;从局部密度值的本质含义出发,通过理论证明和实证研究发现,R 取 $r_{\max} + \frac{p}{2} \leqslant R \leqslant 2p$ 的较大值方案实际上是不存在的,取 $R = 0.1S_z$ 的较小值方案或者取 $0.01S_z$、$0.001S_z$ 等更小值的方案通常是欠合理的,并提出 R 应取 $\frac{r_{\max}}{5} \leqslant R \leqslant \frac{r_{\max}}{3}$ 的中间适度值方案。提出了正确的投影向量系数(权重)的约束条件,分析了错误约束条件时的建模结果特性。对于相邻类样本投影点之间的最小距离大于类内样本之间的最大距离的特定情况。裴巍等提出 R 应取相邻类样本点之间的最小距离。

PPC 模型(方法)尤其适用于高维非线性、非正态分布的中小样本数据建模。PP 理论还在不断的完善和发展中,仍有不少问题有待探索和解决。

1.4.2 PPR 模型研究新进展

PPR 的建模基本思想是首先找到若干个最佳投影向量,将高维数据投影到相应的子空间上,采用多个岭函数的和来拟合样本数据。Friedman 等对模拟数据和空气污染指数进行实证研究结果表明,PPR 模型可在一定程度上克服维数祸根问题,取得了相当满意的预测效果。

左月明采用基于 SMART 算法的多个岭函数 PPR 模型和基于样本一维投影值的 3 次多项式岭函数的 PPR 模型,对土壤内包含植物可给态磷进行回归预测实证研究,取得了较好的效果。田铮等建立的基于样本一维投影值多项式岭函数的 PPR 模型,精度完全满足工程要求。刘大秀等将 PPR 模型用于试验优化设计研究,建模结果优于响应面方程(RSM)的结果。张欣莉等应用基于 Hermite 正交多项式的 PPR 模型对新疆伊犁河雅玛渡站的年径流量数据进行预测实证研究,拟合精度高于 FNN 模型。如果含有一个岭函数的 PPR 模型不能满足精度要求,可以针对第一个岭函数模型的预测误差再建立基于第二个岭函数的 PPR 模型,还可以建立基于第三个岭函数 PPR 模型等,直至满足精度要求为止。但在建立多个岭函数的 PPR 模型时,需防止出现过拟合。否则,虽然模型的拟合精度很高,仍然可能没有泛化能力和实用价值。

PPR 模型没有 PPC 模型应用广泛,主要原因是其程序编制十分复杂,最优化求解较为困难,目前已将多种 SOIA 用于求解 PPR 模型的最优解。从建模实践来看,建立由多个岭函数组合的 PPR 模型,数学意义清晰,不需要对系统有深入的了解和先验知识,是一种数据驱动型建模方法。将高维数据投影到低维子空间,可有效克服维度灾难。由于约束条件是最佳权重的平方和等于 1,所以,建立 PPR 模型时不易发生过拟合。建立包含多个岭函数的 PPR 模型时,应取尽可能少的岭函数及尽可能低的幂指数和 Hermite 多项式最高阶数,以防止过拟合。PPR 模型可以有效解决高维非正态分布、非线性数据拟合问题,尤其是可以针对中小样本数据进行有效建模,这是 PPR 模型与 ANN 等其他现代数据处理技术相比的最大优势和特点。

1.4.3 用 SIOA 求解 PP 模型的全局最优解

Friedman 等采用综合爬山法(sophisticated hill-climbing algorithms,SHCA)求解 PPC 模型的最优解。由于 SHCA 是局部最优化算法,如果初始解不合理,就不能求得全局最优解。左月明采用的高斯-牛顿法也是一种局部最优化算法。国内学者提出了加速 GA(AGA)和基于实数编码的加速 GA(RAGA)等,广泛用于 PP 建模。迄今国内外已提出了模拟退火算法(SAO)、人工鱼群算法(AFSA)、差分进化算法(DE)、免疫克隆算法(ICA)、蛙跳算法(SFLA)、蚁群算法(ACO)、自由搜索算法(FS)、粒子群算法(PSO)、人工蜂群算法(ABC)、多智能体遗传算法(MGA)、群搜索算法(GSO)、寄生-捕食算法(PPA)、静电放电算法(ESDA)、平衡优化器算法(EO)、人工生态系统算法(AEO)等几百种群智能最优化算法(SIOA),几十种 SIOA 已被应用到 PP 模型的最优化求解中。因为 PC 模型是一个同时含有等式和不等式约束的十分复杂的非线性最优化问题,存在很多局部最优解,尤其是投影窗口半径 R 取较小值方案时,最优解不稳定,很难求得全局最优解。而且,如果初始解不同,用 SIOA 求得的最后结果(最优解)也可能不相同。即使最优秀的 SIOA,也不能保证每次计算(运算)都能求得全局最优解。因此,楼文高等提出了判断最优化过程求得 PPC 模型全局最优解的 3 个定理和 2 个推论。在此之前,由于没有判断定理,一般都通过比较很多次试算,或者通过试凑法选取目标函数值最大时的结果作为全局最优解。事实上,不少应用 SOIA 的文献也都没有求得真正的全局最优解。

1.4.4 建立基于动态聚类的 PP(DCPP)模型

由于一维 PPC 模型中投影窗口半径 R 内可能存在不同类的样本,不能真正实现局部尽可能密集的目标,而且寻优过程与聚类结果相分离。为此提出了 3 种动态聚类投影寻踪(PPDC、DCPP)模型。第一种 DCPP 模型的投影指标函数是使所有样本之间的距离之和与各类类内样本之间的距离之和的差值最大化。于晓虹等又提出了改进的 DCPP 模型,投影指标函数是使不同类的样本之间的距离之和与各类类内样本之间距离之和的差值最大化,能真正实现样本投影点形成若干类(团)、类内样本点尽可能密集、类与类之间尽可能分散的目标。第三种 DCPP 模型的投影指标函数是使各类类内样本之间的距离之和与所有样本之间的距离之和的比值最小化。上述 3 种 DCPP 模型可以同步实现寻优和分类,不需要确定 R 值,但 DCPP 模型的建模结果与聚类方法及其分类数密切相关。第三种 DCPP 模型,样本投影点容易出现过度密集的问题。

1.4.5　IPP 模型研究新进展

针对具有单指标评价区间标准(如水质评价、土壤质量评价等)的问题,首先在每个等级的各个指标值范围内随机生成一定数量(或者足够多)的样本,因为每个等级的等级值是已知的,即上述过程生成的每个样本的期望值是已知的,建立了插值型 PP(简称 IPP)模型,投影指标函数是使样本投影值标准差与相关系数(即样本的模型投影值与事先设定的样本期望值之间的相关系数)的乘积最大化。通常认为,样本期望值与 IPP 模型的样本投影值之间呈 Logistic 函数关系、倒 S 型曲线、多项式非线性函数关系、S 型函数或者分段线性关系,也有学者认为投影值大小排序(序号)与样本投影值之间呈多项式非线性关系。

1.4.6　建立低维逐次 PPC 模型

针对小样本和贫样本数据建模时,通常都会出现多个(对)样本的投影值是相等的情况,导致无法实现完全排序等问题。也就是说,一维 PPC 模型没有从样本数据中挖掘出足够多的有效信息。为此,于晓虹等提出了在建立第一维 PPC 模型的基础上,再建立垂直于第一维投影向量的第二维 PPC 模型,依次建立第三维以及第四维 PPC 模型等,并采用矢量合成法,建立低维逐次 PPC(LDSPPC)模型。也有学者基于样本投影值四阶矩(即峰度)最大化的 PPC 模型,建立逐次 PPC 模型,但没有对逐次模型进行组合,不能应用于综合评价。

1.4.7　PPR 模型和 PPBP 耦合模型研究新进展

目前有 3 种 PPR 模型。基于 SMART 算法的 S-PPR 模型,其结果以列表形式呈现,后续应用不够便捷,最优化建模程序非常复杂,应用受到限制。建立基于样本一维投影值可变阶数 Hermite 正交多项式岭函数的 H-PPR 模型的核心是确定多项式的最高阶数,不宜太高,建议不高于 10 阶。建立基于样本一维投影值幂指数多项式岭函数的 P-PPR 模型,幂指数不高于 4 次,以 2 次或 3 次为宜。如果是针对试验优化设计等问题的建模,为了能求得模型的极大值及避免过拟合等,多项式的幂指数只能取 2 次,否则模型很可能不存在极大值或者最优试验方案。对于 PPR 建模,如果含有一个岭函数的模型不能满足精度要求,可以建立含有多个岭函数的 PPR 模型。建立岭函数越多,就越有可能发生过拟合。因此,在建模过程中,每增加一个岭函数,都必须同时观察测试(验证)样本的误差变化情况。如果误差出现增大趋势,表明已经发生了过拟合,岭函数已经足够多了。为了提高数据拟合精度,与 BPNN 模型类似,可以在 H-PPR 模型的基础上增加一个偏置值,建立 PPBP(投影寻踪神经网络耦合)模型,其建模原则与上述建立 H-PPR 模型基本一致。

1.4.8　PPTR、PPAR、PPARBP、PPARTR 等耦合模型研究新进展

针对时间序列数据，可以建立 PPAR（投影寻踪自回归耦合）模型、PPARBP（投影寻踪自回归 BPNN 耦合）模型，应根据因变量数值的大小和建模要达到的目标，确定目标函数究竟是采用绝对误差平方和最小，还是相对误差平方和最小，或者是相对误差绝对值之和最小，等等。对于存在突变的分段线性模型，可以建立 PPTR（投影寻踪门槛回归耦合）模型和 PPARTR（投影寻踪自回归门槛回归耦合）模型。一般将样本的一维投影值作为门槛变量，也可以设定某个评价指标为门槛变量，需要合理确定门槛个数，以及合理确定目标函数。

1.4.9　PP 组合模型研究新进展

第一类组合模型，是用 PPC 建模技术从初始评价指标中遴选出重要指标，作为 BPNN 模型的输入指标，再建立 BPNN 模型。第二类组合模型是将 PPC 模型与基于逼近理想解排序法（TOPSIS）、灰色关联法（GRA）等组合建模。第三类组合模型是采用云模型根据单指标评价区间标准生成样本数据，再建立 PPC 模型，但目前计算云模型熵值参数的两个计算公式差异很大。第四类组合模型是首先建立 PPC 模型求得各个评价指标的最佳权重，再采用其他综合评价方法进行建模。第五类组合模型，首先建立 PPC 模型求得各个样本的投影值，再根据本投影值，建立耦合协调度模型、随机前沿面模型等。

常用的投影寻踪模型基本原理

常用的投影寻踪模型主要有投影寻踪聚(分)类(PPC)模型和投影寻踪回归(PPR)模型两大类。根据 PP 模型与其他模型的不同结合方式,构建投影寻踪耦合模型和投影寻踪组合模型等。

2.1　建模样本数据的特征分析

数据挖掘(分析与处理)有两大应用方向,一是以遥感卫星导航、地理信息系统(GIS)以及从网络爬取数据等为主要特征的大数据应用领域,二是农业系统、自然灾害、研发项目中止决策等获取试验数据成本很高或者很难获取数据等为主要特征的小样本数据,甚至于贫样本数据应用领域。前者不仅要求算法稳定,而且要求运算速度快;后者由于样本数量少,而且数据通常都不服从正态分布规律,又是高维非线性,存在维度灾难,导致低维时稳健性能较好的传统多元统计分析方法(如 PCA、FA 等)很难得到可靠、合理、有效的结果,结果的稳健性也较差。这些过于形式化、数学化的传统统计分析方法,不能揭示高维数据的内在规律,无法满足高维非线性、非正态分布数据的建模要求。而人工神经网络(ANN)模型、随机森林(RF)模型、支持向量机(SVM)模型等现代数据挖掘和建模技术,又需要大量的样本数据才能建立具有较好泛化能力和实用价值的模型,也不能满足小样本、贫样本数据建模工作的要求。针对高维非线性、非正态分布数据,要求建模方法对客观数据不作假设或者很少的假设,通过假定-模拟-实验的探索性数据分析(exploratory data analysis,EDA)方法,将高维数据降维为低维数据,再分析低维数据的结构特征,而达到研究高维数据结构与特性的目的,这种思路就是 PP 方法的建模基本思想。

2.2　PP 指标的基本性质

投影指标函数就是表示高维数据投影到低维子空间上使样本投影值具有某种特性的目标函数。通过投影寻踪得到的样本投影值是否有意义以及意义到底有多大,主要取决于该目标函数是否合理。一般地,最佳投影向量方向就是使目标函数取得最大值或者最小值的投影方向。不失一般性,设归一(规格)化处理后的 n 个 p 维样本数据为 $X =$

$(x_1, x_2, \cdots, x_n)^{\mathrm{T}}$，其分布函数记为 F_X；$\boldsymbol{a}$ 为 p 维单位投影向量，即满足 $\parallel \boldsymbol{a} \parallel = 1$；$X$ 在单位投影向量 $\boldsymbol{a}$ 上的投影值为 $\boldsymbol{Z} = (z(1), z(2), \cdots, z(n))^{\mathrm{T}}$，则 $\boldsymbol{Z} = X\boldsymbol{a}^{\mathrm{T}}$，分布函数记为 F_Z，投影指标是与投影值 $\boldsymbol{Z}$ 有关的实数函数。对于投影方向 $\boldsymbol{a}$，投影指标函数记为 $Q(\boldsymbol{Z})$ 或者 $Q(X\boldsymbol{a}^{\mathrm{T}})$ 或者简写为 $Q(\boldsymbol{a})$。Huber 按照 $Q(\boldsymbol{Z})$ 的不同性质，将投影指标分为如下 3 类。

（1）第一类投影指标函数　位移、尺度同变化，即对任何 α、$\beta \in \mathbf{R}$，有

$$Q(\alpha \boldsymbol{Z} + \beta) = \alpha Q(\boldsymbol{Z}) + \beta。 \tag{2-1}$$

（2）第二类投影指标函数　位移不变，尺度同变化，即对任何 α、$\beta \in \mathbf{R}$，有

$$Q(\alpha \boldsymbol{Z} + \beta) = \mid \alpha \mid Q(\boldsymbol{Z})。 \tag{2-2}$$

（3）第三类投影指标函数　位移、尺度都不变，即仿射不变，对任何 α、$\beta \in \mathbf{R}$，有

$$Q(\alpha \boldsymbol{Z} + \beta) = Q(\boldsymbol{Z})。 \tag{2-3}$$

显然，第二类投影指标函数是两个第一类投影指标函数的差，第三类投影指标函数是两个第二类投影指标函数的比值。可见，第一类投影指标函数主要度量样本数据的总体位置，第二类投影指标函数主要度量样本数据的分布情况，第三类投影指标函数主要度量样本数据的正态性。

一般地，按投影指标函数中是否需要计算样本投影值的密度值而分为密度型和非密度型投影指标函数。

2.3　基于密度型投影指标函数一维 PPC 模型

密度型投影指标函数中含有需要估计（计算）样本投影点（值）的密度值。其中，Friedman 等提出的投影指标函数是最知名的，国内也提出了多个改进的密度型投影指标函数。

1. 模型①

Friedman 等将高维数据向某个通过多维单位立体空间原点的"感兴趣"方向投影，建立了一维 PPC 模型的投影指标函数，即

$$Q(\boldsymbol{a}) = \max\{S(\boldsymbol{a})D(\boldsymbol{a})\},$$
$$\text{s. t.} \quad \sum_{j=1}^{p} a_j^2 = 1, \ a_j \in [-1, 1]。 \tag{2-4}$$

本书中，目标函数 $Q(\boldsymbol{a}) = \max\{S(\boldsymbol{a})D(\boldsymbol{a})\}$ 等同于 $Q(\boldsymbol{a}) = \max(S_z D_z)$，评价指标最佳权重 a_j 等同于 $a(j)$。字母 S、D、p、q、Q、$\boldsymbol{a}$ 可以换成其他字母，意义相同。

样本投影值 $z(i) = \sum_{j=1}^{p} a(j)x(i, j)$，$x(i, j)$ 为第 i 个样本第 j 个评价指标归一化后的值，p 为评价指标（自变量）个数（维数）；样本投影值标准差 $S(\boldsymbol{a}) = \sqrt{\left\{\sum_{i=1}^{n} [z(i) - \bar{z}]^2\right\} / (n-1)}$，表示类间距离，其值越大表示样本投影点整体上越分散；n 为样本个数，$\bar{z}$ 为样本投影值 $z(i)$ 的均值；局部密度值 $D(\boldsymbol{a}) = \sum_{i=1}^{n} \sum_{k=1}^{n} (R - r_{i,k}) f(R - r_{i,k})$，表示样本投影点的局部密

集程度,其值越大表示局部越密集,R 为投影窗口半径;两个样本投影点 i 与 k 之间的绝对距离 $r_{i,k}=|z(i)-z(k)|$,以下论述中 $r_{i,k}$ 等同于 $r(i,k)$;$f(R-r_{i,k})$ 为单位阶跃函数,当 $R>r_{i,k}$ 时其值为 1,否则为 0。$\{\sum\limits_{j=1}^{p}a_j^2=1, a_j\in[-1,1]\}$ 简称为约束条件 ①,$\{\sum\limits_{j=1}^{p}a_j^2=1, a_j\in[0,1]\}$ 简称为约束条件 ②。

> **特别提示** 模型①的局部密度值 $D(\boldsymbol{a})$ 之所以能实现样本点局部尽可能密集,就是因为投影窗口半径 R 内只包含了部分样本点,其值越大,表示这部分窗口内的样本点越密集。因此,R 值越小,相当于局部尽可能密集的聚类窗口数越多;反之,聚类窗口数就越少。从 $D(\boldsymbol{a})$ 的计算公式可知,如果 $R\geqslant\max(r_{i,k})=r_{\max}$,则所有样本点都在同一个投影窗口半径内,使所有样本点整体上尽可能密集,从而使模型 ① 无法实现使样本点局部尽可能密集的目标。因此,对于模型①,要同时实现样本投影点整体上尽可能分散和局部尽可能密集,投影窗口半径 R 不能大于 $r_{\max}$。

注 Friedman 等在提出模型①时,为了消除极个别异常样本数据影响建模结果的稳健性和有效性,公式(2-4)中的标准差 $S(\boldsymbol{a})$ 实际上是截尾标准差,即删除少量的最大和最小投影值的异常样本。如果没有异常样本,无须删除。在实际应用中,一般都直接用 $S(\boldsymbol{a})$。

2. 模型②

有学者将模型①投影指标函数中 $S(\boldsymbol{a})$ 与 $D(\boldsymbol{a})$ 之间的"乘积"关系修改为"之和"关系,以提高样本投影点整体尽可能分散和局部尽可能密集的分类效果,则模型②的投影指标函数为

$$Q(\boldsymbol{a})=\max[S(\boldsymbol{a})+D(\boldsymbol{a})],$$
$$\text{s. t.}\quad \sum_{j=1}^{p}a_j^2=1, a_j\in[-1,1]。 \tag{2-5}$$

> **特别提示** 模型②与模型①基本相同。但是,因为样本投影值标准差 $S(\boldsymbol{a})$ 数值相对比较小,而且变化不大,因此模型②可能存在"大数吃小数"的问题,即有可能出现使 $D(\boldsymbol{a})$ 很大而 $S(\boldsymbol{a})$ 很小的结果。

3. 模型③

有学者研究 Iris 等高相似度大样本数据时发现,模型①存在整体聚类效果不理想和收敛速度较慢等问题,继而提出了如下改进投影指标函数:

$$Q(\boldsymbol{a})=\max(1/S_z+\mu D_z^0),$$
$$\text{s. t.}\quad \sum_{j=1}^{p}a_j^2=1, a_j\in[0,1]。 \tag{2-6}$$

其中,μ 为平衡系数,所有两个不同样本投影点之间的距离之和 $D_z^0=\sum\limits_{i=1}^{n}\sum\limits_{k=1}^{n}r_{i,k}$,其值越大表示样本投影点整体上越分散,样本投影值标准差的倒数 $1/S_z$ 越大表示样本投影点整体上越密集。

特别提示 模型③中的 D_z^0 使样本投影点整体上尽可能分散，$1/S_z$ 使样本投影点整体上尽可能密集，这不可能同时实现。因此，严格意义上讲，模型③与 Friedman 一维 PPC 模型的建模目标之间存在一定差异。模型③虽然克服了需要确定投影窗口半径 R 值的缺陷，但其建模结果、聚类效果等与平衡系数 μ 直接相关。因为 $1/S_z$ 与 μD_z^0 是"和"的关系，就有可能出现使 $1/S_z \approx \mu D_z^0$，但建模结果完全不同的两种结果。

4. 模型④

有学者把样本投影值的标准差作为投影指标函数，即

$$Q(\boldsymbol{a}) = \max[S(\boldsymbol{a})], \tag{2-7}$$

$$\text{s. t.} \quad \sum_{j=1}^{p} a_j^2 = 1, \ a_j \in [-1, 1]。$$

特别提示 对比公式(2-4)可知，公式(2-7)只能实现"使样本投影值点整体上尽可能分散"的目标。如果对评价指标数据进行去均值归一化预处理，公式(2-7)实际上就是求解 PCA 方法的第一主成分，多种商品化软件都有求解其值的功能。因此，严格意义讲，公式(2-7)不属于 PP 方法。但也有学者认为该模型是 PP 模型的特殊形式(或者退化形式)，所以，本书也将对其进行专门讨论和实证研究。

5. 模型⑤

模型①在计算 D_z 时，投影窗口半径内有可能包括了不同类的样本之间的距离，以及同一类的样本可能不在同一投影窗口半径内。为此，提出首先应进行 K-means 聚类分析，将样本分类，构建样本聚类系数矩阵 $d_{i,k}$，当样本 i 和 k 是同一类时取值 1，否则取值 0，并提出了基于聚类分析的模型⑤的投影指标函数，即

$$Q(\boldsymbol{a}) = \max\{S_z D_z^p\}, \tag{2-8}$$

$$\text{s. t.} \quad \sum_{j=1}^{p} a_j^2 = 1, \ a_j \in [-1, 1]。$$

式中，两两样本之间距离之和的倒数 $D_z^p = \dfrac{1}{\displaystyle\sum_{i=1}^{n}\sum_{k=1}^{n} r_{i,k} d_{i,k}}$，$D_z^p$ 值越大表示样本投影点局部越密集。

特别提示 原文献提出首先对高维非线性、非正态分布数据采用 K-means 聚类，作为计算聚类系数矩阵的方法，建模结果的可靠性、合理性难以保证，还存在维度灾难问题。应该首先对样本数据进行一维投影，对一维投影值采用 K-means 聚类，聚类结果是可靠和合理的，可以作为计算聚类系数矩阵的依据。

2.4 基于信息熵一维 PPC 模型

自 Shannon 提出信息熵(information entropy，IE)概念以来，IE 通常用于研究数据是否

服从正态分布。服从正态分布规律的数据所含的信息量最少,即已知均值和方差时正态分布规律的信息熵最大。据此,提出了绝对信息散度指标、偏离正态分布程度的投影指标,以及基于投影向量系数信息熵、样本投影值信息熵等多个投影指标函数。

1951 年,Kullback 和 Leibler 提出了 K-L 信息散度概念,用来表征两个分布之间的差异程度。PP 方法寻找最佳投影方向往往也是使样本投影值分布与正态分布相差最大的方向。如果样本的每个指标数据都服从正态分布规律,则样本数据在任何方向进行一维线性投影,得到的样本投影值必定也服从正态分布规律。因此,如果某个评价指标的数据分布明显偏离正态分布,就一定不服从正态分布规律;在多个评价指标同时投影时,其权重往往也较大。由此可见,将高维数据投影到不同方向上,得到的一维投影值与正态分布规律存在不同的差异,它表征了样本数据在不同投影方向上所含有的信息差异。因此,投影指标函数可以通过样本投影值分布与正态分布的差异来构建。

基于 K-L 信息散度的投影指标函数,能使样本投影值的分布规律最大程度地偏离正态分布。两个连续的概率分布 $p(x)$ 和 $q(x)$ 之间的 K-L 信息散度为

$$KL(q;p) = \int_R \ln\left[\frac{q(x)}{p(x)}\right] q(x)\mathrm{d}x \, .$$

由于 K-L 信息散度不对称,进而定义 $p(x)$ 和 $q(x)$ 之间的绝对信息散度为

$$J(p,q) = |\, KL(p;q)\, | + |\, KL(q;p)\, | \, . \tag{2-9}$$

显然,$J(p,q)$ 是对称和非负的,其值越大表示两个分布偏离越大。如果两个分布的密度函数相同,则 $J(p,q)=0$。假设 $p(x)$ 服从正态分布规律,则 $J(p,q)$ 的计算结果就是 $q(x)$ 与正态分布的散度,即表示偏离正态分布的程度。

在建立一维 PPC 模型的实际应用中,$p(x)$ 和 $q(x)$ 都是样本投影值的离散估计,则 K-L 绝对信息散度的离散形式为

$$J(p,q) = \max\left\{ \sum_{i=1}^{n} \left|\, q_i \log\left(\frac{q_i}{p_i}\right)\, \right| + \sum_{i=1}^{n} \left|\, p_i \log\left(\frac{p_i}{q_i}\right)\, \right| \right\} \, . \tag{2-10}$$

其中,p_i 和 q_i 分别为对应 $p(x)$ 和 $q(x)$ 的第 i 个离散值。

在信息论中,负熵用来表征样本投影值的分布与同方差正态分布的偏离程度,计算公式为

$$J_1(p) = H(p_\mathrm{G}) - H(p) = \frac{1}{2}\log(2\pi) + \log(\sigma) + \int p(x)\log[p(x)]\mathrm{d}x \, . \tag{2-11}$$

其中,$p(x)$ 表示样本投影值的分布密度函数,σ 或者 $S(a)$ 是样本投影值的标准差。根据信息论原理,已知均值和方差,正态分布的熵最大。因此,可以用样本投影值的熵与同等均值和方差的正态分布的熵的差值(即负熵)来表示偏离正态分布的程度。负熵越大,样本投影值越偏离正态分布。

由于事先无法得到密度函数 $p(x)$ 的分布,一般采用样本数据来估计。由于核估计等非参数方法对维数灾难和稀疏数据比较敏感,估计结果的有效性、稳健性难以保证。因此,通常采用样本投影值的矩函数的近似值来逼近公式(2-11)中的积分值。实践中,常用样本投影值的 3 阶、4 阶统计量来表征,计算公式为

$$k_3 = \frac{E[(x-\bar{x})^3]}{\sigma^3}, \quad k_4 = \frac{E[(x-\bar{x})^4]}{\sigma^4} - 3 。 \tag{2-12}$$

其中，k_3 为样本投影值的偏度（skewness），是样本 3 阶中心矩与标准差的 3 次方之比，没有量纲，主要度量样本投影值分布的非对称性。样本数据对称分布时 $k_3 = 0$，数据分布偏向均值的右侧和左侧时，k_3 分别大于 0 和小于 0。k_4 为样本投影值分布的峰度（kurtosis），是 4 阶中心矩与标准差的 4 次方的比值减去 3，没有量纲，主要度量样本投影值分布与正态分布在平均值处陡缓程度的差异。样本投影值的极端值越多，峰度系数就越大，分布越陡峭，反之越平坦。当样本投影值服从正态分布时，峰度为零。否则，数据分布的尖峰程度高于（比正态分布更陡）或者低于正态分布（比正态分布平坦）时，k_4 分别大于 0 或者小于 0。

Amari 等推导得到了密度分布函数 $p(x)$ 的 Gram-Charlier 展开近似形式，即

$$p(x) \doteq \delta(x)\left[1 + \frac{k_3}{3!}H_3(x) + \frac{k_4}{4!}H_4(x)\right] 。$$

其中，$\delta(x) = \frac{1}{\sqrt{2\pi}}\exp\left(-\frac{x^2}{2}\right)$，$H_i(x)$ 是 Chebyshev-Hermite 多项式，$H_3(x) = 4x^3 - 3x$，$H_4(x) = 8x^4 - 8x^2 + 1$。

1. 模型⑥

使样本投影值最大程度偏离正态分布，基于负熵最大化的一维 PPC 模型投影指标函数为

$$J_1(\boldsymbol{a}) = \max\left\{\sigma - \frac{(k_3)^2}{2 \cdot 3!} - \frac{(k_4)^2}{2 \cdot 4!} + \frac{5}{8}(k_3)^2 k_4 + \frac{1}{16}(k_4)^3\right\}, \tag{2-13}$$

$$\text{s. t.} \quad \sum_{j=1}^{p} a_j^2 = 1, \ a_j \in [-1, 1] 。$$

2. 模型⑦

结合样本投影值的偏度和峰度，根据 $\min\{|k_3| + |k_4|\}$ 可求得尽可能接近服从正态分布规律的样本投影值 $Z(i)$。因此，使样本投影值最大程度偏离正态分布，根据公式（2-10）得到基于 K-L 绝对信息散度最大化的一维 PPC 模型投影指标函数为

$$J(\boldsymbol{z}, \boldsymbol{Z}, \boldsymbol{a}) = \max\left\{\sum_{i=1}^{n}\left|z(i)\log\left(\frac{z(i)}{Z(i)}\right)\right| + \sum_{i=1}^{n}\left|Z(i)\log\left(\frac{Z(i)}{z(i)}\right)\right|\right\}, \tag{2-14}$$

$$\text{s. t.} \quad \sum_{j=1}^{p} a_j^2 = 1, \ a_j \in [0, 1] 。$$

> **特别提示**　模型⑥和⑦使样本投影值最大程度偏离正态分布，但一般不能同时使样本投影点整体上尽可能分散和局部尽可能密集，建模目标与模型①不同。

> **特别提示**　对于小样本、贫样本数据，$\min\{|k_3| + |k_4|\}$ 存在无穷多组最优化结果，结果是非唯一的。

3. 模型⑧

根据样本投影值偏度和峰度的特性，偏度最大化或者峰度最大化都可以使样本投影值

最大程度偏离正态分布。因此,求得 $\max\{|k_3|+|k_4|\}$ 的最优解可使样本投影值最大程度偏离正态分布,综合效果更好,从而得到基于样本投影值偏度和峰度的一维 PPC 模型投影指标函数,即

$$Q(\boldsymbol{a}) = \max\{|k_3|+|k_4|\},$$

$$\text{s. t.} \quad \sum_{j=1}^{p} a_j^2 = 1, \ a_j \in [-1, 1]。 \tag{2-15}$$

> **特别提示** 对于小样本、贫样本数据,$\max\{|k_3|+|k_4|\}$ 存在无穷多组最优化结果,结果是非唯一的。

4. 模型⑨

最佳投影向量系数(权重)的信息熵 $H(\boldsymbol{a})$ 最大化表征最佳权重分布的不确定性最小化,即尽可能服从正态分布。在模型①的基础上再乘以 $H(\boldsymbol{a})$,则基于权重信息熵的一维 PPC 模型的投影指标函数为

$$Q(\boldsymbol{a}) = \max\{H(\boldsymbol{a}) \cdot S(\boldsymbol{a}) \cdot D(\boldsymbol{a})\},$$

$$\text{s. t.} \quad \sum_{j=1}^{p} a_j^2 = 1, \ a_j \in (0, 1]。 \tag{2-16}$$

其中,最佳投影向量系数或权重的信息熵 $H(\boldsymbol{a}) = -\dfrac{1}{\ln(p)} \sum_{j=1}^{p} a_j^2 \ln(a_j^2)$。

> **注** 不能把最佳权重的信息熵写成 $H(\boldsymbol{a}) = -\sum_{j=1}^{p} a_j^2 \ln(a_j^2)$。

> **特别提示** 模型⑨与模型①基本类似,但增加 $H(\boldsymbol{a})$ 项后能否同时实现样本投影点整体上尽可能分散和局部尽可能密集,还有待实证研究确认。

5. 模型⑩

样本投影值信息熵 $H(\boldsymbol{z})$ 越大,样本投影点的分布越不均匀,$H(\boldsymbol{z})$ 的作用与模型①中 $D(\boldsymbol{a})$ 的作用类似,但 $D(\boldsymbol{a})$ 中含有投影窗口半径 R,而 $H(\boldsymbol{z})$ 无此参数,客观性更好;$H(\boldsymbol{a})$ 越大,人为添加的约束和假设就越少,从而提出使样本投影值标准差 $S(\boldsymbol{a})$ 与 $H(\boldsymbol{z})$、$H(\boldsymbol{a})$ 乘积最大化的一维 PPC 模型投影指标函数,即

$$Q(\boldsymbol{a}) = \max\{S(\boldsymbol{a}) \cdot H(\boldsymbol{z}) \cdot H(\boldsymbol{a})\},$$

$$\text{s. t.} \quad \sum_{j=1}^{p} a_j^2 = 1, \ a_j \in (0, 1]。 \tag{2-17}$$

其中,样本投影值 $z(i)$ 的信息熵 $H(\boldsymbol{z}) = -\dfrac{1}{\ln(n)} \sum_{i=1}^{n} \left\{ \dfrac{z(i)}{\sum\limits_{i=1}^{n} z(i)} \ln\left[\dfrac{z(i)}{\sum\limits_{i=1}^{n} z(i)} \right] \right\}$,要求 $z(i) > 0$。

> **注** 不能把样本投影值 $z(i)$ 的信息熵写成 $H(\boldsymbol{z}) = \ln(n) + \sum_{i=1}^{n} \left\{ \dfrac{z(i)}{\sum\limits_{i=1}^{n} z(i)} \ln\left[\dfrac{z(i)}{\sum\limits_{i=1}^{n} z(i)} \right] \right\}$。

特别提示　模型⑩使最佳权重、样本投影值尽可能服从正态分布规律,样本投影点整体上尽可能分散,但不能使样本点局部尽可能密集。整体聚类效果是否优于模型①有待实证研究确认。其建模目标与模型①不同。

6. 模型⑪

为了使最佳权重的估计值稳健可靠,提出使样本投影值标准差与最佳权重信息熵乘积最大化的一维 PPC 模型投影指标函数,即

$$Q(\boldsymbol{a}) = \max\{S(\boldsymbol{a}) \cdot H(\boldsymbol{a})\},$$

$$\text{s. t.} \quad \sum_{j=1}^{p} a_j^2 = 1, \ a_j \in (0, 1]_\circ \tag{2-18}$$

特别提示　模型⑪使最佳权重尽可能服从正态分布规律,样本投影点整体上尽可能分散,但不能使样本点局部尽可能密集。其聚类效果是否优于模型①有待实证研究确认。其建模目标与模型①不同。

特别提示　若约束条件改为 $\sum_{j=1}^{p} a_j = 1, \ a_j \in (0, 1]$,则公式(2-18)不是在某个方向的空间"投影",而是线性加权,不是严格意义上的 PP 方法,是不合理的。

7. 模型⑫

将模型⑨中样本投影值标准差、局部密度值、最佳权重信息熵之间的"乘积"关系修改为"之和"的关系,建立一维 PPC 模型投影指标函数,即

$$Q(\boldsymbol{a}) = \max\{H(\boldsymbol{a}) + S(\boldsymbol{a}) + D(\boldsymbol{a})\},$$

$$\text{s. t.} \quad \sum_{j=1}^{p} a_j^2 = 1, \ a_j \in (0, 1]_\circ \tag{2-19}$$

特别提示　模型⑫与模型⑨基本类似,但将"乘积"关系修改为"之和"关系,存在大数吃小数的问题,整体聚类效果是否更好有待实证研究确认。

8. 模型⑬

还没有普遍有效的理论方法确定 R 值,为了消除 R 取值不合理对一维 PPC 模型结果的不利影响,构建了基于样本投影值信息熵的一维 PPC 模型投影指标函数,即

$$H_{\mathrm{P}}(\boldsymbol{a}) = \min\left\{\frac{H(\boldsymbol{z})}{H(D)}\right\},$$

$$\text{s. t.} \quad \sum_{j=1}^{p} a_j^2 = 1, \ a_j \in (0, 1]_\circ \tag{2-20}$$

样本投影值的信息熵 $H(\boldsymbol{z})$ 越小表示样本投影点整体上越分散(即差异越大,越偏离正态分布)。信息熵窗口半径 R_H 内的样本投影点的局部信息熵为

$$H(D) = \sum_{i=1}^{n} \sum_{k=1}^{n} [H(i, k) - R_\mathrm{H}] f[H(i, k) - R_\mathrm{H}],$$

其中 $H(i, k) = -q(i)\ln q(i) - q(k)\ln q(k)$，为两个样本点 i 和 k 之间的信息熵；$q(i) = \dfrac{z(i)}{z(i)+z(k)}$，$q(k) = \dfrac{z(k)}{z(i)+z(k)}$，投影值 $z(i)$ 与 $z(k)$ 越接近（差异越小），它们之间的信息熵 $H(i, k)$ 就越大，即样本投影点越密集，局部信息熵 $H(D)$ 就越大，反之则越小。$f(t)$ 为单位阶跃函数，$t > 0$ 时取 1，否则为 0。

公式(2-20)虽然不需要确定投影窗口半径 R 值，但必须确定信息熵窗口半径 R_{H} 值，该值的大小和合理与否，直接决定了公式(2-20)的结果及其合理性。反复对比试验研究发现，取 $R_{\mathrm{H}} = 0.13H(z)$ 是比较合理的。

公式(2-20)虽然克服了模型①等需要确定投影窗口半径 R 值的缺陷，但也陷入了必须确定信息熵窗口半径 R_{H} 值的难题，实际上没有从根本上解决需要确定参数 R、R_{H} 的问题，确定合理的 R_{H} 值可能更难。

> **特别提示**　公式(2-20)建模结果与投影窗口半径 R 无关，但需要确定信息熵窗口半径 R_{H} 值。取 $R_{\mathrm{H}} = 0.13H(z)$，$R_{\mathrm{H}}$ 值接近于 0.60，即只有当 R_{H} 内两个样本点投影值基本相等时 $H(D)$ 才"求和"。只有少数几个样本投影值很接近（密集）的点是"求和"计算的，与模型 ①R 取较小值时基本一致。

9. 模型⑭

模型①等在求局部密度值 $D(a)$ 时有可能存在跨类样本的情况。用类内样本点的信息熵代替局部密度值，用不同类样本均值的信息熵代替标准差，从而建立了基于信息熵的一维 PPC 模型投影指标函数，即

$$H_{\mathrm{P2}}(\boldsymbol{a}) = \max\left\{\frac{H_{\mathrm{D}}}{H_{\mathrm{A}}}\right\}, \tag{2-21}$$

$$\text{s.t.} \quad \sum_{j=1}^{p} a_j^2 = 1, \ a_j \in (0, 1]。$$

其中，各类内样本的信息熵之和 $H_{\mathrm{D}} = -\sum_{k=1}^{K} H_k$，其值越大表示各类内的样本点越密集（差异越小），$K$ 为分类数；第 k 类类内样本的信息熵 $H_k = -\dfrac{1}{\ln(K_k)}\sum_{i_k=1}^{K_k}\left\{\dfrac{z(i_k)}{\sum\limits_{i_k=1}^{K_k} z(i_k)} \ln\left[\dfrac{z(i_k)}{\sum\limits_{i_k=1}^{K_k} z(i_k)}\right]\right\}$，

K_k 为第 k 类的样本个数，即总样本个数 $n = K_1 + K_2 + \cdots + K_k$；各类样本均值的信息熵 $H_{\mathrm{A}} = -\dfrac{1}{\ln(K)}\sum_{k=1}^{K}\left\{\dfrac{\bar{z}_k}{\sum\limits_{k=1}^{K} \bar{z}_k} \ln\left[\dfrac{\bar{z}_k}{\sum\limits_{k=1}^{K} \bar{z}_k}\right]\right\}$，其值越小表示各类样本的均值差异越大，样本投影点整体上越分散，第 k 类样本的均值 $\bar{z}_k = \dfrac{1}{K_k}\sum_{i_k=1}^{K_k} z(i_k)$。分类时，首先将 $z(i)$ 从小到大排列，求其一阶差值 $\Delta_i = z(i+1) - z(i)$，再按一阶差值 Δ_i 从大到小排序，以最大 Δ_i 为断点将样本分为两类，以最大、次大 Δ_i 为断点将样本分为 3 类，依次类推。

> **特别提示** 模型⑭分类与最优化建模同步,能同时实现使样本投影点整体上尽可能分散和局部尽可能密集的目标。以投影值差分的最大、次大 Δ_i 值等作为分类断点依据,通常是不合适的。如对 Iris 数据分类时,采用这种断点分类方法,分类错误率很高。应该对样本的一维投影值采用 K-means 动态聚类,聚类结果较可靠和合理。

10. 模型⑮

样本投影值分布的峰度越大表示投影值越偏离正态分布,据此提出了使样本投影值峰度最大化的一维 PPC 投影指标函数,即

$$Q_{\mathrm{H}}(\boldsymbol{a}) = \max\{|k_4|\} = \max\left\{\left|\frac{E\left[(x-\bar{x})^4\right]}{\sigma^4} - 3\right|\right\},$$

$$\mathrm{s.\,t.} \quad \sum_{j=1}^{p} a_j^2 = 1, \ a_j \in (0, 1]。 \tag{2-22}$$

> **特别提示** 模型⑮只能使样本投影值尽可能偏离正态分布,但一般不能实现使样本投影点整体上尽可能分散和局部尽可能密集的目标,模型⑮的建模目标与模型①不同。

11. 模型⑯

样本投影值整体偏度 k_3 越大,样本投影值越偏离正态分布,据此提出了结合样本投影值整体偏度 k_3 和模型①的投影指标函数为

$$Q(\boldsymbol{a}) = \max\{|k_3| S(\boldsymbol{a})D(\boldsymbol{a})\},$$

$$\mathrm{s.\,t.} \quad \sum_{j=1}^{p} a_j^2 = 1, \ a_j \in (0, 1]。 \tag{2-23}$$

> **特别提示** 模型⑯同时使样本投影值均值最大程度偏离正态分布、样本投影点整体上尽可能分散和局部尽可能密集。聚类效果是否优于模型①,有待实证研究验证。

当然,参照模型⑯,还可以建立投影指标函数 $Q(\boldsymbol{a}) = \max\{|k_4| S(\boldsymbol{a})D(\boldsymbol{a})\}$,使投影值最大程度偏离正态分布(更陡,样本数据更集中;或者更平坦,样本数据更分散),甚至于建立 $Q(\boldsymbol{a}) = \max\{[|k_3| + |k_4|]S(\boldsymbol{a})D(\boldsymbol{a})\}$,等等。

> **特别提示** 对于小样本、贫样本数据,$\max\{|k_3| + |k_4|\}$、$\max\{|k_3|\}$、$\max\{|k_4|\}$ 存在无穷多组最优化结果,结果是非唯一的。

2.5 基于动态聚类投影寻踪 (DCPP) 模型

Friedman 等提出的一维 PPC 模型的最大问题是建模结果随 R 值的改变而改变,存在一定的不确定性;在计算局部密度值 $D(\boldsymbol{a})$ 时,投影窗口半径内可能存在不同类的样本,即存在跨类现象,或者同一类样本不在同一窗口半径内,即存在跨窗口现象,没有真正实现使类内

样本局部尽可能密集的目标。使局部密度值 $D(\boldsymbol{a})$ 越大,并不是真正的使同一类的样本越密集,也可能使相邻类的样本也越密集,这将给后续的分类带来很大的困惑。当然,有些文献把局部密度值 $D(\boldsymbol{a})$ 称为类内样本密度值或者类内密度值,都是不够准确或者不够恰当的。

1. DCPP 模型⑰

为了克服模型①的缺陷,真正实现类内样本点局部尽可能密集、样本投影点整体上尽可能分散,提出了 DCPP(或称为 PPDC)模型⑰的投影指标函数,即

$$Q_n(\boldsymbol{a}) = \max[s(\boldsymbol{a}) - d(\boldsymbol{a})],$$

$$\text{s. t.} \quad \sum_{j=1}^{p} a^2(j) = 1, \ -1 \leqslant a(j) \leqslant 1 。$$

(2-24)

其中,任意两个样本点之间的绝对距离之和 $s(\boldsymbol{a}) = \sum_{z(i), z(q) \in \Phi} |z(i) - z(q)|$,$s(\boldsymbol{a})$ 值越大表示所有样本点整体上越分散。各个类内两两样本点之间的绝对距离之和 $d(\boldsymbol{a}) = \sum_{h=1}^{K} r_h(\boldsymbol{a})$,其中,第 h 类内两两样本之间的绝对距离之和 $r_h(\boldsymbol{a}) = \sum_{z(i), z(q) \in \psi_h} |z(i) - z(q)|$,$d(\boldsymbol{a})$ 值越小表示各个类内的样本点局部越密集,聚集程度越高。

> **特别提示** 因为 $s(\boldsymbol{a})$ 中包含了 $d(\boldsymbol{a})$,而 $[s(\boldsymbol{a}) - d(\boldsymbol{a})]$ 正好是不同类的样本之间的绝对距离之和。因此,模型⑰只能实现使样本点整体上尽可能分散,不能实现使样本点局部尽可能密集。

2. DCPP 模型⑱

能同时实现使样本点整体上尽可能分散、类内样本点局部尽可能密集的改进 DCPP 模型⑱的投影指标函数为

$$Q_Y(\boldsymbol{a}) = \max\{[s(\boldsymbol{a}) - d(\boldsymbol{a})] - d(\boldsymbol{a})\},$$

$$\text{s. t.} \quad -1 \leqslant a(j) \leqslant 1, \ \sum_{j=1}^{p} a^2(j) = 1 。$$

(2-25)

不同类的两样本之间的绝对距离之和为 $[s(\boldsymbol{a}) - d(\boldsymbol{a})]$,同一类内的两样本之间的绝对距离之和为 $d(\boldsymbol{a})$。从"通过加大类内距离的权重,实现同一类样本之间的凝聚度加大"的角度出发,提出了改进 DCPP 模型的投影寻踪函数 $Q_W(\boldsymbol{a}) = \max[s(\boldsymbol{a}) - \partial d(\boldsymbol{a})]$,其中,$\partial$ 为 0~10 的整数。

DCPP 模型⑰和⑱针对一维投影值 $z(i)$ 用 K-means 聚类方法进行动态聚类,结果是比较可靠和有效的。K-means 动态聚类原理简述如下。

(1)样本数据无量纲化处理 样本数据经归一(规格)化处理后的数据为 $x(i, j)$。

(2)计算样本的投影值 $z(i)$ 假设已经求得了最佳投影向量 $\boldsymbol{a} = \langle a(1), a(2), \cdots, a(p) \rangle^T$ (p 为变量维数,即评价指标个数),则样本投影值 $z(i) = \sum_{j=1}^{p} a(j) x(i, j)$。

(3)所有样本投影值 $z(i)$ 构成集合 $\Phi = \{z(1), z(2), \cdots, z(n)\}$($n$ 为样本数量) 根据先验知识或者经验,将 $z(i)$ 动态聚(分)类为 $K(K < n)$ 类,则动态聚类过程可描述为:

① 随机选取 K 个样本点作为初始聚(类)核,记为 $M^0 = (A_1^0, A_2^0, \cdots, A_K^0)$,从而将 Φ 中

的样本点分为 K 类,记为 $\Psi^0 = (\psi_1^0, \psi_2^0, \cdots, \psi_K^0)$。其中 $\psi_i^0 = \{z \in \Phi \mid r(A_i^0 - z) \leqslant r(A_j^0 - z), \forall i, j = 1, 2, \cdots, K; j \neq i\}$,$r(A_i^0 - z)$ 为样本点 $z(t)$ 与聚核 A_i^0 的绝对值距离。

② 遍历所有样本点后,得到新的聚核 $M^1 = (A_1^1, A_2^1, \cdots, A_K^1)$,其中,$A_i^1 = \dfrac{1}{n_i} \sum\limits_{t=1}^{n_i} z(t)$,$z(t) \in \psi_i^0$,$n_i$ 为 ψ_i^0 类中的样本个数。

③ 重复以上步骤,得到逐步聚类的结果序列 $T^l = (M^l, \Psi^l)$,$l = 1, 2, \cdots$。记 $L(A_i^l, \Phi_i^l) = \sum\limits_{z(t) \in \psi_i^l} |z(t) - A_i^l|$,$\mu_l = \sum\limits_{i=1}^{K} L(A_i^l, \Phi_i^l)$($\mu_l$ 是第 l 次迭代时类内样本点之间的绝对距离之和)。如果满足收敛条件为 $\dfrac{|\mu_{l+1} - \mu_l|}{\mu_l} \leqslant \varepsilon$($\varepsilon$ 为充分小的误差允许值)则停止迭代。理论上已经证明,上述迭代算法是收敛的。

特别提示　模型⑱能同时实现使样本点整体上尽可能分散、类内样本点局部尽可能密集,但建模结果与样本点的分类数相关,分类数不同时,建模结果也随之发生改变。主要应用于对分类数具有先验知识的情况。

3. DCPP 模型⑲和⑳

DCPP 模型⑰并不能真正实现使类内样本点局部尽可能密集的目标,只能实现使样本点整体上尽可能分散。模型①存在确定 R 值缺乏理论依据、没有严格的分类标准、分类结果往往带有主观性等不足。基于样本投影值与均值的绝对距离之和的 PPDC 模型⑲的投影指标函数为

$$Q_{YY}(\boldsymbol{a}) = \max\left\{\frac{SSA}{SST}\right\}, \tag{2-26a}$$

$$\text{s. t.} \quad -1 \leqslant a(j) \leqslant 1, \sum_{j=1}^{p} a^2(j) = 1。$$

其中,SST 表示所有样本点与均值的绝对距离之和,SSA 表示 K 个聚类中心(各类均值)与所有样本聚类中心(均值)之间的绝对距离之和,SSE 表示各个类内样本点与其对应的聚类中心(均值)的绝对距离之和。显然,SSE 越小表示各个类内的样本点越密集,SSA 越大表示样本点整体上(各类样本之间)越分散。根据上述定义可得

$$SST = \sum_{i=1}^{n} [z(i) - \bar{z}]^2 = \sum_{i=1}^{n} [z(i) - \bar{z}_k + \bar{z}_k - \bar{z}]^2$$

$$= \sum_{k=1}^{K} \sum_{i_k=1}^{K_k} [z(i_k) - \bar{z}_k]^2 + \sum_{k=1}^{K} K_k [\bar{z}_k - \bar{z}]^2 = SSE + SSA。$$

公式(2-26a)也可表示为

$$Q_{YY}(\boldsymbol{a}) = \max\left\{\frac{SSA}{SST}\right\} = \max\left\{\frac{1}{1 + \dfrac{SSE}{SSA}}\right\} \Rightarrow$$

$$\begin{cases} Q_{YY1}(\boldsymbol{a}) = \min\left\{\dfrac{SSE}{SSA}\right\} & (2-26b) \\[4mm] Q_{YY2}(\boldsymbol{a}) = \max\left\{\dfrac{SSA}{SSE}\right\} & (2-26c) \end{cases}$$

特别提示 公式(2-26a)(2-26b)(2-26c)在算法上是等价的,建模结果也相同。

从模型⑰、⑱的计算公式可知,各个类内样本之间的距离之和与不同类的样本之间的距离之和是同阶的(即后者增大与前者减小是等价的,与目标函数值是线性关系,即样本投影点整体上尽可能分散与局部尽可能密集,对提高目标函数值是等价的)。但在模型⑲的公式(2-26a)中,类内样本与其均值之间的距离之和与 K 个聚类中心与样本均值之间的距离之和是不同阶的。根据偏导数可知,公式(2-26a)、(2-26c)中减小 SSE 比增大 SSA 更有利于提高目标函数值。公式(2-26b)也是如此,更有利于减小目标函数值,即与模型⑰、⑱相比,模型⑲更倾向于使各类内的样本点尽可能密集。

特别提示 与模型⑱相比,模型⑲的局部尽可能密集聚类效果更好,但有可能出现类内样本点局部过度密集的问题。

根据上述分析和模型⑰⑱,还可以构建如下新的 DCPP 模型⑳:

$$Q_{L1}(\boldsymbol{a}) = \max\left\{\frac{s(\boldsymbol{a}) - d(\boldsymbol{a})}{d(\boldsymbol{a})}\right\},$$ (2-27a)

$$\text{s. t.} \quad -1 \leqslant a(j) \leqslant 1, \sum_{j=1}^{p} a^2(j) = 1.$$

$$Q_{L2}(\boldsymbol{a}) = \max\left\{\frac{s(\boldsymbol{a})}{d(\boldsymbol{a})}\right\},$$ (2-27b)

$$\text{s. t.} \quad -1 \leqslant a(j) \leqslant 1, \sum_{j=1}^{p} a^2(j) = 1.$$

特别提示 与模型⑰、⑱相比,模型⑲、⑳更倾向于使各个类内的样本点尽可能密集。

特别提示 模型⑳的公式(2-27a)与(2-27b)在算法上是等价的,建模结果也相同。虽然构成项与模型⑱相同,但模型⑳倾向于样本点局部尽可能更密集。

以上从 4 种不同建模原理论述了 20 个一维 PP 型,可以根据建模目标和样本的聚类特性分为 5 类。第一类是理论上可同时实现使样本点整体上尽可能分散、局部尽可能密集,但没有同步实现分类和最优化建模,模型中包含局部密度值 $D(\boldsymbol{a})$ 或者局部信息熵密度 $H(D)$(如模型①～②、⑨、⑫、⑬、⑯)。但选取投影窗口半径 R 值或者信息熵窗口半径 R_H 值缺乏理论依据,通常情况下在同一投影窗口半径内可能存在不同类的样本或者同一类的样本可能不在同一投影窗口半径内,实践中不一定能真正实现使样本投影点局部尽可能密集的目标。其中,模型⑨、⑫同时又包含了最佳权重信息熵 $H(\boldsymbol{a})$,所有改进模型的聚类效果是否优于模型①和②有待实证研究证实。第二类是使样本投影值或者最佳权重尽可能服从正态分布规律,模型中包含样本投影值或者最佳权重的信息熵(如模型⑨～⑬)。其中,模型⑩、⑪中没有包括使样本投影点局部尽可能密集的算子,不能实现使样本点局部尽可能密集的目的。第三类是理论上能同时真正实现样本点整体上尽可能分散、类内样本局部尽可能密集,但建模结果会随聚类方法或者分类数的变化而改变,模型中包含类内局部距离和类内样本投影值信息熵(如模型⑤、⑭、⑰～⑳)。第四类是使样本投影值最大程度偏离正态分布,模型中包含表示样本投影值分布的 3 阶矩(偏度)、4 阶矩(峰度)等(如模型⑥～⑧、⑮、⑯)。第五类是其他模型(如模型③、④、⑯),模型④只是使样本样本点整体上尽可能分散,模型③同时使样本投影整体上尽可能分散和整体上尽可能密集,实际上是相互矛盾的;模型⑯同时实现使样本点整体尽可能分散、局部尽可能密集和最大程度偏离正态分布。当然,还可以采用其他方法将 PPC 模型分类。

2.6 基于单指标评价区间标准插值型投影寻踪 (IPP) 模型

在综合评价、排序和分类研究中,有一类比较特殊的情况,如在评价某个水体(湖泊、海洋)的水质、某地的土壤质量等时,必须对照水质评价标准(各个评价指标的不同取值区间表征不同的水质等级)或者土壤质量评价标准,即必须根据单指标评价区间标准进行 PP 建模,简称为 IPP 模型。建模时,首先要根据单指标评价区间标准构建建模样本,一般有如下两种构建方法,一是在同一等级内每个评价指标随机生成足够多的样本,其期望值(等级)是已知的,继而可以生成足够多的、所有等级的建模样本,再加上分界值样本,就构成了建模样本;二是直接用不同等级的每个评价指标的分界值作为建模样本,建模时可以把待评价样本与上述构建的建模样本合在一起。

1. IPP 模型❶

根据评价区间标准随机生成的建模样本的理论等级值(样本期望值)为 $y(i)$。相应的,根据 IPP 模型得到的样本投影值为 $z(i)$,则 IPP 模型❶的投影指标函数为

$$Q(a) = \max(S_z \mid R_{zy} \mid),$$

$$\text{s. t.} \quad -1 \leqslant a(j) \leqslant 1, \ \sum_{j=1}^{p} a^2(j) = 1 \, 。 \tag{2-28a}$$

其中,S_z 为样本投影值标准差;样本投影值 $z(i)$ 与期望值 $y(i)$ 之间的相关系数为 $\mid R_{zy} \mid =$

$$\left| \frac{\sum_{i=1}^{n} \{ [z(i) - E(z)][y(i) - E(y)] \}}{\left\{ \sum_{i=1}^{n} [z(i) - E(z)]^2 \sum_{i=1}^{n} [y(i) - E(y)]^2 \right\}^{1/2}} \right|,$$ 其中 $E(z)$、$E(y)$ 分别为样本投影值 $z(i)$

和期望值 $y(i)$ 的均值。目前研究中至少有 5 种非线性函数来表示 $z(i)$ 与 $y(i)$ 之间的关系,主要有 Logistic 曲线、Logistic 倒 S 型曲线、多项式、S 型曲线和分段线性模型。实际上,根据评价标准的分界值样本的投影值,就可以很方便地判定待评价样本的实际等级值。

2. IPP 模型❷

将 IPP 模型❶中 $\mid R_{zy} \mid$ 与 S_z 之间的"乘积"关系修改为"和"的关系,就得到了 IPP 模型❷,投影指标函数为

$$Q(a) = \max(S_z + \mid R_{zy} \mid),$$

$$\text{s. t.} \quad -1 \leqslant a(j) \leqslant 1, \ \sum_{j=1}^{p} a^2(j) = 1 \, 。 \tag{2-28b}$$

　模型❶和❷基本类似,能实现样本点整体上尽可能分散,同时样本的期望值与 IPP 模型的投影值的线性相关系数尽可能大。如果样本数量不是很多(如每个等级少于 50 个),因为每次随机生成的样本数据是不同的,所以,建模结果可能出现较大变化。

3. IPP 模型❸

针对评价标准的分界值样本和每个指标的最大值和最小值构建建模样本,根据公式(2-4)建立 IPP 模型❸,求得分界值样本的投影值,再把待评价样本数据代入 IPP 模型❸就得到了待评价样本的投影值。根据分界值样本投影值的范围,可以很方便地判定待评价样本的实际等级。建立 IPP 模型❸,不需要求解 $z(i)$ 与 $y(i)$ 之间的线性相关系数、建立 $z(i)$ 与 $y(i)$ 之间的非线性关系,但也有学者建立多项式非线性关系。

特别提示　因为根据评价标准区间确定的分界值样本,各个样本的评价指标值具有很好的规律性——逐级增大或者逐级减小。建模结果(各个样本)也必须遵循这个规律,否则,建模结果就是不合理的。与模型❶和❷相比,无需建立样本投影值 $z(i)$ 与期望值 $y(i)$ 之间的非线性关系,也无需计算线性相关系数。也可设定期望值 $y(i)$,建立 $z(i)$ 与 $y(i)$ 之间的非线性关系。

4. IPP 模型❹

样本投影值信息熵最大化能准确刻画样本投影值的变异程度,即样本投影值信息熵越大,越能反映原始数据的结构特征,提取的变异信息越大,据此提出了样本投影值信息熵最大化的一维 PPC 投影指标函数,即

$$Q(\boldsymbol{a}) = \max\{H(\boldsymbol{z})\},$$

$$\text{s. t.} \quad \sum_{j=1}^{p} a_j^2 = 1,\ a_j \in (0,\ 1]。 \tag{2-29}$$

注　不能把样本投影值信息熵错写为 $H(\boldsymbol{z}) = \dfrac{1}{\ln(n)} \sum_{i=1}^{n} z(i) \ln[z(i)]$。

特别提示　IPP 模型❹只能实现使样本投影值尽可能服从正态分布,与其他 3 个 IPP 模型的建模目标不同。

与插值型 IPP 模型❶相比较,模型❹更优,所以将其归入 IPP 模型类。

5. 小结

(1)针对各个评价指标在每个等级区间内随机生成足够多的样本,主要建立 IPP 模型❶和❷;针对分界值样本(包括最大值和最小值样本),主要建立 IPP 模型❸。实际上,针对分界值样本,设定分界值样本期望值,也可以建立 IPP 模型❶和❷;针对随机生成的足够多样本,也可以建立 IPP 模型❸。

(2)理论上,IPP 模型❶～❸都是符合评价区间标准的,但实践中,模型❸与其他两个模型的建模结果相差较大,建模时应根据实际情况合理选定模型。

(3)必须随机生成足够多(如每个等级 100 个以上)的样本,否则,建立 IPP 模型❶和❷时,建模结果会随样本数量的不同而出现比较大的变化。

(4)模型❸、❹本质上是无教师值建模方法,均可应用于随机生成的样本和分界值样本。

2.7 低维逐次投影寻踪（LDSPPC）模型

1974 年，Friedman 等在提出模型①时就认为，如果一维 PPC 模型不能从样本数据中挖掘足够多的有用信息，可以建立二维、三维 PPC 模型等。

1. 二维 PPC 模型㊀

Friedman 等建立了二维 PPC 模型，对相互垂直的第一维、第二维投影方向上的样本投影值分别计算标准差，按照二维平面问题计算局部密度值，建立的投影指标函数为

$$Q(\boldsymbol{a}_1, \boldsymbol{a}_2) = \max\{S(\boldsymbol{a}_1)S(\boldsymbol{a}_2)D(\boldsymbol{a}_1, \boldsymbol{a}_2)\},$$

$$\text{s. t.} \quad \sum_{j=1}^{p} a_{1,j}^2 = 1, \ \sum_{j=1}^{p} a_{2,j}^2 = 1, \ \sum_{j=1}^{p} a_{1,j}a_{2,j} = 0, \ -1 \leqslant a_{1,j}, \ a_{2,j} \leqslant 1.$$

$(2-30)$

$\boldsymbol{a}_1$ 和 $\boldsymbol{a}_2$ 为相互垂直的第一维、第二维最佳投影向量，$S(\boldsymbol{a}_1)$、$S(\boldsymbol{a}_2)$ 分别为在第一维、第二维最佳投影方向上的样本投影值的标准差，可参照公式（2-4）计算得到；二维投影平面上的局部密度值 $D(\boldsymbol{a}_1, \boldsymbol{a}_2) = \sum_{i=1}^{n}\sum_{k=1}^{n}(R^2 - r_{i,k}^2)f(R - r_{i,k})$，其中 R 为投影窗口半径，由实验或者经验确定其值，建议取 $R = 0.1\max[S(\boldsymbol{a}_1), \ S(\boldsymbol{a}_2)]$；二维平面上两个样本点 i 和 k 之间的绝对距离为

$$r_{i,k} = \sqrt{\left(\sum_{j=1}^{p} a_{1,j}x_{i,j} - \sum_{j=1}^{p} a_{1,j}x_{k,j}\right)^2 + \left(\sum_{j=1}^{p} a_{2,j}x_{i,j} - \sum_{j=1}^{p} a_{2,j}x_{k,j}\right)^2}$$

$$= \sqrt{(z_{1,i} - z_{1,k})^2 + (z_{2,i} - z_{2,k})^2}.$$

其中，$z_{1,.}$、$z_{2,.}$ 分别表示在第一维和第二维最佳投影方向上的样本投影值。由于这个模型过于复杂，计算工作量也非常大，计算速度较慢，求解全局最优解非常困难，除 Friedman 等曾用于 Iris 数据进行建模分析外（其分类正确率与模型 ① 基本相当），没有其他应用模型 ㊀ 的实际研究。此外，Posse 提出了多个基于信息熵、3 阶矩和距离等的三维 PPC 模型的投影指标函数，Nason 提出了多个三维 PPC 模型的投影指标函数。对于这些三维 PPC 模型，国内没有学者开展相应的应用研究，所以本书也不列出这些投影指标函数。

> **特别提示** 在二维平面上同时实现样本点整体上尽可能分散、局部尽可能密集，能比模型①从样本数据中挖掘更多的有效信息。但最优化过程非常复杂，应用研究很少。

2. 二维 PPC 模型㊀

根据一维 PPC 模型①，设定其最佳权重大于 0，分别建立最佳投影向量相互垂直的第一维、第二维 PPC 模型，投影指标函数为

$$\begin{cases} Q_S(\boldsymbol{a}_1) = \max\{S(\boldsymbol{a}_1)D(\boldsymbol{a}_1)\}, \\ \text{s. t.} \quad \sum_{j=1}^{p} a_{1,j}^2 = 1, \ a_{1,j} \in [0, 1]; \\ Q_S(\boldsymbol{a}_2) = \max\{S(\boldsymbol{a}_2)D(\boldsymbol{a}_2)\}, \\ \text{s. t.} \quad \sum_{j=1}^{p} a_{1,j}^2 = 1, \ \sum_{j=1}^{p} a_{2,j}^2 = 1, \ \sum_{j=1}^{p} a_{1,j}a_{2,j} = 0, \ a_{1,j}, \ a_{2,j} \in [0, 1]. \end{cases} \quad (2-31)$$

特别提示　因为设定最佳权重≥0，又必须满足$\sum_{j=1}^{p}a_{1,j}a_{2,j}=0$，所以，对于评价指标$j$而言，要么$a_{1,j}=0$，要么$a_{2,j}=0$。也就是说，模型㈡将评价指标分为两组，一组在最佳投影向量$\boldsymbol{a}_1$方向上投影，另一组在$\boldsymbol{a}_2$方向上投影。有关文献没有论述如何将上述两个方向上的投影值组合，以及如何应用上述建模结果进行综合评价、排序和分类等。

特别提示　模型㈡同时在两个相互垂直的投影方向上投影，建立在二维平面上，使样本投影点整体尽可能分散、局部尽可能密集的模型。而模型㈢是先后分别在两个相互垂直投影方向上投影，在两个投影方向上分别使样本投影点整体尽可能分散、局部尽可能密集的模型。前者求解全局最优解非常困难，如果建立三维模型更复杂；后者可逐次建立模型，相对便捷，但设定权重>0，不合理。

3. 低维逐次 PPC(LDSPPC)模型㈢

在应用一维 PPC 模型①实证研究时发现，建模结果中通常都会有多个(对)样本的投影值是相等的，尤其是研究小样本和贫样本问题以及 R 取较小值方案时，无法对这些多个(对)投影值相等的样本进行完全排序，或者说一维 PPC 模型①还没有从样本数据中挖掘出足够多的有效信息。因此，必须建立第二维、第三维 PPC 模型①等。并且，针对评价指标数据之间可能是负相关的(尽管已经进行了正向化，实际评价指标数据之间仍然可能是负相关的)实际情况，约束条件不应该设定权重大于 0，从而提出了第二维、第三维、……、第 K 维逐次 PPC 模型的投影指标函数：

$$Q_1(\boldsymbol{a}_1)=\max\{S(\boldsymbol{a}_1)D(\boldsymbol{a}_1)\},$$

s. t.　$\sum_{j=1}^{p}a_{1,j}^2=1,\ a_{1,j}\in[-1,1]\,;$

$$Q_2(\boldsymbol{a}_2)=\max\{S(\boldsymbol{a}_2)D(\boldsymbol{a}_2)\},$$

s. t.　$\sum_{j=1}^{p}a_{1,j}^2=1,\ \sum_{j=1}^{p}a_{2,j}^2=1,\ \sum_{j=1}^{p}a_{1,j}a_{2,j}=0,\ a_{1,j},\ a_{2,j}\in[-1,1]\,;$

$\vdots$

$$Q_K(\boldsymbol{a}_k)=\max\{S(\boldsymbol{a}_K)D(\boldsymbol{a}_K)\},$$

s. t.　$\sum_{j=1}^{p}a_{k,j}^2=1(k=1,\ 2,\ \cdots,\ K),\ \sum_{j=1}^{p}a_{k,j}a_{k+1,j}=0(k=1,\ 2,\ \cdots,\ K-1),$

$a_{k,j}\in[-1,1](k=1,\ 2,\ \cdots,\ K)\,。$

$\hspace{11cm}(2-32)$

建立上述各维逐次 PPC 模型仅仅是第一步，还必须把它们组合起来，才能构建完整的低维逐次 PPC(LDSPPC)模型，才能应用于实际问题的综合评价、排序、分类等。

因为建立上述各维 PPC 模型的过程就是求其目标函数的最大值，各维 PPC 模型的目标函数值大小当然就能表征其相对重要性。因此，可以直接用各维 PPC 模型目标函数值的大小作为分配其权重的依据，同时保证组合而成的 LDSPPC 模型仍然是在某个空间方向上的"投影"，保持"投影寻踪"模型的特性，即 LDSPPC 模型的最佳权重平方和必须等于 1。为此，根据矢量合成法原理得到各维 PPC 模型的权重占比为 $\omega_k = \dfrac{Q_k(\boldsymbol{a}_k)}{\sqrt{\sum\limits_{h=1}^{K} Q_h^2(\boldsymbol{a}_h)}}$ $(k=1, 2, \cdots,$

$K)$，LDSPPC 模型的组合最佳投影向量及其系数为 $\boldsymbol{a}_z\{a_z(1), a_z(2), \cdots, a_z(p)\}$，满足

$\sum\limits_{j=1}^{p} a_z^2(j) = \sum\limits_{j=1}^{p}\left[\sum\limits_{h=1}^{K}\omega_h a_h(j)\right]^2 = 1$，LDSPPC 模型的样本综合投影值 $z_z(i) = \sum\limits_{j=1}^{p} a_z(j)x(i,$

$j)$。因为各维 PPC 模型的目标函数值是逐步减小的，当第 k 维 PPC 模型的权重占比小于 20% 时，即可停止建模。

> **特别提示** 与模型㊂相比，模型㊂的每个评价指标可以同时向相互垂直的投影向量 $\boldsymbol{a}_1$、$\boldsymbol{a}_2$、$\cdots$、$\boldsymbol{a}_k$ 方向投影，揭示指标的复杂数据特性；采用矢量合成法对各维逐次 PPC 模型组合，并给出各维逐次 PPC 模型的相对权重占比，以及计算 LDSPPC 模型的综合投影值、综合最佳投影向量及其系数等，是一个完整的建模算法，可直接应用于综合评价、排序和分类研究。

4. 基于投影值峰度 k_4 的低维逐次 PPC 模型㊃

可以通过降阶法使得在各维最佳投影方向上的样本投影值正态分布的峰度最大化，而使样本投影值最大程度偏离正态分布，从而建立各维逐次 PPC 模型㊃的投影指标函数，即

$$Q_{\mathrm{H}}(\boldsymbol{a}_k) = \max\left\{\left|\frac{E\left[(x_k - \bar{x}_k)^4\right]}{\sigma_k^4} - 3\right|\right\},$$

$$\text{s. t.} \quad \sum_{j=1}^{p} a_{k,j}^2 = 1, \ a_{k,j} \in [-1, 1], \ k = 2, 3, \cdots, K, \tag{2-33}$$

$$\sum_{j=1}^{p} a_{k,j} a_{k-1,j} = 0, \ k = 2, 3, \cdots, K。$$

其中，$x_{k+1} = x_k - (x_k \boldsymbol{a}_k^{\mathrm{T}})\boldsymbol{a}_k$ 分别指建立第 k、$(k+1)$ 维 $(k=1, 2, \cdots, K-1)$ PPC 模型时的建模样本数据。当 $k=1$ 时，x_k 就是第一维 PPC 模型的评价指标数据。

> **特别提示** 模型㊃只能使每维的样本投影值最大程度偏离正态分布，不能使样本投影值局部尽可能密集、整体尽可能分散，建模目标与模型㊀~㊂不同。

2.8 投影寻踪回归（PPR）模型

PPR 模型主要有 3 种形式：一是基于 SMART 算法的 PPR（S-PPR）模型，建模结果用大量的图形和函数表格形式给出，应用不够便捷；二是基于样本投影值的可变阶数 Hermite 正交多项式岭函数的 PPR（H-PPR）模型；三是基于样本投影值幂指数多项式岭函数的 PPR（P-PPR）模型。

1. H-PPR 模型

PPR 建模应尽可能避免庞大的函数表，最好采用显性函数形式，建立基于样本投影值的

可变阶数 Hermite 正交多项式岭函数的 H-PPR 模型。H-PPR 模型预测值 $f(i)$ 的计算公式为

$$f(i) = \sum_{j=1}^{J} \sum_{r=1}^{R} C_{jr} h_{jr}[z_j(i)]。$$

$$(2-34)$$

其中，$z_j(i)$ 为第 j 个岭函数第 i 个样本的一维投影值（简写为 z_j），R 为 Hermite 正交多项式的最高阶数，C_{jr} 为第 j 个岭函数的第 r 阶多项式的系数，h_{jr}（简写 h_r）为第 j 个岭函数的第 r 阶值。其值为

$$h_{jr}(z_j) = (r!)^{-\frac{1}{2}} \pi^{\frac{1}{4}} 2^{-\frac{r-1}{2}} H_{jr}(z_j) \varphi(z_j), \quad z_j \in [-\infty, \infty]。$$

$$(2-35)$$

注　不能把上式错误地写成：

$$h_{jr}(z_j) = (r!)^{\frac{1}{2}} \pi^{\frac{1}{4}} 2^{-\frac{r-1}{2}} H_{jr}(z_j) \varphi(z_j),$$

$$h_{jr}(z_j) = (r!)^{-\frac{1}{2}} \pi^{\frac{1}{4}} 2^{\frac{r-1}{2}} H_{jr}(z_j) \varphi(z_j),$$

$$h_{jr}(z_j) = (r!)^{\frac{1}{2}} \pi^{\frac{1}{4}} 2^{\frac{r-1}{2}} H_{jr}(z_j) \varphi(z_j)。$$

其中，$\varphi(z_j) = \dfrac{1}{\sqrt{2\pi}} \exp\left(-\dfrac{z_j^2}{2}\right)$ 为标准高斯分布。可用递推法求得第 r 阶 Hermite 正交多项式的 $H_{jr}(z_j)$ 值，即

$$\begin{cases} H_{j0}(z_j) = 1 \\ H_{j1}(z_j) = 2z_j \\ H_{jr}(z_j) = 2[z_j H_{j(r-1)}(z_j) - (r-1) H_{j(r-2)}(z_j)], \quad (r = 2, 3, \cdots, R)。 \end{cases}$$

$$(2-36)$$

将 $(2-36)$ 代入 $(2-35)$，再代入 $(2-34)$，就可以求得基于样本投影值的可变阶数 Hermite 正交多项式岭函数 H-PPR 模型的预测值。一般，数据拟合、预测、预警等问题的目标是使模型的预测误差尽可能小，通常取绝对误差平方和最小（也可以取相对误差平方和最小、相对误差绝对值之和最小等，可根据具体问题的要求确定），则 H-PPR 模型的投影指标函数为

$$Q(\boldsymbol{a}, \boldsymbol{C}) = \min \sum_{i=1}^{n} \{y(i) - f(i)\}^2 = \min \sum_{i=1}^{n} \left\{ y(i) - \sum_{j=1}^{J} \sum_{r=1}^{R} C_{jr} h_{jr}[z_j(i)] \right\}^2。$$

$$(2-37)$$

与 BPNN 不同，在 H-PPR 实际建模时为了防止过拟合，岭函数是逐步增加的。首先进行第一维 $(j=1)$ 投影寻踪回归建模，得到投影值 $z_1(i) = \sum_{k=1}^{K} a_1(k) x(i, k)$。设定可变阶数 Hermite 正交多项式的最高阶数 R，代入公式 $(2-36)$、$(2-35)$ 分别求得 $H_{jr}(z_j)$ 和 $h_{jr}(z_j)$，再代入 $(2-34)$ 求得模型预测值 $f(i)$，再根据公式 $(2-37)$ 求得模型预测值绝对误差平方和最小的最佳权重等，从而建立基于第一个可变阶数 Hermite 正交多项式岭函数的 H-PPR 模型；如果模型预测精度（误差）已满足要求，则结束建模，否则用基于第一个岭函数 H-PPR 模

型的绝对误差值代替原因变量值,重复上述过程,建立基于第二个岭函数的 H-PPR 模型;如果模型预测误差仍然不能满足精度要求,再建立基于第三个岭函数的 H-PPR 模型,等等,直至满足精度要求为止。

事实上,随着岭函数个数的增加和提高 Hermite 多项式的最高阶数,建模样本的误差逐步减小。建立的 H-PPR 模型很可能出现过拟合,即建模样本的误差随着岭函数个数的增加、最高阶数的提高而逐步减小,但非建模样本(测试样本、验证样本)的误差却在减小到一定程度后会出现增大趋势(预测误差本身可以不是很大),表明模型的泛化能力随之降低了。因此,一般情况下,建立 H-PPR 模型时,在满足精度要求的情况下应采用尽可能少的岭函数、尽可能低的最高阶数,取发生过拟合之前的岭函数个数和最高阶数。过拟合而建立的 H-PPR 模型,泛化能力和实用价值是难以保证的。

从(2-34)和(2-35)可知,H-PPR 模型的预测值取决于 Hermite 正交多项式的系数 C 和最高阶数 R。一旦确定了正交多项式的最高阶数 R,则用最小二乘法就可以求得使公式 (2-37)取得最小值的 C 值,计算公式为

$$H = \begin{bmatrix} h_1[z(i)] \\ h_2[z(i)] \\ \vdots \\ h_r[z(i)] \end{bmatrix}^{\mathrm{T}}, \ i=1, 2, \cdots, n。 \tag{2-38}$$

设 $C=(c_1, c_2, \cdots, c_R)^{\mathrm{T}}$,从(2-37)可得

$$Q(C) = \min\{\|Y-HC\|^2\}。 \tag{2-39}$$

对 C 求导数得

$$C = (H^{\mathrm{T}}H)^{-1}H^{\mathrm{T}}Y。 \tag{2-40}$$

将求得的 C 值代入公式(2-34),就可以求得建模样本的 H-PPR 模型的预测值。对于新的预测(验证)样本数据,根据样本投影值公式可求得 $z(i)$,再代入公式(2-34)就可以求得 H-PPR 模型的预测值。已经证明,基于可变阶数 Hermite 正交多项式岭函数的 H-PPR 模型在非线性逼近中有效。

H-PPR 模型属于参数回归的范畴,可应用于中小样本问题的建模和预测预警研究,而且计算和求解 Hermite 正交多项式岭函数的系数不太复杂,求解线性方程组即可。求得的是确定解,而且是"显性"模型,后续应用相对便捷。部分研究表明,H-PPR 模型的预测效果优于 BPNN 模型,也优于基于 SMART 算法的 S-PPR 模型。H-PPR 模型中的自变量(评价指标)权重必须满足权重平方和等于 1 的约束条件,大大降低了发生过拟合的概率。但当样本数量比较少、最高阶数 R 比较高、岭函数个数比较多时,仍然有可能发生过拟合,所以仍然需要采用检验样本或者测试样本进行实时监控。最理想的做法是与 BPNN 模型训练过程一样,用检验样本实时监控提高多项式最高阶数和增加岭函数个数的过程。在满足精度的情况下,采用尽可能低的最高阶数和尽可能少的岭函数个数,可避免过拟合。

2. 基于样本一维投影值 3 次多项式的 P-PPR 模型

Friedman 等虽然提出了 PPR 方法,但没有给出岭函数的具体形式。为此,用样本的一维投影值为基础"项",建立基于 3 次多项式岭函数的 P-PPR 模型。P-PPR 模型所需条件

弱,3次多项式岭函数结构形式简单,后续应用便捷。通常情况下,拟合精度足够高,能满足工程实际要求,具有普遍的实用价值,理论已经证明 P-PPR 模型是收敛的。同理,在实际建模时,首先进行第一维投影,P-PPR 模型的第一维3次多项式岭函数为

$$f[z(i)] = c_0 + c_1 z(i) + c_2 [z(i)]^2 + c_3 [z(i)]^3$$
$$= c_0 + c_1 \sum_{j=1}^m a(j) x(i, j) + c_2 \Big[\sum_{j=1}^m a(j) x(i, j) \Big]^2 + c_3 \Big[\sum_{j=1}^m a(j) x(i, j) \Big]^3 .$$

$$(2-41)$$

其中,$c_0 \sim c_3$ 为3次多项式的系数,其他参数符号意义同上。

根据数据拟合建模要求,一般取拟合误差的平方和最小为目标函数,则 P-PPR 模型的投影指标函数为

$$Q(\boldsymbol{a}, C) = \min \sum_{i=1}^n \{ y(i) - f[z(i)] \}^2 . \qquad (2-42)$$

通过群智能最优化算法或者参照基于 Hemite 正交多项式 H-PPR 模型参数的求解方法,可以求得3次多项式的系数 $c_0 \sim c_3$ 和最佳投影向量系数 $a(1)$, $a(2)$, $\cdots$, $a(m)$。同理,如果基于第一维3次多项式岭函数的 P-PPR 模型不满足精度要求,可以用其绝对误差替代因变量,建立基于第二维3次多项式岭函数的 P-PPR 模型。如果仍然不满足精度要求,再继续建立基于第三维、第四维3次多项式岭函数的 P-PPR 模型,直至满足精度要求为止。当然,在增加岭函数的过程中,必须防止过拟合。

PPR 建模的最基本约束条件仍然是各个指标的最佳权重平方和必须等于1,否则就不是严格意义上的 PPR 模型。

> **特别提示**　一般地,H-PPR 模型的数据拟合能力优于 P-PPR 模型,但 P-PPR 模型的泛化能力优于 H-PPR 模型。P-PPR、H-PPR 是显性模型。

> **特别提示**　与 BPNN 不同,采用 PPR 进行数据拟合建模,实际上是采用显性模型模拟黑箱系统。建模时,逐次增加岭函数或提高多项式次数,可有效防止过拟合,模型的泛化能力和实用价值较好。

2.9　用于实验优化设计的 T-PPR 模型

基于 SMART 算法岭函数的 S-PPR 模型针对实验优化设计数据建模,虽然取得了较好的效果,但以列表形式给出结果,后续应用不够便捷。有关文献比较研究了响应面方程(RSM)和基于 SMART 算法的 S-PPR 模型在实验优化设计中的应用,但没有给出 S-PPR 模型的最优解,也没有给出具体的岭函数方程。此后,绝大多数实验优化设计问题基本上都遵循这种思路,采用基于 SMART 算法的 PPR 模型。但部分文献中评价指标的权重平方和不等于1,不是严格意义上的 PPR 模型。

参照建立响应面方程的方法,可建立基于样本一维投影值2次多项式岭函数的T-PPR模型,投影指标函数的数学表达式如公式(2-41)、(2-42),但多项式的最高次数是2次。T-PPR模型保持了空间"投影"的特性,用T-PPR模型替代现有的BPNN模型,可最大程度避免发生过拟合,提高试验优化设计模型的稳健性和鲁棒性。

> **特别提示** 一般来说,对实验数据的拟合能力,T-PPR模型优于响应面方程,但劣于ANN模型;从建模的可靠性、稳健性和泛化能力来讲,T-PPR模型优于ANN模型和响应面方程。采用T-PPR模型,更有利于判定评价指标的重要性及其排序。

2.10 用于数据拟合与预测的投影寻踪耦合模型

在数据拟合与预测领域,针对时间序列数据,或者单独建立PPR模型不能满足精度要求时,可以建立PP耦合模型。对于因变量可能存在突变的问题,可将PPR与门槛(限)回归模型进行耦合,建立PPTR(投影寻踪门槛回归耦合)模型。对于时间序列数据,PPR可以与自回归模型耦合,建立PPAR(投影寻踪自回归耦合)模型。针对更复杂的数据拟合问题,PPR可以与BPNN耦合建立PPBP(投影寻踪BPNN耦合)模型。还可以在3种模型之间进行耦合,建立PPARBP(投影寻踪自回归BPNN耦合)、PPARTR(投影寻踪自回归门槛耦合)等模型。

现以PPR模型与BPNN模型耦合建立PPBP模型为例简要说明。类似于建立PPR模型,首先对样本数据进行一维PP投影,求得样本的一维投影值$z(i)$,再增加一个常数项θ(类似于建立BPNN模型时的偏置值),则样本一维投影值修改为$z(i) = \sum\limits_{j=1}^{p} a(j)x(i, j) - \theta$。其中,$\theta$为常数项(偏置值)。再建立基于可变阶数Hermite正交多项式的H-PPR模型(建立P-PPR模型时就含有常数项,无须再增加一个常数项),得到样本拟合(预测)值$f(i) = \sum\limits_{j=1}^{J} \sum\limits_{r=1}^{R} C_{jr} h_{jr}[z_j(i)]$,并使样本的模型拟合值与期望值的误差平方和最小化,从而建立PPBP模型的投影指标函数,即

$$Q(\boldsymbol{a}, \theta, C) = \min\left\{ \sum_{i=1}^{n} [y(i) - f(i)]^2 \right\} = \min\left\{ \sum_{i=1}^{n} \left(y(i) - \sum_{j=1}^{J} \sum_{r=1}^{R} C_{jr} h_{jr}[z_j(i)] \right)^2 \right\},$$

$$\sum_{k=1}^{p} a^2(k) = 1, \; -1 \leqslant a(k) \leqslant 1 \text{。} \tag{2-43}$$

公式(2-43)是一个以$\boldsymbol{a}$、θ、C为优化变量的高维非线性最优化问题,同时含有等式和不等式约束,求解全局最优解十分困难,本书采用PPA群智能最优化方法求解。

> **特别提示** 针对不同的已知条件(数据),充分发挥PPR模型与门槛回归模型、时间序列自回归模型、BPNN模型等的优势,实现优势互补,以提高数据拟合能力和泛化能力。

2.11 用于综合评价和数据拟合的投影寻踪组合模型

PP 模型的建模基本思想与人类思维方式基本一致,是求解客观权重的典型方法之一,明显优于其他仅基于指标数据的方差等离散程度而现实意义不太明晰的客观赋权重方法(如变异系数法、信息熵法、离差法、主成分分析法、因子分析法等)。因此,PP 模型常与其他模型进行"组合"建立 PP 组合模型。第一类是将 PP 模型的最佳权重与其他方法(如 AHP 权重、信息熵法权重等)确定的权重进行组合,得到组合权重,再综合评价;第二类是根据 PP 模型的最佳权重大小,遴选重要指标,删除次要指标,再综合评价或者建立 BPNN 模型进行数据拟合和预测;第三类是将 PP 模型的权重或者样本得分用于 TOPSIS、GRA、SFA 等的综合评价和回归分析;第四类是将 PP 模型与云模型组合进行综合评价;第五类是将 PP 模型的得分作为 BPNN 模型的输入变量,进行数据拟合建模,等等(有关的具体内容,详见第九章)。

> **特别提示** 其核心和关键是必须建立可靠、有效的 PP 模型,最佳权重必须满足权重平方和等于 1 的约束条件,否则,PP 模型的最佳权重是错误的,后续的组合模型结果也必定是错误的。

2.12 不同 PP 模型的特性及适用条件

简要总结 PPC 模型和 PPR 模型的特性和适用条件如下。

1. PPC 模型

PPC(含 PPDC、DCPP)模型的特性和适用条件见表 2-1。

表 2-1 不同 PPC 模型的特性和适用条件

模型	特性	适用条件	是否推荐使用
模型①	(1)同时实现样本投影点整体上尽可能分散和局部尽可能密集;(2)同时含有等式和不等式约束的复杂非线性最优化问题,求解很困难;(3)最优化建模与分类不同步;(4)建模结果直接取决于投影窗口半径 R 值;(5)取 R 值缺乏理论依据	无限制。只有 R 取合理值的情况下才能得到合理、有效、可靠的结果	推荐
模型②	(1)~(5)条特性与模型①相同;(6)R 取常数时存在大数吃小数现象,造成局部样本点过分密集	同上	不推荐
模型③	(1)目标函数中的 $1/S_z$ 和 μD_z^0 既不能实现使样本点局部尽可能密集,也不能实现使样本点整体上尽可能分散的目的;(2)(3)与模型①相同;(4)建模结果与 R 值无关	μ 存在临界值,得到两组甚至 3 组完全不同的建模结果	不推荐。不是严格意义上的 PP 模型

模型	特性	适用条件	是否推荐使用
模型④	相当于 PCA 方法的第一主成分,不能实现使样本点局部尽可能密集的目的	无限制	不推荐。不是严格意义上的 PP 模型
模型⑤	(1)和(2)与模型①相同;(3)最优化建模与分类同步开展;(4)无须确定 R 值;(5)采用 K-means 聚类结果的合理性不能保证。建模结果取决于 K-means 聚类结果的合理性,存在维度灾难问题	无限制	不推荐
模型⑥～⑧	实现样本投影点最大程度偏离正态分布,不能实现使样本点整体上尽可能分散、局部尽可能密集的目的。建模目标与模型①不同	无限制。不能应用于小样本、贫样本场合	只能应用于使样本投影值最大程度偏离正态分布的场合
模型⑨	(1)～(5)与模型①相同;(6)最佳权重尽可能服从正态分布。聚类效果能否优于模型①,有待实证研究确认	最佳权重必须大于 0	不推荐
模型⑩	(1)使样本投影值、最佳权重尽可能服从正态分布,不能实现使样本点局部尽可能密集;(2)和(3)与模型①相同;(4)无须确定 R 值。聚类效果能否优于模型①有待实证研究确认	样本投影值、最佳权重必须大于 0	不推荐。聚类效果劣于模型①
模型⑪	(1)使最佳权重尽可能服从正态分布,不能实现使样本投影点局部尽可能密集;(2)(3)与模型①相同;(4)无须确定 R 值。聚类效果能否优于模型①有待实证研究确认	最佳权重必须大于 0	不推荐。聚类效果劣于模型①
模型⑫	(1)～(5)与模型⑨相同。将三者之间的"乘积"关系修改为"之和"关系,聚类效果是否更优有待实证研究确认;(6)R 取常数时可能存在大数吃小数现象	最佳权重必须大于 0	不推荐。聚类效果劣于模型①
模型⑬	(1)和(3)与模型①相同;(4)无须确定 R 值;(5)建模结果直接取决于信息熵窗口半径 R_H;(6)确定 R_H 值缺乏理论依据。聚类效果是否优于模型①有待实证研究确认。只有在 R_H 取得合理值的情况下才能得到合理、有效、可靠的结果	无限制。确定 R_H 合理值比确定 R 合理值更困难	不推荐。聚类效果劣于模型①
模型⑭	(1)和(2)与模型①相同;(3)最优化建模与分类同步进行;(4)无须确定 R 值;(5)建模结果与分类数以及聚类方法直接相关;聚类效果是否优于模型①有待实证研究确认。把投影值差值大小作为分类的断点通常是不合理的,建模结果的合理性值得商榷	无限制	不推荐
模型⑮	样本投影点整体上最大程度偏离正态分布,不能实现使样本投影点整体上尽可能分散、局部尽可能密集。建模目标与模型①不同	无限制	只能应用于使样本投影点最大程度偏离正态分布的场合

模型	特性	适用条件	是否推荐使用
模型⑯	(1)和(5)与模型①相同;(6)使样本投影点最大程度偏离正态分布,聚类效果是否更优有待实证研究确认	无限制	应用于建模目标是使样本投影点最大程度偏离正态分布的场合
模型⑰	(1)只能实现使样本投影点整体上尽可能分散,不能实现使样本投影点局部尽可能密集;(2)与模型①相同;(3)最优化建模与分类同步;(4)无须确定R值;(5)建模结果的合理性与分类数密切相关	无限制。一般采用动态聚类。但需确定合理的分类数	不推荐(聚类效果劣于模型⑱、①)
模型⑱	(1)同时实现使样本投影点整体上尽可能分散和类内样本投影点局部尽可能密集;(2)~(4)与模型⑰相同。真正实现了类内样本点尽可能密集、类间样本点尽可能分散的目标。建模结果与分类数相关度低	无限制。一般采用动态聚类。但需确定合理的分类数	推荐(主要用于对分类数具有先验知识的场合)
模型⑲	(1)~(5)与模型⑱相同。与模型⑱相比,类内样本点可能存在过度密集的问题。一般采用动态聚类方法,需确定合理的分类数	无限制。一般采用动态聚类。但需确定合理的分类数	推荐(但建模结果与分类数等密切相关)
模型⑳	(1)~(5)与模型⑱相同。与模型⑱相比,类内样本点可能存在过度密集的问题	同上	同上
模型❶、❷	与上述模型①~⑳不同,模型❶、❷属于有教师值的PP模型。(1)实现样本投影点整体上尽可能分散,样本的模型预测值与期望值线性相关系数尽可能大;(2)样本投影值$z(i)$与期望值$y(i)$之间一般呈非线性关系;(3)建模目标既不是使样本投影点局部尽可能密集,也不是使样本投影点尽可能偏离正态分布;(4)一般需建立样本期望值$y(i)$与样本投影值$z(i)$之间的非线性关系	无限制	推荐。主要应用于具有单指标评价标准区间的问题
模型❸	(1)~(3)与模型❶和❷相同;(4)一般无须建立样本投影值$z(i)$与期望值$y(i)$之间的非线性关系,也无须计算线性相关系数。主要应用于具有单指标评价标准区间的问题。一般情况下,模型❸结果与模型❶和❷之间存在较大差异	无限制	推荐。主要应用于具有单指标评价标准区间的问题
模型❹	(1)使样本投影点尽可能服从正态分布,不能实现使样本投影点整体上尽可能分散、局部尽可能密集;(2)和(3)与模型①相同;(4)无须确定R值	无限制	不推荐。聚类效果较差
模型⊖	(1)在二维平面上实现使样本投影点整体上尽可能分散、局部尽可能密集。(2)~(5)与模型①相同,最优化求解很困难。只有在R取合理值的情况下才能得到合理、有效、可靠的结果	无限制	推荐。最优化求解很困难,应用很少

模型	特性	适用条件	是否推荐使用
模型㊀	与模型㊀不同,分别建立相互垂直的第一维和第二维 PPC 模型①。在第一维、第二维投影方向上,特性(1)～(5)与模型①相同。但由于设定最佳权重大于 0,实际上是把所有评价指标被分成两组,分别向第一维和第二维投影方向投影,建立两个模型。没有讨论如何将两维投影值进行组合	无限制	不推荐。设定最佳权重大于 0 是不太合理的
模型㊁	与模型㊀不同,分别建立相互垂直的第一维和第二维、…、第 k 维 PPC 模型①。第一维、第二维、…、第 k 维模型,特性(1)～(5)与模型①相同。以各维目标函数值大小分配权重占比,采用矢量合成法将 k 维 PPC 模型综合成 LDSPPC 模型	无限制	推荐。尤其适用于小样本、贫样本问题的评价、排序和分类建模
模型㊂	建立第一维、第二维、…、第 k 维 PPC 模型,每维模型的样本投影点最大程度偏离正态分布。没有讨论如何合成 k 维模型	无限制	推荐。只适用于要求样本点最大程度偏离正态分布的场合

2. PPR 模型

PPR 模型的特性及适用条件等见表 2-2。

表 2-2　PPR 模型的特性及其适用条件

模型	特性	适用条件	是否推荐使用
H - PPR	(1)逐维建立岭函数,最优化求解难度较小;(2)Hermite 正交多项式的最高阶数根据问题复杂程度调整;(3)可对模型误差逐次建模,建立包含多个岭函数的 PPR 模型,拟合精度高;(4)应采用尽可能低的阶次和尽可能少的岭函数,以防止过拟合	无限制	推荐。必须防止出现过拟合
P - PPR	(1)逐维建立岭函数,最优化求解难度较小;(2)以样本一维投影值的线性、2 次、3 次、4 次多项式岭函数为基,建立 P - PPR 模型;(3)和(4)与 H - PPR 模型相同	无限制。一般地,数据拟合精度劣于 H - PPR 模型,而泛化能力优于 H - PPR 模型	同上
T - PPR	(1)、(3)与 H - PPR 模型相同;(2)以样本一维投影值的 2 次多项式岭函数为基,建立 T - PPR 模型;(4)应采用尽可能少的岭函数,以防止过拟合	无限制。数据拟合精度劣于 ANN 模型,泛化能力优于 ANN 模型。优于 RSM 模型	推荐。主要应用于试验优化设计的建模,可替代 RSM 和 ANN 模型

常用的群智能最优化算法原理

大多数 PP 模型是同时含有等式和不等式约束的高维非线性、复杂的最优化问题,求解全局最优解十分困难,尤其是求解第二维、第三维等 PP 模型时更困难。求解 PPC 模型最初采用拟牛顿法、梯度下降法等局部最优化方法,随着全局最优化理论研究尤其是群智能算法研究的不断深入,2000 年开始应用遗传算法(GA)及其基于实数编码的加速遗传算法(RAGA)。迄今已提出了上百种群智能最优化算法,主要包括模拟鸟、狮子、大象、蜜蜂、青蛙、蚁群、粒子群等各类陆生动物搜寻食物过程等,模拟樽海鞘、鲸鱼、黑脉金斑蝶等海洋动物捕食过程等,模拟闪电、静电-放电、入侵杂草与生物地理学混合、亨利气体溶解、基于蒸发水循环等自然界变化过程等,模拟人类教育与学习过程、政治优化器、正弦余弦和差分等数学方法,以及模拟橄榄球联盟竞争过程、猫-杜鹃-乌鸦之间的寄生-捕食过程,等等。已有 50 多种群智能最优化算法被引入到 PP 模型的最优化求解中,并取得了一定成效。

在 PPC 模型中,尤其是窗口半径 R 取较小值方案时,最优化结果通常都是不稳定的,很难求得全局最优解。况且,无论是哪一种群智能最优化算法,都不能保证每次运行都一定收敛到(求得)全局最优解。在群智能最优化算法中,有些算法的全局搜索能力较强,另有一些算法的局部收敛速度较快,而同时具备较强全局搜索能力和较快局部收敛速度的算法并不多。多数群智能最优化算法的性能并不是很好,尤其是在某些特殊结构数据的实际应用案例中,最优化效果较差,应用 GA、AGA、RAGA、蚁群算法(ACO)等多数案例都没有求得全局最优解。其中,群搜索最优化算法(group search optimization,GSO)、平衡器最优化算法(equilibrium optimizer,EO)、寄生-捕食算法(parasitism-predation algorithm,PPA)、人工生态系统最优化算法(artificial ecosystem-based optimization,AEO)、人工蜂群算法(artificial bee colony,ABC)、静电放电最优化算法(electrostatic discharge algorithm,ESDA)、海洋食肉动物捕食算法(marine predators algorithm,MPA)等同时具有较好的全局搜索能力和较快的局部收敛速度。

3.1 群搜索最优化算法原理

GSO

1. GSO 的主要策略

根据群居动物如鸟、鱼、狮子等觅食行为,提出了 GSO,全局搜索能力和局部收敛速度优于粒子群(PSO)、GA 等。动物觅食的主要策略为：①发现者发现食物；②加入者(也称追随者)分享食物；③游荡者在觅食区域内随机游荡，可避免陷入局部极小。

群搜索有发现者、加入者(追随者)和游荡者 3 个成员。在每轮迭代中，发现者处于当前最佳位置，并保持位置不变，随机选取其他个体作为加入者或游荡者，并使加入者向发现者移动一段距离，游荡者则朝任意方向游动一段距离。在整个迭代过程中，发现者始终处于当前最佳位置，加入者不断向发现者移动，游荡者随机游荡。每个个体可在 3 种角色间转换。与 SGA、CPSO 等相比，GSO 算法对单模态和多模态函数最优化问题均有明显优势，有更好的收敛性能。但收敛速度较慢，算法较复杂。

2. GSO 的改进

GSO 算法可以进一步改进，群成员的行为分类保持不变，如改变按搜索角度搜索为随机搜索；在生成个体新位置时，采用分量变异概率控制允许变异的维数，变异概率随迭代次数的增加而降低；用随机数控制随机值的正负号，以确定产生个体的新位置，应避免正负号比例出现 1∶1 的倾向；由旧位置加随机数构成游荡者的新位置，向量中各分量的正负号由随机数确定，增加向量的随机性。实证研究表明这些改进措施是有效的。改进 GSO 算法的计算步骤如下。

(1) 在 p 维搜索空间中，发现者、追随者和游荡者构成解群，在第 k 次迭代时第 i 个成员的位置为 $x_i^k \in \mathbf{R}^p$，经验为 $v_i^k \in \mathbf{R}^p$。所有成员的位置和经验值初始化为零。

(2) 在第 k 次迭代时，计算群中所有成员的适应度值，发现者是位置最好的成员，记为 x_{best}^k。在本轮迭代中发现者保持位置不变。如果 $x_{\text{best}}^k \neq x_{\text{best}}^{k-1}$，则随机选择10%的群成员按照公式(3-1)积累经验，再根据公式(3-2)调整位置；否则，所有成员都不积累经验和调整位置。

$$v_i^k = c_1 v_i^{k-1} + c_2 r_1 (x_{\text{best}}^k - x_{\text{best}}^{k-1}), \tag{3-1}$$

$$x_i^k = x_{\text{best}}^k + r_2 v_{\text{best}}^k 。 \tag{3-2}$$

其中，r_1 和 r_2 为在[0，1]范围内均匀分布的随机数构成的 p 维向量，c_1 和 c_2 为常数。在其余成员中，随机选择 80% 的追随者，并向发现者移动，即

$$x_i^k = x_i^{k-1} + r_3 (x_{\text{best}}^k - x_{\text{best}}^{k-1}) 。 \tag{3-3}$$

其中，r_3 的性质同 r_1 和 r_2。其他成员是游荡者，随机向任意方向移动一段距离，即

$$x_i^k = x_i^{k-1} + r_4 s \cdot m 。 \tag{3-4}$$

其中，r_4、s 和 m 均为 p 维向量，r_4 为服从正态分布 $N(0,1)$(均值为 0，方差为 1，下同)的随机数构成的向量，s 是步长向量，m 是由布尔值 0、1 构成的向量，表示各维是否发生变异。用(3-5)式求得

$$m = \begin{cases} 0, & r_5 < p_m \\ 1, & 其他 \end{cases} 。 \tag{3-5}$$

其中，r_5 为在[0，1]范围内均匀分布的随机数构成的 p 维向量。分量变异概率 $p_m = \dfrac{1.5}{p} + \left(\dfrac{4p}{k}\right)^2$。

（3）$k \leftarrow k+1$，返回公式（3-1）重新开始迭代，直至设定的迭代次数，输出发现者的位置。

3.2 寄生-捕食最优化算法原理

PPA

Mohamed 等提出的寄生-捕食群智能最优化算法（PPA）的基本思想是乌鸦-杜鹃-猫系统中三者之间的寄生-捕食关系。杜鹃把自己的蛋寄生在乌鸦蛋的附近，杜鹃排出的一种恶臭泄殖腔分泌物对雏鸟产生保护作用。杜鹃雏鸟还会散发出一种刺激性强烈和令动物讨厌的混合气体，从而使乌鸦和杜鹃的雏鸟免于来自猫科动物的危险。显然，这种乌鸦与杜鹃的互动有利于各自种群的生存和繁衍。事实上，生态系统中存在众多这种捕食、共生、共栖、寄生等生物链客体之间的依存关系。在 PPA 系统中，杜鹃是寄生者，而猫是乌鸦巢的捕食者。因此，乌鸦-杜鹃-猫的系统是由互利共生、寄生和捕食者组成的。此外，杜鹃对乌鸦有正反两方面的影响。该系统由一个资源和两个使用者构成，两个使用者竞争一个资源或相同的资源。杜鹃与乌鸦的雏鸟之间是共生与寄生关系，危险主要来自猫，两者之间的相互作用可以增强他们之间的寄生、共栖、共生关系。

当捕食者威胁较低时，杜鹃对乌鸦只有很小的正向影响，它们之间的相互作用主要是寄生关系（有或者没有杜鹃，乌鸦密度差异均小于0）。捕食者威胁为中等时，杜鹃对乌鸦的积极影响会更大，杜鹃与乌鸦之间从寄生关系变为共生关系（有和没有杜鹃，乌鸦的密度差异均等于0）和共栖关系（有和没有杜鹃，乌鸦的密度差异均大于0），保护作用增强。当捕食者威胁很大时，如果保护作用弱，猫就有可能杀死杜鹃，如果保护作用一直很强，物种一直处于高密度状态，杜鹃或者猫就有可能被消灭。

PPA 主要分为3个阶段：①筑巢阶段，发现乌鸦的巢。②寄生阶段，用杜鹃的蛋（寄生者）取代部分乌鸦的蛋（寄主）。③捕食阶段，发现猫、驱赶猫和追踪猫。具体算法如下。

（1）根据每个变量（指标）的上、下界，得到初始解

$$x_i^1 = x_i^{\min} + r_1(x_i^{\max} - x_i^{\min})。 \tag{3-6}$$

其中，$x_i^{\min}$、$x_i^{\max}$ 分别为变量的下界和上界，r_1 为[0,1]范围内服从正态分布 $N(0,1)$ 的随机数。

（2）第 k 次迭代的计算公式为

$$x_i^k = x_i^{k-1} + F(x_{r1} - x_i^{k-1}), \ i \in n_{\text{crow}}。 \tag{3-7}$$

其中，$r1$ 为随机指数，F 为 Levy 飞行的步长。

（3）在筑巢阶段，杜鹃从当前最佳位置出发，通过 Levy 飞行过程发现乌鸦的新巢，Levy飞行轨迹是随机的，步长由 Levy 分布的重尾概率分布控制。在搜索过程中，Levy 飞行轨迹优于均匀随机分布规律，可避免出现因过早收敛而进入局部最优区域，提高全局搜索能力。超界解（位置）的修正公式为

$$x_{i,\text{out}}^{\text{new}} = x_{i,\text{out}}^{\min} + \text{rand}(0,1)(x_{i,\text{out}}^{\max} - x_{i,\text{out}}^{\min})。 \tag{3-8}$$

（4）在寄生阶段（乌鸦-杜鹃），因为有杜鹃，捕食效率较低，猫很难生存。随着捕食效率提高，因为有猫，杜鹃越来越少。杜鹃蛋部分替换了乌鸦蛋，由于他们很相似，很难被发现，较容易发生寄生。因此，假设以概率 p_a 构建新的解以替代旧的解，杜鹃的新解为

$$x_{i,\text{new}}^{\text{Cuckoo}} = x_{i,\text{old}}^{\text{Cuckoo}} + S_G K, \tag{3-9}$$

$$S_G = \text{rand}(0,1)(X_{r2} - X_{r3})。 \tag{3-10}$$

其中，$x_{i,\text{old}}^{\text{Cuckoo}}$ 根据 Rolette 轮选取。S_G 为服从正态分布 $N(0,1)$ 的步长，K 为二元数矩阵，即

$$K = \text{rand}(0,1) > p_a。 \tag{3-11}$$

其中，递增系数 $p_a = t/2T$，T 是最大迭代次数，t 是当前迭代次数，二元数矩阵保留了部分原来的搜索空间。寄生开始时，二元矩阵元素均为 0，随着 1 的增多，种群得到改善。

（5）在捕食阶段（乌鸦-杜鹃），捕食效率较高，猫的数量快速增长，乌鸦数量减少，杜鹃生存资源不足，种群数量逐步减少，直至消亡。因为搜索空间是空的，猫不需要追踪模式。杜鹃幼鸟的混合排泄物可以驱赶猫，猫借助低恶臭的分泌物寻找没有被杜鹃占领的非寄生乌鸦巢。猫按照一定的速度沿每个维度移动，直至找到猎物。猫的高效捕食导致猫数量快速增长，乌鸦、杜鹃数量慢速增长。这个阶段由以下 3 步组成。

第一步：按下式更新每个维度的速度。

$$\nu_{k,d} = \nu_{k,d} + rc(x_{\text{best},d} - x_{k,d}), d = 1, 2, \cdots, M。 \tag{3-12}$$

其中，$\nu_{k,d}$ 表示第 k 只猫在第 d 维方向的移动速度，$x_{\text{best},d}$ 表示猫当前处于最佳适应度值的位置，$x_{k,d}$ 是第 k 只猫在第 d 维方向的位置，c 是常数，r 是在[0，1]范围内均匀分布的随机数。

第二步：检查当前速度是否超过最大值，如果超过，则设为最大值（最大速度从 1 逐步线性下降到 0.25）。

第三步：更新第 k 只猫的位置，计算公式为

$$x_{k,d} = x_{k,d} + \nu_{k,d}。 \tag{3-13}$$

PPA 的算法流程图略。在绝大多数情况下，PPA 的性能优于杜鹃算法（CS）、乌鸦算法（CSA）、猫群算法（CSO）、鲸鱼算法（WOA），PPA 比较好地平衡了全局搜索能力和局部收敛速度，综合性能比较好。

AEO

3.3 人工生态系统最优化算法原理

人工生态系统最优化算法（AEO）在全局搜索能力和局部收敛速度方面优于 ABC、重力搜索算法（GSA）、粒子群算法（PSO）、GA、海豚回声定位算法（DE）、教与学优化算法（TLBO）、CS、WOA、SOS、蚱蜢算法（GOA）、CSA、风力驱动算法（WDO）、人工物理算法（APO）、电磁场算法（EFO）、原子搜索算法（ASO）、萤火虫算法（FA）、蚁群算法（ACO）等。AEO 的人工生态系统由生产者、消费着和分解者构成。生产者保持全局搜索能力和局部收敛速度之间的平衡，消费者主要改善算法的全局搜索能力，分解者提高算法的局部收敛速度。

AEO 的工作原理：①人工生态系统由生产者、消费着和分解者 3 部分构成。②种群只有一个生产者。③种群只有一个分解者。④种群中有多种消费者，每一种都以相同的概率被选为食肉动物、食草动物或杂食动物。⑤目标函数的适应度值表示每个个体的能量水平，按降序排列，适应度值越大，表示能量水平越高。

3.3.1 生产过程

在生态系统中,生产者通过分解生成 CO_2、水、阳光及其他营养物质。种群中的生产者(最劣解)在上、下界范围内得到新解,而分解者(最优解)引导种群中的其他个体(如食草动物、杂食动物)更新位置。在这个生产过程中,AEO 算法在最优解(x_n)和搜索空间(x_{rand})内随机更新位置以获得新解。生产过程的数学表达式为

$$x_1(t+1)=(1-a)x_n(t)+ax_{rand}(t)。 \tag{3-14}$$

其中,n 是种群规模,线性权系数 $a=(1-t/T)r_1$,t 和 T 分别为当前的迭代次数和最大迭代次数,r_1 为[0,1]范围内均匀分布的随机数。搜索空间内的随机解 $x_{rand}=r(U-L)+L$,L 和 U 分别为解的下、上界,r 为[0,1]范围内均匀分布的随机数。

根据公式(3-14),线性权系数 a 使解随着迭代次数的增加,从随机位置逐渐向最优解逼近。

3.3.2 消费过程

生产过程完成后,消费过程就开始了。为了获得食物能量,每个消费者可能吃掉低能量水平的生产者或者消费者,或者同时吃掉两者,就像杜鹃、大黄蜂、鹿、狮子等动物觅食一样。在搜索空间内,根据 Levy 飞行轨迹更新位置。

(1)食草动物的位置更新　如果消费者是食草动物,以生产者为食物,则其位置更新公式为

$$x_i(t+1)=x_i(t)+C[x_i(t)-x_1(t)],\ t\in[2,3,\cdots,n]。 \tag{3-15}$$

其中,消费系数 $C=\dfrac{\nu_1}{2\,|\,\nu_2\,|}$,$\nu_1$、$\nu_2$ 是服从正态分布 $N(0,1)$ 的随机数。

(2)食肉动物的位置更新　如果消费者是食肉动物,以高能量水平的消费者为食物,则其位置更新公式为

$$x_i(t+1)=x_i(t)+C[x_i(t)-x_j(t)],\ t\in[3,4,\cdots,n], \\ j=rand_i([2\quad i-1])。 \tag{3-16}$$

(3)杂食动物的位置更新

如果消费者是杂食动物,以高能量水平的消费者和生产者为食物,则其位置更新公式为

$$x_i(t+1)=x_i(t)+Cr_2[x_i(t)-x_1(t)]+(1-r_2)[x_i(t)-x_j(t)],\ t\in[3,4,\cdots,n], \\ j=rand_i([2\quad i-1])。 \tag{3-17}$$

其中,r_2 是在[0,1]范围内均匀分布的随机数。

在消费过程中,AEO 按照上述方法更新最劣解或者随机选择解的位置,以确保算法具有更好的全局搜索能力。

3.3.3 分解过程

在生态系统中,分解过程是非常重要的,为生产者提供基本的营养物质。分解者将系统中死亡的个体腐烂或者分解为化学物质,分解者的位置更新公式为

$$\begin{cases} x_i(t+1) = x_n(t) + D[ex_n(t) - hx_i(t)], \ t \in [1, 2, \cdots, n], \\ D = 3\mu, \ \mu = N(0, 1), \\ e = r_3 rand_i([1 \quad 2]) - 1, \\ h = 2r_3 - 1. \end{cases} \tag{3-18}$$

其中,D 为分解因子,e 和 h 是权系数,r_3 是在$[0, 1]$范围内均匀分布的随机数。

每次迭代均根据公式(3-14)更新位置,再以相同的概率根据公式(3-15)、(3-16)、(3-17)更新位置。如果更新的位置适应度值更好,就接受,再根据公式(3-18)更新位置。如果更新的位置超过上、下界,则在搜索空间内重新生成解。上述过程交互进行,直至满足收敛条件为止。

3.4 人工蜂群最优化算法原理

ABC 有 3 种人工蜂群,分别是采蜜蜂、观察蜂和侦查蜂。采蜜蜂和观察蜂各占 50%,并且每一个蜜源只有一个采蜜蜂,即采蜜蜂数等于蜜源数,用 n 表示。随机生成 n 个初始解。搜索过程:①采蜜蜂在周边蜜源中选择一个蜜源。②蜂巢内的观察蜂与采蜜蜂分享蜜源。③观察蜂在周边蜜源中选择一个蜜源。④采蜜蜂离开蜜源后变成侦查蜂,并开始随机搜索新的蜜源。每个蜜源就是最优化问题中的一个可能解,蜜源质量(就是解的质量)用适应度值表示。观察蜂根据采蜜蜂分享的信息,以轮盘赌方式选择蜜源,即

ABC

$$p_i = \frac{f(x_i)}{\sum_{k=1}^{K} f(x_k)}. \tag{3-19}$$

其中,x_i 为第 i 只蜜蜂,$f(x_i)$ 为第 x_i 只蜜蜂的适应度值,$k \in 1, 2, \cdots, K$,K 为蜜蜂总数。观察蜂在 x_i 周边蜜源中选择一个邻近的蜜源。计算邻近蜜蜂的位置,即

$$x_i(c+1) = x_i(c) \pm \varphi_i(c). \tag{3-20}$$

其中,$\varphi_i(c)$ 是 x_i 附近随机产生的递进步长。若适应度值满足 $f[x_i(c+1)] > f[x_i(c)]$,则观察蜂的位置调整为 $x_i(c+1)$,否则不变。如果在达到限定的循环次数后,蜜蜂的适应度值仍没有改善,则采蜜蜂就离开该位置,变成侦查蜂,根据公式(3-21)更新 x_i 的位置,即

$$x_i^j = x_{min}^j + r(x_{max}^j - x_{min}^j). \tag{3-21}$$

其中,r 为在$[0, 1]$范围内均匀分布的随机数,x_{max}^j 和 x_{min}^j 分别为变量的上界和下界。

为克服公式(3-20)随机性较强的缺陷,提高全局搜索能力和局部收敛速度,可用下式代替公式(3-20)

$$x_i(c+1) = x_i(c) + (rand - m)\varphi_i(c). \tag{3-22}$$

其中,$rand$ 为在$[0, 1]$范围内均匀分布的随机数,m 为调节系数。实证研究表明,ABC 算法的全局搜索能力和局部收敛速度优于 GA、RAGA、PSO、DE、基于进化的粒子群算法(PSO - DE)、野草算法(invasive weed optimization,IWO)等。

3.5 平衡优化器最优化算法原理

平衡优化器(EO)最优化算法在全局搜索能力和局部收敛速度方面优于 GA、RAGA、PSO、GWO、GSA、樽海鞘算法(SSA)等。EO 算法根据在控制体积内物质保持平衡不变(物质守恒)的原理,用一阶差分方程表示物质的守恒,即单位时间内物质的变化量等于进入系统的物质加上系统内产生的物质、减去排出系统的物质,可表示为

$$V\frac{\mathrm{d}C}{\mathrm{d}t} = QC_{\mathrm{eq}} - QC + G。 \tag{3-23}$$

其中,C 是控制体积内的物质浓度,$V\dfrac{\mathrm{d}C}{\mathrm{d}t}$ 是物质的变化率,Q 是进出控制体积的容积流量,C_{eq} 表示平衡状态下的物质浓度,G 是控制体积内物质生产的速率。当 $V\dfrac{\mathrm{d}C}{\mathrm{d}t} = 0$ 时,系统达到平衡。公式(3-23)也可表示为

$$\frac{\mathrm{d}C}{\lambda C_{\mathrm{eq}} - \lambda C + \dfrac{G}{V}} = \mathrm{d}t。 \tag{3-24}$$

其中,$\lambda = \dfrac{Q}{V}$。根据积分 $\displaystyle\int_{C_0}^{C} \frac{\mathrm{d}C}{\lambda C_{\mathrm{eq}} - \lambda C + \dfrac{G}{V}} = \int_{t_0}^{t} \mathrm{d}t$ 得

$$C = C_{\mathrm{eq}} + (C_0 - C_{\mathrm{eq}})F + \frac{G}{\lambda V}(1 - F)。 \tag{3-25}$$

其中,$F = \mathrm{e}^{-\lambda(t-t_0)}$,$t_0$ 和 C_0 分别为起始时间和初始物质浓度。

公式(3-25)既可以在已知物质流动率情况下计算控制体积内的物质浓度,也可以在已知系统内物质生产率和其他条件的情况下计算物质平均流动率。EO 算法如下。

(1) 生成上、下界范围内的初始解 公式为

$$C_i = C_{\min} + rand_i \cdot (C_{\max} - C_{\min}),\ i = 1,\ 2,\ \cdots,\ n。 \tag{3-26}$$

其中,$C_{\max}$ 和 $C_{\min}$ 为解的上、下界,$rand_i$ 为在 $[0, 1]$ 范围内均匀分布的随机数,n 为种群规模。

(2) 平衡池和候选解 公式为

$$C_{\mathrm{eq,\ pool}} = \{C_{\mathrm{eq}(1)},\ C_{\mathrm{eq}(2)},\ C_{\mathrm{eq}(3)},\ C_{\mathrm{eq}(4)},\ C_{\mathrm{eq}(ave)}\}。$$

(3) 计算指数项 F 公式为

$$F = \mathrm{e}^{-\lambda(t-t_0)}。 \tag{3-27}$$

其中,时间 t 与迭代次数有关,$t = \left(1 - \dfrac{Iter}{Max\_Iter}\right)^{\left(a_2\frac{Iter}{Max\_Iter}\right)}$,$Iter$ 和 Max_Iter 分别是

当前的迭代次数和最大迭代次数;a_2 为与算法的局部收敛速度有关的常数。$t_0 = \frac{1}{\lambda}\ln\{-a_1 \text{sign}(r-0.5)[1-e^{-\lambda t}]\} + t$,$a_1$ 为控制算法全局搜索能力的常数,r 为在[0,1]范围内均匀分布的随机数,sign 为符号函数。

(4) 计算生产率 G 算法中最重要的参数之一,有利于改进局部收敛速度。一般取一阶衰减指数函数形式,$G = G_0 e^{-k(t-t_0)}$,G_0 是初始值,k 为衰减常数,一般可取 λ,则计算公式为

$$G = G_0 e^{-\lambda(t-t_0)} = G_0 F \text{。} \tag{3-28}$$

其中,$G_0 = GCP(C_{eq} - \lambda C)$,$GCP = \begin{cases} 0.5r_1, & r_2 \geqslant GP \\ 0, & r_2 \leqslant GP \end{cases}$,$r_1$、$r_2$ 分别为在[0,1]范围内均匀分布的随机数,GCP 是生产率控制参数。当 $GP = 0.5$ 时,算法同时具有较好的全局搜索能力和局部收敛速度,则

$$C = C_{eq} + (C_0 - C_{eq})F + \frac{G}{\lambda V}(1-F) \text{。} \tag{3-29}$$

其中,V 一般取单位体积。公式(3-29)中的第一项为物质平衡浓度,第二项、三项分别表示物质浓度变化率,第二项主要体现全局搜索能力,第三项主要体现局部收敛速度。

ESDA

3.6 静电放电最优化算法原理

静电放电最优化算法(ESDA)中电子设备(相当于解群)的优劣用适应度值(目标函数值)表示。通过电子设备个体间直接或间接静电放电,使低适应度值的电子设备向高适应度值的电子设备移动,获得最佳空间位置(即最优解)。ESDA 的全局搜索能力和局部收敛速度优于 GA、RAGA、DE、PSO、ABC、TLBO 等,而且具有设置参数少、收敛速度快、寻优精度高等特点。ESDA 计算原理如下:

(1) 生成初始解。在变量上界和下界范围内随机生成 n 个初始解群。电子设备的适应度值越大,其免疫力就越强。用计数器记录每个电子设备被损害的次数。随机生成 n 个电子设备的初始解:

$$x_i = L + rand(U-L), \ i = 1, 2, \cdots, n \text{。} \tag{3-30}$$

其中,x_i 为第 i 个电子设备的空间位置;L 和 U 分别为变量下界和上界(每个变量的下和上界可以不同),$rand$ 为在[0,1]范围内均匀分布的随机数。

(2) 迭代过程和群体解的逐步优化。从群体解中随机选择 3 个电子设备,并根据适应度值大小降序排列(即排第一位的适应度值最大)。在[0,1]范围内生成随机数 r_1,如果 $r_1 > 0.5$,则仅在两个电子设备之间发生静电放电;否则,3 个电子设备都发生静电放电。电子设备受损害或电子设备发生静电放电,计数器加 1。

① 若 $r_1 > 0.5$,假设电子设备 2 的适应度值最低,电子设备 1 的适应度值最高,所以电子设备 2 向电子设备 1 移动。当电子设备 2 移动到电子设备 1 附近时,两个设备之间发生静电放电,而且电子设备 2 受到损害,即所谓的直接静电放电。此时更新电子设备 2 的位置,即

$$x_{2\text{new}} = x_2 + 2rand_1(x_1 - x_2)。 \tag{3-31}$$

其中，$x_{2\text{new}}$为电子设备x_1与x_2之间发生静电放电时电子设备2的新位置；x_1和x_2分别为电子设备1、2的当前位置；$rand_1$为服从均值$\mu = 0.7$和标准差$\sigma = 0.2$的正态分布的随机数。

② 若$r_1 < 0.5$，则3个随机选择的电子设备都发生静电放电。假设电子设备3朝着另外两个电子设备移动，当移动到电子设备1和2的附近时发生静电放电，电子设备3受到损害，即所谓的间接静电放电，则根据公式(3-32)更新电子设备3的位置，计算公式为

$$x_{3\text{new}} = x_3 + 2rand_2(x_1 - x_3) + 2rand_3(x_2 - x_3)。 \tag{3-32}$$

其中，$x_{3\text{new}}$为电子设备x_1、x_2和x_3之间发生静电放电后电子设备3的新位置；x_1、x_2和x_3分别为电子设备1、2、3的当前位置；$rand_2$和$rand_3$均为服从正态分布的随机数，且与$rand_1$具有相同的分布规律。

(3) 假设电子设备静电放电超过3次就被损坏，则必须更新，即重新随机生成新的电子设备位置；否则，则产生随机数r_2。如果$r_2 < 0.2$，则假定电子设备已经损坏，必须更换，否则，电子设备就没有损坏。

(4) 将新生成的电子设备添加到原电子设备群体中，再按照电子设备个体适应度值的大小降序排列，选择前n个电子设备作为新一轮迭代的群体总量。如此循环往复，直到最大迭代次数，输出适应度值最大的位置。

3.7　海洋食肉动物捕食最优化算法原理

MPA是根据海洋食肉动物捕食过程中捕食者按照Levy和布朗运动觅食策略，捕食者与猎物之间以及海洋生态系统中不同生物之间的相互作用关系等而提出的。与GA、PSO、GSA、CS、SSA等，以及CMA-ES、SHADE、LSHADE-cnEpsin等高性能最优化算法相比，MPA算法在全局搜索能力和局部收敛速度方面仅次于LSHADE-cnEpsin，优于其他算法。MPA算法原理如下。

1. 生成初始解

在搜索空间的上、下界范围内随机生成n个初始解群体，即

$$x_i = x_{\min} + rand(x_{\max} - x_{\min}), \ i = 1, 2, \cdots, n。 \tag{3-33}$$

其中，x_i为海洋食肉动物的初始空间位置；$x_{\max}$、$x_{\min}$分别为搜索空间的上界和下界(每个变量的上、下界可以不同)，$rand$为在$[0,1]$范围内均匀分布的随机数。

根据适者生存理论，自然界中的最佳捕食者在觅食方面更有天赋。因此，可以构建最佳捕食者的精英者(elite)矩阵，其行和列表示猎物的位置信息为

$$elite = \begin{pmatrix} x_{1,1}^l & x_{1,2}^l & \cdots & x_{1,d}^l \\ x_{2,1}^l & x_{2,2}^l & \cdots & x_{2,d}^l \\ \vdots & \vdots & \vdots & \vdots \\ x_{n,1}^l & x_{n,2}^l & \cdots & x_{n,d}^l \end{pmatrix}。 \tag{3-34}$$

MPA

其中，x^l 表示最佳捕食者(适者)的矢量，n 是群体规模，d 是变量维数。捕食者和猎物都是群体成员，因为捕食者在寻找猎物，而猎物同时也在寻找食物。每次迭代时，如果最佳捕食者被位置更佳的捕食者替代，则更新精英者矩阵。

另一个矩阵是猎物(prey)矩阵，捕食者根据猎物矩阵更新位置。初始化猎物矩阵中的最佳捕食者构成了精英者矩阵。猎物矩阵为

$$prey = \begin{bmatrix} x_{1,1} & x_{1,2} & \cdots & x_{1,d} \\ x_{2,1} & x_{2,2} & \cdots & x_{2,d} \\ \vdots & \vdots & \vdots & \vdots \\ x_{n,1} & x_{n,2} & \cdots & x_{n,d} \end{bmatrix} 。 \tag{3-35}$$

2. MPA 的最优化过程

根据捕食者与猎物的不同运动速率，以及模拟捕食者与猎物的整个生命过程，可分为 3 种情况。根据捕食者与猎物的运动规律构建算法，每种情况都迭代一定的次数。

(1) 高速率或者猎物运动速度快于捕食者　主要是迭代初期，要求算法具有较好的全局搜索能力，最佳的运动策略就是捕食者保持不动。计算公式为

$$t \leqslant T/3, \ s_i = R_B \otimes (E_i - R_B \otimes P_i), \ P_i = P_i + pr \otimes s_i 。 \tag{3-36}$$

其中，t 为当前迭代次数；T 为最大迭代次数；R_B 表示布朗运动，是服从正态分布 $N(0,1)$ 的随机数构成的矢量；符号 $\otimes$ 表示克罗内克(Kronecker product)乘积；$R_B \otimes P_i$ 模拟猎物运动；$p = 0.5$ 是常数；r 是在 $[0,1]$ 范围内均匀分布的随机数构成的矢量。迭代运算刚开始时，必须具有较好的全局搜索能力。

(2) 运动速率恒定或者捕食者与猎物移动速度相当　该阶段(情况)模拟捕食者和猎物寻找食物的过程。在整个迭代算法的中期，既要保持较好的全局搜索能力，又要有较强的局部搜索能力(跳出局部最优区域)。设定一半的群体(猎物)更偏重于提高全局搜索能力，另一半群体(捕食者)则更偏重于提高局部搜索能力。该阶段设定速率为 1，猎物按照 Levy 飞行规律觅食，捕食者按照布朗运动规律觅食，可表示为

$$\frac{T}{3} \leqslant t \leqslant \frac{2}{3}T, \tag{3-37}$$

$$s_i = R_L \otimes (E_i - R_L \otimes P_i), \ P_i = P_i + pr \otimes s_i 。$$

其中，R_L 表示 Levy 运动轨迹，$R_L \otimes P_i$ 模拟猎物按照 Levy 飞行规律更新位置。通常，Levy 轨迹的步长较小，有利于提高局部收敛性能。另一半群体的运动规律可表示为

$$s_i = R_B \otimes (R_B \otimes E_i - P_i), \ P_i = E_i + pCF \otimes s_i 。 \tag{3-38}$$

其中，调节因子 $CF = \left(1 - \dfrac{t}{T}\right)^{\frac{2t}{T}}$，用于控制捕食者的步长；$R_B \otimes E_i$ 模拟捕食者根据布朗运动轨迹更新位置。

(3) 低速率或者捕食者的运动速度大于猎物运动速度　在整个迭代过程的最后 1/3 阶段，算法更聚焦于局部收敛性能。在速率 $v = 0.1$ 时，捕食者的最佳策略是按照飞行 Levy 规律更新位置，可表示为

$$t > \frac{2}{3}T, \ s_i = R_L \otimes (R_L \otimes E_i - P_i), \ P_i = E_i + pCF \otimes s_i。 \tag{3-39}$$

其中，$R_L \otimes E_i$ 模拟捕食者按照 Levy 飞行规律更新精英者位置。

3. 涡流的形成和集鱼装置效应

环境因素(如涡流或者集鱼装置等)也会导致海洋食肉动物行为的改变。如鲨鱼 80% 以上的时间停留在集鱼装置(FAD)附近，在其他 20% 的时间里则大范围游动(跳跃)捕食。集鱼装置相当于局部最优区域，算法易于陷入这些局部最优点而无法求得全局最优解。加大步长可以避免陷入局部最优区域。该过程可表示为

$$P_i = \begin{cases} P_i + CF[x_{min} + R \otimes (x_{max} - x_{min})] \otimes U, & r < FADs \\ P_i + [FADs(1-r) + r](P_{r1} - P_{r2}), & r > FADs \end{cases} \tag{3-40}$$

其中，$FADs = 0.2$ 时效果较好。U 是由 0 或者 1 构成的向量，由随机数确定，随机数小于 0.2 时为 0，否则为 1；x_{max}、x_{min} 为变量的上、下界，$r1$、$r2$ 是猎物矩阵的随机数，R 和 r 是在 $[0,1]$ 范围内均匀分布的随机数。

3.8 不同群智能最优化算法性能比较的实证研究

PP 建模是静态的，一般不涉及实时控制等，因此，对群智能最优化算法的性能要求主要是其全局搜索能力，尤其是跳出局部最优解的能力要求较高，而对算法的收敛速度要求相对较低。提出新的群智能最优化算法时，往往更趋向于比较算法的初期收敛速度，不太重视比较全局搜索能力。PP 最优化建模主要考察最优化算法的全局搜索能力(求得全局最优解的能力)和算法的稳健性(求得全局最优解的成功率)。在投影窗口半径 R 取较小值方案中，由于 PP 模型的目标函数值会随 R 的微小变化而改变，尤其是针对小样本和贫样本情况，最优化算法的结果不稳定，很难求得全局最优解。虽然群智能最优化算法都设有跳出局部最优解的环节，但并不能保证每次运行都能求得全局最优解。

为更好地说明问题，分别选取已经归一化和未经归一化的数据进行研究。现以如下 3 个实例加以说明。

1. 实证研究案例一

区域科技金融发展评价指标体系由 18 个指标构成，收集了 2015 年 20 个省份的数据，并经归一化处理，具体数据见表 3-1。

建模时取投影窗口半径 $R = 0.1S_z$ (即采用较小值方案)，采用 RAGA 最优化算法求得目标函数值 $Q(a) = 1.1325$，最佳投影向量 a 为 $\{a(1), a(2), \cdots, a(18)\} = \{0.0705, 0.1894, 0.1837, 0.3351, 0.3587, 0.1358, 0.1744, 0.2869, 0.1406, 0.3327, 0.2245, 0.2117, 0.1960, 0.2489, 0.3811, 0.1374, 0.0630, 0.2400\}$。采用前述群智能最优化算法，求得的最优解(每种算法均运算 20 次以上，取目标函数值最大的解，下同)见表 3-2。

48

表3-1 2015年20个省份区域科技金融发展评价指标的归一化数据

指标/参数	北京	上海	江苏	浙江	广东	安徽	福建	甘肃	贵州	黑龙江	湖北	湖南	辽宁	内蒙古	宁夏	山东	陕西	四川	天津	重庆
x_1	0.005	0.001	0.001	0.000	0.001	0.136	0.061	1.000	0.119	0.295	0.387	0.060	0.287	0.061	0.080	0.120	0.613	0.237	0.409	0.091
x_2	0.052	0.000	0.551	0.879	0.318	0.508	1.000	0.686	0.875	0.534	0.132	0.141	0.261	0.177	0.509	0.446	0.282	0.705	0.315	0.828
x_3	0.304	0.399	0.437	0.693	0.461	0.509	0.487	0.468	0.355	0.072	0.402	0.295	0.128	0.000	0.056	0.407	0.134	0.194	0.420	1.000
x_4	0.406	0.509	0.202	0.409	0.245	0.127	0.280	0.172	0.059	0.029	0.059	0.276	0.400	0.000	0.052	0.162	0.090	0.085	1.000	0.918
x_5	0.058	0.142	1.000	0.726	0.572	0.353	0.227	0.046	0.007	0.044	0.274	0.031	0.262	0.239	0.000	0.411	0.171	0.596	0.059	0.778
x_6	0.005	0.002	0.002	0.007	0.005	0.004	0.017	0.043	0.017	0.009	0.000	0.001	0.032	0.070	1.000	0.018	0.011	0.011	0.009	0.002
x_7	0.254	0.743	0.100	0.627	0.372	0.196	1.000	0.455	0.200	0.328	0.078	0.065	0.385	0.126	0.547	0.065	0.136	0.437	0.001	0.032
x_8	1.000	0.263	0.210	0.566	0.591	0.232	0.476	0.000	0.167	0.194	0.090	0.329	0.680	0.426	0.000	0.179	0.234	0.604	0.303	0.062
x_9	1.000	0.502	0.318	0.208	0.988	0.232	0.295	0.418	0.416	0.333	0.237	0.217	0.168	0.000	0.587	0.368	0.294	0.138	0.172	0.244
x_{10}	1.000	0.567	0.849	0.526	0.894	0.195	0.164	0.000	0.025	0.045	0.251	0.124	0.130	0.012	0.025	0.427	0.063	0.161	0.100	0.056
x_{11}	0.820	1.000	0.354	0.305	0.439	0.474	0.309	0.084	0.168	0.237	0.496	0.360	0.530	0.089	0.082	0.331	0.560	0.383	0.682	0.000
x_{12}	0.391	0.000	1.000	0.606	0.281	0.500	0.315	0.053	0.184	0.322	0.098	0.242	0.001	0.169	0.753	0.168	0.293	0.083	0.102	0.172
x_{13}	1.000	0.850	0.718	0.702	0.823	0.475	0.257	0.040	0.153	0.054	0.413	0.076	0.167	0.000	0.162	0.261	0.112	0.108	0.694	0.085
x_{14}	1.000	0.579	0.365	0.327	0.347	0.253	0.170	0.116	0.000	0.085	0.242	0.155	0.125	0.031	0.054	0.310	0.293	0.199	0.459	0.181
x_{15}	0.000	0.422	0.933	0.999	0.985	0.759	0.964	0.470	0.590	0.348	0.790	0.915	0.627	0.909	0.767	1.000	0.131	0.257	0.704	0.867
x_{16}	0.010	0.003	0.005	0.000	0.009	0.005	0.013	0.484	1.000	0.009	0.002	0.004	0.006	0.005	0.380	0.002	0.594	0.516	0.002	0.003
x_{17}	0.023	0.003	0.000	0.003	0.014	0.006	0.013	0.409	0.411	0.001	0.011	0.003	0.005	0.012	0.326	0.007	1.000	0.837	0.009	0.017
x_{18}	0.003	0.028	0.004	0.001	0.003	0.001	0.007	0.206	0.053	0.000	0.001	0.006	0.004	0.008	0.011	0.003	1.000	0.155	0.000	0.002

表 3 - 2 　 9 种群智能最优化算法求得的最优化结果对比

指标/参数	北京	⋯	重庆	GSO	PPA	AEO	ABC	EO	ESDA	MPA	RAGA	PSO	DPS[&]
x_1	0.005	⋯	0.091	0.033	0.000	0.034	0.032	0.068	0.000	−0.403	0.250	−0.085	0.024
x_2	0.052	⋯	0.828	0.003	0.014	0.002	0.001	0.000	0.001	−0.129	0.157	−0.207	0.002
x_3	0.304	⋯	1.000	0.000	−0.007	0.000	0.000	0.010	0.000	−0.011	0.210	0.060	0.000
x_4	0.406	⋯	0.918	0.000	0.002	0.000	0.000	0.089	0.000	−0.259	0.024	−0.144	0.000
x_5	0.058	⋯	0.778	0.001	−0.006	0.002	0.000	0.101	−0.001	−0.389	0.352	0.035	0.000
x_6	0.005	⋯	0.002	0.037	−0.013	0.037	0.037	0.051	0.000	−0.042	0.103	−0.020	0.000
x_7	0.254	⋯	0.032	0.000	−0.017	0.000	0.000	0.130	0.000	0.102	−0.110	0.242	0.000
x_8	1.000	⋯	0.062	0.000	−0.007	0.000	0.000	0.310	−0.001	0.235	−0.295	0.306	0.000
x_9	1.000	⋯	0.244	0.000	−0.012	0.000	0.000	0.222	0.033	0.360	−0.349	0.379	0.000
x_{10}	1.000	⋯	0.056	0.000	0.022	0.000	0.000	0.484	−0.002	0.264	−0.381	0.499	0.000
x_{11}	0.820	⋯	0.000	0.000	0.019	0.000	0.000	0.441	−0.008	0.219	−0.164	0.325	0.000
x_{12}	0.391	⋯	0.172	0.013	−0.003	0.013	0.014	0.000	0.000	−0.061	−0.047	0.131	0.000
x_{13}	1.000	⋯	0.085	0.000	0.000	0.000	0.000	0.510	−0.003	0.239	−0.369	0.300	0.000
x_{14}	1.000	⋯	0.181	0.000	−0.029	0.000	0.000	0.341	−0.001	0.398	−0.344	0.337	0.000
x_{15}	0.000	⋯	0.867	0.006	−0.004	0.005	0.007	0.000	0.000	−0.234	0.213	−0.199	0.006
x_{16}	0.010	⋯	0.003	0.639	0.640	0.640	0.638	0.000	−0.710	0.025	−0.136	−0.108	0.638
x_{17}	0.023	⋯	0.017	0.614	0.641	0.613	0.620	0.077	−0.701	0.046	0.017	0.054	0.645
x_{18}	0.003	⋯	0.002	0.461	0.420	0.460	0.453	0.070	0.000	−0.099	0.138	−0.005	0.419
R				0.043	0.042	0.043	0.043	0.054	0.039	0.046	0.051	0.056	0.043
S_z				0.426	0.424	0.427	0.426	0.544	0.386	0.459	0.506	0.556	0.426
D_z				8.907	9.200	8.903	8.902	4.356	7.560	9.262	5.670	4.963	8.667
$Q(a)$				3.798	3.903	3.798	3.796	2.368	2.918	4.247	2.867	2.757	3.690
r_{max}				1.462	1.448	1.462	1.459	2.074	1.126	2.234	2.430	2.289	1.449

注: ＿＿和＿＿表示最大、次大的目标函数值; ＿＿表示最小的目标函数值; & 表示采用 DPS 软件得到的最优化结果。对于 PPC 建模,目标函数值越大越接近全局最优解。

　　因为 PPC 建模的目标函数值是越大越优,原文献的目标函数值仅为 1.132 5,远小于表 3 - 2 所示 9 种群智能最优化算法的结果,说明没有求得全局最优解。当投影窗口半径 $R =$ 0.1S_z 时,上述群智能最优化算法都没有求得真正的全局最优解,但 MPA、PPA、GSO、

AEO、EO 的全局搜索能力相对较好。研究表明，在全局最优解附近，存在很多局部最优解，求解真正的全局最优解非常困难。当投影窗口半径取 $r_{max}/5 \leqslant R \leqslant r_{max}/3$（取中间适度值方案）时，上述群智能最优化算法都能求得全局最优解（MPA、GSO 等算法每次都能求得全局最优解，而 PSO、RAGA 等求得全局最优解的成功率相对较低）。当取 $R = \dfrac{r_{max}}{5}$ 时，求得全局最优解时的目标函数值 $Q(a) = 55.5801$，最佳投影向量 a 为 $\{a(1), a(2), \cdots, a(18)\} = \{0.0928, 0.2192, 0.1804, 0.2335, 0.3333, 0.0226, -0.1680, -0.3417, -0.3792, -0.3633, -0.2246, 0.0065, -0.3256, -0.2907, 0.2621, -0.0465, 0.0547, 0.0946\}$。如果增加目标函数值较小的群智能算法的运算次数，也可能求得更大的目标函数值。

2. 实证研究案例二

喷墨打印纸质量评价指标体系由 9 个指标构成，并收集了 7 种不同喷墨打印纸的客观性指标数据，原始数据见表 3-3。样本数据采用越大越优的极差归一化方式处理，归一化后的数据见表 3-4。

表 3-3　7 种喷墨打印纸质量评价指标的原始数据

纸样	x_1	x_2	x_3	x_4	x_5	x_6	x_7	x_8	x_9
S1	1.226	0.121	17.659	13179	0.753	214.852	3322	16.013	509.068
S2	1.301	0.127	15.859	12709	0.891	206.665	9875	19.017	555.54
S3	1.213	0.119	17.071	12375	0.696	207.253	9703	17.07	219.994
S4	1.214	0.12	19.467	11225	0.732	240.855	4049	16.242	243.191
S5	1.137	0.11	20.003	15593	0.928	218.664	109767	18.173	768.82
S6	1.134	0.121	19.137	12056	0.799	222.347	11107	17.639	498.526
S7	1.167	0.114	17.071	10671	0.767	231.609	9703	18.808	313.276

原文献取投影窗口半径 $R = 0.1S_z$，建立 PPC 模型，采用 GA 算法求得最优解时的目标函数值 $Q(a) = 0.3052$，最佳投影向量 a 为 $\{a(1), a(2), \cdots, a(9)\} = \{0.7372, 0.0601, 0.0073, 0.3228, 0.4980, 0.05123, 0.2246, 0.2114, 0.0575\}$。采用前述 9 种群智能最优化求得的最优解，见表 3-4。

在上述 9 种典型的群智能最优化算法中，PSO 的目标函数值最大，全局搜索能力最强，其次是 MPA，然后是 ABC，ESDA 最差，其他几种算法基本相当。从样本投影值可以看出，对于样本数量少于评价指标个数的贫样本（其实对于小样本也是如此）问题，在 $R = 0.1S_z$ 时，往往有多个（对）样本的投影值是相等的（主要是由于建模目标要求样本点局部尽可能密集所导致的）。即使目标函数值基本相等，建模结果也可能差别很大，如表 3-4 中 PPA 和 ABC* 的结果中，目标函数值均为 0.920，甚至都将样本分成 3 类，但无论是投影向量系数（权重），还是样本投影值均差别很大，分成 3 类的样本也不同。目标函数值在 0.884～0.951 范

表3-4　9种群智能最优化算法求得的最优化结果对比

纸样/参数	DPS&	GA#	GSO	PPA	AEO	ABC	EO	ESDA	MPA	RAGA	PSO	ABC*
S1	0.618	0.778	−0.158	−0.221	0.170	0.177	0.171	0.255	0.139	0.479	0.148	0.150
S2	0.905	1.610	−0.158	−0.221	0.170	0.175	0.171	−0.021	0.139	0.479	0.148	0.150
S3	0.367	0.581	−0.158	−0.221	0.170	0.176	0.171	−0.021	0.139	0.137	0.148	0.150
S4	0.617	0.572	−0.158	−0.221	0.170	0.173	0.171	−0.021	0.546	0.479	0.148	0.550
S5	2.228	1.294	1.645	−1.786	−1.633	1.519	−1.631	1.840	−1.296	2.220	1.489	−1.290
S6	0.906	0.540	0.310	−0.541	−0.302	0.177	−0.292	0.459	0.139	0.870	0.148	0.147
S7	0.617	0.580	0.310	−0.221	−0.302	0.177	−0.292	−0.021	0.139	0.479	0.148	0.150
x_1	0.021	0.737	−0.362	0.129	0.374	0.224	0.370	−0.292	0.083	−0.179	0.209	0.082
x_2	0.003	0.060	−0.543	0.178	0.539	−0.438	0.538	−0.299	0.587	−0.195	−0.427	0.583
x_3	0.338	0.007	0.218	−0.521	−0.209	0.267	−0.202	0.386	0.023	0.468	0.246	0.021
x_4	0.412	0.323	0.282	−0.378	−0.270	0.445	−0.280	0.460	−0.452	0.339	0.412	−0.415
x_5	0.412	0.498	0.226	−0.251	−0.236	0.161	−0.254	0.248	−0.136	0.419	0.199	−0.147
x_6	0.172	0.051	0.044	0.162	−0.043	0.008	−0.045	−0.144	0.228	0.142	0.003	0.237
x_7	0.660	0.225	0.522	−0.647	−0.528	0.669	−0.534	0.509	−0.579	0.508	0.700	−0.607
x_8	0.202	0.211	0.305	−0.161	−0.298	0.083	−0.285	−0.071	−0.092	0.107	0.052	−0.077
x_9	0.200	0.058	0.168	0.067	−0.167	−0.090	−0.148	0.345	−0.170	0.362	−0.109	−0.171
R	0.062	0.043	0.066	0.058	0.066	0.051	0.066	0.068	0.059	0.069	0.051	0.059
S_z	0.618	0.428	0.660	0.584	0.661	0.508	0.660	0.682	0.588	0.688	0.507	0.589
D_z	0.921	0.550	1.387	1.577	1.387	1.823	1.386	1.296	1.588	1.307	1.876	1.564
$Q(a)$	0.569	0.235	0.916	0.920	0.916	0.925	0.914	0.884	0.934	0.900	0.951	0.920
r_{max}	1.891	1.070	1.803	1.566	1.803	1.346	1.802	1.862	1.842	2.083	1.342	1.840
分类数	四类	四类	三类	三类	三类	二类	三类	四类	三类	四类	二类	三类

注：══ 和 ～～ 表示最大、次大的目标函数值；── 表示最小的目标函数值；* 表示 ABC 的第二组最优化结果，与第一组结果的目标函数值几乎相等，但评价指标权重、样本投影值及其分类结果却相差很大；# 表示原文献应用 GA 的最优化计算结果。& 表示采用 DPS 软件求得的最优化计算结果。

围内,样本既有被分成两类的,也有被分成4类的。因此,必须求得真正的全局最优解,否则,极有可能出现差别很大的结果。在所有最优化结果中,样本投影值标准差 S_z 相差不大,但局部密度值 D_z 相差较大,类别数越少,D_z 越大,目标函数值也越大。在全局最优解附近有很多局部最优解。原文献的目标函数值实际上是 0.235 2,远小于其他群智能算法的目标函数值,由此得到的评价指标最佳权重及其重要性排序、纸张打印质量及其排序结果都是值得商榷的。

当取 $r_{max}/5 \leqslant R \leqslant r_{max}/3$ 时，上述群智能最优化算法都能求得真正的全局最优解（MPA、GSO 等每次运行都能求得真正的全局最优解，而 PSO、RAGA 等的成功率相对较低）。取 $R = r_{max}/5$ 时，求得全局最优解时的目标函数值 $Q(a) = 6.4652$，$S_z = 0.6769$，$D_z = 9.5513$，$R = 0.3993$，$r_{max} = 1.9963$，最佳投影向量 a 为 $\{a(1), a(2), \cdots, a(9)\} = \{-0.0618, -0.3497, 0.3540, 0.4003, 0.3780, 0.0988, 0.5977, 0.0826, 0.2676\}$，样本投影值 $\{z(1), z(2), \cdots, z(7)\} = \{0.3549, 0.3549, 0.0943, 0.2971, 2.0906, 0.6038, 0.3549\}$。当取 $R = r_{max}/3$ 时，求得全局最优解的目标函数值 $Q(a) = 13.2131$，$S_z = 0.6984$，$D_z = 18.9179$，$R = 0.6876$，$r_{max} = 2.0627$，最佳投影向量 a 为 $\{a(1), a(2), \cdots, a(9)\} = \{-0.1485, -0.3391, 0.3407, 0.3916, 0.3894, 0.0749, 0.5516, 0.0943, 0.3510\}$，样本投影值 $\{z(1), z(2), \cdots, z(7)\} = \{0.3450, 0.3450, 0.0532, 0.2314, 2.1159, 0.6372, 0.3450\}$。

对比 $R = r_{max}/3$ 和 $R = r_{max}/5$ 的结果可知，两者的结果略有差异。相反，分别取 $R = r_{max}/5$ 和 $R = 0.1S_z$ 时，样本投影值和评价指标权重都相差很大。

同理，如果增加目标函数值较小的群智能算法的运算次数，也可能求得更大的目标函数值。

3. 实证研究案例三

已经归一化处理的样本数据见表 3-5，合计 14 个样本。其中，x_4 的数值为 0 或者 1 两种情况。取投影窗口半径 $R = 0.1S_z$，建立 PPC 模型，采用 PPA、AEO、ABC、ESDA 和 MPA 群智能算法，几乎每次运行都能求得全局最优解。求得目标函数值 $Q(a) = 2.549$，最佳投影向量 a 为 $\{a(1), a(2), \cdots, a(9)\} = \{0, 0, 0, 1, 0, 0, 0, 0, 0\}$，即除了 x_4 的权重等于 1 外，其他指标的权重都等于 0。样本被分成两类，投影值等于 0 或者 1。这是因为 R 值较小，把样本分成两类，每个类内的样本投影值都是相等的。从聚类效果看，这是最理想的结果。如果采用 GSO、EO、RAGA、PSO 算法，经 20 次运算均无法求得真正的全局最优解（不排除继续增加运算次数可求得真正全局最优解的可能）。取 $R = r_{max}/5$ 时，再采用上述群智能最优化算法，每次运行几乎都能求得真正的全局最优解，结果见表 3-5 的 MPA*（所有算法的结果都相同）。比较取 $R = r_{max}/5$ 和 $R = 0.1S_z$ 的结果可知，两者的差异很大。如在 $R = 0.1S_z$ 时，x_4 的权重等于 1；而在 $R = r_{max}/5$ 时，x_4 的权重几乎接近于 0（等于 0.028）。样本投影值及其排序和分类结果差异更大。

从上述 3 个实证案例可知，由于一维 PPC 模型的目标函数是同时含有等式和不等式约束的高维非线性最优化问题，在取 $R = 0.1S_z$ 时（取 $R = 0.01S_z$、$0.001S_z$ 等更小的值时，也得到类似的结果），由于 R 值很小，导致最优化结果随投影向量系数的细小变化而改变，绝大多数情况下（除样本数据非常有规律外，见第四章）结果很不稳定。所以，绝大部分群智能最优化算法都不能求得真正的全局最优解。而且，一般都会有多个（对）样本的投影值是相等的，虽然聚类效果很好，但无法实现完全排序。绝大部分群智能最优化算法或者全局搜索能力比较强，或者局部收敛速度比较快，两方面都比较好的算法不多。鉴于一维 PPC 模型目标函数在 $R = 0.1S_z$ 时的特殊性，没有哪一种算法一定是最优的，不同情况下，这些最优化算法各具优势和特色。所以，在实际应用中，至少应该比较两种以上算法的最优化结果。GSO、

表 3－5　9 种群智能最优化算法求得的最优化结果对比

样本/参数	x_1	x_2	x_3	x_4	x_5	x_6	x_7	x_8	R	S_z	D_z	$Q(a)$	r_{max}
S1	1	0	1	0	1	1	1	0.1					
S2	0.6	0.2	0.9	**1**	0.1	0.3	0	0.2					
S3	0	0	1	0	0.1	0	0	0.1					
S4	0.6	0	0.6	0	0.2	0.3	0.3	0.3					
S5	0.6	0.4	0.8	**1**	0.1	0.3	0	0.1					
S6	0.6	1	1	0	0.2	0.7	0.7	0.3					
S7	0.6	1	0	0	0.2	0.3	0	0.8					
S8	0	0.1	1	**1**	0.1	0	0	0.6					
S9	0	0	0.9	0	0.1	0	0	1					
S10	0	0	0.9	0	0	0	0	0					
S11	0	0.1	1	**1**	0	0.3	0.3	0.4					
S12	0	0	1	0	0	0	0	0.1					
S13	0.6	0	1	0	0.1	0.3	0.3	0.3					
S14	0.6	0	1	0	0	0	0	0.6					
GSO	0.227	−0.071	0.102	−0.270	0.245	0.575	0.640	−0.244	0.053	0.529	3.432	1.815	2.062
PPA	0.000	0.000	0.000	1.000	0.000	0.000	0.000	0.000	0.047	0.469	5.438	2.549	1.000
AEO	0.000	0.000	0.000	1.000	0.000	0.000	0.000	0.000	0.047	0.469	5.438	2.549	1.000
ABC	0.000	0.000	0.000	1.000	0.000	0.000	0.000	0.000	0.047	0.469	5.432	2.549	1.000
EO	0.231	−0.078	0.091	−0.270	0.217	0.582	0.643	−0.246	0.053	0.526	3.454	1.817	2.052
ESDA	0.000	0.000	0.000	1.000	0.000	0.000	0.000	0.000	0.047	0.469	5.438	2.549	1.000
MPA	0.000	0.000	0.000	1.000	0.000	0.000	0.000	0.000	0.047	0.469	5.438	2.549	1.000
RAGA	0.234	−0.078	0.087	−0.265	0.249	0.548	0.662	−0.248	0.053	0.529	3.436	1.818	2.064
PSO	0.241	−0.093	0.065	−0.261	0.224	0.545	0.671	−0.251	0.053	0.526	3.466	1.823	2.055
MPA*	0.129	−0.513	0.531	0.028	0.430	0.243	0.381	−0.220	0.429	0.436	45.08	19.65	2.144
DPS&	0.507	0.001	0.051	0.003	0.454	0.621	0.386	0.003	0.054	0.538	1.678	0.903	1.973

注：＿表示最大的目标函数值；＿和 ～ 表示 x_4 是 0 或 1，最佳权重为 1。＊表示 $R = r_{max}/5$ 时 MPA 和其他群智能算法求得的结果。＆表示采用 DPS 软件的最优化计算结果。

MPA、PPA 的整体性能相对较好，而且最优化结果比较稳定，应优先推荐使用。而 PSO、RAGA、GA、ACO 等算法整体性能相对较差，通常都不能求得真正的全局最优解，尽量不使用。虽然所有群智能算法都设有跳出局部最优的环节，但采用的参数不是"万能"的，并不能保证每次运算都能求得真正的全局最优解，一般需要多次运算才能得到。当取 $R = r_{max}/5$ 等中间适度值方案时，由于 R 值相对较大，目标函数值的大小不会随投影向量系数的细小变化而改变，所以，最优化结果比较稳定。采用绝大部分群智能最优化算法，都能求得真正的全局最优解，优先推荐使用 GSO、MPA、PPA 等算法。对于某些具有特殊结构的样本数据（如某个指标的所有归一化值是 0 或 1），往往得到很极端的结果，即某个指标的最佳权重等于 1，其他指标的权重均等于 0，这类结果虽然是最优解，但通常不一定是合理的。

常用的一维 PPC 模型及实证研究

一维 PPC 模型不仅是所有 PP 模型中最基础和最重要的一种独立模型,更是 PP 组合模型、PP 耦合模型、PPR 模型的基础。所以,建立可靠、合理、有效的一维 PPC 模型,是投影寻踪理论与应用研究最基础和最关键的工作。本章主要论述和研究各类一维 PPC 模型的建模过程、重要参数的选取原则、判断最优化过程求得真正全局最优解的原则,以及直观判断建模结果是否正确等一些简要方法和思路。

建立一维 PPC 模型,需要确定合理的投影窗口半径 R 值,选用正确的约束条件,对指标数据选用合适的归一化方法,判定是否已经求得了全局最优解,对样本、指标进行排序、分类,等等。

4.1 确定投影窗口半径 R 值的合理范围

从第二章可知,模型①、②、⑨、⑫和⑯的投影指标函数(目标函数)中都包含局部密度值 D_z,其中一维 PPC 模型①应用最广。局部密度 $D_z = \sum_{i=1}^{n} \sum_{k=1}^{n} (R - r_{i,k}) f(R - r_{i,k})$,即针对给定的样本数据,投影窗口半径 R 取不同的值,将得到不同的建模结果。R 值是决定上述 5 个模型建模结果的唯一参数,选取的 R 值合理与否,就直接决定了 PPC 建模结果的合理性。

Friedman 等在建立一维 PPC 模型①时,提出了选取 R 值的原则:

For moderate to large sample size N, the cutoff radius R is usually chosen so that the average number of points contained within the window, defined by the step function f($R - r_{i,k}$), is not only a small fraction of N, but increases much more slowly than N, say as $\log(N)$.

对于中等数量和大样本的建模数据,在阶跃函数确定的投影窗口半径 R 内的平均样本投影点个数不能太少,当样本数量 N 增大时,也不能增加太少,比如 $\log(N)$。并建议 R 取样本投影值标准差的 0.1 倍,即 $R = 0.1 S_z$。显然,R 值必定小于两两样本投影点之间的最大距离 r_{max}。

迄今为止,共提出了 5 种确定 R 值的方案:① $R=0.1S_z$,目前应用最广。参照这种方案,提出 R 取更小值的方案,如 $R=0.01S_z$ 和 $R=0.001S_z$ 等(为了后续叙述方便,将这几种取值方案简称为较小值方案)。② R 在 $r_{max} \leqslant R \leqslant 2m$ 范围内取值,其中 m 为评价指标个数,r_{max} 为任意两个样本之间的最大距离。当 $R \geqslant r_{max}+m/2$ 时,建模结果(最佳权重、样本投影值等)趋于稳定,从而 R 在 $[r_{max}+m/2, 2m]$ 范围内取值更合理。在实际计算时,多数取 $R=r_{max}+m/2$,也有部分取 $R=m$,等等(本书将这几种取值方案简称为较大值方案)。③ R 取常数的方案,既有取很小的常数(如 0.01),也有取很大的常数(如 100),以及取常数 $R=m$,等等(本书将这几种取值方案简称为常数方案)。④ R 应在 $[r_{max}/5, r_{max}/3]$ 范围内取值,通常取 $R=r_{max}/5$、$R=r_{max}/4$、$R=r_{max}/3$ 等(本书简称为中间适度值方案)。⑤ 取 $R=(r_{i,k})_{(j)}$,其中,$(r_{i,k})_{(j)}$ 为 $r_{i,k}$ 按降序排列的第 j 个值,$r_{i,k}$ 是样本 i 与样本 k 之间的绝对距离,j 等于不同类的样本之间绝对距离的个数。因此,采用该方案时,建模结果与分类数及分类情况密切相关,各类的类内样本数量必须是事先已知的,否则无法应用。

1. 较小值方案($R \leqslant 0.1S_z$)多数情况下欠合理

因为 $D_z = \sum\limits_{i=1}^{n} \sum\limits_{k=1}^{n} (R-r_{i,k}) f(R-r_{i,k}) = nR + 2\sum\limits_{i=1}^{n} \sum\limits_{k=i+1}^{n} (R-r_{i,k}) f(R-r_{i,k})$,所以,当 R 取较小值时,对绝大多数样本投影点来讲(即使在同一类内),满足 $R < r_{i,k}(i \neq k)$,从而使 $f(R-r_{i,k})=0$。即通常情况下,$2\sum\limits_{i=1}^{n} \sum\limits_{k=i+1}^{n} (R-r_{i,k}) f(R-r_{i,k})$ 的值很小,因而有 $D_z = nR + \varepsilon(R-r_{i,k}) \cong nR$。其中,$\varepsilon(R-r_{i,k})$ 相对于 nR 是很小的值。此时,模型 ① 的投影指标函数(目标函数)$Q(a) = S_z D_z \cong nS_z R = 0.1nS_z^2$,模型 ② 的目标函数 $Q(a) = S_z + D_z \cong S_z(1+0.1n)$,模型 ⑨ 的目标函数 $Q(a) = S(a)D(a)H(a) \cong nRS(a)H(a) \cong 0.1nS^2(a)H(a)$,模型 ⑫ 的目标函数 $Q(a) = [S(a)+D(a)+H(a)] \cong [(1+0.1n)S(a)+H(a)]$,模型 ⑯ 的目标函数 $Q(a) = |k_3| S(a)D(a) \cong nRS(a)|k_3| \cong 0.1nS^2(a)|k_3|$。

如果能使某两个样本的投影值相等,则 $2\sum\limits_{i=1}^{n} \sum\limits_{k=i+1}^{n} (R-r_{i,k}) f(R-r_{i,k}) \cong 2R$,因而有 $D_z = nR + 2R \cong (n+2)R$,此时,模型 ① 的目标函数 $Q(a) = S_z D_z \cong (n+2)S_z R = 0.1(n+2)S_z^2$,模型 ② 的目标函数 $Q(a) = S_z + D_z \cong (1.2+0.1n)S_z$,模型 ⑨ 的目标函数 $Q(a) = S(a)D(a)H(a) \cong (n+2)RS(a)H(a) \cong 0.1(n+2)S^2(a)H(a)$,模型 ⑫ 的目标函数 $Q(a) = [S(a)+D(a)+H(a)] \cong [(1.2+0.1n)S(a)+H(a)]$,模型 ⑯ 的目标函数 $Q(a) = S(a)D(a)|k_3| \cong (n+2)RS(a)|k_3| \cong 0.1(n+2)S^2(a)|k_3|$。显然,有两个样本投影值相等时的目标函数值明显大于没有样本投影值相等时的结果。因此,R 取较小值方案($R \leqslant 0.1S_z$)时,模型 ①、②、⑨、⑫ 和 ⑯ 最优化结果的最大特征就是有两个或者多个(对)样本的投影值是相等的,具体可见表 3-4。其中,样本 S1 ~ S3 的投影值是相等的。表 3-5 中样本 S2、S5、S8 和 S11 的投影值等于 1,其他 10 个样本的投影值等于 0。因此,如果一维 PPC 模型 ① 求得的目标函数值小于 $0.1nS_z^2$,其结果必定是错误的。如果 PPC 模型 ② 求得的目标函数值小于 $(1+0.1n)S_z$,其结果也是错误的。同理,可简单判定模型 ⑨、⑫、⑯ 的结果正确与否。

上述模型①和②目标函数值的简化公式似乎仅仅与 S_z(表示样本投影点整体上尽可能分散)有关,而与表示样本投影点局部尽可能密集的 D_z 无关,但实际情况并非如此。从 D_z

的简化公式可知，S_z 越大 D_z 也越大，表明 R 取较小值方案时，样本投影点整体上越分散与局部样本点越密集是一致的，尤其是当部分样本的投影值相等时，更是如此。表 3-4 中，如果 7 个样本分成两类，第一类 6 个样本的投影值都等于 0.148，第二类只有一个样本，投影值为 1.489；表 3-5 的结果也是如此。此外，由于样本投影值的标准差 S_z 的值相对较小，上述模型目标函数值的大小主要取决于 D_z。在群智能最优化过程中，由于微小量 $\varepsilon(R-r_{i,j})$ 较小且不稳定，如果指标最佳权重出现少量的变化，目标函数值往往也会发生改变，导致最优化搜索过程很可能在小范围内振荡。最优化过程不稳定，也不收敛，很多时候不能求得真正的全局最优解。当然，大多数群智能最优化算法理论上都设置了跳出局部最优解的算法，都可以求得全局最优解。但实践中，由于一维 PPC 模型的目标函数十分复杂，求解很困难，多数群智能最优化算法往往无法求得真正的全局最优解。事实上，在采用 $R=0.1S_z$ 方案的不少文献没有求得真正的全局最优解。如第三章实证研究案例一的数据，取 $R=0.1S_z$ 时，采用多种群智能最优化算法，多次改变模型参数，每组参数运算 20 次以上，都无法求得真正的全局最优解。

另一方面，R 取很小值时，在投影窗口内往往只有很少几个样本（如 1~3 个），投影点之间的绝对距离 $r_{i,k}$ 小于 R，有时窗口内甚至只有一个样本，这与选取 R 值的原则是相矛盾的。如果不同样本的各个指标值几乎成比例，很有规律。如水质评价中不同水质等级标准的数据（即分界值样本），取 $R=0.1S_z$ 和设定最佳权重大于 0 时，无论权重怎么变化，窗口内始终都只有一个投影点，即不影响 D_z 的大小，很容易求得真正的全局最优解。此时，取 $R=0.1S_z$ 也是合理的。当然，如果不限定最佳权重大于 0，会出现几个样本投影值相等的情况，扭曲水质等级与评价指标之间的关系。所以，对于建立一维 PPC 模型 ①、②、⑨、⑫、⑯ 而言，最优化算法求得了模型真正的全局最优解，但不一定就等于建立了正确、合理的模型，这一点尤其要引起重视。

根据上述分析、讨论和第三章的实证案例研究结果，R 取较小值方案多数情况下是欠合理的，也很难求得真正的全局最优解。

2. R 取较大值方案不成立

根据局部密度 D_z 的计算公式，取 $R>r_{\max}>r_{i,k}$ 时，有 $f(R-r_{i,k})=1$，即

$$D_z = \sum_{i=1}^{n}\sum_{k=1}^{n}(R-r_{i,k})f(R-r_{i,k}) = n^2 R - 2\sum_{i=1}^{n}\sum_{k=i+1}^{n} r_{i,k} = n^2 R - 2D_z^0 。$$

其中，D_z^0 为所有两个不同样本之间的距离之和。因此，模型①的投影指标函数为

$$Q(\boldsymbol{a}) = S_z D_z = S_z(n^2 R - 2D_z^0) 。$$

要使 $Q(\boldsymbol{a})$ 取得最大值，应使 S_z 取值尽可能大，使所有样本投影点在整体上尽可能分散；而 D_z^0 取值应尽可能小，使所有样本投影点整体上（因为所有样本点在同一个投影窗口半径内）尽可能密集。两者不可能同时实现。

模型②的投影指标函数 $Q(\boldsymbol{a})=S_z+D_z=S_z+n^2 R-2D_z^0$，同理，要使模型 ② 的投影指标函数取得最大值，应使 S_z 取值尽可能大和使 D_z^0 取值尽可能小，两者是相互矛盾的。模型 ⑨、⑫ 和 ⑯ 也是如此。

事实上，如果对样本数据进行极差归一化处理，有 $0 \leqslant x_{i,k} \leqslant 1$，根据模型 ① 的约束条

件有 $|a_k| \leqslant 1$。因此，$z(i) = \sum\limits_{k=1}^{p} a_j x_{i,k} \leqslant \sum\limits_{k=1}^{p} a_k$。由极值定理，$z(i)$（或者 $\sum\limits_{k=1}^{p} a_k$）取得极大值的条件是令 $\dfrac{\partial z}{\partial a_1} = \dfrac{\partial z}{\partial a_2} = \cdots = \dfrac{\partial z}{\partial a_{p-1}} = 0$。根据模型①的约束条件①有 $a_1^2 + a_2^2 + \cdots + a_p^2 = 1$，即只有 $(p-1)$ 个最佳权重是独立的。因此，当且仅当 $a_1 = a_2 = \cdots = a_{p-1} = \sqrt{1 - (a_1^2 + a_2^2 + \cdots + a_{p-1}^2)}$ 时，即 $a_1 = a_2 = \cdots \cdots = a_p = \pm\dfrac{1}{\sqrt{p}}$ 时 $z(i)$ 取得极大值，从而有 $-\sqrt{p} \leqslant z(i) = \sum\limits_{k=1}^{p} a_k x_{i,k} \leqslant \sum\limits_{k=1}^{p} a_k \leqslant \sqrt{p}$。因此，理论上 $r_{max} \leqslant 2\sqrt{p}$。

一维 PPC 模型①理论上之所以能使样本投影点局部尽可能密集，就是因为在局部密度值 D_z 中存在一个由投影窗口半径 R 控制的阶跃函数，只有两两样本之间的距离小于 R 值时 D_z 才进行求和计算，所以，D_z 值越大表示样本投影点局部越密集。如果投影窗口半径 R 值大于所有两两样本之间的最大距离，所有样本点都在同一个投影窗口半径内，实际上就变成了使所有样本投影点整体上尽可能密集，D_z 就不能实现使样本投影点局部尽可能密集的目的了。这与 Friedman 等提出一维 PPC 模型①的原始建模目标背道而驰。

综上所述，R 取较大值方案不成立。

特别提示 千万不能把求解最佳投影向量系数（权重）a_k 使 $Q(\boldsymbol{a}) = \max(S_z D_z)$ 取得极大值，异化为求投影窗口半径 R 取什么值时使目标函数取得极大值。这是两个完全不同的概念，不能混为一谈。事实上，R 取某个值时，总存在最佳权重而使目标函数 $Q(\boldsymbol{a})$ 取得极大化。

特别提示 如果采用极差归一化，评价指标归一化的最大值等于 1，则样本投影值必定在 $[-\sqrt{p}, \sqrt{p}]$ 范围内，否则一定是错误的。可以类推，如果归一化后的最大值为 $(x_{i,k})_{(max)}$，则样本投影值必定在 $[-\sqrt{p}, \sqrt{p}](x_{i,k})_{(max)}$ 范围内。

特别提示 R 取值不能大于 r_{max}，否则不能实现使样本投影点尽可能密集的目的。实际上，R 应该小于 $r_{max}/2$。

特别提示 取 $R \geqslant p/2 + r_{max}$ 时，一维 PPC 模型①的建模结果趋于稳定，既是对 PPC 建模的误解，也不成立。事实上，Friedman 等提出建立一维 PPC 模型时指出，比较不同投影方向上的数据结构特性，以确定最"感兴趣"的方向。所谓不同投影方向，就是 R 取不同的值，得到不同的建模结果。如果建模结果是稳定的，那就不能发现"感兴趣"的方向了。当 $R \geqslant r_{max}$ 时，建模结果就趋于稳定了。

3. R 取常数方案欠合理

由上述分析可知，取 $R > r_{max}$ 的常数（如 $R = p$）是错误的。取 $R < r_{max}$ 的不同常数，将得到不同的建模结果。因为 $r_{max} \leqslant 2\sqrt{p}$，而且 r_{max} 与样本数据的结构特性有关，也与最佳权重有关，既可以接近于 $2\sqrt{p}$，也可以小于 1。在没有先验知识的情况下，很难确定合理的 R 常

数值。因此,取 $R < r_{max}$ 的常数虽然不是错误的,但没有普遍意义,是欠合理的。对于模型②、⑫,R 取常数,可能出现大数吃小数的情况。

> **特别提示** 随着 R 从小到大变化,最佳权重变化具有很好的规律性。

4. R 取中间适度值方案($r_{max}/5 \leqslant R \leqslant r_{max}/3$)较合理

R 取中间适度值($r_{max}/5 \leqslant R \leqslant r_{max}/3$)方案,即投影窗口半径 R 在两个样本投影点之间最大距离 r_{max} 的 $1/5 \sim 1/3$ 范围内取值,投影窗口在移动过程(改变样本点位置,导致投影窗口移动)中,平均包含了全部样本的 $1/5 \sim 1/3$ 个投影点。这与通常习惯把所有样本分为 $3 \sim 5$ 类是基本吻合的,并且符合"使投影窗口内包含的平均样本投影点个数不能太少,当样本数量增大时,样本点个数也不能增加太少"的基本原则。R 值直接取决于 r_{max}(针对不同样本的实际问题,r_{max} 通常都是不同的)。但是,R 无论怎样改变,投影窗口在移动过程中,窗口内的样本点个数变化不会太大,并且当样本数量增大时,r_{max} 并不会出现较大的变化,即 R 值与样本数量关系不大。因为,$r_{max} \leqslant 2\sqrt{p}$,$R$ 值与评价指标个数有关。而且,在最优化计算之前,指标数据都要进行归一化处理,原始数据中的个别异常值也不会使 r_{max} 出现较大的变化。因此,R 值与个别样本的极端(异常)值以及样本数量无关。R 在上述中间适度值范围内取不同的值,最佳权重也会随 R 值的变化而有所改变。R 取中间适度值方案的值,一维PPC模型①、②、⑨、⑫和⑯的建模结果相对比较稳定。事实上,一维PPC模型可以比较沿不同投影方向的数据结构特性,从而揭示样本数据的不同特征和规律。因此,R 在 $[r_{max}/5, r_{max}/3]$ 范围内取不同值时的建模结果,真实体现了PPC建模的本质特性和精髓。因此,建立一维PPC模型①、②、⑨、⑫和⑯时,R 取中间适度值方案是合理的,并且各指标的最佳权重既有变化又相对稳定。

事实上,中间适度值方案是开放式方案。针对二分类问题,适度值方案的上限可以扩大到 $r_{max}/2$;要将样本分成更多类,其下限可以减小到 $r_{max}/9$、$r_{max}/11$ 等。可根据实际问题和不同分类数的需要,遵循上述中间适度值方案的基本原则,R 选取较小(如 $r_{max}/9$)或者较大(如 $r_{max}/2$)的值。一般情况下,在 $R \in [r_{max}/5, r_{max}/3]$ 内取值更为适宜。

5. $R = (r_{i,k})_{(j)}$ 方案只在特殊情况下才有意义

D_z 的作用是使样本点局部尽可能密集,最理想情况是所有同类的类内样本点满足 $R > r_{i,k}$,从而使阶跃函数 $f(R - r_{i,k}) = 1$,即保留类内投影点信息进行求和计算。不同类的样本点满足 $R < r_{i,k}$,此时 $f(R - r_{i,k}) = 0$,即不同类的投影点不求和计算。R 的最理想值应满足相邻类的样本之间的最小距离大于同一类内样本之间的最大距离,以实现计算局部密度 D_z 时计算所有类内样本之间的距离,不计算不同类的样本之间的距离(以下称为计算纯类内样本之间距离)。

分析一组特殊分布的样本投影值,假定15个样本的投影值分别为 0.8、0.9、1.0、1.1、1.2、1.8、1.9、2.0、2.1、2.1、2.8、2.9、3.0、3.1、3.2。显然,样本点被分成3类,样本投影值区间分别为 $[0.8, 1.2]$、$[1.8, 2.1]$ 和 $[2.8, 3.2]$,同一类内样本之间的最大距离为 0.4,相邻类样本之间的最小距离为 0.6,满足上述条件。R 取 $[0.4, 0.6]$ 范围内的值(不是常数)都是合理的,在计算 D_z 时只计算纯类内样本之间的距离。此时 D_z 可以称为类内样本点局部密度值。针对这个特殊数据案例,R 如果取较小值方案,$R = 0.086$,显然,在窗口半径

内最多只有一个投影点，不能实现使样本点局部尽可能密集；如果 R 取较大值，所有样本点都在同一个窗口内，分类效果较差；如果取常数，不仅很难确定，而且不合适；如果 R 取中间适度值方案，即 R 取 $[0.48, 0.80]$ 范围内的值（不是常数），与最优区间 $[0.40, 0.60]$ 有交叉，只要在中间适度值方案中取 $[0.48, 0.60]$ 范围内的值，都是合理的。而且，中间适度值方案是一个开放式的方案，针对上述特殊结构数据完全有效。

根据上述特殊结构的样本投影值，提出了确定 R 值的方案 $R = (r_{i,k})_{(j)}$。首先假设所有样本点被分成 K 类，每类的样本个数分别为 n_1、n_2、$\cdots$、n_K。将 $r_{i,k}$ 从大到小降序排列，此时 $R = (r_{i,k})_{(j)}$ 为第 j 个 $r_{i,k}$，其中 $j = n^2 - (n_1^2 + n_2^2 + \cdots + n_K^2) = \sum_{i,k=1, i \neq k}^{K} n_i n_k$。如果满足上述设定条件，则 $(r_{i,k})_{(j)}$ 等于相邻类样本之间的最小距离。针对本例，$n_1 = n_2 = n_3 = 5$，$n = 15$，$j = 150$，则 $R = (r_{i,k})_{(150)} = 0.6$，显然计算 D_z 只计算纯类内样本之间的距离。

特别提示 R 取中间适度值方案，即使个别指标出现极端值，因为 $r_{max} \leqslant 2\sqrt{p}$，$r_{max}$ 不会被无限扩大，窗口半径也不会无限变大，窗口不会过宽，可以确保分类效果。

特别提示 除上述假想的特殊结构的样本投影值外，实际应用案例很难满足类内样本之间的最大距离小于相邻类样本之间的最小距离的设定条件。实际情况往往是类内样本之间的最大距离远远大于相邻类样本之间的最小距离。更何况一维 PPC 建模之前根本不知道应该把样本分成几类、各个类内到底有多少个样本等。如果分类数不同，或者每类内的样本个数不同，都将得到不同的结果；不知道分类结果，根本无法应用。如果最优化过程中采用 K-means 法聚类，并且满足类内样本之间的最大距离小于相邻类样本之间的最小距离，往往无法得到可靠的结果。本书的所有案例，都不符合上述设定条件。

取 $R = (r_{i,k})_{(j)}$ 方案，采用 RGA 最优化算法求得最优解，将 14 个样本分成 4 类，每类的样本个数分别为 4、4、3、3（样本投影值从小到大排列），采用 K-means 聚类方法，建立了模型 ①。14 个样本的投影值分别为 0.7014（Ⅳ类）、0.6333（Ⅳ类）、1.2906（Ⅲ类）、1.2480（Ⅲ类）、1.7141（Ⅱ类）、1.7653（Ⅰ类）、1.9472（Ⅰ类）、1.4466（Ⅱ类）、0.7436（Ⅳ类）、1.2461（Ⅲ类）、1.3418（Ⅱ类）、0.6736（Ⅳ类）、2.189（Ⅰ类）、1.2763（Ⅲ类）。计算得到相邻类样本之间的最小距离为 0.0512（Ⅱ类样本的最小值与Ⅲ类样本的最大值之差、Ⅰ类样本的最小值与Ⅱ类样本的最大值之差），类内样本之间的最大距离分别为 0.4237（Ⅰ类）、0.4661（Ⅱ类）、0.0445（Ⅲ类）、0.1103（Ⅳ类）。显然，类内样本之间的最大距离远远大于相邻类样本之间的最小距离，根本不满足取 $R = (r_{i,k})_{(j)}$ 方案设定的条件。而且，$j = 146$，$R = (r_{i,k})_{(146)} = 0.1560$，既大于Ⅰ与Ⅱ类、Ⅱ与Ⅲ类等相邻类样本之间的最小距离，即在投影窗口半径内包含了不同类的样本（称为跨样本情况），又小于Ⅰ类、Ⅱ类等类内样本之间的最大距离，即同一类的样本在不同投影窗口半径内（称为跨窗口情况），不能实现计算 D_z 时只计算纯类内样本之间距离的初始设想。上述样本投影值都不相等，也说明没有实现使样本投影点局部尽可能密集的目标。

相反，取 $R = 0.1S_z$，样本投影值分别为 0.9880、1.1117、1.8716、1.5331、1.8483、1.8484、2.1520、2.1201、0.6188、1.8484、1.8484、1.1258、2.4110、1.4560，建模结果中就有 4 个样本的投影值几乎是相等的（投影值分别是 1.8483、1.8484、1.8484、1.8484），

在取 $R=(r_{i, k})_{(146)}$ 方案中,样本投影值分别为 1.7141、1.7653、1.2461、1.3418,分别属于 Ⅱ、Ⅰ、Ⅲ、Ⅱ 类。说明取 $R=0.1S_z$ 方案时,样本投影点局部尽可能密集的效果更好。事实上,将上述样本分为 4 类是欠合理的,分为 3 类更为合理。

> **特别提示**　如果不满足相邻类样本之间的最小距离大于类内样本之间的最大距离的条件,取 $R=(r_{i, j})_{(k)}$ 方案是没有意义的。在实际应用中,很少能满足上述设定的条件。

> **特别提示**　取 $R=0.1S_z$ 的较小值方案与取 $2p \geqslant R \geqslant p/2+r_{max}$ 较大值方案,是两个完全不同的取值方案。绝对不能出现无法实现的歧义方案"R 值的一般选取要求为 $0.1S_z$,通常 R 的合理取值范围是 $2p \geqslant R \geqslant p/2+r_{max}$"。$R=0.1D_z$ 方案是错误的。不能把局部密度值错误地写成 $D_z=\sum_{i=1}^{n}\sum_{k=1}^{p}(R-r_{i, k})f(R-r_{i, k})$。

6. 小结

(1) 取 $R=0.1S_z$ 较小值方案　由于 R 值较小,投影窗口半径内通常只有很少的样本投影点个数(甚至只有一个),不能真正实现局部尽可能密集。

(2) 取 $2p \geqslant R \geqslant r_{max}$ 较大值方案不成立　所有样本投影点都在同一个窗口半径内,不能实现使样本投影点尽可能密集的目标,必须取 $R < r_{max}$。

(3) 取 $R < r_{max}$ 的常数虽然不是错误的,但很难确定其合理值　对于模型②、⑫,可能存在大数吃小数的问题。

(4) 取 $R=(r_{i, k})_{(j)}$ 方案　只有在相邻类样本之间的最小距离大于类内样本之间的最大距离时才有意义,其他情况没有意义。

(5) R 在 $[r_{max}/5, r_{max}/3]$ 范围内取值　中间适度值方案是合理的,可根据分类数的多少,适度扩大取值区间的上下界,如取 $[r_{max}/11, r_{max}/2]$。

(6) 样本投影值 $-\sqrt{p}(x_{i, k})_{(max)} \leqslant z(i) \leqslant \sqrt{p}(x_{i, k})_{(max)}$　否则建模结果必定是错误的,而且 $r_{max} \leqslant 2\sqrt{p}(x_{i, k})_{(max)}$。如果归一化的最大值等于 1,则 $z(i)$ 在 $[-\sqrt{p}, \sqrt{p}]$ 范围内。

(7) R 值是决定建模结果的唯一参数　R 值不同,建模结果也不同,因此,必须给出 R 取值方案,否则,只给出建模结果是没有意义的。

4.2　确定正确的最佳权重约束条件

Friedman 等只给出了约束条件 $\sum_{j=1}^{p}a_j^2=1$,没有明确限定 a_j 的取值范围。在欧氏空间中,把 p 维数据 X 线性投影到 $k(k \ll p)$ 维空间中得到投影值 Z,数学表达式为 $Z=XA^{\mathrm{T}}$,$X \in \mathbb{R}^m$,$Z \in \mathbb{R}^k$。其中,A 是秩为 k 的 $k \times p$ 阶满秩矩阵,A 的 k 个行向量之间相互正交,每行都是单位向量。当 $k=1$ 时,A 变为 p 维单位向量 a。由于 A 是相互正交的 k 个单位行向量,可以向任意角度($0 \sim 360°$)投影,所以 A 的每个元素的取值范围必定在区间 $[-1, 1]$ 内。因此,在建立一维PPC模型时,除了必须满足约束条件 $\sum_{j=1}^{p}a_j^2=1$ 外,还必须限定每个评价指标最佳权重的取值范围为 $1 \geqslant a_j \geqslant -1$。所以,公式(2-4)、(2-5)的约束条件 ① 是正确的,约束条件 ② 在特定条件下才正确。如果在 PPC 最优化建模之前,对所有逆向指标都正向化处理,再进行指标数据的归一化(规格化),并假定这些指标数据符合正向化规律(假定所有指标数据之间都是正相关),采用约束条件 ②,最优化计算结果也往往会出现多个指标的权重等于或者非常接近于 0 的情况。如果约束条件、模型、求解最优解过程都正确,这些权重几乎等于 0 的指标都是无效指标,这与实际情况和已有的先验知识严重不符。如有的文献,15 个指标中有 7 个指标的权重等于 0,占 46.7%;29 个指标中有 12 个指标的权重为 0,占 41.4%。那么高比例(那么多)的指标权重都等于 0,是不可想象的。

事实上,对逆向指标进行正向化处理,并不能保证与正向指标数据之间一定是正相关,当然,正向指标数据之间也不一定是正相关。根据样本投影值公式 $z(i) = \sum\limits_{j=1}^{p} a_j x_{i,j}$,当两个指标数据之间是负相关时,有 $\dfrac{\partial x_k}{\partial x_q} = \dfrac{a_q}{a_k} < 0$,即其权重往往是一正一负。所以,由于约束条件 ② 中设定权重满足 $1 \geqslant a_j \geqslant 0$,导致权重应该是小于 0 的指标权重变成了等于 0。也就是说,上述文献中权重等于 0 的指标,实际上不一定真的是无效的,而是由于约束条件不正确导致无效的。

> **特别提示** 约束条件 $(\sum\limits_{j=1}^{p} a_j = 1, a_j \in [0,1])$ 是错误的。因为,当 $\sum\limits_{j=1}^{p} a_j = 1$ 时已不具备空间投影的特性,而是线性加权,不是严格意义上的投影寻踪模型。无论采用什么目标函数,建模结果都是没有意义的。

小 结

约束条件 ①$(\sum\limits_{j=1}^{p} a_j^2 = 1, a_j \in [-1,1])$ 是正确的,应优先采用。约束条件 ②$(\sum\limits_{j=1}^{p} a_j^2 = 1, a_j \in [0,1])$ 在特定条件下才正确。约束条件 ③$(\sum\limits_{j=1}^{p} a_j = 1, a_j \in [0,1])$ 或者 $\sum\limits_{j=1}^{p} a_j = 1, a_j \in [-1,1])$ 是错误的。

采用约束条件②建模,如果某个指标的最佳权重几乎等于 0,应改变其归一化方式,重新建模;如果其最佳权重仍然几乎等于 0,则可以判定其为无效用指标。否则,就不是无效用指标。

4.3 选取合理的指标归一化方法

不同变量(评价指标)的量纲不同,也有部分指标虽然量纲一致,但取值范围相差较大

（如有些指标取值 20～90，另有一些指标取值 80～90）。为消除这类情况对建模结果合理性、稳健性和有效性的不利影响，往往需要对指标数据进行归一化处理，也称为规格化、规范化、无量纲化等，基本意义相同。

设收集到的原始样本数据为 $X=\{x_{i,j}^{*} \mid i=1\sim n, j=1\sim p\}$。其中，$x_{i,j}^{*}$ 为第 i 个样本第 j 个指标（变量）的原始值，n 和 p 分别为样本（个）数量和指标个数（维度）。常用的归一化方法主要有如下 5 种。

1. 极差归一化方法

对指标值越大投影值也越大（即越大越好）的正向指标，取

$$x_{i,j}=c_1+c_2\left(\frac{x_{i,j}^{*}-\min x_j}{\max x_j-\min x_j}\right)。 \tag{4-1}$$

简称为归一化方式①。对指标值越大投影值越小（即越小越好）的逆（反）向指标，取

$$x_{i,j}=c_1+c_2\left(\frac{\max x_j-x_{i,j}^{*}}{\max x_j-\min x_j}\right)。 \tag{4-2}$$

简称为归一化方式②。也称为极大值-极小值归一化方法。其中，$\max x_j$ 和 $\min x_j$ 分别为第 j 个指标的最大值和最小值；c_1、c_2 为参数。一般情况下，$c_1+c_2=1$（也可以等于 0.8、0.9 等）。取下界值 $c_1=0$，上界值 $c_2=1$，归一化值的范围为 $[0,1]$，下界值也可以根据需要设定为 0.1、0.2 等，上界值根据需要可以设定为 0.8、0.9 等。归一化后的指标数据，最大值和最小值是确定的。

2. 0 均值归一化方法

$$正向指标：x_{i,j}=(x_{i,j}^{*}-\bar{x}_j)/\sigma_j。 \atop 逆向指标：x_{i,j}=-(x_{i,j}^{*}-\bar{x}_j)/\sigma_j。 \tag{4-3}$$

归一化处理后的指标数据，最大值和最小值是不确定的，绝大部分指标数据分布在 $[-3,3]$ 范围内，均值为 0，标准差为 1，也称为零均值、去均值归一化或者标准化方法。其中，$\bar{x}_j$ 和 σ_j 分别是指标 j 的均值和标准差，其他符号意义同上。

3. 极大值（极小值）归一化方法

$$正向指标：x_{i,j}=x_{i,j}^{*}/\max x_j。 \atop 逆向指标：x_{i,j}=1-x_{i,j}^{*}/\max x_j。 \tag{4-4}$$

或者

$$正向指标：x_{i,j}=x_{i,j}^{*}/\max x_j。 \atop 逆向指标：x_{i,j}=\min x_j/x_{i,j}^{*}。 \tag{4-5}$$

采用公式 $x_{i,j}=\min x_j/x_{i,j}^{*}$ 对逆向指标进行归一化处理，实际上就是先将指标取倒数变换进行正向化，再按照正向指标归一化，即 $x_{i,j}=\dfrac{1/x_{ij}^{*}}{1/\min x_j}=\min x_j/x_{i,j}^{*}$。采用该方法，将改变逆向评价指标数据的分布规律，有时候有其特殊意义。按照公式（4-4）、（4-5）归一化，指标数据的最大值是确定的，最小值不确定。

4. 求和规格化、矢量化规格化和均值规格化

对逆向指标先进行正向化(取倒数或者用最大值项减),要求指标值 $x_{i,j}^* \geqslant 0$。采用公式 (4-6)、(4-7) 和 (4-8) 进行求和规格化、矢量规格化和均值规格化:

$$x_{i,j} = \frac{x_{i,j}^*}{\sum_{i=1}^{n} x_{i,j}^*}, \tag{4-6}$$

$$x_{i,j} = \frac{x_{i,j}^*}{\sqrt{\sum_{i=1}^{n} (x_{i,j}^*)^2}}, \tag{4-7}$$

$$x_{i,j} = \frac{x_{i,j}^*}{\overline{x_j^*}}。 \tag{4-8}$$

求和规格化和矢量规格化处理后的数据差异较小,最大值和最小值都不确定。均值规格化的最大值、最小值不确定,均值为1。

5. (区间)适度指标的归一化处理

除正向指标和逆向指标外,还存在(区间)适度指标,必须对其进行合理的归一化才能可靠建模。存在以下两种情况。

(1) 居中值最适评价指标 不妨规定小于居中值时为越大越好的正向指标,指标值小于居中值时不作变换;大于居中值时,实际上就是逆向指标,先对其作 $\left| x_{i,j}^* - \frac{\max x_j + \min x_j}{2} \right|$ 的正向化变换,再按照上述 1～4 的正向指标进行相应的归一化。

(2) 区间最适评价指标 不妨规定小于区间下界时为越大越好的正向指标,大于区间上界时为逆向指标,L_1、L_2 分别为最适区间的下、上界,则归一化公式为

$$x_{i,j} = \begin{cases} 1 - \dfrac{L_1 - x_{i,j}^*}{\max\{(L_1 - \min x_j),\ (\max x_j - L_2)\}}, & x_{i,j}^* \leqslant L_1 \\ 1, & x_{i,j}^* \in [L_1, L_2] \\ 1 - \dfrac{x_{i,j}^* - L_2}{\max\{(L_1 - \min x_j),\ (\max x_j - L_2)\}}, & x_{i,j}^* \geqslant L_2。 \end{cases} \tag{4-9}$$

归一化后最大值为1,最小值不确定。

在所有方法中,极差归一化应用最广,通用性最好。尤其是专家主观评定时,归一化值有利于消除不同专家之间的差异。当评价指标数据服从正态分布时,采用(4-3)去均值归一化,有利于拉大样本投影值之间的差距,有利于排序和分类。当评价指标值是客观数据,为保持指标数据原有的分布特性,应采用(4-4)和(4-5)式归一化。而且,与其他归一化方法不同,公式(4-5)对逆向指标采用非线性归一化,指标数据的分布规律将发生较大的改变。如果样本数据中存在(正、负)特别大的离群(异常)数据而又不能删除,可参照神经网络模型的做法,利用 Sigmoid 函数归一化,可消除离群值的不利影响,归一化数据区间为(0, 1),能改善归一化数据的分布特性。如果评价指标数据的最大值与最小值相差几个数量级,则可通过取对数或者开平方等预处理,减小数据差异,改善建模结果。

上述各种归一化(无量纲化)方法特性各不相同,事实上,不存在理想无量纲化方法。应根据研究对象的具体特点和研究目的,选择合适的归一化方法。通常情况下,对样本数据采用不同的归一化处理,PPC 建模结果都将发生或多或少的改变。

4.3.1 极差归一化与极大值归一化的区别与联系

为讨论方便,又不失一般性,设 $c_1 = 0$,$c_2 = 1$。比较极差归一化公式 $x_{i,j} = \dfrac{x_{i,j}^* - \min x_j}{\max x_j - \min x_j}$ 和极大值归一化公式 $x_{i,j} = \dfrac{x_{i,j}^*}{\max x_j}$ 可知,两种方法的最大区别在于:极差归一化后所有指标数据 $x_{i,j}$ 的取值范围为 $[0,1]$,后者 $x_{i,j}$ 的取值范围为 $(0,1]$;如果 $\min x_j = 0$,两种方法的结果相同。如果所有指标原始数据的最小值远远小于最大值,或者最小值接近 0,采用极大值归一化后,各指标的最小值也很小,极差归一化与极大值归一化后的样本数据相差不大,建模结果也基本一致。否则,如果部分指标原始样本数据的最小值与最大值相差不大,分布比较集中,采用极大值归一化后的最小值大于 0.60,其他指标的最小值小于 0.20 等,两种归一化方法处理后的样本数据相差很大,PPC 的建模结果也必相差较大。

事实上,如果某指标是常数,则其最佳权重必定等于 0。可见,指标数据越集中,方差越小,指标数据越接近正态分布,其最佳权重(绝对值)可能就越小。因此,与采用极差归一化的结果相比,采用极大值归一化后最小值较小的指标权重(权重绝对值,下同)将变大,最小值较大的指标权重将会变小。表 3-3 的数据由 9 个指标 7 个样本构成,采用极大值归一化,9 个指标的归一化数值范围分别为 $[0.8716,1]$、$[0.8661,1]$、$[0.7928,1]$、$[0.6843,1]$、$[0.7500,1]$、$[0.8580,1]$、$[0.0303,1]$、$[0.8420,1]$、$[0.2861,1]$。取 $R = r_{\max}/5$,9 个评价指标的最佳权重(投影向量系数)分别为 -0.0513、-0.1254、0.1038、0.1958、0.0563、0.0110、0.9527、-0.0011、0.1473,样本投影值 $\{z(1), z(2), \cdots, z(7)\} = \{0.2702, 0.3197, 0.2557, 0.2118, 1.3113, 0.3360, 0.2642\}$。采用极差归一化,9 个指标的最佳权重 $\{a(1), a(2), \cdots, a(9)\} = \{-0.0618, -0.3497, 0.3540, 0.4003, 0.3780, 0.0988, 0.5977, 0.0826, 0.2676\}$,样本投影值 $\{z(1), z(2), \cdots, z(7)\} = \{0.3549, 0.3549, 0.0943, 0.2971, 2.0906, 0.6038, 0.3549\}$。由此可见,采用极大值归一化,原始数值变化范围较小的指标(如指标 2、3、5 等),其最佳权重有可能很小,而采用极差归一化,其最佳权重(绝对值)将明显变大。指标数据归一化方式不同,样本投影值也会出现很大的变化,如采用极差归一化,样本 1、2、7 的投影值相等,而采用极大值归一化,样本投影值都不相等。

4.3.2 去均值归一化与极差归一化和极大值归一化的区别和联系

采用(4-3)式去均值归一化后,绝大多数指标数据 $x_{i,j}$ 分布在 $[-3,3]$ 范围内,均值等于 0,方差等于 1。由于分母是样本数据的标准差,有利于降低异常值对建模结果的影响。所以,采用去均值归一化求得的指标最佳权重,最大值与最小值的差异会有所减小。通常情况下,最佳权重有可能发生较大变化,也有可能变化不大,与数据结构特性有关。表 3-3 的数据,采用去均值归一化,9 个指标的数值分别在 $[-1.1762, 1.6706]$、$[-1.6077, 1.5060]$、$[-1.4174, 1.3078]$、$[-1.2572, 1.8310]$、$[-1.2120, 1.5209]$、$[-1.1502, 1.5769]$、

$[-0.6929, 2.0646]$、$[-1.3004, 1.2335]$、$[-1.1945, 1.5921]$ 范围内,求得的最佳权重 $\{a(1), a(2), \cdots, a(9)\} = \{-0.1253, -0.4678, 0.1918, 0.4708, 0.2768, -0.1269, 0.5895, 0.1405, 0.2169\}$,样本投影值 $\{z(1), z(2), \cdots, z(7)\} = \{-0.7539、-0.7539、-1.0710、-1.5778、4.0872、-0.3285、-0.7539\}$。其结果与极差归一化的结果比较接近,但也有差异,如指标6的权重从大于0变为小于0,样本4从最后一名变为倒数第二。所以,采用去均值归一化与极大值归一化处理,最终的建模结果往往会存在较大的差异。

> **特别提示** 建立PP模型时,必须先对样本数据进行归一化(规格化),因此,必须用归一化后的数据计算样本投影值。样本投影值 $-\sqrt{p}(x_{i,j})_{(\max)} \leqslant z(i) \leqslant \sqrt{p}(x_{i,j})_{(\max)}$,否则必定是错误的。

4.3.3 小结

(1)采用不同归一化方法,往往得到不同分布的归一化数据,PPC建模结果也不同。

(2)如果实际样本的最大值和最小值有可能超出建模样本数据范围,或者最大值和最小值都无法确定,或者希望拉大样本投影值之间的距离,便于后续的聚类和排序研究,就应该采用去均值归一化。

(3)如果指标值是客观数据,尽量采用极大值归一化,以保持指标数据原有的结构特性和分布规律。

(4)如果指标数据由专家主观评价得到,尽量采用极差归一化,以消除参与评价的专家之间的主观差异,提高客观性。

(5)对于(区间)适度指标,首先进行正向化,再进行归一化。

(6)对逆向指标,是作线性变换正向化,还是取倒数等作非线性变换正向化,应根据数据特性进行选择。

(7)求和规格化、矢量规格化和均值规格化应用相对较少。

4.4 确定平衡系数 μ 的合理值

提出模型③时主要用于高相似度数据建模。平衡系数 μ 直接决定了模型③的建模结果。因为投影指标函数中 $1/S_z$ 和 μD_z^0 两者是"之和"的关系,前项($1/S_z$)和后项(μD_z^0)分别使样本投影点整体上尽可能密集和尽可能分散,所以模型③理论上不能实现"使样本投影点整体上尽可能分散和局部尽可能密集"的目标。$1/S_z$ 大于 μD_z^0 时,模型更倾向于样本点整体上尽可能密集,否则更倾向于样本点整体上尽可能分散。通常 μ 都会存在一个临界值小区间,使得在该临界值小区间内 $1/S_z$ 与 μD_z^0 基本相等,或者某个模型的 $1/S_z$(或 μD_z^0)等于另一个模型的 μD_z^0(或 $1/S_z$),或者两者之和几乎相等,即目标函数值几乎相等,但评价指标最佳权重、样本投影值等都将发生明显变化(发生突变),从而得到两个完全不同的PP模型。

对典型的分类研究高相似度样本数据集 Iris(4 个指标,共 150 个样本,样本分为 3 类,序号分别为 1~50、51~100 和 101~150)。

对指标数据采用极差归一化,经过大量建模试算表明:

(1) 平衡系数 μ 在[1/966~1/965]范围内,最优化求解过程很不稳定,在区间两侧,各指标权重会发生剧烈改变,在 $\mu > 1/965$ 或 $\mu < 1/966$ 区域,最优化求解过程变得非常稳定,但建模结果完全不同。如取 $\mu = 1/965.15$,得到了两组目标函数值几乎相等的结果,第一个模型的最佳投影向量系数$(a_1 \sim a_4) = (0.4585, 0, 0.6038, 0.6521)$,目标函数值$(1/S_z + \mu D_z^0) = (2.0952 + 6.2950) = 8.3902$,$r_{max} = 1.6243$;第二个模型的最佳投影向量系数$(a_1 \sim a_4) = (0, 0.9418, 0.3361, 0)$,目标函数值$(1/S_z + \mu D_z^0) = (6.3665 + 2.0240) = 8.3905$,$r_{max} = 0.8963$。两个模型的目标函数值几乎相等,但最佳投影向量系数等模型参数和样本投影值、分类结果等完全不同。

(2) 无论怎么调整平衡系数 μ 值,3 类 Iris 样本的最高识别正确率只有 94.67%。第二个模型的样本分类识别正确率更是低至 37.33%。

(3) 建立一维 PPC 模型①,针对约束条件①,取 $R = r_{max}/35$ 或者 $R = 0.1S_z$。采用 GSO 群智能算法求解最优解,很快就收敛于全局最优解,几乎每次求得真正的全局最优解。如取群规模为 5900,步长为 4,仅迭代 5~10 次,求得真正的全局最优解耗时不到 8 秒,3 类样本的分类识别正确率为 96.67%,高于模型③的识别正确率,收敛速度也更快。得到指标的最佳权重为$(a_1 \sim a_4) = (0.3096、-0.2666、0.6755、0.6138)$。如果采用约束条件②,同样取 $R = r_{max}/35$,求得各指标的最佳权重为$(a_1 \sim a_4) = (0.3506, 0, 0.7542, 0.5552)$,样本的分类识别正确率更是达到了 97.33%,明显高于模型③的识别正确率。

小　结

(1) 模型③不能同时实现使样本投影点整体上尽可能分散和局部尽可能密集,$1/S_z$ 和 μD_z^0 的作用是相互矛盾的。

(2) 平衡系数 μ 直接决定了模型③的建模结果,μ 存在一个临界值小区间,在区间两侧可建立两个完全不同的模型③,其中一个模型的样本识别正确率很低。针对不同的样本数据,μ 的临界值小区间是不同的,需要反复尝试才能确定。

(3) 对 Iris 数据建模结果表明,模型③的 3 类样本识别正确率低于一维 PPC 模型①。

(4) 在实际应用建模中,建议慎用或者不用模型③。

4.5　判定真正全局最优解的准则

从最优化求解实践来看,没有哪一种群智能算法对任何问题都一定是性能最好的,不能保证每次运行都能求得真正的全局最优解。另一方面,只有确保求得真正的全局最优解,才能讨论 PPC 模型的特性以及各种参数对 PPC 模型及其结果的影响等。

定理 1 针对同一指标,采用越大越好和越小越好方法归一化,其权重必定互为相反数。

指标 k 的数据 $x_{i,k}^*$,首先采用越大越好的极差归一化,得到 $x_{i,k}$,其最佳权重为 $\boldsymbol{a}(a_1, a_2, \cdots, a_k, \cdots, a_p)$,样本的投影值 $z_1(i) = a_1 x_{i,1} + a_2 x_{i,2} + \cdots + a_k x_{i,k} + \cdots + a_p x_{i,p}$。对指标 k 采用越小越好极差归一化后的值为 $(1 - x_{i,k})$,现要证明最佳权重必定变为 $\boldsymbol{a}'(a_1, a_2, \cdots, -a_k, \cdots, a_p)$。

证明 采用反证法,以模型①为例。假设指标 k 采用越小越好极差归一化后的最佳权重为 $-a_k$,即投影向量及其系数为 $\boldsymbol{a}'(a_1, a_2, \cdots, -a_k, \cdots, a_p)$,样本投影值为

$$z_2(i) = \sum_{j=1}^{p} a_j x_{i,j} = a_1 x_{i,1} + a_2 x_{i,2} \cdots + (-a_k)(1 - x_{i,k}) + \cdots + a_p x_{i,p} = z_1(i) - a_k,$$

即 $z_2(i) - z_1(i) = -a_k = $ 常数。与原有的样本投影值相比,所有样本投影值都只相差一个常数 $-a_k$,则样本 i 和 j 之间的绝对距离 $|z_2(i) - z_2(j)| = |[z_1(i) - a_k] - [z_1(j) - a_k]| = |z_1(i) - z_1(j)|$。所以,对指标 k 采用两种方法归一化,样本投影值的排序不变,任意两个样本之间的绝对距离保持不变,从而有

$$\begin{aligned}
S_{z_2} &= \sqrt{\sum_{i=1}^{n} [z_2(i) - E(z_2)]^2 / (n-1)} \\
&= \sqrt{\sum_{i=1}^{n} \{[z_1(i) - a_k] - [E(z_1) - a_k]\}^2 / (n-1)} \\
&= \sqrt{\sum_{i=1}^{n} [z_1(i) - E(z_1)]^2 / (n-1)} = S_{z_1},
\end{aligned} \tag{4-10}$$

$$\begin{aligned}
D_{z_2} &= \sum_{i=1}^{n} \sum_{j=1}^{n} (R - |z_2(i) - z_2(j)|) f(R - |z_2(i) - z_2(j)|) \\
&= \sum_{i=1}^{n} \sum_{j=1}^{n} (R - |z_1(i) - z_1(j)|) f(R - |z_1(i) - z_1(j)|) \\
&= \sum_{i=1}^{n} \sum_{j=1}^{n} (R - r_{i,j}) f(R - r_{i,j}) = D_{z_1}.
\end{aligned} \tag{4-11}$$

可见,无论指标 k 采用越大越好还是越小越好方式归一化,样本投影值的标准差 S_z 和局部密度 D_z 保持不变,目标函数值 $Q(\boldsymbol{a}') = Q(\boldsymbol{a})$,即指标 k 改变归一化方式后,权重变为 $-a_k$,模型①的目标函数 $Q(\boldsymbol{a}')$ 才能取得极大值。

因此,如果 $-a_k$ 不是 $(1 - x_{i,k})$ 的最佳权重,则 $a_k(k = 1, 2, \cdots, p)$ 也不是 $x_{i,k}$ 的最佳权重,这与 $a_k(k = 1, 2, \cdots, p)$ 是 $x_{i,k}$ 最佳权重的原假设相矛盾。

至此,就证明了 $-a_k$ 是指标 k 采用越小越好极差归一化后的最佳权重,也证明了针对同一指标,采用越大越好方式和越小越好方式归一化,其权重必定互为相反数的结论。

在采用约束条件①的建模实践中,根据定理 1,可以改变某些指标(通常选取一半指标)的归一化方式,如果权重变为相反数,就可以判定最优化过程求得了真正的全局最优解。

推理 1 若 $\boldsymbol{a}$ 是最优权重,则 $-\boldsymbol{a}$ 也必定是最优权重。

证明　若 a 是最优权重,则把 $-a$ 代入样本投影值公式,可得 $z_2(i) = -z_1(i)$,$S_{z_2} = S_{z_1}$,$D_{z_2} = D_{z_1}$,从而有 $Q_2(-a) = Q_1(a)$。

推理 2　若某指标的所有样本值都相等,则其最佳权重必定等于 0。

证明　假设第 k 个指标的所有样本值都相等,则可以任意设定其归一化值。不妨先设定其按越大越好极差归一化的值为 0.5,最佳权重为 a_k;再对指标 k 的数据按照越小越好极差归一化,其值为 $(1-0.5)$,也等于 0.5。根据定理 1,其最佳权重变为 $-a_k$。事实上,改变归一化方式前后,指标 k 的所有值都没有改变,都是 0.5,则必定有 $a_k = -a_k$,即 $a_k = 0$。当然,根据偏导数理论可知,样本投影值 z 对指标 k 求偏导数得到 $\frac{\partial z}{\partial x_k} = a_k$。因为 x_k 是常数,其偏导数必然等于 0,所以也就证明了 $a_k = 0$。

简要判定建模结果是否正确的要点:

(1) 从推理 1 可知,所有正向指标的权重都小于 0 是不恰当的,其真实权重应该是取相反数,就都大于 0 了。

(2) 从推理 2 可知,所有样本值都相等的指标,其最佳权重不等于 0,结果肯定是错误的。

定理 2　归一化后数值完全相同的两个指标,其最佳权重也必定相等。

证明　不妨假定指标 k 和 $q(k \neq q)$ 的归一化数值完全相同,第一次建立模型,求得两个指标的最佳权重分别为 a_k 和 a_q。互换两个指标数据的排列位置,再次建立模型,求得两个指标的最佳权重分别为 a_q 和 a_k。实际上,互换位置前后,第 k 和 q 列的数据没有发生改变,即第二次建模求得的指标 q 的最佳权重 a_q 必定等于第一次建模时指标 k 的最佳权重 a_k,即必定有 $a_k = a_q$。

定理 3　采用约束条件②建模,逆向指标的权重必定等于 0。

证明　假设指标 k 的数据 $x_{i,k}$ 是越小越好的逆向指标,与其他指标的数据负相关,则有 $\frac{\partial z}{\partial x_k} = a_k$。因为指标 k 是越小越好的逆向指标,所以有 $a_k \leqslant 0$。但因为采用约束条件②建立模型,要求 $a_k \geqslant 0$,即最佳权重不可能小于 0,也就是要求 $0 \geqslant a_k \geqslant 0$,则必定有 $a_k = 0$。

根据定理 3,采用约束条件②建模,如果出现权重等于 0 的情况,很可能是指标的归一化方式出错了,或者这些指标虽然理论上是正向指标,但实际数据却与正向指标的数据负相关,或者说,事先假定的指标性质是错误的。

因此,如果采用约束条件②建模,某些指标的权重等于 0,就应该改变这些指标的归一化方式或者采用约束条件①重新建模,以此验证这些指标的实际性质,以及是否真的是无效用指标,同时也验证最优化过程是否求得了全局最优解,建模过程是否可靠和正确。

根据以上 3 个定理和 2 个推论,可以得到判定群智能最优化过程求得真正全局最优解的准则:

(1) 采用约束条件①建立 PPC 模型①,改变一半指标的归一化方式,如果这些指标的最佳权重变为相反数,而目标函数值、样本投影值标准差、局部密度值等均保持不变,说明已经求得了真正的全局最优解。

(2) 显著负相关的两个指标,如果一个指标的最佳权重大于 0,则另一个指标的最佳权重必定小于 0。

（3）如果两个指标的归一化值完全相同，则他们的最佳权重也必定相等。

（4）如果某指标的值保持不变（是常数），则其最佳权重必定等于0。

前述针对正向指标和逆向指标分别采用越大越好和越小越好方式归一化。但从上述定理以及推论可知，在事先无法判定指标性质的探索性研究中，可对所有指标统一按照越大越好方式归一化，采用约束条件①建立一维PPC模型，不会影响各个样本的排序和分类结果。如果最佳权重大于0，表示该指标与权重最大指标的数据之间是正相关，否则是负相关，不影响判定指标的重要性（权重绝对值的大小）及其排序。

上述定理和推论，同样适用于模型②。模型⑨、⑫和⑯要求最佳权重大于0，只有定理2成立。定理和推论同样适用于去均值归一化、按照公式（4-4）的极大值归一化。

在实际问题的评价研究中，评价指标的理论属性（正向指标或者逆向指标）与指标数据的实际属性可能不一致。如某水利工程的4家投标单位数据，见表4-1。理论上，所有评价指标的数值越大，投标单位的竞争力就越高，即所有指标的理论属性是正向指标，相互之间应该是正相关，但事实上，指标2、6、7和8与其他指标数据却是负相关。

表4-1　4家投标单位的评价指标值及其归一化后的数值范围

评价指标	A	B	C	D	归一化后的数值范围
项目经理素质（x_1）	1	0.5	0.75	0.75	[0.5, 1]
施工组织设计（x_2）	0.88	1	0.89	0.9	[0.88, 1]
报价及其合理性（x_3）	1	0.87	0.9	0.87	[0.87, 1]
技术保证措施（x_4）	1	0.99	0.95	0.99	[0.95, 1]
进度保证措施（x_5）	1	0.98	0.93	0.96	[0.93, 1]
施工安全保证措施（x_6）	0.75	1	0.5	0.75	[0.5, 1]
企业资质（x_7）	0.5	0.75	1	0.75	[0.5, 1]
施工队伍业绩和财务资信（x_8）	0.75	1	0.5	0.75	[0.5, 1]

4.6　建立一维PPC模型的实证研究

4.6.1　样本数据

为了系统实证研究和比较不同目标函数、不同数据归一化方法和不同R值方案对PPC建模结果的影响，选取如下6个实证研究案例数据。

（1）样本数据①　见表4-1，由8个指标、4个样本构成。归一化数据具有如下特点：采用极大值归一化后，所有指标的最小值都大于0.50，即$x_{i,j} \in [0.5, 1]$。指标5与7在0.05水平上显著相关，指标6与8的数值完全相同，评价指标个数多于样本数量，是贫样本数据。

（2）样本数据②　Iris 数据是用于比较不同聚类方法聚类效果优劣的最常用数据集，由 4 个指标、150 个样本构成。其归一化数据具有如下特点：如果采用极大值归一化，不同指标的最小值相差较大（0.04～0.54），指标 x_4 的最小值接近 0，而指标 x_1 的最小值却大于 0.50；指标 1 和 2 与指标 3 和 4，以及指标 3 与 4 之间都在 0.01 水平上显著相关；指标 2 与其他指标数据之间是负相关。样本数量显著大于评价指标的个数，属于大样本数据，并且样本数据之间有很高的相似度。

（3）样本数据③　由 10 个指标、43 组样本数据构成，见表 4-2（因为数据较多，归一化值略），属于中等样本数据。其归一化数据具有如下特点：采用极大值归一化，各个指标的最小值相差很大，指标 x_{10} 的最小值为 0.222，有些指标的最小值却很大（如 x_6 的最小值为 0.918），指标 1 与 2、3、4，指标 6 与 7、8、9、10 之间等都在 0.01 水平上显著相关，指标之间基本是正相关，个别指标之间是很弱的负相关。

表 4-2　43 个甘蔗品种 10 个农艺性状均值（评价指标值）

样本	蔗糖分	蔗汁糖分	锤度	简纯度	纤维分	总体	茎径	有效茎	病害	株高
S1	15.145	18.357	20.883	87.72	12.341	0.6667	0.5	0.4	0.4	1
S2	14.277	17.537	20.681	84.556	13.409	0.5	0.4	0.6667	0.5	1
S3	13.885	17.092	20.022	84.892	13.542	0.5	0.5	0.6667	0.5	1
S4	15.137	18.41	21.067	87.393	12.664	0.6667	0.5	0.4	0.5	0.6667
S5	14.614	18.087	20.908	86.341	13.995	0.5	0.4	0.5	0.5	1
S6	15.267	18.319	21.354	85.514	11.532	0.5	0.5	0.3333	0.6667	0.4
S7	15.811	19.26	21.922	87.577	12.713	0.5	0.4	0.5	0.5	0.5
S8	15.998	20.283	22.961	88.32	16.046	0.5	0.3333	0.5	0.4	0.6667
S9	15.807	19.787	22.615	87.371	15.056	0.5	0.4	0.4	0.3333	0.6667
S10	14.778	18.12	20.87	86.86	13.33	0.5	0.3333	0.5	0.4	0.6667
S11	15.765	19.5	22.679	85.943	14.093	0.4	0.3333	0.5	0.5	0.4
S12	15.505	18.91	21.741	86.768	12.875	0.5	0.4	0.5	0.5	0.4
S13	16.023	19.547	22.258	87.88	12.936	0.5	0.3333	0.5	0.2857	0.4
S14	16.372	20.539	23.255	88.277	15.097	0.3333	0.4	0.3333	0.4	0.3333
S15	14.73	17.554	20.234	86.525	10.981	0.2857	0.6667	0.25	0.5	0.4
S16	15.876	19.683	22.513	87.394	14.258	0.3333	0.2857	0.4	0.3333	0.5
S17	14.718	17.796	20.265	87.79	12.264	0.4	0.3333	0.3333	0.3333	0.6667
S18	15.732	19.029	21.758	87.365	12.268	0.2857	0.2857	0.3333	0.4	0.3333
S19	13.882	17.756	20.333	87.362	16.772	0.5	0.4	0.4	0.2857	0.5

样本	蔗糖分	蔗汁糖分	锤度	简纯度	纤维分	总体	茎径	有效茎	病害	株高
S20	14.731	17.747	20.557	85.868	11.874	0.333 3	0.4	0.333 3	0.333 3	0.4
S21	14.311	16.97	20.646	81.876	10.592	0.333 3	0.4	0.333 3	0.333 3	0.333 3
S22	14.242	17.289	20.414	84.546	12.563	0.4	0.4	0.285 7	0.333 3	0.4
S23	13.825	16.498	18.978	86.712	11.149	0.333 3	0.333 3	0.333 3	0.5	0.4
S24	14.668	18.397	21.804	84.11	15.207	0.333 3	0.25	0.333 3	0.4	0.4
S25	13.537	16.443	19.649	82.922	12.347	0.5	0.5	0.333 3	0.25	0.333 3
S26	13.048	15.522	18.938	81.06	10.819	0.333 3	0.4	0.333 3	0.5	0.4
S27	15.029	18.403	21.393	85.772	13.288	0.333 3	0.333 3	0.333 3	0.285 7	0.4
S28	14.833	18.166	21.454	84.476	13.213	0.333 3	0.285 7	0.333 3	0.285 7	0.333 3
S29	14.87	17.761	20.306	87.44	11.157	0.285 7	0.333 3	0.333 3	0.333 3	0.285 7
S30	13.9	16.895	20.006	84.034	12.6	0.285 7	0.285 7	0.333 3	0.4	0.5
S31	15.856	19.771	22.538	87.642	14.551	0.222 2	0.25	0.285 7	0.285 7	0.4
S32	13.285	16.423	19.316	84.621	13.922	0.285 7	0.25	0.333 3	0.333 3	1
S33	13.33	16.836	19.467	86.472	15.777	0.4	0.333 3	0.4	0.285 7	0.666 7
S34	14.483	17.403	20.289	85.449	11.758	0.285 7	0.4	0.285 7	0.333 3	0.333 3
S35	14.44	17.052	20.294	83.66	10.222	0.333 3	0.333 3	0.333 3	0.2	0.4
S36	13.735	16.726	19.876	84.021	12.839	0.333 3	0.25	0.333 3	0.333 3	0.333 3
S37	14.511	17.329	20.371	84.872	11.107	0.222 2	0.25	0.222 2	0.4	0.222 2
S38	14.523	18.223	21.294	85.451	15.299	0.25	0.25	0.25	0.285 7	0.333 3
S39	15.076	18.457	21.665	85.066	13.222	0.25	0.25	0.222 2	0.222 2	0.25
S40	14.498	17.446	20.991	82.941	11.837	0.222 2	0.333 3	0.222 2	0.222 2	0.285 7
S41	14.258	17.709	20.692	85.571	14.45	0.25	0.25	0.285 7	0.25	0.333 3
S42	13.971	16.802	19.54	85.991	11.838	0.25	0.285 7	0.25	0.222 2	0.285 7
S43	13.492	16.456	19.311	84.912	12.978	0.25	0.222 2	0.25	0.25	0.285 7
min*	0.797	0.756	0.814	0.918	0.609	0.333	0.333	0.333	0.300	0.222

注：* 表示采用极大值归一化后的最小值。

（4）**样本数据④** 由 12 个指标、9 个样本数据构成，见表 4 - 3。其归一化数据具有如下特点：采用极大值归一化，指标的最小值相差很大，有些接近 0，有些则大于 0.70。指标 2 与 5、10、11，指标 3 与 5，指标 5 与 8、10，指标 6 与 9，指标 10 与 11，都在 0.01 水平上显著相关；指标之间基本是正相关，个别指标之间是很弱的负相关。样本数量少于评价指标个数，是贫样本问题。

表4-3　9个不同坡耕地牧草的评价指标值及其极大值归一化后的数值范围

评价指标	迈洛克	翠碧	雷得昆	IVORY	优异	新哥来德	光脚丫	多福	弯叶画眉草	归一化后的数值范围
x_1	82.2	81.7	50.8	68.3	70.5	61.1	84.8	83.8	82.2	0.60～1.00
x_2	28.5	26.6	19.5	20.4	11	10.9	18.5	27.5	43.6	0.25～1.00
x_3	26.4	25.1	27.6	27.4	19.4	18.8	21.9	24.4	23.5	0.68～1.00
x_4	59.6	83.5	65.2	71.7	54.4	60.2	76.9	56.9	69.3	0.65～1.00
x_5	90	95	82	88	54	52	70	75	98	0.53～1.00
x_6	258	262	224	217	219	222	225	216	199	0.76～1.00
x_7	232.5	244.5	199.5	132	229.5	246	294	244.5	205.5	0.45～1.00
x_8	28.9	27.1	30.9	29.9	21.1	20.6	22.1	26.9	27.3	0.67～1.00
x_9	66.7	81.5	56.4	48.7	50.9	62.8	62	56.3	26.4	0.32～1.00
x_{10}	1.3	1.2	0.8	0.7	0.1	0.2	0.9	1.2	1	0.08～1.00
x_{11}	3.2	3.1	1.9	1.7	0.7	0.9	2.7	3.3	2.8	0.21～1.00
x_{12}	6	6	10	8	8	8	8	8	4	0.40～1.00

注：x_1～x_{12}分别为总盖度、草层高度、根入土深、越冬率(%)、抗病性(%)、青绿期、分蘖数、根长、根数、根干重、茎叶干重、适口性,指标的单位略。

（5）样本数据⑤　由7个指标、26个样本数据构成,见表4-4(因数据较多,归一化数据略)。其归一化数据具有如下特点:采用极大值归一化,最小值都小于0.2,指标5与6的相关性很低,指标1与3,指标4与5,指标6与7之间,都在0.01水平上显著相关,指标之间基本是正相关,个别指标之间是很弱的负相关。样本数量明显多于指标个数,介于中等样本和大样本。

表4-4　龙岩盆地26个钻孔水质评价指标值(指标的单位略)

孔号	氯根	硫酸根	硝酸根	亚硝酸根	耗氧量	总硬度	总矿化度
孔129	0.0156	0.0365	0.0222	3.6923	0.9933	0.3036	0.1589
孔观8	0.0354	0.0346	0.0711	1.0000	0.3133	0.3296	0.2105
孔97	0.0369	0.0327	0.0009	1.2308	0.4533	0.4880	0.3504
孔103	0.0198	0.0019	0.0578	0.6154	0.3300	0.2320	0.1484
孔83	0.0170	0.0038	0.1067	0.6154	0.5267	0.2512	0.1322
孔96	0.0354	0.0096	0.0782	12.000	0.6533	0.1524	0.0944
孔64	0.0255	0.0480	0.0044	0.3077	0.2433	0.3724	0.2405
孔65	0.0156	0.0058	0.0489	0.3077	0.5867	0.2240	0.1254

孔号	氯根	硫酸根	硝酸根	亚硝酸根	耗氧量	总硬度	总矿化度
孔76	0.015 6	0.161 4	0.124 4	2.153 8	0.580 0	0.459 2	0.237 0
孔81	0.017 0	0.017 3	0.026 7	1.230 8	0.420 0	0.025 6	0.053 2
孔38	0.014 2	0.023	0.004 4	1.846 2	0.466 7	0.260 4	0.153 6
孔49	0.011 4	0.422 7	0.040 4	0.307 7	0.280 0	0.408 4	0.210 2
孔51	0.028 4	0.060 4	0.016	0.307 7	0.313 3	0.377 6	0.259 8
孔21	0.011 4	0.009 6	0.000 9	0.307 7	0.353 3	0.325 2	0.162 9
孔22	0.018 4	0.071 1	0.031 1	0.307 7	0.116 7	0.292 8	0.158 3
孔24	0.018 4	0.011 5	0.009 3	1.076 9	0.486 7	0.292 8	0.151 5
孔5	0.055 3	0.113 4	0.042 7	16.000	0.790 0	0.421 6	0.227 7
孔7	0.058 1	0.061 5	0.240 0	0.461 5	0.293 3	0.161 6	0.139 7
孔19	0.204 2	0.040 4	0.177 8	6.923 1	0.356 7	0.386 8	0.268 4
孔8-2	0.014 2	0.003 8	0.003 6	1.230 8	0.520 0	0.347 2	0.175 4
孔8-7	0.041 1	0.011 5	0.004 4	7.076 9	0.463 3	0.398 8	0.207 2
孔地2	0.044 0	0.021 1	0.053 3	0.369 2	0.506 7	0.343 2	0.192 5
孔矿1	0.019 8	0.017 3	0.016 0	0.769 2	0.326 7	0.292 4	0.152 6
泉3	0.018 4	0.084 5	0.013 3	0.037 7	0.160 0	0.346 4	0.208 3
泉5	0.041 1	0.026 9	0.142 2	0.307 7	0.186 7	0.244 4	0.143 0
泉11	0.027 0	0.026 9	0.020 0	0.307 7	0.313 3	0.380 4	0.209 0

（6）**样本数据⑥** 由 14 个样本构成，$x_1 \sim x_{13}$ 分别为相关位置、占地面积、人口密度、厂外设施评分、处理量差距、污泥处理难易评分、投资率、投产年代长短、出水排入水体评分、运行成本、BOD_5 去除率、SS 去除率、$(NH_3)N$ 去除率；x_4、x_6、x_9 的评分由专家评估得出，最高 10，最低 1；指标的单位略。x_1、x_2、x_4、x_5、x_6、x_9 为正向指标，其余为逆向指标，见表 4-5（因数据较多，归一化数据略）。其归一化数据具有如下特点：采用极大值归一化，两个指标的最小值大于 0.83，其他指标的最小值基本都在 0.10 左右。指标 1 与 12，指标 2 与 5、6、7、9 和 10 之间是显著正相关，指标 13 与 3、8 和 10 等之间是显著负相关。

除非特别说明不是全局最优解（采用 MPA、GSO、ABC、PPA、PSO 以及 RAGA 等 5、6 种 SIOA 算法，调整算法的不同参数组合，至少运行 20 次以上，都无法求得全局解），本书给出的计算结果都是真正的全局最优解。

表 4 - 5　11 座污水处理厂(S1～S11)的 13 个评价指标值

样本	x_1	x_2	x_3	x_4	x_5	x_6	x_7	x_8	x_9	x_{10}	x_{11}	x_{12}	x_{13}
S1	3.9	2.67	3.68	6	5	3	3.49	73	6	0.79	90.9	83.5	10.3
S2	0.3	2.67	4.05	3	13	5	3.29	44	2	0.89	95.6	94.6	3.75
S3	2.5	1.6	3.8	1	5	5.5	5.67	30	4	1.09	87.8	81.8	9.6
S4	1	3	0.73	9	8	10	2	20	10	0.46	98	98.1	60
S5	0.5	3.87	3.45	2	40	6	3.01	14	3	0.5	92.6	86.9	31.1
S6	1.2	4.53	3.32	3	42	2	2.91	12	5	0.46	91.3	91.1	40.8
S7	0.9	5.57	3	4	75	6	3	13	7	0.47	87.9	88.7	65.7
S8	2.1	2.13	3.22	8	4	4	3.87	8	9	0.47	86.4	90	45
S9	2.4	0.67	3.6	4	2	1	3.27	10	1	0.93	92.7	93	27.2
S10	1.5	6.93	1.6	10	20	9	0.87	8	10	0.64	92	91	68.4
S11	1.3	4.25	2	5	12	10	1.65	7	8	0.4	87.8	89	54
Ⅰ类限值*	4	5.3	3	9	50	9	2	10	9	0.46	88	85	24
Ⅱ类限值	2.5	4	3.3	6	30	6	3	20	6	0.60	90	88	42
Ⅲ类限值	0.5	2	3.5	3	10	3	4	30	3	0.80	92	90	60
min#	0.075	0.097	0.180	0.100	0.027	0.100	0.153	0.096	0.100	0.367	0.882	0.834	0.055

注: * Ⅰ类污水厂的指标值,对于正向指标,大于Ⅰ类限值,否则小于Ⅰ类限值,Ⅱ类污水厂的指标值介于Ⅰ类限值和Ⅱ类限值之间,依次类推。# 表示采用极大值归一化后的最小值。

4.6.2　采用模型①、②和③对建模结果的影响

模型③与投影窗口半径 R 值无关,但与平衡系数 μ 有关,μ 值不同,可能得到完全不同的结果。为此,必须研究改变平衡系数 μ 对建模结果的影响。

1. 样本数据①

采用极大值归一化,取 $R=0.1S_z$、$R=r_{max}/5$、$R=r_{max}/3$ 和 $R=m$ 4 种典型情况,建立模型①、②,求得全局最优解,得到最佳投影向量系数(权重)、目标函数值、样本投影值等,见表 4 - 6。

由表 4 - 6 所示结果可知,如果取 $R=0.1S_z$,采用约束条件②,求得全局最优解时的最大投影指标函数值 $Q(a)=0.0516$。采用约束条件①的最大投影指标函数值为 0.0642,明显大于采用约束条件②的目标函数值。

采用约束条件①,分别取 $R=0.1S_z$、$R=r_{max}/5$ 和 $R=r_{max}/3$,建立模型①和②的结果基本相同。取 $R=m$ 时,模型①和②的结果相差很大,因为模型②存在大数(D_z)吃小数(S_z)的问题,使 D_z 尽可能大而导致 $S_z=0$,即所有样本的投影值均相等(如等于 0.9830,实际上结果是不确定的,有无穷多种可能的投影值)。因为 S_z 通常都比较小,对于本例数据,即

表 4-6 模型 ① 和 ② 以及不同 R 值对建模结果的影响对比(样本数据 ①)

权重/参数	模型①						模型②			
	0.1S_z			$r_{max}/5$	$r_{max}/3$	m	0.1S_z	$r_{max}/5$	$r_{max}/3$	m
$z(1)$	1.3206	1.3001	0.6741	0.6733	0.6731	0.6578	0.6738	0.6732	0.6730	0.9830
$z(2)$	1.6845	1.6650	1.0771	1.0763	1.0761	1.0740	1.0768	1.0762	1.0760	0.9830
$z(3)$	0.9682	0.9465	0.2758	0.2751	0.2749	0.2727	0.2756	0.2749	0.2747	0.9830
$z(4)$	1.3208	1.3001	0.6741	0.6733	0.6731	0.6669	0.6738	0.6732	0.6730	0.9830
a_1	0.0010*	0##	−0.3041	−0.3040	−0.3041	−0.3203	−0.3041	−0.3040	−0.3040	0.3581
a_2	0.1510	0.1564	0.1369	0.1368	0.1368	0.1392	0.1369	0.1368	0.1367	0.0815
a_3	0.0070	0	−0.0327	−0.0329	−0.0330	−0.0389	−0.0328	−0.0331	−0.0332	0.1406
a_4	0.0800	0.0540	0.0501	0.0502	0.0502	0.0490	0.0501	0.0502	0.0502	0.4485
a_5	0.0540	0.0647	0.0638	0.0635	0.0637	0.0616	0.0638	0.0636	0.0637	−0.4916
a_6^{**}	0.6890	0.6958	0.6240	0.6240	0.6240	0.6238	0.6240	0.6239	0.6240	−0.1365
a_7	0.0050	0	−0.3199	−0.3199	−0.3200	−0.3035	−0.3199	−0.3200	−0.3200	0.3640
a_8^{**}	0.7020	0.6959	0.6240	0.6241	0.6240	0.6238	0.6240	0.6241	0.6240	0.5013
R	0.0293#	0.0293	0.0327	0.2671	0.2671	8.0000	0.0327	0.1603	0.2671	8.0000
r_{max}	0.7163#	0.7185	0.8013	0.8013	0.8013	0.8013	0.8013	0.8013	0.8013	0
S_z	0.2925#	0.2933	0.3271	0.3271	0.3271	0.3272	0.3271	0.3271	0.3271	0
D_z	0.1752#	0.1760	0.1963	0.9615	1.6025	123.1743	0.1963	0.9615	1.6025	128.00
$Q(a)$	0.0512#	0.0516	0.0642	0.3145	0.5242	40.3017	0.5234	1.2886	1.9296	128.00

注:* 表示原文献的结果,采用约束条件 ②;** 表示指标 6 和 8 的归一化数值完全相同,权重应该相等;# 表示根据原文献的目标函数、归一化方法、约束条件和 R 值计算得到的参数值;## 表示采用与原文献相同的约束条件等求得的结果;其他为采用约束条件 ① 求得的结果。

使 R 取很小的常数如 $R=0.04$,都出现了大数吃小数的情况,使 D_z 尽可能大(等于 0.64)而 $S_z=0$。此时,目标函数值相等,但建模结果不稳定,如最佳权重为 0.1293、−0.5112、0.2497、0.4981、0.3591、0.3688、0.3774、−0.0637 时,样本投影值都等于 1.2039;最佳权重为 −0.3298、0.2684、−0.1711、0.2686、0.5550、−0.5389、−0.3406、0.0574 时,样本投影值都等于 0.0275。这两个模型完全不同。事实上,还可以建立无穷多个目标函数值相等的模型。如果 R 取小于 0.02 的常数,因为 D_z 已比较小,就不会发生大数吃小数的情况了。所以,对于本例数据,R 绝对不能取大于 0.04 的常数。采用模型 ①,使 $(S_z D_z)$ 最大化,就不可能出现所有样本的投影值都相等的情况。

采用约束条件 ② 建模,指标 x_1、x_3 和 x_7 的权重等于 0,与此对应,采用约束条件 ① 时,这些指标的权重都小于 0,符合定理 3。

建立模型③时,采用约束条件①,建模结果不稳定。如最佳权重为 0.447 9、0.189 4、0.102 0、0.493 0、−0.493 0、0.216 6、0.426 6、0.195 0 时,4 个样本的投影值都等于 1.238 6。采用约束条件②,建模结果也不稳定,如最佳权重为 0.577 4、0、0、0、0、0.577 4、0.577 4、0 时,4 个样本的投影值都等于 1.299 0。这两组结果,都使 S_z 趋近于 0,从而使目标函数趋于无穷大。因此,对于样本数据①(小样本数据),无法建立模型③。

建立模型①和②,如果取窗口半径 $R=0.1S_z$、$R=r_{max}/5$ 和 $R=r_{max}/3$,因为样本数量少于评价指标个数,必定有样本的投影值是相等的。窗口半径小于投影值不相等的样本之间的距离、大于投影值相等的样本之间的距离,模型的最佳投影向量系数、样本投影值、标准差等都是稳定的,所以,可以求得全局最优解。

2. 样本数据②

采用约束条件①和②,取 $R=0.1S_z$ 和 $R=r_{max}/3$,分别建立模型①和②,求得全局最优解。建立模型③,采用约束条件②和①时,不同的平衡系数 μ 值会导致建模结果发生突变,而且采用约束条件①,样本投影值很接近,标准差就很小。建模结果见表 4 − 7。

(1) 3 种不同模型的结果相差很大。整体上看,模型①的样本分类识别正确率最高。

(2) 建立模型①,取 $R=0.1S_z$ 和 $R=r_{max}/3$,采用约束条件①,指标 x_2 与其他 3 个指标之间是负相关,其最佳权重小于 0;采用约束条件②时,指标 x_2 的最佳权重就变为等于 0,符合定理 3。

(3) 建立模型②,取 $R=0.1S_z$,采用约束条件①,指标 x_2 的最佳权重小于 0;采用约束条件②时,指标 x_1、x_2 的最佳权重都等于 0。取 $R=r_{max}/3$ 时,由于 $D_z=4\,585.27$,远远大于 $S_z=0.278\,1$,致使采用约束条件①和②的结果完全相同。这些结果都难以合理解释。

(4) 对于相似度很高的大样本数据②(样本数量远多于指标个数),建立模型③,采用约束条件①和②,都会出现平衡系数 μ 大于某个值(临界值小区间)和小于某个值时得到两个完全不同的结果,采用约束条件②,$\mu=1/965$,采用约束条件①,$\mu=1/255.9$,在这个临界值小区间附近,两个完全不同的模型③的目标函数($1/S_z+\mu D_z$)几乎相等。采用约束条件①,$\mu \leqslant 1/255.9$,模型③的目标函数值为 $\left(\dfrac{1}{0.041\,87}+\dfrac{521.22}{255.9}\right)=(23.881\,3+2.036\,8)=25.918\,1$;$\mu \geqslant 1/255.9$,模型③的目标函数值为 $\left(\dfrac{1}{0.481\,2}+\dfrac{6\,099.6}{255.9}\right)=(2.078\,2+23.835\,9)=25.914\,1$。两个模型的目标函数值几乎相等。

(5) 采用约束条件①,两个完全不同的模型③,样本分类正确识别率相差很大。$\mu \geqslant 1/255.9$ 的模型③,其识别正确率可达 96.0%,3 类样本的投影值分布如图 4 − 1 所示;$\mu \leqslant 1/255.9$ 的模型③,第 1 ~ 50、51 ~ 100、101 ~ 150 个样本的投影值区间分别为 [0.009, 0.177 6]、[0.024 0, 0.178 1] 和 [−0.037, 0.235 4],3 个区间内绝大部分样本的投影值交叉重叠,无法正确识别,样本投影值分布如图 4 − 2 所示。

(6) 作为对比,研究 R 取很小值时模型①的情况。最优化建模发现,取 $R \leqslant 0.052S_z$ 时的最佳权重为 0、0、0、1,样本的分类识别正确率为 93%,显然是欠合理的;取 $R \geqslant 0.053S_z$ 时,最佳权重为 0.136 6、0、0.671 5、0.728 4,两个模型的最佳权重完全不同,显然后者更合

表4-7 R取不同,采用不同约束条件时建立模型①、②和③的结果对比(样本数据②)

权重/参数	模型① $R=0.1S_z$	模型① $R=0.1S_z$	模型① $R=r_{max}/3$	模型① $R=r_{max}/3$	模型② $R=0.1S_z$	模型② $R=0.1S_z$	模型② $R=r_{max}/3$	模型② $R=r_{max}/3$	模型③ $\mu\geqslant1/966$	模型③ $\mu\leqslant1/965$	模型③ $\mu\geqslant1/255$	模型③ $\mu\leqslant1/256$
a_1	0.303[a]	0.106[b]	0.449[a]	0.515[b]	0.215[a]	0[b]	0.494[a]	0.494[b]	0.4587[c]	0[d]	0.4495[f]	−0.3645[g]
a_2	−0.260	0	−0.330	0	−0.215	0	0.741	0.741	0	0.9419	−0.0888	0.2194
a_3	0.664	0.697	0.627	0.632	0.703	0.776	0.409	0.409	0.6037	0.3358	0.6065	0.7819
a_4	0.632	0.709	0.545	0.579	0.643	0.631	0.197	0.197	0.6521	0	0.6498	−0.4557
R	0.048	0.045	0.543	0.546	0.028	0.043	0.478	0.478	/	/	/	/
r_{max}	1.586	1.436	1.628	1.639	1.540	1.341	1.433	1.433	1.6244[d]	0.8961	1.6312	0.2724
S_z	0.476	0.451	0.472	0.475	0.469	0.429	0.278	0.278	0.4773	0.1571	0.4812	0.0419
$D_z^{\#}$	71.30	63.21	4251	3967	71.49	63.72	4585	4585	6075.6	1953.5	6099.6	521.22
$Q(a)$	33.90	28.50	2008	1884	71.96	64.15	4586	4586	8.2949	8.2817	25.914	25.918
正确率(%)	96.67	96.00	94.67	95.33	96.67	96.00	66.67	66.67	94.67	37.33	96.00	无法分类

注:上角标a和b分别表示采用约束条件①和②的结果;c,d分别表示采用约束条件③时两个完全不同的模型③的结果,两者的样本识别正确率相差很大;f和g表示采用约束条件②建立的模型③的结果,两个模型完全不同,样本识别正确率相差很大。# 模型中没有 D_z 时,表示是 D_z^0。

理,样本的分类识别正确率可以达到96%。同理,取 $R \leqslant \dfrac{r_{\max}}{63}$ 时的最佳权重为0、0、0、1,样

本的分类识别正确率为93%,显然是欠合理的;取 $R \geqslant \dfrac{r_{\max}}{62}$ 时,最佳权重为0.2902、0、

0.7609、0.5804,两个模型的最佳权重也完全不同,显然后者更合理,样本的分类识别正确率可以达到96%。说明 R 取较小值方案(很小的值)是欠合理的。而且,R 取很小的值时,存在一个临界值小区间,R 取小区间两侧的值,建立的两个模型 ① 也完全不同。相比于模型 ③ 的两个模型,模型 ① 两个模型的样本分类识别正确率较高。

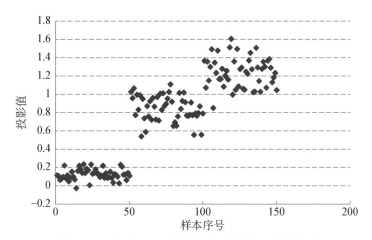

图 4-1　$\mu \geqslant 1/255.9$ 模型③的3类样本投影值分布

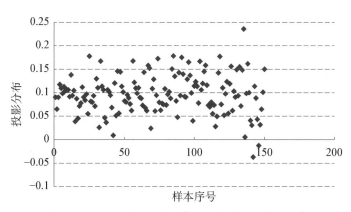

图 4-2　$\mu \leqslant 1/255.9$ 模型③的3类样本投影值分布

3. 样本数据③

采用约束条件①和②,取 $R = 0.1S_z$ 和 $R = r_{\max}/5$,分别建立模型 ① 和 ②,改变平衡系数 μ,建立模型 ③。采用MPA群智能最优化算法求得全局最优解,建模结果见表 4-8。

(1)模型①的整体聚类效果(同时实现样本投影点整体上尽可能分散、局部尽可能密集)优于模型②和③。采用约束条件①和②,3种模型的建模结果均相差很大。

表 4 - 8　建立模型①、②和③的结果对比(样本数据③,极差归一化)

权重/参数	模型① $0.1S_z$		模型① $r_{max}/3$		模型② $0.1S_z$		模型② $r_{max}/3$		模型③ 约束条件①		模型③ 约束条件②		DPS[c]	DPS[d] $0.1S_z$	DPS[f]
a_1	0.372[a]	0[b]	0.410[a]	0.494[b]	0.367[a]	0[b]	0.369[a]	0.418[b]	0.725[a]	0.394[a]	0[b]	0.508[b]	0.338	0.479	0.390
a_2	0.412	0	0.444	0.498	0.415	0	0.415	0.484	−0.597	0.391	0	0.472	0.150	0.457	0.337
a_3	0.378	0	0.443	0.501	0.380	0	0.398	0.466	−0.212	0.390	0	0.494	0.139	0.546	0.147
a_4	0.500	0	0.445	0.483	0.501	0	0.486	0.550	−0.087	0.362	0	0.382	0.058	0.379	0.392
a_5	−0.359	0	−0.385	0	−0.357	0	−0.393	0	−0.255	−0.245	0.081	0	0.133	0.230	0.052
a_6	0.382	0	0.104	0	0.382	0	0.075	0	−0.003	0.350	0	0.274	0.441	0.127	0.459
a_7	0.027	0	−0.135	0	0.027	0	−0.154	0	0.002	0.141	0.148	0.090	0.352	0.009	0.378
a_8	0.121	0	0.148	0.010	0.121	1	0.134	0	0.001	0.293	0.799	0.214	0.358	0.021	0.450
a_9	0.051	0	0.174	0.139	0.051	0	0.284	0.266	0	−0.194	0.346	0	0.498	0.175	0.006
a_{10}	−0.075	1	−0.106	0.059	−0.075	0	−0.119	0.015	−0.001	−0.287	0.461	0	0.358	0.141	0.001
R	0.047	0.029	0.428	0.402	0.047	0.023	0.419	0.395	0.033[g]	0.035[g]	0.015[g]	0.020[g]	0.024	0.048	0.042
S_z	0.466	0.288	0.458	0.442	0.466	0.230	0.438	0.423	0.003	0.492	0.127	0.466	0.238	0.475	0.416
$D_z^\#$	7.291	9.940	212.1	193.3	7.291	10.17	215.2	196.5	3.417	514.82	127.2	484.5	2.274	5.355	5.632
$Q(a)$	3.400	2.864	97.02	85.53	7.757	10.40	215.7	197.0	295.9	20.053	9.774	11.84	0.540	2.541	2.339
r_{max}	2.082	1.000	2.138	2.009	2.081	1.000	2.096	1.973	0.015	1.919	0.731	1.911	1.252	1.995	1.449

注:a和b分别表示采用约束条件①和②的建模结果。c、d和f分别表示采用DPS软件的建模结果。其中,c表示有关文献的结果;d表示所有指标按照越大越好归一化的结果,f表示采用越小越好归一化的结果。3个模型建立模型③的结果不同,模型③的结果相差很大。g表示模型③的平衡系数 μ 值,μ 值相差很大。μ 值存在临界值小区间,模型③发生突变。# 模型中没有 D_z 时,表示 D_z^0。

（2）取 $R = 0.1S_z$、采用约束条件②，建立模型①和②，出现了只有一个指标的最佳权重等于1、其他指标最佳权重都等于0的极端情况；但模型①和②分别是指标10和指标8的最佳权重等于1。显然，模型②的 D_z 更大和 S_z 更小，模型①的 D_z 更小和 S_z 更大。当然，只有一个指标的最佳权重等于1的结果，在实践中没有多大意义，因为有那么多指标的最佳权重等于0，实际上是无效用指标，这与建立了科学、合理、系统的评价指标体系的初衷是矛盾的。所以，对于本例，取 $R = 0.1S_z$，不能采用约束条件②建模。

（3）取 $R = r_{max}/3$ 和采用约束条件①，建立模型①和②的结果相差不大，但模型①的 S_z 更大一点，与之前的理论分析结果是一致的。与模型②相比，模型①的投影点整体上更分散。个别指标的最佳权重也可能会有比较大的变化，采用约束条件①时权重小于0或者较小的指标，采用约束条件②时基本都变为等于0了。由于指标之间存在复杂的相关性，原来权重小于0的指标，其权重也可能变得很小（但不等于0）。

（4）建立模型③，采用约束条件①和②，平衡系数 μ 在从大到小的变化过程中，总会出现模型突变的情况，两个模型差异很大，采用不同约束条件的两个模型的差异也很大，产生突变的 μ 值差异也很大，只能采用试凑法确定。模型③与模型①和②相差非常大。从表4-7、表4-8所示可知，μ 值更小的模型③，其样本投影值的标准差往往很小，实际上无法应用于分类研究。

（5）改变指标归一化方式，应用DPS软件计算得到的目标函数值发生改变（如2.541、2.339），又小于应用MPA算法的目标函数值3.400，表明采用DPS软件没有求得真正的全局最优解。

从上述3个实例的研究结果和理论分析，可以得出如下结论。

（1）模型①整体聚类效果最好，优于模型③和②，应优先选用。

（2）建立模型②，R 取较大值时，尤其是取常数时存在大数吃小数的问题，即只能实现样本点局部尽可能密集，无法实现样本点整体上尽可能分散的目标。所以，不推荐建立模型②。

（3）建立模型③，平衡系数 μ 存在一个临界值小区间，小区间两侧可以建立两个完全不同、聚类效果相差很大的模型，其中一个模型的样本投影点在整体上非常密集，聚类效果很差，另一个模型聚类效果相对较好，但也劣于模型①。即使针对 $Iris$ 等相似度很高的大样本数据，模型③的样本分类正确率与模型①基本相当或者稍低。所以，不建议采用模型③建模。

（4）采用DPS软件，不能求得真正的全局最优解。

如果不作特别说明，后续章节不再建立模型②和③，也不与模型②和③进行聚类效果比较。

4.6.3　不同归一化方法对PPC建模结果的影响

1. 针对样本数据①

取 $R = 0.1S_z$ 和 $R = r_{max}/3$，建立模型①，采用前3种归一化方法，求得全局最优解，结果见表4-9。其中，采用极大值归一化的计算结果见表4-6。

表 4 - 9　不同归一化方法对 PPC 建模结果的影响对比(样本数据①)

权重/参数	极差归一化			去均值归一化			DPS			
	$0.1S_z$	$r_{max}/3$	m	$0.1S_z$	$r_{max}/3$	m	JDZ[a]	JDZ[b]	JC	QJZ
a_1	0.012 4	−0.257 5	0.013 3	0.019 1	−0.278 4	0.022 0	0.005 3	0.003 0	0.155 8	0.103 9
a_2	0.217 2	0.437 6	0.208 8	0.191 1	0.402 2	0.177 9	0.160 7	0.000 6	0.225 1	0.180 2
a_3	0.167 0	−0.155 0	0.160 2	0.153 4	−0.157 2	0.132 6	0.003 1	0.289 0	0.315 2	0.274 1
a_4	0.479 1	0.367 8	0.484 2	0.459 8	0.349 5	0.476 6	0.075 1	0.122 5	0.413 6	0.492 1
a_5	0.462 8	0.309 5	0.462 2	0.463 7	0.298 4	0.456 2	0.051 5	0.060 8	0.465 1	0.539 1
a_6	0.395 2	0.470 1	0.395 8	0.407 0	0.492 0	0.406 6	0.716 6	0.005 2	0.383 2	0.367 0
a_7	−0.410 3	−0.212 5	−0.407 8	−0.426 0	−0.212 1	−0.429 4	0.005 3	0.000 5	0	0.008 6
a_8	0.395 6	0.470 0	0.399 4	0.407 4	0.487 6	0.406 7	0.672 5	0.947 5	0.539 9	0.462 6
R	0.088 0	0.709 1	8.000	0.207 7	1.667 5	8.000	0.029 2	0.020 9	0.077 8	0.184 7
r_{max}	1.864 2	2.127 4	1.864 3	4.402 7	5.002 6	4.401 9	0.715 1	0.511 5	0.704 1	3.908
S_z	0.879 7	0.868 5	0.879 7	2.077 0	2.042 4	2.076 1	0.291 9	0.209 2	0.777 9	1.842 0
D_z	0.527 8	4.254 8	115.420 1	1.246 2	10.005	98.40	0.175 2	0.125 5	0.466 8	1.108 3
$Q(a)$	0.464 3	3.695 4	101.530 9	2.588 4	20.435	204.28	0.051 1	0.026 3	0.363 1	2.047 4

注:JDZ、JC 和 QJZ 分别表示采用极大值归一化、极差归一化和去均值归一化的结果;b 表示 a 的指标 1 与 8 的数据互换排列位置后的建模结果。

采用极差归一化和去均值归一化,得到的指标权重比较一致,无论是大小,还是指标性质(权重大于 0,或者小于 0)。本例还出现一个特殊情况,取 $R=r_{max}/3$ 的最佳权重和样本投影值与取 $R=0.1S_z$、$R=m$ 的结果明显不同,而取 $R=0.1S_z$、$R=m$ 的结果却比较接近,样本 S1 和 S2 的投影值相等,取 $R=r_{max}/3$ 时,样本 S1 和 S4 的投影值相等。因为本例数据比较少,取 $R=0.1S_z$,投影窗口半径内最多只有两个投影点,如果是 $R=r_{max}/3$ 的最优解,则 $S_z=0.868\,5$,$D_z=0.521\,1$,使得局部更密集,但目标函数值小于现在的最优化结果 0.464 3。但取 $R=0.1S_z$ 和 $R=m$ 的结果比较一致是个特例,不具有普遍性。更加说明确定合理的 R 值对 PPC 建模具有极端重要性。R 取值不同,PPC 建模结果将明显不同。与其他两种归一化方法的建模结果相比,极大值归一化后不同指标数据的分布相差较大,尤其是最小值相差较大,导致模型结果也存在一定的差异,其最大权重会增大,而最小权重却变小,即不同指标的权重有趋于两极分化的现象。

2. 针对样本数据④

建立模型①,取 $R\leqslant0.1S_z$,采用多种群智能最优化算法、20 多次调整模型参数、20 余次最优化运算,都无法求得真正的全局最优解,说明最优化过程不收敛。为此,取 $R=r_{max}/5$、$R=r_{max}/3$ 和 $R=m=12$ 分别建立模型①,建模结果见表 4 - 10。其中,原文献对样本数据④ 采用极差归一化。

取 $R=0.1S_z$,原文献的目标函数值 $Q(a)=1.134\,8$,最佳权重都大于 0。设定最佳权重

表4-10 3种不同归一化方法PPC建模结果的对比(样本数据④)

权重/参数	极差归一化					极大值归一化			去均值归一化		
	$\cdot 0.1S_z$	$0.1S_z$	$r_{\max}/5$	$r_{\max}/3$	m	$r_{\max}/5$	$r_{\max}/3$	m	$r_{\max}/5$	$r_{\max}/3$	m
a_1	0.3044*	0.1446##	0.0979	0.1073	0.2137	0.1003	0.0523	0.1734	0.0922	0.0930	0.2224
a_2	0.1503	0.1085	0.0747	0.1218	0.3077	0.3436	0.2620	0.3691	0.1538	0.1491	0.3599
a_3	0.3837	0.3659	0.3426	0.3460	0.3532	0.2156	0.2588	0.1346	0.3412	0.3373	0.3312
a_4	0.2497	0.4613	0.4717	0.4917	0.2016	0.0421	0.0939	0.0897	0.4321	0.4879	0.2190
a_5	0.3213	0.3819	0.3409	0.3483	0.4237	0.2905	0.3140	0.2769	0.3405	0.3385	0.4119
a_6	0.3775	0.3748	0.3777	0.2431	0.1314	0.0122	0.0700	0.0409	0.3913	0.2659	0.1285
a_7	0.1051	0.1370	0.1037	0.0609	-0.0554	-0.1354	-0.1173	0.0182	0.0675	0.0589	-0.0660
a_8	0.2981	0.2393	0.2435	0.2718	0.3511	0.2357	0.2554	0.1477	0.2661	0.2688	0.3231
a_9	0.2974	0.2285	0.2538	0.2325	0.0148	0.0104	0.0808	0.0275	0.3128	0.2954	0.0034
a_{10}	0.3493	0.3301	0.3704	0.3868	0.4120	0.6260	0.6439	0.6099	0.3551	0.3792	0.4077
a_{11}	0.3241	0.3075	0.3376	0.3877	0.4131	0.5201	0.4979	0.5474	0.3037	0.3537	0.3877
a_{12}	0.1185	0.0506	-0.0199	0.0152	-0.1747	-0.0511	-0.0372	-0.1862	-0.0648	0.0100	-0.2280
R	0.0728#	0.0721	0.4553	0.7620	12.000	0.2720	0.4558	12.000	1.3327	2.2022	12.000
$r_{\max}$	2.1427#	2.2425	2.2765	2.2861	2.1492	1.3598	1.3675	1.3773	6.6633	6.6065	6.0320
S_z	0.7280#	0.7215	0.7250	0.7439	0.8211	0.5169	0.5094	0.5319	2.0952	2.0811	2.3160
D_z	1.5589#	2.0922	13.935	25.5505	904.83	6.8504	12.7523	927.71	40.618	75.4952	781.159
$Q(a)$	1.1348#	1.5095	10.103	19.0081	742.95	3.5409	6.4957	493.43	85.102	157.127	1809.18

注:## 表示原文献仅给出了各评价指标的权重和样本投影值,其他数值根据其权重和投影值计算得到;* 表示有关文献的最优化结果;## 表示求得真正全局最优解时的结果。

大于0,求得全局最优解,实际的目标函数值应为$Q(a)=1.5095$。采用极大值归一化和去均值归一化,取$R=0.1S_z$,无法求得真正的全局最优解。

取$R=r_{max}/5$、$R=r_{max}/3$和$R=m=12$,分别采用极差归一化和去均值归一化,建立模型的结果虽然所有不同,但差异不大。如果采用极大值归一化,则模型结果差异较大。如取$R=r_{max}/5$和$R=r_{max}/3$,采用极差归一化(简称前者),a_2的权重小于0.13,采用极大值归一化(简称后者)的权重却大于0.26;a_4的权重,前者为0.47以上,后者小于0.10;a_9的权重,前者大于0.23,后者小于0.01。两者差异明显,主要是因为采用极大值归一化后这些指标的最小值比较大(如大于0.50)。这种最佳权重的变化现象是一种普遍规律。

采用DPS软件的建模结果不稳定,某次计算结果为$S_z=2.4145$,$D_z=5.9138$,$Q(a)=14.2788$,与采用MPA算法的最优化结果不同。

求和规格化、矢量规格化应用相对较少,仅列出取$R=r_{max}/3$的结果。针对样本数据①,采用求和规格化,求得模型①的全局最优解,最佳投影向量系数分别为-0.3074、0.1126、-0.0284、0.0385、0.0493、0.6269、-0.3196、0.6269,样本投影值分别为0.1994、0.3328、0.0671、0.1994;采用矢量规格化,最佳投影向量系数分别为0.8752、-0.0933、0.0975、0.0166、0.0220、-0.1867、-0.3812、-0.1868,样本投影值分别为0.3849、0.0141、0.1981、0.1981。

针对样本数据④,采用求和规格化,最佳权重为-0.0345、0.4633、0.1918、0.2377、0.3672、0.0572、-0.1401、0.2249、0.1393、0.5423、0.4029、-0.0817,样本投影值分别为0.9633、0.9633、0.7265、0.7265、0.3575、0.3961、0.7265、0.8839、0.9633;采用矢量规格化,最佳投影向量系数分别为0.0243、0.5460、0.1636、0.0950、0.2879、-0.0337、-0.1022、0.1901、-0.1691、0.5508、0.4379、-0.1055,样本投影值分别为0.7956、0.7494、0.5467、0.5578、0.2041、0.2181、0.5578、0.7467、0.8810。

采用均值规格化,最优化求得的最佳权重与采用求和规格化的最佳权重相同。可以看出,采用求和规格化和矢量规格化的结果相差较大,与其他3种归一化的结果相差更大。

3. 小结

(1)虽然不存在理想无量纲化(归一化、规格化)方法,但极差归一化和去均值归一化是满足理想性质较多的两种无量纲化方法,不仅满足缩放无关性和单调性,也满足平移无关性。一般情况下,在PPC建模时,区间稳定性比总量恒定性更重要,也便于直接估算样本投影值的最大值。因此,优先推荐使用极差归一化。对于由专家评估确定的指标值,更应该采用极差归一化,以提高结果的客观性。

(2)如果无法得到或者预测指标数据的最大值(或者指标值可能比建模样本更大),为了使模型具有更好的适用性,或者为了有利于分类而拉大样本投影值之间的差距,可优先采用开放性更好的去均值归一化方法。

(3)由于评价目的不同,有时需要保留客观指标数据的分布特性,推荐采用极大值归一化。有些指标的客观数据变化很小,与评价目标的关系也不是特别紧密,采用极大值归一化可以拉大指标之间的权重差异,更清晰地区分不同指标的重要性,通常可以取得更合理的结果,有利于提出改进(善)评价对象(系统)的措施和建议。但这也不是绝对的,有时可根据需要,采用其他归一化方法。

(4)求和规格化和矢量规格化使得样本之间的差异很小,不利于分类和排序,不推荐使用。

4.6.4　*R* 取不同方案对 PPC 建模结果的影响

选取 R 值共有 5 种方案,即较小值方案、中间适度值方案、较大值方案、常数方案和 $R = (r_{i,k})_{(j)}$ 方案。其中,$R = (r_{i,k})_{(j)}$ 方案只有在特定条件下才有意义,实践中很难满足,没有普遍意义。因此,仅讨论其他 4 个 R 取值方案对 PPC 建模结果的影响。

1. *R* 取不同常数值对 PPC 建模结果的影响

建立模型①。针对样本数据⑤,采用极差归一化,R 分别取 0.01、0.1、1、5、10、50 和 100,采用 PPA 群智能最优化算法,求得全局最优解,投影向量 **a** 及其系数、模型结果见表 4-11。

表 4-11　**R 取不同常数值对 PPC 建模结果的影响对比(样本数据⑤,极差归一化)**

权重/ 参数	0.01@	0.1	0.5	1	1.5	5	10	50	100
a_1	0.135 5	0.474 7	0.463 6	0.657 6	0.463 0	0.335 9	0.275 2	0.251 6	0.248 3
a_2	−0.114 1	0.036 6	0.038 5	0.007 8	0.077 1	0.220 2	0.242 5	0.249 7	0.250 7
a_3	−0.073 3	−0.083 6	0.037 9	0.515 5	0.241 9	0.065 1	−0.035 7	−0.073 0	**−0.078 0**
a_4	0.970 4	0.847 1	0.879 0	0.518 7	0.640 9	0.443 0	0.371 7	0.342 0	0.337 5
a_5	−0.042 8	−0.148 6	0.092 3	0.071 1	0.276 9	0.181 3	0.147 0	0.132 3	**0.130 0**
a_6	−0.130 8	0.094 5	0.024 4	0.066 2	0.345 3	0.571 5	0.621 3	0.636 2	0.638 1
a_7	0.051 4	−0.133 5	0.019 9	0.152 2	0.338 5	0.528 0	0.564 2	0.574 3	**0.575 6**
$r_{\max}$	1.042 3	0.902 0	1.046 6	1.317 7	1.330 0	1.407 2	1.377 0	1.356 4	1.353 0
S_z	0.243 5	0.238 7	0.277 6	0.299 0	0.309 8	0.313 6	0.314 0	0.314 1	**0.314 1**
D_z	1.203 3	35.025 3	219.282	494.315	808.135	3 156.7	6 530.6	33 569	67 369
$Q(a)$	0.293 0	8.361 4	60.863 5	147.805	250.357	989.77	2 050.8	105 439	**21 159**

注:@表示没有求得真正的全局最优解。

随着 R 值由小变大,若发现最佳权重的变化是没有规律性的,这是由于混淆了 **a** 和 −**a**。如果有时取 **a**,有时取 −**a**,或没有求得真正的全局最优解,最佳权重的变化则没有规律性。

事实上,除 $R = 0.01$ 时无法求得真正的全局最优解外,随着 R 值由小变大,最佳权重变化具有很好的规律性,如 a_1 分别为 0.474 7、0.463 6($R = 0.5$)、0.657 6、0.463 0($R = 1.5$)、0.335 9、0.275 2、0.251 6、0.248 3。取 $R > r_{\max}$ 的常数,结果比较稳定。图 4-3 所示是表 4-11 中典型 R 值的有关建模结果对比(当 $R = 5$、10、50 和 100 时,各指标的权重很接近,因此,本文仅给出 $R = 5$ 时的情况)。可以看出,除指标 3、5 和 7 在 R 很小(如 0.1)时出现小于 0 外(个别样本的投影值相等,符合 PP 建模的特点),其他情况下的指标权重都大于 0。在 R 的变化过程中,各个指标的权重表现有一定的稳定性,但不存在一定是变大或者变小的规律性。当 $R > r_{max}$ 时,模型仅仅使样本投影点尽可能密集,无法实现使样本点整体上尽可能分散,这从 $R > 1.5$ 时的 r_{max} 值(最大值 1.40)、小于 $R = 1.0$ 的 r_{max} 值(1.44)可以验证。可见,R 取常数值方案是欠合理的,而且实践中很难确定合理的 R 值。

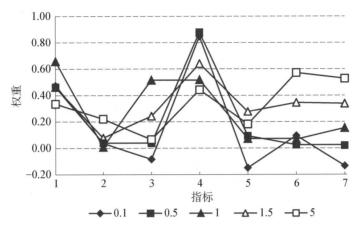

图 4 - 3　R 取不同常数值时的权重变化对比(样本数据③,极差归一化)

2. R 取较小值方案、中间适度值方案和较大值方案对 PPC 建模结果的影响

《中国环境年鉴》(2007~2011 年版)列出了长江水系国控断面 9 个主要监测指标 2006~2010 年的年均值。因为 Ⅰ~Ⅴ 级水质的 pH 值为 6~9,所以选取 DO、COD_{Mn}、$NH_3 - N$ 等 8 个主要监测指标来综合评价长江水系的水质。根据我国地表水环境质量标准(GB3832 - 2002)得到表 4 - 12。根据 5 级水质指标值的变化规律,以及 2006~2010 年长江水系水质指标实测值的范围,确定各指标的最大值和最小值。

表 4 - 12　地表水环境质量标准(GB3838 - 2002)

评价指标		Ⅰ	Ⅱ	Ⅲ	Ⅳ	Ⅴ	最大值	最小值
DO	≥	7.5	6	5	3	2	10.6	0.5
COD_{Mn}	≤	2	4	6	10	15	20	0.5
BOD_5	≤	3	3	4	6	10	15	0.5
$NH_3 - N$	≤	0.15	0.5	1	1.5	2	5	0.01
Hg	≤	0.000 05	0.000 05	0.000 1	0.001	0.001	0.35	0.000 01
Pb	≤	0.01	0.01	0.05	0.05	0.1	0.15	0.000 3
挥发酚	≤	0.002	0.002	0.005	0.01	0.1	1	0.001
石油类	≤	0.05	0.05	0.05	0.5	1	1.5	0.001

采用极差归一化,取 $R = 0.001S_z$、$0.002S_z$、…、$0.5S_z$、$r_{max}/9$、$r_{max}/5$、$r_{max}/4$、$r_{max}/3$、$r_{max}/2$、r_{max}、$2r_{max}$、8,采用 MPA 最优化算法,求得全局最优解,结果见表 4 - 13,不同 R 值与样本投影值的对应关系如图 4 - 4 所示,R1 ~ R14 对应表 4 - 13 中第一行的 14 个 R 值。

表4-13　窗口半径R取不同值(3种方案及常数)时的PPC建模结果对比

最优化结果	0.001S_z	0.002S_z	0.01S_z	0.1S_z	0.25S_z	0.5S_z	$r_{max}/9$	$r_{max}/5$	$r_{max}/4$	$r_{max}/3$	$r_{max}/2$	r_{max}	$2r_{max}$	∞
z(1)	0	0	0	0	0	0	0	0	0	0	0	0	0	0
z(2)	0.230	0	0	−0.006	0.009	0.132	0.126	0.155	0.181	0.189	0.201	0.231	0.234	0.224
z(3)	0.337	0	0	−0.003	0.009	0.189	0.179	0.225	0.264	0.277	0.295	0.339	0.344	0.330
z(4)	0.564	0.145	0	−0.001	0.095	0.358	0.345	0.398	0.455	0.475	0.498	0.561	0.569	0.553
z(5)	0.904	0.307	0.169	−0.012	0.266	0.627	0.602	0.667	0.747	0.768	0.798	0.891	0.903	0.889
z(6)	1.446	0.706	0.399	0.001	0.616	1.101	1.065	1.126	1.233	1.257	1.290	1.416	1.434	1.426
z(7)	2.822	2.088	1.803	1.367	2.093	2.629	2.605	2.681	2.753	2.770	2.789	2.826	2.827	2.821
a_1	0.306	−0.267	−0.141	0.012	−0.232	0.051	0.038	0.134	0.194	0.179	0.254	0.322	0.327	0.293
a_2	0.366	0.115	0.016	−0.151	0.143	0.264	0.241	0.253	0.287	0.294	0.304	0.347	0.355	0.360
a_3	0.350	0.119	0.145	−0.015	0.205	0.305	0.307	0.314	0.328	0.327	0.328	0.349	0.351	0.347
a_4	0.352	0.397	0.289	0.252	0.282	0.333	0.328	0.344	0.350	0.357	0.362	0.355	0.354	0.353
a_5	0.339	0.437	0.568	0.739	0.544	0.476	0.491	0.500	0.459	0.452	0.442	0.370	0.356	0.352
a_6	0.369	0.415	−0.110	−0.037	0.186	0.301	0.304	0.287	0.312	0.326	0.325	0.352	0.358	0.365
a_7	0.347	0.437	0.568	0.604	0.544	0.481	0.492	0.489	0.453	0.445	0.432	0.370	0.358	0.359
a_8	0.393	0.437	0.468	−0.037	0.422	0.419	0.404	0.362	0.369	0.351	0.342	0.362	0.369	0.392
S_z	0.973	0.760	0.663	0.518	0.761	0.920	0.912	0.930	0.952	0.954	0.960	0.972	0.972	0.973
D_z	0.007	0.020	0.120	1.740	3.087	6.902	3.500	8.585	12.03	18.79	34.70	92.88	231.3	346.3
Q(a)	0.007	0.015	0.080	0.901	2.350	6.349	3.192	7.985	11.45	17.96	33.31	90.24	224.9	336.9
r_{max}	2.822	2.088	1.803	1.379	2.093	2.629	2.605	2.756	2.753	2.681	2.760	2.826	2.827	2.821
R	0.001	0.002	0.007	0.052	0.190	0.460	0.289	0.536	0.688	0.923	1.394	2.826	5.654	∞

样本投影值、最佳投影向量系数、目标函数

注:下划波浪线 ～ 表示指标权重性质是错误的,下划实线 ＿ 表示投影值基本相等。

（1）R 从 $0.001S_z$ 到 $0.002S_z$ 的区间内，最佳投影向量发生了剧烈的变化，a_1 从 0.3063 变为了 -0.2672，指标性质发生了改变。初看起来这个结果难以理解，这恰恰使得 3 个样本的投影值是相等的，这是 PPC 模型结果的最显著特点。也从侧面证实，求得了真正的全局最优解（确实是模型的最优解），结果是正确的。但对综合评价来说，不一定是合理的。

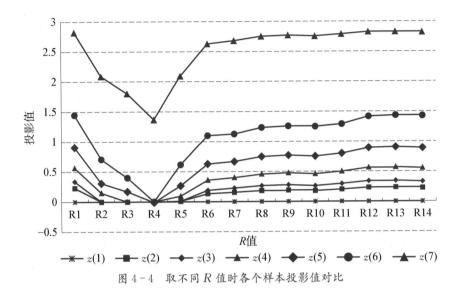

图 4-4　取不同 R 值时各个样本投影值对比

（2）在 $R \leqslant 0.001S_z$ 和 $R \geqslant r_{max}$ 的范围内（以及 $R = 8$），最佳投影向量和各样本投影值相差很小。因为 R 取很小值时，没有任何两个样本能够在同一窗口半径范围内。而 $R \geqslant r_{max}$ 时，所有样本都在同一窗口半径范围内。所以，PPC 建模的结果都是稳定的。

（3）R 在 $0.002S_z \sim 0.25S_z$ 范围内，最佳投影向量变化没有规律，a_1 小于 0，指标性质是错误的（但确实是 PPC 模型的最优解，正说明此 R 值是不合理的）。还有多个指标的性质也是错误的，使得样本投影值 $z(1) \sim z(3)$ 几乎相等（这是 PPC 模型结果的最显著特点，在 R 取较小值时，总有几个样本的投影值是相等的），而且都很小。在 $R = 0.1S_z$ 时，分界值样本投影值 $z(2) \sim z(6)$ 几乎都等于 0，这显然与 $z(2) \sim z(6)$ 是 $\mathrm{I} \sim \mathrm{V}$ 类水质的分界值不相符。所以，R 在 $0.002S_z \sim 0.25S_z$ 范围内取值是不合理的。

（4）在 $R \in [r_{max}/5, r_{max}/2]$ 范围内，所有指标的性质都正确，指标最佳权重的大小排序也保持不变。各指标最佳权重在一定范围内的改变真正体现了 PPC 模型从不同方向将样本数据投影到低维子空间上，从而揭示高维数据不同结构特点的精髓。所以，R 在这个范围内取值是合理的。

（5）在 $R \in [r_{max}/5, r_{max}/2]$ 范围内，建模结果基本稳定，取 R 值越大，各个指标最佳权重的差异越小，指标重要性越均衡。

上述规律具有普遍性，虽然 R 值大小有所不同，但这些规律是确定的。

3. 小结

（1）投影窗口半径 R 值很小或者很大时，虽然最优化算法都能求得全局最优解，但前者只使样本投影点整体上尽可能分散，无法实现局部尽可能密集的目标。而后者恰恰相反。

因此，R 取较大值方案和较小值方案都欠合理。

（2）为了使样本点局部尽可能密集，R 取较小值方案，往往会有几个（对）样本的投影值是相等的，导致个别指标权重可能出现扭曲或者很难合理解释的情况。个别指标之间虽然是正相关，但权重却小于0，就是为了使得多个（对）样本（分界值样本）的投影值相等。如水质评价指标标准（分界值）数据，所有指标之间都在 0.05 水平上显著正相关，R 在 $[0.0015S_z$，$0.25S_z]$ 范围内取值，x_1 等多个指标的权重小于0，尤其是取 $R = 0.1S_z$ 时，竟然有4个指标的权重小于0，再次说明 R 取较小值方案是欠合理的。R 取较大值方案时，所有样本点都在同一窗口半径内，不符合确定合理 R 值的原则。

（3）R 取中间适度值方案，指标权重基本稳定，不会出现权重扭曲或者无法解释的情况。又在一定范围内变化，正好体现了 PPC 技术可以从不同投影方向投影，揭示高维数据不同结构特点的精髓。根据不同分类需求，R 在 $[r_{max}/11, r_{max}/2]$ 范围内取值是合理的，其中 $R \in [r_{max}/5, r_{max}/3]$ 最常用。

4.6.5　不同约束条件对 PPC 建模结果的影响

只有约束条件①是正确的，任何情况下都应该优先采用。所有指标的最佳权重都大于0时，才可以采用约束条件②。约束条件③不符合空间投影的特性，是错误的。逆向指标正向化后，或者所有指标数据都正相关，R 取较小值方案，采用约束条件②，有些指标的权重可能等于0，所以也不能采用约束条件②。因此，无论是对正向指标，或者逆向指标已经正向化，都应该采用约束条件①建模。采用约束条件②建模，权重等于0的指标，不一定真的是无效用指标，应该改变指标归一化方式重新建模，或者采用约束条件①建模。

4.6.6　小结

（1）优先采用约束条件①进行 PPC 建模。

（2）R 在 $[r_{max}/11, r_{max}/2]$ 范围内取值，逆向指标正向化，建立 PPC 模型，设定最大权重大于0，可判定权重大于0的指标数据之间是正相关，否则是负相关。如果指标权重大于0，说明指标的理论性质与数据的实际性质是一致的，否则，是相反的。如汽车价格一般是逆向指标，但其实际数据往往与汽车性能一致，价格越贵的汽车性能往往越好，所以汽车价格指标数据实际上是正向指标。表4-1数据的指标1（项目经理素质）和指标7（企业资质）也是如此，理论属性是正向指标，但指标数据的实际属性是逆向指标。

（3）可忽略指标的理论性质，对所有指标采用越大越好归一化，设定最大权重大于0，就可判定各个指标数据的实际性质。而且，这样处理并不影响样本的优劣排名和分类结果，在探索性研究中，具有很好的实用性。

4.7　建立基于信息熵 PP 模型的实证研究

1. K-L 绝对信息散度指标 PP 模型的实证研究及其结果分析

样本数据见表4-14，共有4种灌溉方案、11个评价指标，其中 $x_1 \sim x_3$、$x_6 \sim x_7$ 和 x_{10} 为越小越好的逆向指标，对其采用越小越好方式归一化。由模型⑦的公式（2-14）可知，如果

出现某个 $z(i) \to 0$ 或者 $Z(i) \to 0$，则(2-14)式就会变得很大，无法求得真正的可行解。为此，必须限定最佳权重的下限。不失一般性，采用约束条件②，设定最佳权重的下限为 0.1（也可以设定为 0.000 1 等）。首先根据 $\min(|k_3|+|k_4|)$ 采用 EO 群智能算法求得全局最优解，使样本投影值尽可能服从正态分布。最佳权重为 $\boldsymbol{a}_{\min}\{a_1, a_2, \cdots, a_{11}\} = \{0.368\,7, 0.280\,2, 0.412\,4, 0.109\,9, 0.434\,8, 0.292\,6, 0.341\,9, 0.307\,3, 0.051\,6, 0.070\,7, 0.331\,4\}$，样本投影值 $\boldsymbol{Z}_{\min}\{Z(1), Z(2), \cdots, Z(4)\} = \{1.763\,9, 1.764\,5, 2.358\,0, 1.170\,4\}$，$\min(|k_3|+|k_4|) = 1.875$，$|k_3| = 0$。再根据模型⑦求得使样本投影值最大程度偏离正态分布的最佳权重 $\boldsymbol{a}_{\max}\{a_1, a_2, \cdots, a_{11}\} = \{0, 0, 0, 0, 0, 0, 0, 0, 0, \underline{1}, 0\}$，样本投影值 $\boldsymbol{z}_{\max}\{z(1), z(2), \cdots, z(4)\} = \{1.000\,6, 0.000\,6, 0.000\,8, 0.548\,4\}$，$\max(KL_1+KL_2) = (35.016\,9 + 0.993\,7) = 36.010\,6$，$S_z = 0.483\,4$，$r_{\max} = 1$。事实上，还可以求得很多使 $\min(|k_3|+|k_4|) = 1.875$ 的最佳权重。当然，使 $\max(KL_1+KL_2)$ 的 PP 模型基本相同，但都是 10 个指标的权重几乎都等于 0，变成无效用指标，这与实际情况严重不符。显然，这个建模结果是模型⑦的真正全局最优解，但是是不合理的，也是没有实用价值的。因此，对于本例，应用 K-L 绝对信息散度指标，无法建立具有实用价值的 PP 模型⑦，建立模型⑦的结果是不合理的。

表 4-14　某灌区灌溉方案的评价指标值

评价指标	x_1	x_2	x_3	x_4	x_5	x_6	x_7	x_8	x_9	x_{10}	x_{11}
固定喷灌	1.2	900	8	2 800	30	2.5	3	9	6	1.7	7
移动喷灌	0.34	956	3.8	2 500	27	8	4.5	8	4	9	10
小白龙+小畦灌	0.21	504	2	2 250	25	4	4	6.3	9.5	9	10
畦灌	0.18	300	2.5	1 000	0	7	5	1.7	10	5	4

为了进一步论证模型⑦的性能，针对 Iris 数据，求得 $\min(|k_3|+|k_4|) = (|0.150\,2|+|0|) = 0.150\,2$。虽然指标 2 数据与其他指标之间是负相关，但却是指标 3 的权重等于 0，最佳权重 $\boldsymbol{a}_{\min}\{a_1, a_2, a_3, a_4\} = \{0.142\,9, 0.905\,8, 0, 0.399\,0\}$，$\boldsymbol{Z}_{\min}\{Z(1), Z(2), \cdots, Z(150)\} = \{0.614\,5, 0.417\,8, 0.485\,4, 0.443\,7, \cdots, 0.780\,6, 0.969\,5, 0.723\,5\}$。再利用公式(2-14)求得使样本投影值最大程度偏离正态分布时的 $\max(KL_1+KL_2) = (68.690 + 62.623) = 131.252$，$S_z = 0.477\,3$，$r_{\max} = 1.614\,9$，最佳权重 $\boldsymbol{a}_{\max}\{a_1, a_2, a_3, a_4\} = \{0.418\,6, 0, 0.636\,5, 0.647\,8\}$，样本投影值 $\boldsymbol{z}_{\max}\{z(1), z(2), \cdots, z(150)\} = \{0.163\,2, 0.139\,9, 0.105\,9, 0.115\,8, 0.151\,5, \cdots, 1.221\,8, 1.289\,4, 1.087\,2\}$。共有 6 个样本分类错误，即整体分类识别正确率是 96%，与一维 PPC 模型①的识别正确率基本相当。

上述实证研究表明：针对样本数量比较少的情况，尽量不要建立基于 K-L 绝对信息散度指标的模型⑦，否则，很可能得到不合理的结果。对于样本数量比较多的情况，可以建立模型⑦，但整体聚类效果与一维 PPC 模型①基本相当。

2. 基于负熵指标 PP 模型⑥的实证研究及其结果分析

为便于比较，针对表 4-14 数据和 Iris 数据建模，归一化方法同上。采用 EO 群智能算法求得模型⑥的最佳权重 $\boldsymbol{a}\{a_1, a_2, \cdots, a_{11}\} = \{0, 0, 0, 0.4300, 0.4066, 0.3478,$ $0.4583, 0.4414, 0, 0.3352, 0.1073\}$，其中有 4 个指标的权重等于 0，样本投影值 $z\{z(1),$ $z(2), z(3), z(4)\} = \{2.4730, 1.3271, 1.5050, 0.2469\}$，$k_3 = -0.0682$，$k_4 = -1.8877$，$S_z = \sigma = 0.9123$，负熵 $J_1(p) = 0.4117$，$r_{\max} = 2.2261$。显然，所有样本的投影值都是不相等的，局部聚类效果一般，但实现了最大程度偏离正态分布的目标。

对 Iris 数据，求得模型⑥的最佳权重 $\boldsymbol{a}\{a_1, a_2, a_3, a_4\} = \{0.6627, 0.3039, 0.5132,$ $0.4529\}$，样本投影值 $z\{z(1), z(2), \cdots, z(150)\} = \{0.3908, 0.2907, 0.2705, 0.2569,$ $0.3851, \cdots, 1.2555, 1.3249, 1.0986\}$，$k_3 = -0.0337$，表明样本投影点分布偏左，$k_4 = -1.1501$，表明样本投影点分布比正态分布平坦，$S_z = \sigma = 0.4186$，负熵 $J_1(p) = 0.2951$，$r_{\max} = 1.6101$。共有 24 个样本分类错误，即整体分类识别正确率是 84%，明显低于一维 PPC 模型① 和模型⑦ 的识别正确率。

上述实证研究表明，基于负熵指标的 PP 模型⑥，其聚类效果劣于一维 PPC 模型①和模型⑦。因此，实践中，不建议建立 PP 模型⑥。

3. 基于样本投影值偏度的 PP 模型⑮的实证研究及其结果分析

模型⑮与模型⑥和⑦比较相似，都是基于样本投影值的峰度和使样本投影值最大程度偏离正态分布。

针对表 4-14 数据，建立 PP 模型⑮，求得最佳权重 $\boldsymbol{a}\{a_1, a_2, \cdots, a_{11}\} = \{0.0243,$ $0.1509, 0.2741, 0.0925, 0.1870, 0.4637, 0.4643, 0.4169, 0.4647, 0.1495, 0.1237\}$，样本投影值 $z\{z(1), z(2), z(3), z(4)\} = \{2.004, 1.057, 2.004, 1.057\}$，有两对样本的投影值是相等的，聚类效果较好。$\max(|k_4|) = \max(|-2.4375|) = 2.4375$，$k_3 = 0$，表明样本投影点对称分布，但比正态分布平坦，$S_z = \sigma = 0.5463$，$r_{\max} = 0.9461$。实证建模表明，有无穷多组解使 $\max(|k_4|) = \max(|-2.4375|) = 2.4375$，如样本投影值 $z\{z(1), z(2),$ $z(3), z(4)\} = \{1.9349、1.1735、1.9352、1.1736\}$，最佳权重 $\boldsymbol{a}\{a_1, a_2, \cdots, a_{11}\} =$ $\{0.3015、0.2019、0.0770、0.4639、01、0.4572、0.2144、0.0862、0.2831、0.4261、$ $0.3508\}$，$S_z = \sigma = 0.4397$，$r_{\max} = 0.7617$。

针对 Iris 数据，求得模型⑮的最佳权重 $\boldsymbol{a}\{a_1, a_2, a_3, a_4\} = \{0, 0, 0.8570,$ $0.5153\}$（两个指标的最佳权重等于 0），样本投影值 $z\{z(1), z(2), \cdots, z(150)\} = \{0.0796,$ $0.0796, 0.0650, 0.0941, 0.0796, 0.1661, \cdots, 1.0180, 1.1115, 0.9606\}$，$k_3 =$ -0.2473，样本投影点分布偏左，$k_4 = -1.4538$，表明样本投影点分布比正态分布平坦，$S_z = \sigma = 0.4164$，$Q(a) = 0.4538$，$r_{\max} = 1.3149$。共有 6 个样本分类错误，即整体分类识别正确率是 96%，与一维 PPC 模型①、模型⑦ 的识别正确率相当。

4. 基于样本投影值偏度和峰度的 PP 模型⑧的实证研究及其结果分析

模型⑧综合了样本投影值的峰度和偏度，使样本投影值在左右分布和分布高度方面都最大程度偏离正态分布。

针对表 4-14 数据，建立 PP 模型⑧，采用约束条件②，求得 $\max(|k_3| + |k_4|)$ 的最佳权重 $\boldsymbol{a}\{a_1, a_2, \cdots, a_{11}\} = \{0.0134、0.5215、0.2152、0.2756、0.3148、0.3018、0.3612、$ $0.1565、0.2129、0.3576、0.2954\}$，样本投影值 $z\{z(1), z(2), z(3), z(4)\} = \{2.0307,$ $1.1957, 2.0305, 1.1958\}$，有两对样本的投影值是相等的，聚类效果较好。$k_3 = 0$，表明样本投影点对称分布；$k_4 = -2.4375$，表明样本投影点分布比正态分布平坦，$S_z = \sigma = 0.4820$，

$Q(\boldsymbol{a}) = 2.4375$，$r_{\max} = 0.8350$。正如求 $\min(|k_3| + |k_4|)$ 存在无穷多组最优解一样，求解 $\max(|k_3| + |k_4|)$ 也存在无穷多组最优解，如最佳权重为 $\boldsymbol{a}\{a_1, a_2, \cdots, a_{11}\} = \{0.0167、0.3219、0.0044、0.2973、0.0781、0.3650、0.2848、0.3171、0.5223、0.2508、0.3886\}$，样本投影值 $z\{z(1), z(2), z(3), z(4)\} = \{1.9890、1.0687、1.9890、1.0688\}$，$\max(|k_3| + |k_4|) = |k_4| = 2.4375$。采用约束条件①，求得最佳权重为 $\boldsymbol{a}\{a_1, a_2, \cdots, a_{11}\} = \{0.4169、0.3190、0.2924、-0.3994、0.3747、-0.3873、-0.0308、-0.1174、-0.1409、-0.3674、0.1398\}$，样本投影值 $z\{z(1), z(2), z(3), z(4)\} = \{-0.8775、0.5913、0.5913、0.5913\}$，$\max(|k_3| + |k_4|) = 2.4375$，$|k_3| = 0.75$，$|k_4| = -1.6875 = 1.6875$，表明样本投影值分布偏右，比正态分布平坦。

针对 Iris 数据，采用约束条件①，求得模型⑧的最佳权重 $\boldsymbol{a}\{a_1, a_2, a_3, a_4\} = \{-0.2494、-0.2633、0.9108、0.1974\}$（指标 1 和 2 的最佳权重小于 0），样本投影值 $z\{z(1), z(2), \cdots, z(150)\} = \{-0.1500、-0.0813、-0.1048、-0.0561、\cdots、0.5721、0.5425、0.5749、0.5522\}$，$\max(|k_3| + |k_4|) = \max(|-0.4813| + |-1.3925|) = 1.8738$，样本投影点分布偏左，而且比正态分布平坦，$S_z = \sigma = 0.3098$，$r_{\max} = 1.0751$。共有 4 个样本分类错误，整体分类识别正确率是 97.3%，略高于一维 PPC 模型①、模型⑦的识别正确率，但样本投影点整体分散性劣于模型①和⑦。

采用约束条件②，求得模型⑧的最佳权重 $\boldsymbol{a}\{a_1, a_2, a_3, a_4\} = \{0、0、0.9572、0.2894\}$（指标 1 和 2 的最佳权重等于 0），样本投影值 $z\{z(1), z(2), \cdots, z(150)\} = \{0.0770、0.0770、0.0607、0.0932、\cdots、0.8660、0.9105、0.9792、0.8702\}$，$\max(|k_3| + |k_4|) = \max(|-0.2622| + |-1.4484|) = 1.7106$，样本投影点分布偏左，而且比正态分布平坦，$S_z = \sigma = 0.3757$，$r_{\max} = 1.2105$。共有 7 个样本分类错误，整体分类识别正确率是 95.3%，略低于一维 PPC 模型①、模型⑦的识别正确率，样本投影点的整体分散性也劣于模型①和⑦。

上述 4 个 PP 模型都是基于样本投影值的峰度（偏度）、标准差，建模目标是使样本投影值最大程度偏离正态分布。但无论是针对表 4-14 的小样本数据，还是高相似度的 Iris 大样本数据，4 个 PP 模型的最优化结果（样本投影值、最佳权重等）相差较大。对于表 4-14 的小（贫）样本数据，建立模型⑦和⑧、⑮，无法得到稳定的结果，有无穷多组解，建立建模⑥可以得到确定性最优解。对于 Iris 数据，负熵 PP 模型⑥的识别正确率最低，仅为 84%，整体聚类效果最差；基于 K-L 绝对信息散度指标和峰度最大化的模型⑦和⑮，样本识别正确率均达到了 96%，与一维 PPC 模型①基本相当，但从整体聚类效果（同时实现样本投影点整体上尽可能分散，局部尽可能模型；S_z 和 $r_{\max}$ 越大样本投影点整体上越分散）看，劣于一维 PPC 模型①最好。基于峰度、偏度的模型⑧，采用约束条件①时，样本识别正确率均达到了 97.3%，略高于一维 PPC 模型①，但从整体聚类效果稍差。

> **特别提示** 对于小样本数据，不能建立稳健、合理的模型⑦、⑧和⑮。对于中等以上样本数据，如果建模目的是要求样本投影值最大程度偏离正态分布，应建立模型⑧和⑮。如果是要求样本投影点有更好的整体聚类效果，则应该建立模型①。

5. 模型①与⑨～⑫和⑯的实证研究及结果对比分析

模型①、⑨～⑫、⑯合计 6 个模型的对比实证研究，均采用样本数据⑥（见表 4-5）、表

4-15数据和Iris数据。针对表4-5样本数据⑥，采用极大值归一化方式。因为模型⑨~⑫和⑯由模型①的$S(a)$或者$D(a)$与$H(a)$、$H(z)$、偏度等，采用乘积或者之和构成，所以，将这些模型与模型①的结果比较。取$R=0.1S_z$和$R=r_{max}/3$两种情况，模型⑫只取$R=r_{max}/3$。模型⑩和⑪与投影窗口半径R值无关。如果采用约束条件①，很可能出现$\sum_{i=1}^{n}z(i)=0$，使目标函数值趋于无穷大，或者因为$z(i)$小于0，无法计算信息熵值，而没有实际意义，所以必须采用约束条件②建模。采用PPA群智能算法求得各个模型的全局最优解，模型①、⑨~⑫和⑯的最优化结果见表4-16。

表4-15 区域水资源可持续利用预警样本评价指标值

序号	x_1	x_2	x_3	x_4	x_5	x_6	x_7	x_8	x_9	x_{10}	x_{11}	$s(i)$	$f(i)$
1	45	35	25	3.5	2.5	2 250	80	9 750	120	70	75	0.667	1
2	44	36	26	3.4	2.6	2 200	78	9 900	122	71	74	0.639	0.95
3	43	37	27	3.3	2.7	2 150	76	10 050	124	72	73	0.611	0.9
4	42	38	28	3.2	2.8	2 100	74	10 200	126	73	72	0.583	0.85
5	41	39	29	3.1	2.9	2 050	72	10 350	128	74	71	0.555	0.8
6	40	40	30	3	3	2 000	70	10 500	130	75	70	0.527	0.75
7	39	41	31	2.9	3.1	1 950	68	10 650	132	76	69	0.499	0.7
8	38	42	32	2.8	3.2	1 900	66	10 800	134	77	68	0.471	0.65
9	37	43	33	2.7	3.3	1 850	64	10 950	136	78	67	0.443	0.6
10	36	44	34	2.6	3.4	1 800	62	11 100	138	79	66	0.414	0.55
11	35	45	35	2.5	3.5	1 750	60	11 250	140	80	65	0.386	0.5
12	33.5	46.5	35.5	2.4	3.5	1 635	58	11 400	142	81	63.5	0.36	0.45
13	32	48	36	2.3	3.6	1 520	56	11 550	144	82	62	0.329	0.4
14	30.5	49.5	36.5	2.2	3.7	1 405	54	11 700	146	83	60.5	0.297	0.35
15	29	51	37	2.1	3.7	1 290	52	11 850	148	84	59	0.271	0.3
16	27.5	52.5	37.5	2	3.8	1 175	50	12 000	150	85	57.5	0.239	0.25
17	26	54	38	1.9	3.8	1 060	48	12 150	152	86	56	0.213	0.2
18	24.5	55.5	38.5	1.8	3.8	945	46	12 300	154	87	54.5	0.186	0.15
19	23	57	39	1.7	3.9	830	44	12 450	156	88	53	0.155	0.1
20	21.5	58.5	39.5	1.6	4	715	42	12 600	158	89	51.5	0.124	0.05
21	20	60	40	1.5	4	600	40	12 750	160	90	50	0.097	0

表4-16 模型①、⑨~⑫和⑩的最优化结果对比(样本数据⑥)

权重/参数	模型① 0.1S_z [a]	模型① 0.1S_z [b]	模型① $r_{max}/3$ [a]	模型① $r_{max}/3$ [b]	模型⑨ 0.1S_z [a]	模型⑨ 0.1S_z [b]	模型⑨ $r_{max}/3$ [a]	模型⑨ $r_{max}/3$ [b]	模型⑩ 本文	模型⑩ DPS[d] 0.1S_z	模型⑪ 本书	模型⑫ $r_{max}/3$	模型⑩ 0.1S_z	模型⑩ $r_{max}/3$
a_1	0.070[a]	0.154[b]	-0.106[a]	0.535[b]	0.040[a]	0.119[b]	-0.167[a]	0.450[b]	0[b]	0.054	0.204	0.433	0.505[b]	0.572[b]
a_2	0.341	0.356	0.407	0.210	0.319	0.339	0.354	0.292	0.339	0.270	0.325	0.082	0	0.037
a_3	0.212	0.227	0.254	0	0.257	0.281	0.287	0.071	0.424	0.198	0.311	0.013	0	0
a_4	0.086	0.225	0.441	0.282	0.100	0.227	0.369	0.305	0.342	0.330	0.340	0.218	0.348	0.310
a_5	0.310	0.400	0.159	0.352	0.319	0.400	0.231	0.358	0.314	0.413	0.272	0.357	0.467	0.481
a_6	0.496	0.436	0.164	0.307	0.462	0.394	0.226	0.288	0.350	0.431	0.346	0.249	0.164	0.260
a_7	0.228	0.258	0.420	0.150	0.230	0.246	0.357	0.220	0.275	0.279	0.302	0.166	0.318	0.107
a_8	0.364	0.505	0.173	0.231	0.364	0.503	0.253	0.212	0	0.522	0.277	0.329	0.025	0.233
a_9	0.263	0.254	0.287	0.257	0.259	0.254	0.307	0.298	0.411	0.105	0.369	0.105	0	0
a_{10}	0.257	0.107	0.208	0.155	0.266	0.144	0.267	0.223	0.322	0.216	0.296	0.099	0.008	0.059
a_{11}	0.051	0.027	-0.019	0.025	0.159	0.124	-0.111	0.127	0.140	0.038	0.172	0	0.005	0.008
a_{12}	0.071	0.005	-0.043	0.032	0.175	0.101	-0.132	0.143		0.103	0.161		0.062	0.032
a_{13}	-0.397	0.001	-0.423	0.453	-0.356	0.035	-0.370	0.368	0	0.002	0	0.642	0.523	0.455
S_z	0.573	0.519	0.586	0.379	0.564	0.512	0.595	0.419	0.552	0.504	0.549	0.301	0.305	0.314
D_z[*]	2.520	2.492	40.46	51.41	2.483	2.420	38.05	43.39	0.092	1.575	/	59.01	2.131	54.44
$H(a)$	/	/	/	/	/	/	2.392	2.317	2.101	/	2.390	1.729	0.957	1.019
$Q(a)$	1.444	1.294	23.71	19.48	3.201	2.663	54.16	42.10	0.107	0.793	1.312	61.04	0.621	17.42
R	0.057	0.052	0.666	0.556	0.056	0.051	0.645	0.559	/	0.050	/	0.490	0.031	0.492
r_{max}	1.572	1.358	1.997	1.669	1.542	1.337	1.936	1.678	1.649	1.364	1.509	1.471	1.398	1.477

注:a和b分别表示采用约束条件①和②的结果;d表示模型①、约束条件②,$R=0.1S_z$应用DPS软件的计算结果。*表示D_z或者是$H(z)$、k_3等。

与模型⑨相比，一维 PPC 模型①的 S_z、r_{max} 和 D_z 更大，表明模型①的整体聚类效果更好。采用约束条件①和②，建立 PPC 模型⑨，最佳权重的变化没有规律性。

与模型⑩相比，在样本投影点整体尽可能分散和局部尽可能密集方面，模型①的聚类效果更优。模型⑩的样本投影值分别为 0.9515、0.7226、0.5308、1.9604、1.1319、1.1813、1.6574、1.2782、0.4724、2.1210、1.7356、1.9490、1.3469、0.7033，没有样本的投影值是相等的。所以，模型⑩的聚类效果较差。同时，有 4 个指标的最佳权重等于 0，有这么多的无效用指标，结果也欠合理，不符合实际。

与模型⑪、⑫相比，在样本投影点整体上尽可能分散、局部尽可能密集方面，模型①的聚类效果更优。

与模型⑯相比，模型①的样本投影点整体分散性能和局部聚类效果更好。而且，模型⑯的样本投影点更偏离正态分布，有 4 个指标的最佳权重等于 0，有这么多的无效用指标，结果是欠合理的。所以，模型①的综合性能优于模型⑯。

模型⑨和⑫的构成项相同，分别是标准差 S_z、局部密度值 D_z 和权重信息熵 $H(a)$，前者是相乘关系，后者是"之和"的关系。从 S_z 和 D_z 的大小可以看出，模型⑨在样本投影点整体尽可能分散方面优于模型⑫，在样本投影点局部尽可能密集方面，模型⑫更优。而且，模型⑨的（S_zD_z）更大，表明模型⑨的整体聚类效果要优于模型⑫。

因此，从整体聚类效果看，在上述 6 个模型中，模型①最好。

针对表 4-15 数据，取 $R=0.1S_z$ 和 $R=r_{max}/3$，采用极差归一化，求得全局最优解，各个模型的最佳权重等参数见表 4-17。

（1）模型⑨和⑫的构成项相同，从 S_z 和 D_z 的大小可以看出，在样本投影点整体尽可能分散方面，模型⑨优于模型⑫，在样本投影点局部尽可能密集方面，模型⑫更优。模型⑨的（S_zD_z）更大表明，模型⑨的整体聚类效果优于模型⑫。

（2）模型⑩和⑪没有局部密度值 D_z，用样本投影点信息熵和权重信息熵实现使样本投影点局部尽可能密集。取 $R=0.1S_z$，局部密度值 D_z 较小，分别为 6.058 和 8.059，S_zD_z 分别为 4.7439 和 6.0890，明显小于模型①，说明模型⑩和⑪的整体聚类效果劣于模型①，也劣于模型⑨和⑫。

（3）采用约束条件①和②，模型①、⑨、⑫和⑯将得到完全不同的结果。采用约束条件①，有的指标权重小于 0，说明这些指标数据与其他指标数据之间实际是负相关的，与这些指标的理论性质不一致；如果采用约束条件②建模，这些指标的权重就等于 0，变成无效用指标了，尽管最佳权重确实是 PP 模型的全局最优解，但 PP 模型却是不合理的。

（4）取 $R=0.1S_z$，模型⑯的 S_z、D_z 均小于模型①，取 $R=r_{max}/5$，模型⑯的 D_z 又大于模型①，但整体上模型①的（S_zD_z）大于模型⑯，表明模型①的整体聚类效果优于模型⑯。

（5）针对高相似度的 Iris 大样本数据，取 $R=r_{max}/5$，求得全局最优解。模型函数①、⑨～⑫和⑯的分类识别正确率分别为 96.6%、85.3%、93.3%、77.3%、57.3% 和 96%，再次表明模型①优于模地型⑨～⑫和⑯。

由此可见：

（1）从整体聚类效果看，模型①优于模型⑨～⑫和⑯。因此，在综合评价和聚类研究时应优选推荐建立一维 PPC 模型①。

基于群智能最优化算法的投影寻踪理论

表 4-17　模型①、⑨~⑫和⑯的最佳权重等最优化结果比较

权重/参数	模型①		模型⑨		模型⑩		模型⑪		模型⑫				模型⑯	
	$0.1S_z$	$r_{max}/5$	$0.1S_z$	$r_{max}/5$	$0.1S_z$	$r_{max}/5$	$0.1S_z$	$r_{max}/5$	$0.1S_z$	$r_{max}/5$	$0.1S_z$	$r_{max}/5$	$0.1S_z$	$r_{max}/5$
a_1	0.287	0.342	0.368[a]	0.260[a]	0.367	0.374	0.306	0.354	0	0.216	0.417[a]	0.273[a]	0.248	0.308
a_2	0.451	0.419	0.391	0.319	0.403	0.429	0.367	0.389	0.419	0.356	0.494	0.312	0.485	0.435
a_3	0.589	0.520	0.336	0.362	0.448	0.493	0.473	0.416	0.702	0.254	0.262	0.401	0.426	0.301
a_4	0.341	0.433	0.361	0.272	0.409	0.417	0.367	0.360	0.355	0.143	0.351	0.392	0.185	0.216
a_5	0.462	0.410	0.224	0.312	0.395	0.427	0.421	0.394	0.449	0.325	0	0.266	0.440	0.330
a_6	0	0	-0.249	-0.339	0	0	0	0	0	0.421	-0.065	-0.346	0.287	0.375
a_7	0	0	-0.337	-0.313	0	0	0	0	0	0.400	-0.381	-0.309	0.373	0.303
a_8	0	0	-0.226	-0.233	0.183	0	0.206	0	0.057	0.292	-0.273	-0.083	0.022	0.259
a_9	0.066	0.087	-0.087	0.224	0.207	0.131	0.305	0.270	0.057	0.266	-0.029	-0.008	0.116	0.257
a_{10}	0.183	0.270	0.208	0.295	0.320	0.245	0.360	0.403	0	0.160	0.161	0.187	0.129	0.213
a_{11}	0	0	-0.374	-0.352	0	0	0	0	0	0.342	-0.374	-0.432	0.205	0.243
R	0.077	0.421	0.083	0.420	0.427	0.078	0.078	0.076	0.068	0.379	0.073	0.368	0.054	0.370
$H(a)$	/	/	2.241	2.356	1.959	1.783	1.890	2.024	1.257	2.241	1.962	2.132	0.792	0.924
S_z	0.769	0.779	0.833	0.884	0.765	0.780	0.783	0.756	0.682	0.460	0.727	0.867	0.536	0.518
D_z^*	12.89	139.1	39.28	217.0	133.7	12.29	0.246	8.059	13.64	151.9	42.92	221.5	9.566	146.6
$Q(a)$	9.915	108.3	73.34	451.8	200.5	17.10	0.364	1.529	15.58	154.6	45.61	224.5	4.059	70.26
r_{max}	2.048	2.104	1.748	2.099	2.135	2.105	2.210	2.114	1.763	1.893	1.497	1.840	1.669	1.852

注：a 表示采用约束条件①的建模结果，其他采用约束条件②的结果；* 在没有参数 D_z 的模型中，表示 $H(z)$。

（2）在模型①的投影指标函数中增加样本投影值信息熵、投影向量系数信息熵等，或者剔除局部密度值 D_z，只是使样本投影值、最佳权重尽可能服从正态分布，不能提高整体聚类效果，实际上降低了聚类效果和分类识别正确率。

（3）在模型①的投影指标函数中，增加偏度指数 k_3 项，能使样本投影点更偏离正态分布，但不能提高整体聚类效果和识别正确率。

（4）将投影指标函数中有关构成项的"乘积"关系修改为"之和"关系，不能提高整体聚类效果。

（5）如果研究目的是使样本投影点最大程度偏离正态分布，则应优先建立模型⑯。

6. 模型⑤、⑬与⑭的对比实证研究及其结果分析

针对 Iris 数据，采用极差归一化。采用 PPA 群智能最优化算法，求得全局最优解。模型⑬的结果直接取决于 R_H 值，不同的 R_H 值，将得到不同的结果。取 $R_H = C \cdot H(z)$，研究不同 C 值（实际上是不同 R_H 值）对建模结果的影响，最优化结果见表 4-18。

表 4-18　不同 $R_H(C)$ 值对模型⑬与⑭建模结果影响的对比研究（样本数据②）

权重/参数	0.0013*	0.013	0.063	0.11	0.12	0.127	0.128	0.130	0.136	0.137	0.1472
a_1	0	0	0	0	0	0	0	0	0	0	0
a_2	0.8689	0.8689	0.8689	0.8715	0.8815	0.8919	0	0	0	0	0
a_3	0.4950	0.4950	0.4950	0.4904	0.4722	0.4522	0.9576	0.9552	0.9318	0	0
a_4	0	0	0	0	0	0	0.2882	0.2959	0.3630	1	1
$H(z)$	4.9737	4.9737	4.9737	4.9738	4.9739	4.9739	4.7501	4.7500	4.7484	4.7077	4.7077
$H(D)$	14992.2	13682.8	8087.39	2853.67	1760.75	1225.56	878.29	763.18	425.87	369.41	0.2989
$Q(a)$	3014.27	2751.02	1626.02	573.74	354.00	246.40	184.90	160.67	89.687	78.469	0.0635
R_H	0.0065	0.0647	0.3133	0.5471	0.5969	0.6217	0.6080	0.6175	0.6458	0.6450	0.6930
r_{max}	0.9961	0.9961	0.9961	0.9935	0.9831	0.9713	1.2098	1.2141	1.2494	1	1
Ⅰ**	385.03	385.03	385.03	386.05	389.94	396.41	92.408	92.784	95.88	110.17	110.17
Ⅱ	390.93	390.93	390.93	391.11	391.69	392.33	267.71	268.78	277.47	228.08	228.08
Ⅲ	383.24	383.24	383.24	383.39	383.91	384.58	295.28	296.22	304.31	320.25	320.25

注：* 0.0013、0.013 等表示 R_H 公式中的 C 值；** Ⅰ、Ⅱ、Ⅲ 分别表示 setosa、versicolor、virginica 3 类鸢尾花样本的类内样本距离之和，下同。

R_H 取不同值，得到完全不同的 PPC 模型⑬的建模结果。在 $C \leqslant 0.127$、$0.128 \leqslant C \leqslant 0.136$ 和 $C \geqslant 0.137$ 范围内取值，建模结果完全不同。从各类类内样本之间的距离和（即局部尽可能密集）来看，$C \in [0.128, 0.136]$ 时，聚类效果最好（有关文献认为 $R_H = 0.13H(z)$ 比较合理，就在此范围内），在此区间内，指标1和指标2的权重等于0。其次是 $C \geqslant 0.137$ 时，尤其是 versicolor 类鸢尾花样本的聚类效果最好，但指标 1～3 的权重都等于0。在 $C[0,$

0.127]范围内,指标1和4的最佳权重等于0,聚类效果较差,而且在$C \leqslant 0.063$时,由于R_H值比较小,绝大多数样本点之间的信息熵都需要求和,所以建模结果几乎不变。建立PPC模型⑬,指标1的权重始终等于0。$C \geqslant 0.128$时,R_H值比较大,即只有少数几个样本(投影值很接近)之间的距离信息熵需要求和,相当于模型①R取较小值方案的情况。比较表4-7和表4-18的结果可知,模型⑬的r_{max}值比一维PPC模型①的r_{max}值要小得多,表明模型⑬在样本点整体上尽可能分散方面相对较差。而且,直接比较一维PPC模型①与模型⑬的各类样本的距离之和的大小是没有意义,因为两个模型的r_{max}值差异很大,所以没有可比性,无法可靠、正确比较这两个PP模型的局部聚类效果。取$C = 0.130$时,样本的分类识别正确率可达到97.3%;而取$C = 0.063$时,分类识别正确率下降到只有60%。模型的合理性受到R_H的显著影响。因此,只有在$R_H = [0.128, 0.136]H(z)$很小范围内,模型⑬才具有较好的聚类效果,并与模型①基本相当,否则,模型的聚类效果明显劣于模型①。

仍然针对样本数据②(Iris数据)建立模型⑭。采用样本投影值一阶差分的最大值、次大值等作为分类依据,作为对比,同时以K-means法结果作为分类依据,采用PPA算法求得全局最优解。对于实际研究问题,事先很难确切知道应该分成几类。所以,按照分成3类、4类和5类分别建立模型,结果见表4-19。

表4-19 针对样本数据②采用不同聚类方法、取不同类别数时求得的最优化结果对比

参数	根据投影值之差最大值、次大值等分类			根据K-means分类		
	3类	4类	5类	3类	4类	5类
样本数#	2/48/100	2/48/95/5	6/35/7/2/100	50/54/46	50/36/41/23	11/39/43/35/22
a_1	0.0846	0.0975	0	0	0	0
a_2	0	0	0	0	0	0
a_3	0.9705	0.9867	0	0.0589	0.0031	0.9799
a_4	0.2256	0.1299	1.0000	0.9983	1.0000	0.1993
H_A	0.4004	0.6374	0.6213	0.7443	0.8395	0.7913
H_D	2.9844	3.9772	4.9454	2.9355	3.9252	4.9470
$Q(a)$	7.4530	6.2401	7.9596	3.9439	4.6757	6.2517
r_{max}	1.2408	1.1843	1.0000	1.0482	1.0026	1.1543
I*	99.155	96.138	110.17	112.81	110.32	87.895
II	284.11	273.27	228.08	239.05	228.69	254.50
III	321.88	315.65	320.25	326.56	320.62	284.17

\# 表示各类的样本数,如2/48/100表示三类样本数量分别为2个、48个、100个,下同。

3类样本的距离之和分别为99.155、284.11和321.88(表4-19第2列),r_{max}大于模型⑬的r_{max},但小于模型①的r_{max}。将样本投影值之差的最大值、次大值作为分类依据,样本分成 3 类时,各类的样本数分别为 2、48 和 100 个,而 3 类样本的实际个数都是 50 个,所以分类识别正确率很低,没有应用价值。也就是说,PP 模型是否具有实用价值,并不完全看其类内样本是否尽可能密集,如果不能正确分类,把不同类的样本密集聚合在一起,是没有实用价值的。如果把样本分成 4 类、5 类,类内样本之间的距离之和虽然明显减小,但模型的分类识别正确率都很低(表 4 - 19 第 3、4 列),也是不合理的。如果以样本投影值的 K-means 聚类结果作为分类依据,分成 3 类时,样本分类正确率可达到 94.7%(第 5 列),但也低于一维 PPC 模型①的正确率(见表 4 - 7)。分成 4 类和 5 类时,类内样本之间的距离之和虽然明显减小,但分类正确率明显下降,没有实用价值。

模型⑤提出首先对样本采用 K-means 聚类,再计算类内样本之间的距离。以 Iris 数据为例,采用 K-means 聚类分析,分为 3 类时的样本的识别正确率仅为 85.3%,分为 4 类等时,分类正确率更低,效果不太理想。为此,首先将样本进行 PP 投影,对样本投影值采用 K-means 动态聚类,再计算类内样本之间的距离,建立模型⑤。针对样本数据②,分别建立不同分类数的模型⑤,求得全局最优解,最优化结果见表 4 - 20。

表 4 - 20　样本数据②、不同分类数时建立模型⑤的最优化结果对比

参数	约束条件①			约束条件②		
	3 类	4 类	5 类	3 类	4 类	5 类
样本数	50/48/52	50/34/36/30	25/25/29/42/29	50/53/47	50/30/37/33	26/24/27/42/31
a_1	−0.1615	0.3717	0.3898	0	0.0045	0.0014
a_2	−0.2640	−0.2596	−0.1034	0	0.0240	0.0478
a_3	0.8673	0.6663	0.8161	0.7329	0.9639	0.9946
a_4	0.3899	0.5921	0.4138	0.6804	0.2651	0.0918
S_z	0.3716	0.4774	0.4588	0.4314	0.3693	0.3224
D_z	261.08	170.07	61.799	365.45	129.42	39.850
$Q(a)$	0.0014	0.0028	0.0074	0.0012	0.0029	0.0081
r_{max}	1.2478	1.6126	1.5671	1.3441	1.1908	1.0563
Ⅰ	151.88	126.45	137.46	112.74	95.671	91.112
Ⅱ	184.33	336.27	369.61	302.69	271.30	248.11
Ⅲ	196.52	393.22	430.20	337.89	299.11	280.27

将样本分为 3 类,采用约束条件①和②时的 3 类样本的类内距离之和分别为 151.88、184.33、196.52(表 4 - 20 第 2 列)和 112.74、302.69、337.89(表 4 - 20 第 5 列)。采用约束条件①,3 类样本分别为 50、48、52 个,分类识别正确率达到 97.3%;采用约束条件②,3 类样本分别有 50、53、47 个,分类识别正确率达到 96.0%。分成 4 类、5 类时,识别正确率显著降低。也就是说,只有在分类数正确的情况下(其实没有先验知识是很难做到的),模型⑭与一维 PPC 模型①的分类识别正确率基本相当。如果事先不知道样本的类别数而将样本分成

4类、5类,模型⑭的分类识别正确性就很低,没有应用价值。而且分成4类、5类时,类内样本之间的距离之和确实明显减小,但分类正确率却都很低(表4-20第6、7列),r_{max}较小,因此,建立分成4类、5类的模型⑭,没有实用价值。

> **特别提示** 针对高维、非线性、非正态分布数据直接采用K-means聚类分析,结果的可靠性和有效性往往难以保证,还存在维度灾难问题,是不可取的。对一维样本投影值进行K-means聚类,结果可靠和稳定。

7. 小结

(1) 基于K-L绝对信息散度指标的目标函数、样本投影值峰度(偏度)和负熵的模型⑥~⑧和⑮,建模目标是使样本投影点最大程度偏离正态分布,与模型①的建模目标不同。对小样本数据,不能建立稳健的模型。对于中等数量样本和大样本数据,如果建模目标是使样本点最大程度偏离正态分布,应优先建立模型⑦、⑧。

(2) 在模型①的基础上增加最佳投影向量系数(权重)信息熵、样本投影值信息熵,建立的模型⑨~⑫和⑯,使样本投影值、最佳权重尽可能服从正态分布,尤其是剔除了局部密度值的模型⑩和⑪,已经不可能使样本投影点局部尽可能密集,这些模型与模型①的建模目标不完全一致,所以整体聚类效果不可能优于模型①。

(3) 模型⑤、⑬和⑭,基于所有样本之间信息熵、类内样本之间信息熵、类内样本均值信息熵以及类内样本之间的距离等,在实现样本投影点整体上尽可能分散和类内样本点尽可能密集上,建模目标与模型①一致。对于模型⑬,很难确定合理的R_H值,只有R_H值在很小的范围内,模型才具有较好的整体聚类效果,其R_H合理值的意义不很明确。R_H值存在多个临界值,在临界值两侧,建立的模型⑬完全不同。对于模型⑤、⑭,不能根据投影值的最大差值、次大差值等分类,也不能对高维非线性数据直接进行K-means聚类分析,而是应该对一维投影值进行K-means聚类分析,再计算类内样本之间的距离或者类内样本之间的信息熵等,模型性能与一维PPC模型①基本相当。基于分类的模型⑤、⑬和⑭,只有分类数正确的情况下,模型才具有较好的整体聚类效果。因此,模型⑤、⑬和⑭主要应用于对样本分类数具有先验知识的场合,而模型①没有此类限制。

(4) 建立或者提出新的PP模型或者R取值方案时,不能凭借一般性原理,如增加样本投影值信息熵、投影向量系数信息熵等构成项而使其分布的差异最大化等,就认为提出的模型或者方案优于一维PPC模型①,或者是更合理的。必须对Iris数据和一些小样本或者贫样本案例数据进行实证对比,只有整体聚类效果更好、样本分类识别正确率更高或者基本相当,才能认为新模型或者方案具有实际意义。从整体聚类效果看,模型⑨~⑫、⑯劣于模型①,因此,推荐模型①。

(5) 将PP模型①中表示"类与类之间尽可能分开"和"类内样本点尽可能密集"两个构成项的"乘积"关系(兼顾了两个指标之间的平衡)改变为"之和"关系,不能改善PP模型的整体聚类效果,反而会发生大数吃小数的现象。尤其是投影窗口半径R取常数值时,将严重扭曲两者之间的平衡,变成"使样本点局部尽可能密集",出现很多样本投影值都相等的现象,甚至凝聚成一个点,导致模型失去意义。

(6) 使用DPS软件一般不能求得一维PPC模型①的全局最优解。

4.8　建立 DCPP 模型的实证研究

1. 实证研究案例一

具体样本数据及其采用越大越好的极差归一化值见表 4 - 21。$x_1 \sim x_5$ 分别表示洪峰水位、洪水位超过 9 m 的天数、大通洪峰流量、5～9 月洪量、流量与历时综合指标。采用极差归一化,所有指标都是正向指标。针对该样本数据,有学者采用约束条件②建立模型⑰和⑲,见表 4 - 22。采用约束条件②,建立模型⑰～⑳,采用 PPA 群智能最优化算法求得全局最优解,样本投影值见表 4 - 22,各个指标的最佳权重、目标函数值等见表 4 - 23。

表 4 - 21　南京站 1954～1998 年洪水样本各个指标数据及其归一化值

年度	原始数据					归一化值				
	x_1^*	x_2	x_3	x_4	x_5	x_1^*	x_2	x_3	x_4	x_5
1954	10.22	87	92 600	8 891	7 800	1.000 0	1.000 0	1.000 0	1.000 0	1.000 0
1969	9.2	8	67 700	5 447	1 710	0.120 7	0.012 5	0.135 4	0.042 3	0.021 7
1973	9.19	7	70 000	6 623	3 280	0.112 1	0	0.215 3	0.369 3	0.273 9
1980	9.2	10	64 000	6 340	2 730	0.120 7	0.037 5	0.006 9	0.290 6	0.185 5
1983	9.99	27	72 600	6 641	3 560	0.801 7	0.250 0	0.305 6	0.374 3	0.318 9
1991	9.7	17	63 800	5 576	1 930	0.551 7	0.125 0	0	0.078 1	0.057 0
1992	9.06	13	67 700	5 295	1 575	0	0.075 0	0.135 4	0	0
1995	9.66	23	75 500	6 162	2 390	0.517 2	0.200 0	0.406 3	0.241 1	0.130 9
1996	9.89	34	75 100	6 206	2 702	0.715 5	0.337 5	0.392 4	0.253 3	0.181 0
1998	10.14	81	82 100	7 773	5 283	0.931 0	0.925 0	0.635 4	0.689 1	0.595 7

（1）从模型⑰和⑱的结果看,模型⑰（即模型⑱的 $m = 0$）在样本投影点整体尽可能分散方面优于模型⑱,不能实现使样本局部尽可能密集,即 r_{max} 和 S_z 的值更大,而模型⑱可同时实现使样本投影点整体上尽可能分散和局部尽可能密集。

（2）模型⑱,随着 m 和分类数 K 的变化,最优解（最佳权重、样本投影值）虽然有所改变,但变化不大。分类结果与分类数相关,具体见表 4 - 23 中模型⑱的 $K = 3$、4、5 所列结果。

（3）模型⑲,分类数 K 不同,最优化结果会发生明显的改变。也就是说,建模结果（各个评价指标的权重、样本投影值等）与分类数 K 密切相关。而事实上,在建模之前,如果没有先验知识,一般很难正确估计分类数。因此,实践中,模型⑲的可靠性和合理性主要取决于事先确定的分类数是否正确。模型⑲变异型模型的性质与⑲基本类似,不再赘述。因为模型⑲采用"商"的数学表达式,分母与分子的距离之和是不同阶的,即分母的减小更有利于目标

表 4-22　南京站 1954～1998 年洪水样本不同 DCPP 模型、不同分类数时的投影值

年度	模型⑰	模型⑱					模型⑲				模型⑳		
	文献*	$m=0$	$m=1^{\#}$	$m=3$	$K=4$	$K=5$	文献	$K=3$	$K=4$	$K=5$	$K=3$	$K=4$	$K=5$
1954	1.77	2.212	2.203	2.110	2.219	2.216	1.81	1.260	1.341	1.414	1.410	1.443	1.410
1969	0.50	0.152	0.152	0.147	0.150	0.152	0.08	0.035	0.064	0.095	0.068	0.082	0.088
1973	0.63	0.392	0.382	0.334	0.401	0.399	0.24	0.086	0.051	0.080	0.123	0.074	0.073
1980	0.60	0.264	0.250	0.202	0.273	0.270	0.17	0.086	0.088	0.112	0.068	0.095	0.107
1983	0.83	0.939	0.911	0.828	0.939	0.944	0.58	0.342	0.575	0.747	0.387	0.647	0.713
1991	0.59	0.404	0.382	0.334	0.401	0.407	0.21	0.136	0.352	0.481	0.123	0.389	0.455
1992	0.53	0.096	0.105	0.122	0.093	0.094	0.10	0.089	0.068	0.053	0.121	0.074	0.057
1995	0.72	0.688	0.682	0.654	0.683	0.688	0.43	0.282	0.406	0.509	0.366	0.465	0.489
1996	0.84	0.879	0.868	0.828	0.873	0.879	0.59	0.417	0.615	0.747	0.488	0.684	0.723
1998	1.50	1.714	1.705	1.644	1.715	1.715	1.42	1.093	1.241	1.312	1.167	1.316	1.309

注：* 表示原文献求得的最优化结果。$m=0$、$m=1$、$m=3$ 表示模型⑱ 中 m 取 0、1 和 3，$K=4$、$K=5$ 表示分为 4 类、5 类。没有说明的，均分为 3 类。

表 4-23　南京站 1954～1998 年洪水不同 DCPP 模型、不同分类数时的最佳权重和目标函数值

权重/参数	模型⑰		模型⑱				模型⑲				模型⑳		
	文献	本文	$m=1$	$m=3$	$K=4$	$K=5$	文献	本文	$K=4$	$K=5$	$K=3$	$K=4$	$K=5$
a_1	0.046	0.526	0.483	0.397	0.516	0.529	0.129	0	0.432	0.712	0	0.511	0.653
a_2	0.814	0.510	0.545	0.631	0.503	0.497	0.849	0.979	0.902	0.702	0.916	0.856	0.757
a_3	0.188	0.430	0.472	0.551	0.411	0.419	0.268	0.113	0	0	0.386	0.071	0
a_4	0.224	0.377	0.355	0.264	0.409	0.397	0.146	0.168	0.007	0	0.108	0	0
a_5	0.500	0.369	0.348	0.267	0.380	0.373	0.414	0	0	0	0	0	0
$s(a)^{\&}$	20.30	35.10	34.82	33.31	35.12	35.14	4.300	3.245	3.705	4.000	23.45	26.07	26.03
$d(a)$	1.149	2.712	2.527	2.035	1.329	1.079	3.428	2.835	3.470	3.837	0.814	0.312	0.181
$Q(a)$	16.66	32.39	29.77	25.17	32.46	32.98	0.797	0.874	0.937	0.959	26.79	81.65	141.5
r_{max}	1.710	2.116	2.098	1.988	2.126	2.122	1.727	1.225	1.290	1.362	1.342	1.370	1.354
S_z	0.434	0.698	0.696	0.672	0.699	0.699	0.590	0.439	0.477	0.503	0.478	0.508	0.502

注：$\&$ 对于模型⑲，表中 $s(a)$、$d(a)$ 分别表示 SST、SSA，下同。

函数值的增大。所以,增加分类数,有利于降低 SSE,导致类内样本点局部更密集;减少分类数,有利于样本点整体上更分散。与模型⑱相比,模型⑲更趋向于局部密集,其 r_{max} 和 S_z 的值明显小于模型⑱。

（4）模型⑳的构成项与模型⑱相同,但是"商"的关系,比模型⑱倾向于局部更密集。基本性质与模型⑲一致。

（5）分类数较多时,模型⑳与⑲有多个指标的最佳权重等于 0,使得样本投影点局部更密集。

（6）从原理上讲,模型⑲和⑱都是正确的,但两个模型的建模结果差异较大,给实际研究带来不便。尤其是模型⑲,如果事先设定的分类数 K 是错误的,则建模结果也必定是错误的。因此,如果对样本分类数没有先验知识,不建议建立模型⑲。如果样本数量较少,或者属于小样本、贫样本问题,更要慎用模型⑲,更不能采用约束条件①,否则很有可能出现样本点过度"聚集",即出现类内多个样本的投影值相等的情况,甚至都相等,本例数据就会出现这种情况。相反,建立模型⑱,哪怕分类数是不正确的,建模结果基本上也是可靠和合理的。因此,实际应用中推荐模型⑱,建模结果更可靠和稳健,适用性更好。

作为对比,针对表 4-21 数据,建立一维 PPC 模型①,取 $R=r_{max}/5$,求得全局最优解。最佳权重 $a\{a(1)\sim a(5)\}=\{0.2856,0.5243,0.4508,0.4548,0.4831\}$,样本投影值 $z\{z(1)\sim z(10)\}=\{2.199,0.132,0.429,0.279,0.822,0.286,0.100,0.609,0.761,1.639\}$,$r_{max}=2.098$,$S_z=0.6873$。如果将所有样本分为 3 类,则 1954 年和 1998 年为第 Ⅰ 类(特大洪水),第 Ⅱ 类(中等洪水)有 1983、1996 和 1995 年,其他年度为较小洪水。洪水分类结果及其大小排序结果与模型⑱的结果(1983 年与 1991 年投影值相等)完全一致,两种模型的评价指标最佳权重也基本相似,样本投影值整体分散性和局部密集程度也基本一致。因此,基于动态聚类的 DCPP 模型⑱与一维 PPC 模型①在取 $R=r_{max}/5$ 时具有相似的整体聚类效果,但 DCPP 模型不需要确定 R 值,仅确定合理的分类数就可以了,这是 DCPP 模型的优势。但 R 取中间适度值方案已经较好地解决了一维 PPC 模型①取合理 R 值的难题了。所以,PPC 模型①具有更好的适用性,与分类数无关,优先应用于对分类数没有先验知识的场合。

2. 实证研究案例二

具体样本数据见表 4-24。其中,羊单位需草地面积(x_6)是逆向指标,其他是正向指标,采用越大越好的极差归一化,针对约束条件②,采用 PPA 群智能最优化算法求得全局最优解,最佳权重等最优化结果见表 4-25。

表 4-24　某地区不同天然草地的评价指标值

序号	x_1^*	x_2	x_3	x_4	x_5	x_6
1	8	0.3615	50	1.8	86	3.64
2	6	0.5115	48	0	82	2.67
3	10	0.234	47.5	32.8	90	5.91
4	15	0.393	45	49.6	95	3.71

序号	x_1^*	x_2	x_3	x_4	x_5	x_6
5	15	0.343 5	42	29.8	85	4.55
6	25	0.169 5	45	100	98	8.6
7	20	0.297	43	71.2	95	5.14
8	25	0.308 9	43	75.9	93	4.97
9	30	0.608 9	42	87.1	90	2.57
10	25	0.519	57.98	60.2	92	2.18
11	25	0.336 2	40	68.2	85	4.87
12	25	0.442 5	40.18	78.77	94	3.69
13	25	0.480 0	45	73.9	100	3.06
14	10	0.559 5	50	0	90	2.37
15	45	1.014 5	45	86.8	94	1.44
16	50	0.601 5	64.61	95.3	98	1.68
17	45	0.780 9	43	96	92	1.95
18	40	0.613 5	47.3	80.7	92	2.27
19	55	0.57	65	100	98	1.77
20	50	0.649 5	64.5	100	95	1.57
21	50	0.423	46	80.1	94	3.38
22	50	0.688 4	47	100	95	2.03
23	45	0.920 3	56.16	81.1	95	1.45
24	70	10.051 7	65	84.2	100	0.91
25	80	1.603 5	64.73	26.7	100	0.67
26	90	2.058 6	62.04	82.4	98	0.34
27	90	5.535	98	87.7	98	0.12
28	55	3.045	55	0	98	0.39
29	70	2.874	55	0	98	0.28
30	90	4.363 5	95	15.15	99	0.16
31	80	1.156 5	95	5.5	98	0.62

注：$x_1 \sim x_6$ 分别表示植被覆盖度、可食风干牧草产量、牧草利用率、草群中优良牧草比例、草地可利用面积系数、羊单位需草地面积，单位略。

表 4-25　某地区天然草地不同 DCPP 模型、不同分类数时最佳权重和目标函数值等对比

权重/ 参数	模型⑰		模型⑱				模型⑲			目标函数⑳		
	文献*	本文	$m=1^{\#}$	$m=3$	$K=4$	$K=5$	$K=3$	$K=4$	$K=5$	$K=3$	$K=4$	$K=5$
a_1	0.657	0.630	0.649	0.651	0.628	0.619	0	0	0	0	0	0
a_2	0.437	0.274	0.283	0.336	0.260	0.243	0.623	0.601	0.139	0.665	0.633	0.162
a_3	0.431	0.434	0.427	0.246	0.451	0.429	0.781	0.800	0.051	0.746	0.774	0.007
a_4	0.001	0.030	0	0	0.076	0.067	0.029	0	0.989	0.039	0.027	0.987
a_5	0.073	0.412	0.375	0.359	0.379	0.465	0.021	0	0	0	0	0
a_6	0.432	0.412	0.420	0.523	0.431	0.391	0	0	0	0	0	0
$s(\boldsymbol{a})^{\&}$	251.7	261.1	259.8	252.6	261.0	261.8	7.067	7.030	9.726	138.06	141.0	188.6
$d(\boldsymbol{a})$	25.45	28.86	27.94	25.45	16.07	8.724	5.739	5.962	8.702	10.281	5.186	3.909
$Q(\boldsymbol{a})$	226.2	232.2	203.9	150.8	228.9	244.4	0.812	0.848	0.895	12.43	26.18	47.24
$r_{\max}$	1.659	1.659	1.630	1.531	1.681	1.702	1.130	1.116	1.005	1.103	1.120	0.991
S_z	0.483	0.488	0.487	0.471	0.487	0.488	0.305	0.304	0.361	0.300	0.304	0.361

得到的结论与实证研究案例一完全一致。简言之，模型⑰的样本投影点整体上更分散，但不能实现样本投影点局部尽可能密集的目标；模型⑱的整体聚类效果最好，适用性最广，并且建模结果相对稳定，与分类数有关；与模型⑱相比，模型⑲和⑳更倾向于局部尽可能密集，但与分类数合理与否直接相关，主要应用于对分类数具有先验知识的场合，分类数较多时，有多个指标的最佳权重等于 0。

3. 实证研究案例三

针对 Iris 大样本数据（样本数据②），采用越大越好极差归一化，根据约束条件①和②，分别建立模型⑰～⑳，求得全局最优解，最佳权重和目标函数值等见表 4-26。

采用约束条件②，分类数为 3、4、5 类，模型⑰的最佳权重、样本识别正确率等变化较小，因为该模型只实现整体上尽可能分散，与分类数关系不大；模型⑱、⑲最佳权重有一定的变化，但不是很大，限于篇幅，仅列出 $K=3$ 的结果；模型⑳，$K=3$ 和 5 的结果基本一致，故列出 $K=3$、4 的结果。采用约束条件①时，各模型在分为 3 类和 4 类时，最佳权重等都有一定的变化，但变化不大。而且，虽然样本的正确识别率相差不大，但所有模型的分类结果都与分类数相关。

（1）就 3 类样本的识别正确率而言，采用约束条件①与采用约束条件②基本相当，模型⑲和⑳与模型⑱基本相当。采用约束条件②时，模型⑳的识别正确率最高，达到 97.3%，模型⑰的正确识别率最低，为 94.7%。

（2）模型⑲和⑳的结果与模型⑰和⑱的结果有较大差异（表中用双下划线__ 和粗下划线__ 表示）。尤其是采用约束条件②时，模型⑲和⑳的 $a_1=0$，$a_2=0$，模型⑰和⑱只有 $a_2=0$。因为 x_2 与其他 3 个指标是负相关，最佳权重等于 0 可以理解，x_1 的最佳权重等于 0，理论上有点难以解释。

表 4-26 针对 Iris 数据不同 DCPP 模型、不同分类数时的最佳权重和目标函数值等对比

权重/参数	约束条件②									约束条件①							
	模型⑰		模型⑱		模型⑲		模型⑳			模型⑰		模型⑱		模型⑲		模型⑳	
	$K=3$	$K=5$	$K=3$	$K=5$	$K=3$	$K=5$	$K=3$	$K=4^{\#}$	$K=5$	$K=3$	$K=5$	$K=3$	$K=5$	$K=3$	$K=5$	$K=3$	$K=5$
a_1	0.422	0.443	0.388	0.436	0	0	0	0	0.058	0.386	0.441	0.353	0.436	−0.079	0.018	−0.162	−0.068
a_2	0	0	0	0	0	0	0	0	0	−0.167	−0.110	−0.204	−0.122	−0.350	−0.490	−0.254	−0.495
a_3	0.621	0.612	0.635	0.615	0.899	0.808	0.733	1.000	0.775	0.615	0.608	0.616	0.609	0.827	0.568	0.868	0.489
a_4	0.661	0.655	0.668	0.657	0.439	0.590	0.680	0.007	0.629	0.666	0.650	0.674	0.651	0.434	0.661	0.395	0.715
$s(a)^{\&}$	6073	6076	6062	6075	53.52	56.11	5442	3773	5544	6075	6099	6043	6097	52.93	56.25	4619	4971
$d(a)$	521.4	200.1	514.0	199.6	43.69	48.79	365.4	142.6	173.1	444.6	189.5	423.6	188.3	45.05	50.43	261.6	125.3
$Q(a)$	5551	5876	5034	5676	0.816	0.870	13.89	25.46	31.04	5630	5909	5196	5721	0.851	0.896	16.66	38.67
r_{max}	1.614	1.621	1.603	1.619	1.286	1.335	1.344	1.006	1.394	1.609	1.629	1.595	1.628	1.341	1.446	1.247	1.370
S_z	0.477	0.477	0.477	0.477	0.405	0.425	0.431	0.301	0.439	0.481	0.482	0.480	0.482	0.397	0.422	0.372	0.401
%*	94.7	94.7	96	96	96.0	96.0	96.0	96.0	96.0	96.0	96.0	96.0	96.0	96.0	96.0	97.3	96.0

注：* %表示3类样本的类别正确识别率，对于所有模型，setosa类鸢尾花都能正确识别。

（3）模型⑰和⑱的样本整体分散性优于模型⑲和⑳，$r_{\max}$ 和 S_z 的值更大。

（4）模型⑲和⑳的最优化结果（最佳权重、投影值、模型值等）与分类数 K 密切相关，而模型⑰和⑱的最优化结果与分类数 K 相关性较小。

4. 采用约束条件①和②对建立 DCPP 模型结果的影响

针对表 4-21 和表 4-24 的数据，采用约束条件①，求得全局最优解，不同分类数、模型⑰～⑳的最佳权重和目标函数值等见表 4-27。

针对表 4-21 数据，分 3、4、5 类时，模型⑰～⑲的最佳权重等结果变化不是很大，仅列出 $K=3$ 的结果；而模型⑳的结果发生很大改变，分为 3 类和 5 类时，指标 1 和 5 的性质也发生了改变。针对表 4-24 的数据，分 3、4、5 类时，模型⑰、⑱的结果变化不是很大，仅列出 $K=3$ 的结果，而模型⑲、⑳的结果发生很大改变，分类 3 类和 5 类时，多个指标的性质发生了改变。

（1）模型⑰和⑱，因为整体上尽可能分散的样本投影点之间的绝对距离之和，与同一类内样本投影点之间的绝对距离之和是同阶的，所以，采用约束条件②与①的结果相差不大。

（2）模型⑲和⑳，因为整体上尽可能分散的样本（不同类的样本）投影点之间的绝对距离之和，与表示同一类内的样本投影点之间的距离之和是不同阶的，所以，采用约束条件②与①的结果会相差很大。减小类内样本投影点之间的绝对距离之和，将显著提高目标函数值，使样本投影点局部更加集聚，出现多个（对）样本投影值相等的情况。针对表 4-21 的数据，采用约束条件①，取 $K=3$，建立模型⑲。10 个样本的投影值分别为 $z\{z(1), z(2), \cdots, z(10)\} = \{\underline{\underline{0.507\,3}}, -0.051\,4, -0.036\,3, \underline{0.035\,7}, -0.032\,9, -0.038\,3, \underline{0.035\,7}, -0.036\,1, \underline{0.035\,7}, \underline{\underline{0.507\,3}}\}$，聚类效果很好，局部非常密集，有 3 对、7 个样本的投影值几乎相等，所以无法实现完全排序。如 $z(1)=z(10)$（用双下划线 __ 表示），即 1954 年和 1998 年的洪水一样大，$z(4)=z(7)=z(9)$（用下划粗实线 __ 表示），表示这 3 年的洪水一样大，其他 5 年的投影值也相差不大，这与洪水的实际情况不相符。样本之间的绝对距离非常小，不利于排序。

（3）建立模型⑲和⑳，最优化结果与分类数 K 密切相关，分类数 K 不同，其结果相差很大。所以，对分类数 K 没有可靠的先验知识时，不推荐模型⑲和⑳。

5. 小结

（1）在模型⑱～⑳中，为了便于排序和分类，优先推荐建立模型⑱，可同时实现样本投影点整体上尽可能分散和局部尽可能密集，而且最优化建模结果受分类数的影响较小，稳健性、可靠性和合理性较好。

（2）模型⑰只能实现样本点整体上尽可能分散，不能实现样本点局部尽可能密集的目标，所以是欠合理的。

（3）模型⑲和⑳，应该采用约束条件②建模。采用约束条件①时，必定会出现多个（对）样本投影值相等的情况，虽然聚类效果很好，但无法实现完全排序，也往往得到与实际情况不相符的结果。

（4）分类数 K 不同，建模结果将出现不同程度的变化，尤其是模型⑲和⑳，最优化结果与分类数密切相关。所以，在没有可靠的分类数先验知识的情况下，不建议建立模型⑲和⑳。

表4-27 采用约束条件①、不同分类时不同模型的最佳权重和目标函数值等对比

表4-21数据

权重/参数	模型⑰ $K=3^*$	模型⑱ $K=3$	模型⑲ $K=3$	模型⑲ $K=5$	模型⑳ $K=3$	模型⑳ $K=5$
a_1	0.526	0.483	-0.295	-0.317	-0.304	0.750
a_2	0.510	0.545	0.914	0.920	0.918	0.582
a_3	0.430	0.472	-0.242	-0.222	-0.236	-0.037
a_4	0.377	0.355	0.137	0.039	0.092	0.114
a_5	0.369	0.348	-0.006	0.053	0.024	-0.290
a_6	/	/	/	/	/	/
$s(a)^\&$	35.10	34.82	1.659	1.596	9.375	22.08
$d(a)$	2.712	2.527	1.634	1.596	0.053	0.009
$Q(a)$	32.39	29.77	0.985	1.000	175.9	2362
r_{max}	2.116	2.098	0.559	0.534	0.546	1.080
S_z	0.698	0.696	0.221	0.214	0.218	0.421

表4-24数据

权重/参数	模型⑰ $K=3$	模型⑱ $K=3$	模型⑲ $K=3$	模型⑲ $K=4$	模型⑲ $K=5$	模型⑳ $K=3$	模型⑳ $K=4$	模型⑳ $K=5$
a_1	0.618	0.644	0.890	0.711	0.065	0.894	0.613	0.290
a_2	0.287	0.298	0.317	0.584	0.227	0.314	0.716	-0.007
a_3	0.410	0.393	-0.077	-0.097	0.126	-0.077	-0.011	0.832
a_4	-0.073	-0.104	-0.292	-0.336	-0.949	-0.286	-0.297	0.028
a_5	0.423	0.389	0.061	-0.019	-0.128	0.050	-0.016	-0.072
a_6	0.428	0.424	-0.110	-0.176	-0.106	-0.110	-0.151	-0.466
$s(a)^\&$	258.4	256.5	7.764	7.052	9.681	147.6	133.7	107.3
$d(a)$	25.75	24.57	6.937	6.430	8.885	6.073	4.575	1.677
$Q(a)$	232.6	207.3	0.893	0.912	0.918	23.30	28.23	62.95
r_{max}	1.604	1.593	0.933	0.834	1.014	0.925	0.950	0.841
S_z	0.486	0.484	0.304	0.274	0.362	0.302	0.288	0.229

4.9 建立一维 PPC 模型和主成分模型的实证研究

主成分(PCA)是一维 PPC 模型的特殊(退化)类型,所以,将求解 PCA 第一主成分的模型也称为 PP 模型(模型④)。只求得 PCA 的第 1 主成分,显然不能从样本数据中挖掘足够多的有效信息,有的文献同时还求得第 2、3 主成分等,然后再以各个主成分的方差占比为权重进行线性加权合成,构建综合主成分。事实上,如果对评价指标数据采用去均值归一化,实际上模型④就是标准 PCA 方法的第 1 主成分,不是严格意义上的 PP 模型。模型④不能实现局部尽可能密集,只能实现使样本投影点整体上尽可能分散。而且建立 PCA 模型,已经有非常成熟的商品化软件,或者在 Matlab、R 等很多软件中都有标准的 PCA 模块。

1. 实证研究案例一

原始数据见表 4-28,其中,投资、迁移人口、淹没耕地和投资回收期是逆向(越小越好)指标,采用去均值归一化。建立模型④,采用 PPA 群智能最优化算法求得全局最优解,最佳权重($a_1 \sim a_3$、$a_{1, l} \sim a_{3, l}$)见表 4-28。

表 4-28 原始样本数据及其最佳权重

方案/权重	装机容量	保证出力	年发电量	投资	迁移人口	淹没耕地	净现值	投资回收期
A	38 400	15 640	16 420	1 800	237	9.27	9 328	9.72
B	37 200	14 950	15 960	1 940	245	9.16	7 340	11.75
C	36 700	14 688	15 810	1 868	63	6.07	7 580	11.26
D	30 900	9 918	14 030	1 845	74	5.48	9 346	7.47
a_1^*	−0.418 6	−0.420 5	−0.415 0	0.150 3	0.325 5	0.365 7	0.252 5	0.386 9
a_2	0.136 5	0.095 9	0.162 1	0.580 0	0.592 1	−0.283 0	−0.278 5	0.318 3
a_3	0.257 6	0.280 9	0.258 6	0.473 1	0.588 4	0.427 2	−0.076 0	−0.171 5
$a_{1, l}^{**}$	−0.418 6	−0.420 5	−0.415 0	0.150 3	0.325 5	0.365 7	0.252 5	0.386 9
$a_{2, l}$	0.136 5	0.095 9	0.162 1	0.592 1	−0.283 0	−0.278 5	0.580 0	0.318 3
$a_{3, l}$	0.257 6	0.280 9	0.258 6	0.473 1	0.588 4	0.427 2	−0.076 0	−0.171 5

注:$a_1 \sim a_3$ 表示采用 RAGA 算法求得的最佳权重,其中 a_2 的结果明显不同(用下划粗线 __ 表示)。

得到方案 A～D 的得分分别为 −0.212 5、−1.573 0、−0.285 0、2.070 5,优劣排序为 D、A、C、B。原文献的 4 个样本综合得分为 0.116 7、−0.534 6、0.111 0、1.212 4,优劣排序也是 D、A、C、B,但得分值不同。对于本例数据,有学者根据逼近最理想方案等原则,求得评价指标权重为 0.212 5、0.076 0、0.065 0、0.170 9、0.119 3、0.116 3、0.128 9、0.111 1,再

进行线性加权评价,或者采用神经网络模型,得到了两种不同的优劣排序结果,一种是 A、D、C、B,另一种是 A、C、D、B。显然,几种方法的结果都不一致,主要是由于权重不同造成的。根据 PCA 方法得到的各个评价指标的归一化综合权重为-0.1077,-0.1122,-0.1032,0.1508,0.1042,0.1093,0.1533,0.1595,不仅装机容量(x_1)的重要性大大降低了,而且装机容量的实际数据是越小越好,保证出力和年发电量的实际数据也是越小越好,这从表 4-28 的数据可以直接看出。方案 D 的这 3 个指标数据都是最小,与之对应的投资是次低、迁移人口次少(与最少相差不多)、淹没耕地最少、投资回收期最低,显然,方案 D 是最优的。有关文献的指标权重是根据其"理论"属性确定的,而本例多个指标"理论"属性与实际数据的真实属性是相反的,所以,排序结果会有比较大的差异,文献得到的结果需要进一步确认。

还有应用 PCA 第 1 主成分模型研究解决不确定型决策问题,但取约束条件是$\sum_{j=1}^{m} a_j = 1$,$a_j \in [-1, 1]$,或者$\sum_{j=1}^{m} a_j = 1$,$a_j \in [0, 1]$。

2. 实证研究案例二

原始样本数据见表 4-29,5 个评价指标中,能见度是逆向指标(成本型指标),先进行正向化处理,再对所有指标采用越大越好的极差归一化。

表 4-29 海上联合作战大气-海洋环境风险实验数据

序号	风速	浪高	能见度	雷暴几率	低云量	风险值
1	0	0.1	10	0	0.1	0
2	38	14	1	0.5	0.6	1
3	3	0.1	0.5	0.1	0	0.3
4	3	0.2	8	0	0.3	0.1
5	8	2	6	0.4	0.1	0.4
6	19	6	8	0.5	0.2	0.7
7	5	0.2	8	0.7	0.4	0.5
8	2	0.1	3	0.2	0	0.2
9	1	0.1	9	0.2	0.7	0.3
10	4	0.3	10	0.1	0	0.1
11	22	8	4	0.4	0.2	0.6
12	2	0	0.4	0	0.1	0.4
13	8	2	8	0.1	0.5	0.2
14	16	3	5	0.8	0.3	0.8
15	10	3	3	0.1	0.3	0.3
16	2	0.2	10	0	0.1	0
17	18	5	3	0.8	0.6	0.9

序号	风速	浪高	能见度	雷暴几率	低云量	风险值
18	17	5	4	0.3	0.3	0.4
19	5	1	5	0.4	0.9	0.6
20	4	0.2	2	0	0.1	0.2
21	3	0.1	9	0.4	0.5	0.3
22	1	0.1	0.4	0.3	0.6	0.6
23	20	6	1	0.9	0.7	1
24	12	3	7	0.3	0	0.3
25	8	1.5	6	0.1	0.4	0.2
26	4	0.2	0.2	0.2	0.8	0.8
27	6	1	8	0.4	0.6	0.4
28	15	4	5	0.5	0.3	0.5
29	10	3	6	0.5	0.3	0.4
30	3	0.1	0.3	0.4	0.7	0.7
31	5	1	6	0.5	0.9	0.6
32	6	0.5	7	0	0	0.1
33	0	0	8	0.1	0.6	0.2
34	3	0.1	0.5	0.4	0.2	0.5
35	2	0.1	3	0.2	0.9	0.5
36	2	0.1	1	0.8	0.5	0.8

应用 PPA 群智能最优化算法求得约束条件 $\sum_{j=1}^{m}a_j=1$，$a_j\in[-1,1]$ 的全局最优解，最佳权重为 $\boldsymbol{a}\{a_1,a_2,\cdots,a_5\}=\{-0.2592,-0.2690,0.5006,0.3115,0.7163\}$，目标函数值 $Q(\boldsymbol{a})=0.3471$，$r_{\max}=1.1738$。可以看出，风速、浪高的权重数据是逆向指标，即风速越大、浪高越高，海上联合作战大气-海洋环境风险越低，这显然与实际情况不相符，建模结果欠合理，当然是由于约束条件错误造成的。

再求得约束条件为 $\sum_{j=1}^{m}a_j=1$，$a_j\in[0,1]$ 的全局最优解，最佳权重为 $\boldsymbol{a}\{a_1,a_2,\cdots,a_5\}=\{0,0,1,0,0\}$，目标函数值 $Q(\boldsymbol{a})=0.3343$，$r_{\max}=1.0$。可以看出，海上联合作战大气-海洋环境风险只与能见度有关，能见度越差，风险越大，与风速、浪高、雷暴概率、低云量等无关，显然这与实际情况也是不相符的，当然这也是由于约束条件错误造成的。事实上，根据权重约束条件 $\sum_{j=1}^{m}a_j=1$，$a_j\in[0,1]$，5 个指标归一化数据的标准差分别为 $\{S_1,S_2,\cdots,S_5\}=\{0.2130,0.2114,0.3343,0.2841,0.3182\}$（其中 S_3 的标准差最大），则必然有样本投影值的标准差

$$S_z = a_1 S_1 + a_2 S_2 + a_3 S_3 + a_4 S_4 + a_5 S_5 \leqslant a_1 S_3 + a_2 S_3 + a_3 S_3 + a_4 S_3 + a_5 S_3$$
$$= (a_1 + a_2 + a_3 + a_4 + a_5) S_3 = S_3 = 0.3343。$$

也就是说,如果约束条件是权重之和等于1,并且权重大于0,则模型④建模结果必然是标准差最大指标的权重等于1,其他指标的权重都等于0。

3. 实证研究案例三和案例四

两个不确定型决策问题的具体样本数据见表4-30。为便于比较,与原文献一致,原始数据不归一化,而是直接建立模型④。采用PPA群智能最优化算法求得全局最优解,结果见表4-30。

采用约束条件 $\sum_{j=1}^{m} a_j = 1$, $a_j \in [0, 1]$ 时,目标函数值等于最大标准差指标的标准差,即案例三的目标函数值等于指标3的标准差,案例四的目标函数值等于指标1的标准差,标准差最大的指标权重等于1,其他指标的权重都等于0。

建立模型④,必须采用约束条件①。取约束条件为权重之和等于1,理论上是错误的,建模结果必然是标准差最大的指标权重等于1,其他指标权重等于0,实践中不能得到具有实用价值的结果。

4.10 建立正确、合理、可靠的 PP 模型

只有遵循如下基本原则和步骤,才能建立可靠、有效、合理的PP模型。

1. 根据综合评价、排序、分类的不同目的,选择合适的 PP 模型

对于没有教师值的综合评价问题,人类的基本思维方式是,将样本分成若干类(团),类与类之间尽可能分开,类内样本点尽可能密集。这种思维方式与一维PPC模型①的建模基本思想是一致的。因此,一般情况下应优先建立模型①。

如果评价目标是希望样本投影点(结果)尽可能服从正态分布规律,即很好(优秀)和很差的样本应该少一点,而中等的样本应该更多一点。大多数情况下样本投影值应该基本服从正态分布规律,则应建立模型⑩,或者求模型①的最小值,但这已经与建立PPC模型的基本原理和目标不一致了。

如果评价目标是希望样本投影值最大程度偏离正态分布,则应优先建立模型⑦、⑧、⑮。

在模型中增加样本投影值信息熵、权重信息熵,以及将构成项的"乘积"关系改变为"之和"关系等,不能提高模型的整体聚类效果。所以模型⑨~⑫和②的整体聚类效果均劣于一维PPC模型①。改为"之和"后,还可能出现大数吃小数。

模型③既不能实现样本投影点整体上尽可能分散,也不能实现局部尽可能密集,而且平衡系数存在一个临界值小区间,大于和小于临界值,将得到两个完全不同的结果。建立模型③没有实践意义。

模型④本质上是PCA的第1主成分,不能实现使样本投影点尽可能密集的目标。

建立基于样本投影点之间信息熵和信息熵局部密度的模型⑬,一方面很难确定合理的信息熵窗口半径 R_H, R_H 的合理值范围很小。二是 R_H 不同,建模结果也完全不同。

表 4-30 案例三和四的数据及其最优化结果对比

方案/权重	案例三数据						案例四数据						
	x_1	x_2	x_3	$z(i)^*$	$z_l(i)$	$z_q(i)$	x_1	x_2	x_3	x_4	$z(i)$	$z_l(i)$	$z_q(i)$
A_1	30	23	-15	-12.8	-15.0	35.15	850	420	-150	-400	624.9	850	973.1
A_2	25	20	0	1.2	0	19.79	600	400	-100	-350	435.3	600	751.8
A_3	12	12	12	12.0	12	0.890	400	250	90	-50	320.0	400	332.1
S_j	9.2916	5.6862	13.528	12.434	13.528	17.161	225.46	92.916	126.62	189.30	153.95	225.46	325.6
a_j	0.0144	0.0418	0.9438				0.7890	0.0420	0.0167	0.1522			
$a_{j,l}$	0	0	1				1	0	0	0			
$a_{j,q}$	0.5315	0.3249	-0.7823				0.6726	0.2773	-0.3847	-0.5681			

注:$z(i)$,a_j 为 RAGA 算法求得的目标函数值和权重,样本投影值和权重,$z_l(i)$、$a_{j,l}$ 为求得全局最优解时的结果,$z_q(i)$、$a_{j,q}$ 是采用约束条件①时求得的结果。S_j 为评价指标或者样本投影值(目标函数)的标准差。

建立基于类内样本信息熵和各类样本均值信息熵的模型⑭,不能把投影值的最大差值、次大差值作为分类依据,可以根据样本投影值进行 K-means 聚类。模型的整体聚类效果较好。

建立基于类内样本之间聚类的模型⑤,不能首先采用 K-means 聚类分析将样本分类,否则存在维度灾难问题,而是应该首先进行一维投影,对投影值进行 K-means 动态聚类。模型的整体聚类效果较好。

为了同时实现综合评价和分类研究,可以建立基于动态聚类的 DCPP 模型⑰~⑳。但模型⑰不能实现样本投影点局部尽可能密集的目标。模型⑱~⑳的建模基本思想与人类的思维方式完全一致,整体聚类效果较好。与模型⑱相比,模型⑲和⑳更倾向于局部尽可能密集,有更多个(对)样本的投影值相等,有时可能出现过度密集或无法合理解释的结果。

理论上,模型⑱~⑳都是合理的,但实践中,模型⑲和⑳的建模结果与分类数密切相关,分类数不同,结果也不同,如果分类数不合理,建模结果也往往不合理;模型⑱的建模结果与分类数关系较小,具有较好的稳健性。所以,建模者应该根据综合评价和分类的不同目的,建立合适的 DCPP 模型。当然也可以同时建立两种模型,进行比较。因此,一般情况下,推荐模型⑱。如果对分类数具有可靠的先验知识,也可以建立模型⑲和⑳。

模型①、⑤、⑭、⑱~⑳的整体聚类效果较好。对于中等数量样本和大样本数据,模型⑦、⑧、⑮和⑯使样本投影值最大程度偏离正态分布。这些模型应用于综合评价、排序和分类研究是比较科学、合理和有效的,推荐优先使用。其他模型的整体聚类效果劣于上述模型,或者只有在特定条件下才有效,缺少一般性和普遍性,不推荐使用。

2. 选取合理的模型参数

(1) 确定合理的 R 值 在建立一维 PPC 模型①时,投影窗口半径 R 应在中间适度值方案($r_{max}/5 \leqslant R \leqslant r_{max}/3$)范围内取值,通常取 $R = r_{max}/3$ 或者 $R = r_{max}/5$。如果样本的分类数较多(如 5~7 类等)或者分为两类,可以适当拓展中间适度值方案的范围,如取 $r_{max}/11 \leqslant R \leqslant r_{max}/2$。较小值方案 $R = 0.1 S_z$ 欠合理,也不能取更小的值,因为窗口半径较小,现有的群智能最优化算法有时很难求得真正的全局最优解,还有可能使存在模型发生突变。较大值方案 $r_{max} \leqslant R \leqslant 2p$ 或者 $r_{max} + \frac{p}{2} \leqslant R \leqslant 2p$ 不成立。推导的出发点、假设条件和推导过程以及得出的结论都不成立。当 $R \geqslant r_{max}$ 时,所有样本投影点都在同一个窗口半径内,不能实现样本点局部尽可能密集的目标,不符合确定 R 值的原则,也与 PP 的建模目标不一致。

取 S_z 的倍数和取 r_{max} 的倍数,R 值即使相差很小,最优化结果往往也是不同的,有时相差较大,这是原理不同引起的。建议 R 取 r_{max} 的倍数,不仅简洁直观明了,而且意义清晰。

整体上讲,投影窗口半径 R 值较小时,样本投影点在很小的范围内局部越密集,很容易出现多个(对)样本的投影值是相等的,也较难求得真正的全局最优解,很容易出现无法合理解释的建模结果。反之,投影窗口半径 R 值越大,样本投影点在较大范围内局部密集。R 取常数欠合理,更不能取 $R = p$。取 $R = (r_{i, k})_{(j)}$ 方案只有在相邻类样本之间的最小距离大于类内样本之间的最大距离时才有意义,实践中很难满足这个条件。如果真的满足这个条件,R 取中间适度值方案也是完全有效的。

(2) 选用合理的评价指标归一化(无量纲化)方法 为了尽可能消除或者减少指标不同量纲、不同数量级对建模结果的影响,避免出现大数吃小数等扭曲数据特征规律的现象,在建立 PP 模型之前必须对指标数据进行无量纲化处理。在计算样本投影值时,必须是最佳权重与各个指标无量纲化后的数据乘积之和,绝对不能乘以指标的原始数据。

理论上不存在理想无量纲化方法。采用不同的无量纲化方法,将得到不同的建模结果,有时建模结果差异明显。选用指标无量纲化(归一化、规格化)方法的总体原则是使不同指标无量纲化后的数据应尽可能服从相似的规律,或者尽可能趋于一致。对逆向指标正向化,是取倒数还是取相反数等,应根据指标数据的不同特征来确定,不能一概而论。如果指标数据基本服从线性规律,直接取相反数正向化是比较合理的;如果指标数据基本服从幂指数函数规律,一般情况下,取倒数正向化往往是比较合理的。第二,用规范变换无量纲化方法,将服从不同分布规律的指标通过规范变换而一致化、趋同化,有一定的合理性,但使得各个指标的最佳权重趋于相等。第三,对于指标属性已知(具有先验知识)的综合评价问题,建模结果中各个指标的属性必须都是正确的,否则很可能就是指标正向化和无量纲化方法不合理造成的,这可以作为判断无量纲化方法合理与否的依据之一。

3. 采用正确的约束条件

除需要计算最佳权重信息熵的模型⑨～⑫外,对于其他 PPC 模型,无论评价指标是否已正向化,指标是按照越大越好或者越小越好归一化,均应该采用约束条件①($\sum\limits_{j=1}^{m} a_j^2 = 1$,$a_j \in [-1, 1]$)。对于涉及计算投影值信息熵的模型⑦、⑩、⑬、⑭,如果投影值小于 0,或者采用平移方法使投影值大于 0,或者改变最佳权重小于 0 指标的归一化方式,应该结合专业知识,仔细、全面分析各个评价指标的性质,一般总是假定权重最大的指标是越大越好的正向指标(当然也可以假定是逆向指标)。如果某个指标的权重大于 0,说明该指标数据与权重最大的指标数据之间是正相关,否则就是负相关。但这只是指标数据之间的相关性,与这些指标的理论属性无关。在探索性研究中,不能因为某个指标的最佳权重大于 0,就认为该指标一定是正向指标,否则就是逆向指标。一般来讲,权重的绝对值越大,说明该指标越重要。如果某个指标的权重绝对值很小,说明该指标不太重要,为了简化,甚至可以删除。

采用约束条件②($\sum\limits_{j=1}^{m} a_j^2 = 1$,$a_j \in [0, 1]$)建模,如果某个指标的权重等于 0,并不表示该指标一定是无效用指标,很可能是越小越好的逆向指标,必须修改为约束条件①,或者改变归一化方式重新建模,以判定该指标的重要性以及是否是无效用指标。

4. 不能采用 DPS 软件进行 PPC 模型的最优化求解

DPS 软件提供了"投影寻踪综合评价"模块,但通常情况下不能求得一维 PPC 模型的真正全局最优解。有 4 种方式可以验证:一是改变两个(多个)指标的排列位置,重新建模,如果指标的最佳权重都发生了改变;二是改变某些指标(如一半指标)的归一化方式,如果最佳权重不是相反数以及投影值标准差、局部密度值、目标函数值、样本之间的距离等发生改变;三是增加几个数值完全相等的指标,如果这些指标的权重不等于 0;四是设定两个指标的数值完全相同,如果这两个指标的权重不相等。上述 4 种结果,都说明 DPS 软件没有求得真正的全局最优解。DPS 软件没有 R 取较大值方案、常数方案的功能,只能取 S_z 的倍数。DPS 不能建立 DCPP 模型。

实证研究案例数据见表 4-31,分别采用 PPA 群智能最优化算法、DPS 等求得最优解,最佳权重、样本投影值见表 4-32。

表 4-31 农业旱灾脆弱性评估指标数据

县名	x_1	x_2	x_3	x_4	x_5	x_6	x_7
耒阳	14.6	455	554.1	3 637	2 560	233.6	48.9
常宁	16.1	407	541.9	3 927	1 290	292.2	49.5
衡阳	19.9	435	486.5	3 325	1 940	275.9	42.7
衡南	20.9	377	492.6	3 912	1 540	285	29.4
衡山	17.3	424	554.2	3 894	1 650	282.8	44.4
祁东	17.3	484	615.8	3 762	1 690	324.7	35.7
衡东	15.4	338	529.6	4 660	1 630	233.6	51.2

表 4-32 应用 DPS 软件、PPA 算法求得的最优化结果对比

参数	文献	PPA	PPA		情况一[&]		情况二		情况三		情况四	
	DPS[*]	②[#]	①	DPS	DPS	PPA	DPS	PPA	DPS	PPA	DPS	PPA
a_1	0.178	0.166	−0.548	0.057	0.841	0.548	0.841	**0.367**	0.317	−0.422	0.639	0.513
a_2	0.172	0.593	**0.367**	0.617	0.059	**0.367**	0.059	−0.548	0.505	**0.367**	0.253	0.236
a_3	0.181	0.529	0.087	0.376	0.344	0.087	0.344	0.087	0.662	0.087	0.005	−0.003
a_4	0.216	0.302	0.304	0.389	0.004	0.304	0.004	0.304	0.317	0.304	0.391	0.289
a_5	0.473	0.019	−0.503	0.330	0.012	−0.503	0.012	−0.503	0.286	−0.503	0.036	0.168
a_6	0.736	0	0.185	0.010	0.413	0.185	0.413	0.185	0.026	0.185	0.016	−0.516
a_7	0.305	0.500	−0.422	0.463	0.004	−0.422	0.004	−0.422	0.148	−0.548	0.611	0.551
$z(1)$	1.165	1.037	0.712	1.049	1.484	1.260	1.484	0.712	1.054	0.712	0.589	−0.046
$z(2)$	1.079	0.771	−0.225	1.049	0.978	0.323	0.978	−0.225	1.054	−0.225	0.580	0.417
$z(3)$	1.224	1.037	−0.225	1.191	0.408	0.323	0.408	−0.225	1.054	−0.225	1.359	0.894
$z(4)$	1.359	1.037	−1.017	1.191	0.230	−0.469	0.230	−1.016	1.053	−1.017	1.573	1.196
$z(5)$	1.169	1.037	−0.208	1.191	0.895	0.339	0.895	−0.208	1.204	−0.208	0.872	0.577
$z(6)$	1.116	1.763	−0.225	1.834	0.896	0.323	0.896	−0.225	1.867	−0.225	1.254	1.154
$z(7)$	1.165	0.210	−0.225	0.382	1.267	0.323	1.267	−0.225	0.473	−0.225	0.127	−0.328
$Q(a)$	0.366	0.400	0.610	0.270	0.175	0.610	0.175	0.610	0.315	0.610	77.17	99.47

注：* DPS 表示应用 DPS 软件的结果；# ①和②表示采用约束条件①和②的结果；& 情况一表示改变指标 1 的归一化方式（即改为越小越好）的结果，情况二表示改变指标 1 和指标 2 排列位置的结果，情况三表示改变指标 1 和指标 7 排列位置的结果，情况四表示窗口半径取 $R = 7S_z$ 的结果。

上述 4 种情况均表明,采用 DPS 软件不能求得全局最优解。

5. 判定真正的全局最优解

一维 PPC 模型①、DCPP 模型⑱～⑳等都是高维非线性最优化问题,同时含有等式和不等式约束条件,求解十分困难。而且,无论是理论分析还是 PPC 建模实践,以及采用标准化典型测试函数求解都表明,没有哪一种 SIOA 对任何问题都一定是性能最好的,也不能保证每次运算都一定能求得真正的全局最优解。另一方面,只有确保求得了真正的全局最优解,建立的 PP 模型才是有意义和实用价值。目前很多文献都没有求得真正的全局最优解,这些文献的结果是不可靠的和不正确的,甚至可能导致重大错误或者损失。必须采用客观的定理和推论,才能判定最优化过程已经求得了真正的全局最优解。对一半指标分别采用越大越好(正向指标)和越小越好(逆向指标)方式归一化,如果两次建模,改变了归一化方式的指标权重互为相反数(即 a_k 和 $-a_k$),而且任意两个样本之间的距离、目标函数值、样本投影值标准差、局部密度值均保持不变,则说明已经求得了真正的全局最优解,否则就没有求得真正的全局最优解。DCPP 模型只涉及计算两个样本之间或者不同样本与均值之间的距离。所以,改变一半指标的归一化方式,如果目标函数值保持不变,指标的最佳权重却变为了相反数,就可以判定最优化过程已经求得了真正的全局最优解。

第五章

插值型投影寻踪模型及实证研究

在第四章的研究案例中,只有评价指标(也称为自变量)数据,而没有因变量数据,这类问题称为无教师值或者无监督评价(学习)问题。在综合评价领域,还有一种比较特殊的情况,如在湖泊(河流、江河、地下水等)水质、土壤质量、大气质量等评价时,往往要与有关的国家(际)标准(或者行业标准)等比较,最终确定其实际等级。这种评价标准通常表现为3类情况,第一类是两端闭口的,即限定了每个评价指标的最大值和最小值(见表4-12);第二类是两端都是开口的,即没有限定每个评价指标的最大值和最小值(见表4-5),或者只限定最大值没有限定最小值,或者只限定最小值没有限定最大值,或者只限定了部分指标的最大值;第三类是没有给定每个评价指标的评价等级区间值,而是只给出中值,或者只选取不同等级的分界值。

第三类评价标准和待评价样本,一般可建立一维 PPC 模型①。第一类评价标准的等级区间是闭口的,既可以转化为第三类评价标准,也可以转化为第二类评价标准。所以,不单独论述。第二类评价标准主要涉及3个问题,一是如何确定两个开口区间的端点值,即确定最低等级区间的下界值和最高等级区间的上界值;二是在每个等级的评价指标值区间内随机生成足够多样本的方法(如果生成的样本数量较少,建模结果不稳定)构成建模样本,因此,就需要确定在每个等级区间内究竟应该随机生成多少个样本才是合理和可靠的;三是应该采用什么函数来表示样本投影值与评价标准值(即样本期望值)之间的函数关系,或者是否必须建立函数关系。

5.1 最高等级区间右端点最大值对建模结果的影响

水质评价标准采用《地下水质量标准》(GB/T14848-93)。由总硬度、硝酸盐、亚硝酸盐、硫酸盐、高锰酸盐、挥发性酚类6个指标组成地下水水质评级指标体系,地下水分为5个等级,分别用1、2、3、4、5表示,见表5-1。A~E5个监测点的地下水质待评价样本的指标值,见表5-2。

表 5-1　地下水质评价标准

水质等级	总硬度(≤)	硝酸盐(≤)	亚硝酸盐(≤)	硫酸盐(≤)	高锰酸盐(≤)	挥发性酚类(≤)
1	150	2	0.001	50	1	0.001
2	300	5	0.01	150	2	0.0015
3	450	20	0.02	250	3	0.002
4	550	30	0.1	350	10	0.01
5	>550	>30	>0.1	>350	>10	>0.01

表 5-2　监测点待评价样本及地下水质分界值样本指标值

监测点和分界值样本	总硬度	硝酸盐	亚硝酸盐	硫酸盐	高锰酸盐	挥发性酚类
A	145.32	1.76	0.014	74.18	1.98	0.014
B	98.32	13.12	0.005	107.28	2.04	0.016
C	122.19	2.11	0.02	48.67	3.81	0.009
D	51.12	11.08	0.021	43.97	2.18	0.001
E	144.07	4.75	0.026	20.59	1.88	0.001
1-2*	150	2	0.001	50	1	0.001
2-3	300	5	0.01	150	2	0.0015
3-4	450	20	0.02	250	3	0.002
4-5	550	30	0.1	350	10	0.01

注:＊1-2表示评价指标值是等级1与2的分界值,即构成1级与2级的分界值样本。

5.1.1　建立地下水质评价的 IPP 模型❶

　　地下水质评价标准的第1个等级和第5个等级的两端都没有限定最大值和最小值。因此,必须先确定各个指标的最大值和最小值,才能根据评价标准随机生成样本。最小值对建模结果影响很小,可取所有指标的最小值为0,或者取最低等级(本例是1级)右端点值的0.50倍。确定最高等级(本例是5级)的最大值,目前没有统一的规则(理论依据),既有取左端点值2倍的,也有取3倍、5倍的,甚至取10倍的。为了研究最大值不同取值对建模结果的影响,取最大值为最高等级左端点值的2倍、3倍、5倍和10倍分别建模。在各水质等级区间内随机生成100个建模样本以及4个分界值样本及其最大值、最小值构成的样本,共计506个样本 $X_{ij}^*(i=1,2,\cdots,506;j=1,2,\cdots,6)$,其中,数字506是样本数量,6表示评价指标个数(维数),X_{ij}^* 为第 i 个样本的第 j 个指标值。最低等级(水质最优)为1,最高等级(水质最差)为 $L(L=5)$。根据随机生成样本的特点,各级水质的模型期望值 $y(i)$ 可设定为1、2、3、4和5,最小值构成的样本期望值为1,最大值构成的样本期望值为5。对样本数据采用越大越好的极差归一化,采用 GSO 群智能最优化算法,求得全局最优解,建立 IPP 模型❶。

最大值分别为最高等级的左端点值的 2 倍、3 倍、5 倍、10 倍的最佳投影方向(权重)$a(j)$ 见表 5-3,并计算得到每个随机生成样本以及 5 个监测点待评价样本($A \sim E$)和 4 个分界值样本(用 1-2、2-3、3-4、4-5 表示)的投影值 $z(i)$。

表 5-3　最大值不同的 IPP 模型❶、分界值样本及其监测点样本的投影值 $z(i)$ 和水质等级对比

模型参数	参数或样本	2 倍	3 倍	5 倍	10 倍
最佳权重	$a(1)$	0.3837	0.4004	0.3718	0.3822
	$a(2)$	0.4344	0.4342	0.4052	0.4319
	$a(3)$	0.4226	0.4099	0.4296	0.3881
	$a(4)$	0.4098	0.3858	0.4063	0.4244
	$a(5)$	0.4121	0.4227	0.4313	0.4062
	$a(6)$	0.3842	0.3945	0.4025	0.4143
最佳权重	$b(1)$	1.5795	1.6262	1.6407	1.6552
	$b(2)$	-2.8088	-4.4078	-7.5412	-15.0428
标准差	S_z	0.6406	0.5840	0.5569	0.5209
相关系数	$|R_{yz}|$	0.9323	0.8818	0.821	0.7551
目标函数值	$Q(a)$	0.5972	0.515	0.4572	0.3933
目标函数值	$Q(b)$	63.610	72.134	75.727	74.028
分界值样本 $z(i)$	1-2	0.1380	0.0930	0.0548	0.0280
	2-3	0.3198	0.2136	0.1268	0.0645
	3-4	0.5906	0.3934	0.2321	0.1186
	4-5	1.2235	0.8158	0.4893	0.2447
$z(i)$ 范围		$0 \sim 2.4469$	$0 \sim 2.4475$	$0 \sim 2.4466$	$0 \sim 2.4471$
分界值样本 $y(i)$	1-2/1.5	1.1646	1.1430	1.1333	1.1269
	2-3/2.5	1.6800	1.6761	1.6763	1.6751
	3-4/3.5	2.5993	2.6349	2.6365	2.6611
	4-5/4.5	4.3247	4.3879	4.4294	4.4174
$y(i)$ 范围		$0.8543 \sim 4.9750$	$0.8217 \sim 4.9995$	$0.8118 \sim 5.0$	$0.8020 \sim 5.0$
监测点 $z(i)$	A	0.4462/3	0.3021/3	0.1834/3	0.0931/3
	B	0.5521/3	0.3725/3	0.2243/3	0.1152/3
	C	0.3801/3	0.2571/3	0.1560/3	0.0780/3
	D	0.2323/2	0.1546/2	0.0919/2	0.0460/2
	E	0.2096/2	0.1406/2	0.0837/2	0.0412/2

模型参数	参数或样本	2倍	3倍	5倍	10倍
监测点 $y(i)$	A	2.095 8/3	2.134 5/3	2.179 8/3	2.183 4/3
	B	2.464 0/3	2.519 7/3	2.563 6/3	2.597 9/3
	C	1.873 6/3	1.895 8/3	1.929 9/3	1.908 2/3
	D	1.417 6/2	1.399 6/2	1.397 1/2	1.380 9/2
	E	1.353 8/2	1.338 4/2	1.335 3/2	1.310 4/2

注:/后的数字表示根据 IPP 模型计算结果判定的待评价样本的水质等级。

　　根据分界值样本的投影值,很容易判断随机生成样本、5 个监测点待评价样本的水质等级。可见,随机生成样本的水质等级都是正确的。虽然最高等级区间的最大值不同,建立的 IPP 模型有差异,如最佳权重、样本投影值标准差等均不同,尤其是相关系数随着最大值的增大而降低,但 5 个监测点待评价样本的水质判定等级是一致的,没有变化。

　　右端点最大值取值不同时,A、B、C、D 和 E 5 个监测点的水质等级保持不变,而且水质优劣排序也保持不变,E 监测点的水质最佳(投影值最小),然后是 D、C、A、B 监测点的水质最差。尽管 A、B 和 C 3 个监测点均为 3 级水质,但 B 监测点的水质已比较接近 3-4 级的分界值。

　　对于模型❶,只要求计算 $|R_{zy}|$,并不要求明确样本期望值 $y(i)$ 与投影值 $z(i)$ 之间的函数关系。指标最大值是最高等级左端点值的 2 倍,每个等级内随机生成 100 个样本,建立 IPP 模型❶,如图 5-1 所示是样本的理论期望值 $y(i)$ 与投影值 $z(i)$ 之间的关系。

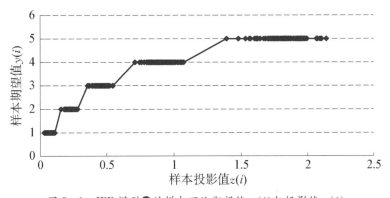

图 5-1　IPP 模型❶的样本理论期望值 $y(i)$ 与投影值 $z(i)$

　　所以,采用分段线性插值函数来表示 $y(i)$ 与 $z(i)$ 的关系,理论上基本可行。如假定样本理论期望值 $y(i)$ 等于 1、2、3、4 和 5,对应的样本投影值 $z(i)$ 的最小值和最大值分别为 $[c(1), d(1)]$、$[c(2), d(2)]$、$[c(3), d(3)]$、$[c(4), d(4)]$ 和 $[c(5), d(5)]$,则 $y(i)$ 与 $z(i)$ 之间的分段线性函数关系可表示为

$$y(i) = \begin{cases} 1, & z(i) < d(1) \\ 1 + \dfrac{z(i) - d(1)}{c(2) - d(1)}, & d(1) \leqslant z(i) \leqslant c(2) \\ 2, & c(2) \leqslant z(i) \leqslant d(2) \\ 2 + \dfrac{z(i) - d(2)}{c(3) - d(2)}, & d(2) \leqslant z(i) \leqslant c(3) \\ 3, & c(3) \leqslant z(i) \leqslant d(3) \\ 3 + \dfrac{z(i) - d(3)}{c(4) - d(3)}, & d(3) \leqslant z(i) \leqslant c(4) \\ 4, & c(4) \leqslant z(i) \leqslant d(4) \\ 4 + \dfrac{z(i) - d(4)}{c(5) - d(4)}, & d(4) \leqslant z(i) \leqslant c(5) \\ 5, & z(i) \geqslant c(5) \end{cases} \tag{5-1}$$

每个等级内样本投影值的最大值 $d(1) \sim d(5)$、最小值 $c(1) \sim c(5)$（简称两个端点值）是根据随机生成的样本计算得到的,当各个评价指标的最大值不同或者随机生成的样本及其数量不同时,每个等级两个端点的投影值也会改变。所以,更简捷的方法,是直接用分界值样本的投影值作为判定待评价样本水质等级的依据,是合理和可行的。当然,样本期望值不可能小于 0,数据都正向化和归一化了,最佳权重应该都大于 0,样本投影值、期望值等都应该大于 0,也不可能无穷大。如本例,限定最大值不大于 5,即样本的模型输出值应该是分别趋近于最大值和最小值、连续变化的单调增函数,而且越接近于最大值、最小值区域,变化越慢。因此,根据上述样本输出值特性,可以采用逻辑斯蒂(Logistic)回归函数来表征样本模型预测值 $\hat{y}(i)$ 与 IPP 模型投影值 $z(i)$ 之间的函数关系:

$$\hat{y}(i) = \frac{L}{1 + e^{b(1) + b(2) \cdot z(i)}}。 \tag{5-2}$$

其中 L 为样本期望值的最大值,对于本例,$L = 5$。$b(1)$、$b(2)$ 为 Logistic 模型的参数。

将上述随机生成的样本和分界值样本的 IPP 模型投影值 $z(i)$ 代入公式(5-2)就得到了 Logistic 模型的预测值 $\hat{y}(i)$。根据最小二乘法,应使样本期望值 $y(i)$ 与 Logistic 模型预测值 $\hat{y}(i)$ 之间的误差平方和最小,即目标函数为

$$Q(\boldsymbol{b}) = \min\left\{\sum_{i=1}^{n}[y(i) - \hat{y}(i)]^2\right\} = \min\left\{\sum_{i=1}^{n}\left[y(i) - \frac{L}{1 + e^{b(1) + b(2) \cdot z(i)}}\right]^2\right\}。 \tag{5-3}$$

根据各个评价指标最大值不同的 IPP 模型❶求得的 $z(i)$ 和期望值 $y(i)$,采用 GSO 群智能最优化算法,求得公式(5-3)的全局最优解,得到 Logistic 模型的参数 $b(1)$、$b(2)$,见表 5-3。4 个 Logistic 模型分别是指标最大值为最高等级区间左端点值的

$$2 \text{倍}: \hat{y}(i) = \frac{5}{1 + e^{1.5795 - 2.8088z(i)}};$$

$$3 \text{倍}: \hat{y}(i) = \frac{5}{1 + e^{1.6262 - 4.4078z(i)}};$$

$$5\ 倍:\hat{y}(i) = \frac{5}{1+e^{1.6407-7.5412z(i)}};$$

$$10\ 倍:\hat{y}(i) = \frac{5}{1+e^{1.6552-15.0428z(i)}}。$$

根据上述 Logistic 模型,可以计算得到分界值样本的 Logistic 模型预测值 $\hat{y}(i)$[以下不再区分 $\hat{y}(i)$ 和 $y(i)$],得到地下水质不同等级的期望值 $y(i)$ 的区间。如指标最大值为最高等级左端点值的 2 倍,对应于 1~5 级水质,$y(i)$ 的区间分别为 $(0, 1.164\ 6]$、$(1.164\ 6, 1.680\ 0]$、$(1.680\ 0, 2.599\ 3]$、$(2.599\ 3, 4.324\ 7]$、$(4.324\ 7, 5.000\ 0]$。取其他倍数,同理。再把 5 个监测点待评价样本 IPP 模型的投影值 $z(i)$ 分别代入上述 Logistic 模型得到预测值,见表 5 - 3。如指标最大值是最高等级左端点值的 2 倍,5 个待评价样本 Logistic 模型的预测值分别为 2.095 8、2.464 0、1.873 6、1.417 6 和 1.353 8。对比上述不同等级的预测值区间值可知,监测点 A~E 的地下水质分别为 3、3、3、2、2 级,水质优劣排序为 E 监测点的水质最佳,然后是 D、C、A,B 监测点的水质最差;尽管 3 个监测点 A、B 和 C 均为 3 级水质,但 B 监测点的水质已比较接近于 3-4 级的分界值。评价指标最大值不同,Logistic 模型不同,分界值样本的投影值、监测点样本的投影值及其 Logistic 模型的预测值等都不同,但监测点水质的优劣排序及其判定等级是相同的。

根据评价指标在每个等级范围内随机生成足够多样本建立的 IPP 模型,所有指标的最佳权重比较接近,有时候几乎相等。

如果实测样本的指标最大值大于评价标准最高等级左端点值的 2~3 倍,可以取实测样本的最大值为指标最大值(或者为增加适宜性,可取 1.2 倍),否则就取评价标准最高等级左端点值的 2~3 倍为宜。这样建立的 IPP 模型,每个等级的区分度都相对较好,如果取 10 倍值,其他等级的区分度相对较低。无论取多少倍,采用随机生成样本建立 IPP 模型,所有指标的权重比较接近,倍数越高就越接近。为了更好体现不同评价指标之间的差异,取较低倍数更为合理。

5.1.2 建立地下水质评价 IPP 模型❷

根据 5.1.1 的归一化数据,建立 IPP 模型❷,求得全局最优解,最大值分别为最高等级的左端点值的 2 倍、3 倍、5 倍、10 倍的最佳权重、样本投影值标准差、相关系数、目标函数值及其 Logistic 模型的系数、目标函数值等,见表 5 - 4。

因为 S_z 和 $|R_{yz}|$ 都小于 1,不会出现大数吃小数,所以建立 IPP 模型❶ 和❷,以及 Logistic 模型的结果都非常接近。为避免重复,略去分界值样本、监测点样本的 IPP 模型投影值、Logistic 模型预测值等。因为 IPP 模型❷ 与❶ 的结果基本一致,所以后续章节不再建立 IPP 模型❷。

5.1.3 建立基于随机生成样本的地下水质评价 IPP 模型❸

具有单指标评价区间标准的综合评价、排序和聚类问题,随机生成足够多样本,可采用一维 PPC 模型① 建模,建立 IPP 模型❸。针对上述相同的样本数据,取投影窗口半径 $R = r_{max}/5$,采用 PPA 群智能最优化算法求得全局最优解,各个指标的最佳权重、目标函数值、分界值样本投影值及其监测点待评价样本投影值、判定的水质等级等见表 5 - 5。

表 5 - 4　最大值不同时 IPP 模型❷的最佳权重、Logistic 模型的参数对比

模型参数	参数或样本	2 倍	3 倍	5 倍	10 倍
最佳权重	$a(1)$	0.400 3	0.410 0	0.384 9	0.384 4
	$a(2)$	0.433 5	0.438 9	0.413 0	0.436 7
	$a(3)$	0.415 3	0.407 2	0.415 2	0.388 4
	$a(4)$	0.412 9	0.394 8	0.412 4	0.426 5
	$a(5)$	0.405 1	0.416 1	0.423 1	0.402 3
	$a(6)$	0.380 4	0.380 1	0.399 7	0.408 5
最佳权重	$b(1)$	1.587 7	1.632 3	1.649 3	1.656 5
	$b(2)$	−2.807 2	−4.398 8	−7.523 7	−15.027 5
标准差	S_z	0.640 0	0.583 4	0.556 2	0.520 8
相关系数	$|R_{yz}|$	0.933 0	0.882 6	0.821 7	0.755 2
目标函数值	$Q(a)$	1.573 0	1.465 9	1.377 9	1.276 0
目标函数值	$Q(b)$	62.549 5	71.137 7	74.632 1	73.753 1

表 5 - 5　指标最大值不同时的 IPP 模型❸、分界值及其
待评价样本的投影值 $z(i)$、判定的水质等级

参数	根据随机生成样本建立的 IPP 模型❸				根据分界值样本建立的 IPP 模型❸			
	2 倍	3 倍	5 倍	10 倍	2 倍	3 倍	5 倍	10 倍
$a(1)$	0.325	0.370	0.372	0.388	0.310	0.353	0.392	0.401
$a(2)$	0.388	0.388	0.382	0.411	0.375	0.391	0.397	0.404
$a(3)$	0.463	0.441	0.436	0.403	0.475	0.447	0.422	0.414
$a(4)$	0.357	0.368	0.389	0.410	0.337	0.369	0.394	0.403
$a(5)$	0.441	0.434	0.431	0.412	0.448	0.431	0.418	0.413
$a(6)$	0.455	0.441	0.435	0.425	0.474	0.447	0.425	0.415
R	0.486	0.488	0.489	0.490	0.484	0.488	0.490	0.490
S_z	0.639	0.584	0.557	0.521	0.916	0.921	0.941	0.967
D_z	37 787	46 318	59 907	70 841	5.271	6.404	8.106	10.42
$Q(a)$	24 152	27 049	33 370	36 898	4.829	5.897	7.632	10.07
r_{max}	2.430	2.442	2.444	2.449	2.418	2.439	2.448	2.449
1 − 2	0.130	0.090	0.055	0.028	0.127	0.089	0.056	0.028

参数	根据随机生成样本建立的 IPP 模型❸				根据分界值样本建立的 IPP 模型❸			
	2 倍	3 倍	5 倍	10 倍	2 倍	3 倍	5 倍	10 倍
2－3	0.299	0.207	0.126	0.064	0.292	0.205	0.128	0.064
3－4	0.548	0.377	0.228	0.117	0.534	0.374	0.232	0.117
4－5	1.215	0.814	0.489	0.245	1.209	0.813	0.490	0.245
A	0.487/3	0.321/3	0.192/3	0.095/3	0.497/3	0.323/3	0.189/3	0.094/3
B	0.589/4	0.388/4	0.232/4	0.116/3	0.598/4	0.391/4	0.230/3	0.114/3
C	0.410/3	0.270/3	0.161/3	0.079/3	0.417/3	0.271/3	0.159/3	0.079/3
D	0.229/2	0.152/2	0.091/2	0.046/2	0.227/2	0.152/2	0.091/2	0.046/2
E	0.208/2	0.140/2	0.084/2	0.042/2	0.208/2	0.139/2	0.084/2	0.042/2

（1）最高等级右端点最大值不同时，5 个监测点的水质优劣排序是一致的，监测点 E 的水质最佳，然后是 D、C、A，监测点 B 的水质最差。

（2）监测点 B 的水质不一致。最大值是最高等级左端点值 2 倍、3 倍和 5 倍时，判定结果为 4 级水质；取 10 倍时的判定结果为 3 级水质，但稍小于 3－4 级的分界值，基本处于分界值附近；其他 4 个监测点 A、C、D 和 E 的水质等级保持不变。

（3）因为 IPP 模型的输出值是实数，对同一等级的水质样本还可以进一步排序，如监测点 C 的水质优于监测点 A（虽然同为 3 级水质），监测点 E 的水质优于监测点 D。

（4）最高等级右端点最大值不同时，各个评价指标的最佳权重有明显的变化，倍数越小，指标的最佳权重差异越大。反之，倍数越大，评价指标之间的权重差异就越小，即权重趋近于相等。

5.1.4 建立基于分界值样本的地下水质评价 IPP 模型❸和❶

针对具有单指标评价区间标准的综合评价、排序和聚类问题，可以直接根据分界值样本（包括最大值和最小值）或者把分界值样本和待评价（监测点）样本合在一起，建立 IPP 模型❸。因此，根据上述 6 个分界值样本数据建立 IPP 模型❸，不会随待评价样本的不同而改变，也不会因随机生成样本的改变而改变，是确定性的模型。取投影窗口半径 $R = r_{max}/5$，对样本数据作越大越好的极差归一化，采用 PPA 群智能最优化算法求得全局最优解，各个评价指标的最佳权重、目标函数值、分界值样本投影值、监测点待评价样本投影值及其判定的水质等级等见表 5－5（最右侧 4 列）。

根据 6 个分界值样本建立的 IPP 模型❸，5 个监测点的水质优劣排序与 IPP 模型❶是一致的，监测点 E 的水质最佳，然后是 D、C、A，监测点 B 的水质最差。但也略有不同，最高等级右端点最大值不同时，监测点 B 的水质有改变。最大值是最高等级左端点值 2 倍和 3 倍时，判定结果为 4 级水质；最大值是最高等级左端点值 5 倍和 10 倍时的判定结果为 3 级水质，但仅稍小于 3－4 级的分界值，基本处于分界值附近。其他基本类似。

同理,针对分界值样本,建立 IPP 模型❶,求得了全局最优解。IPP 模型❶的最佳权重、目标函数值、Logistic 模型参数等见表 5-6。

表 5-6　指标最大值不同、根据分界值样本建立的 IPP 模型❶等参数对比

模型参数	参数或样本	2 倍	3 倍	5 倍	10 倍
最佳权重	$a(1)$	0.396 4	0.400 3	0.404 8	0.407 1
	$a(2)$	0.419 4	0.418 6	0.412 9	0.411 7
	$a(3)$	0.412 3	0.412 3	0.412 6	0.409 3
	$a(4)$	0.407 4	0.407 1	0.408 6	0.407 1
	$a(5)$	0.408 0	0.405 2	0.405 3	0.407 1
	$a(6)$	0.405 6	0.405 6	0.405 2	0.407 1
最佳权重	$b(1)$	1.854 2	1.854 9	1.857 2	1.858 3
	$b(2)$	−3.551 2	−5.320 7	−8.870 4	−17.744 6
标准差	S_z	0.921 6	0.922 0	0.941 5	0.966 6
相关系数	$|R_{yz}|$	0.914 5	0.846 0	0.775 3	0.716 2
目标函数值	$Q(a)$	0.842 8	0.780 1	0.729 9	0.692 3
目标函数值	$Q(b)$	1.004 8	1.001 6	0.998 2	0.996 9

指标最大值在最高等级左端点值的 2～10 倍范围内,最佳权重等参数基本稳定,但随着倍数的提高,IPP 模型❶的相关系数随之降低,不同等级之间的区分度逐步减小。根据随机生成样本建立的 IPP 模型,不同指标的最佳权重差异较小。为避免重复,分界值样本、监测点样本的 IPP 模型投影值、Logistic 模型的预测值等略。

5.2　随机生成样本数量对 IPP 模型建模结果的影响

在 IPP 建模文献中,有的在每个等级区间内只生成 5 个样本,有的生成 10 个、25 个、100 个样本,也有生成多达 1 000 个、10 000 个样本的。已有文献对在每个等级内随机生成 50、100、200、500、1 000、1 500、2 000 个样本的情况进行了比较,认为在每个等级内随机生成 500 个样本以上,最佳权重和投影目标函数值趋于稳定。在每个等级范围内样本数量不同时,各个指标的最佳权重有所变化,但 IPP 模型❶的目标函数值基本保持不变,实际上目标函数值基本趋于稳定。因为样本是随机生成的,所以样本数据是不同的,目标函数值有所变化,但基本稳定。本章以湖泊水质富营养化综合评价为例进行实证研究。为便于比较,采用相同的湖泊水质富营养化综合评价区间标准,见表 5-7。指标体系由总磷(TP, ug/L)、耗氧量(COD, mg/L)、透明度(SD, m)和总氮(TN, mg/L)4 个评价指标组成。根据每个指标的不同取值范围,将湖泊水质富营养化水平分为极贫营养(1)、贫营养(2)、中

营养(3)、富营养(4)和极富营养(5)5 个等级。杭州西湖等 5 个湖泊的评价指标值也列于表中。

表 5-7 湖泊水质富营养化单指标综合评价区间标准及待评价样本实测数据

指标	极贫营养(1)	贫营养(2)	中营养(3)	富营养(4)	极富营养(5)	杭州西湖	武汉东湖	青海湖	巢湖	滇池
TP(≤)	1	4	23	110	660	130	105	20	30	20
COD(≤)	0.09	0.36	1.8	7.1	27.1	10.3	10.7	1.4	6.26	10.13
SD(≥)	37	12	2.4	0.55	0.17	0.35	0.4	4.5	0.25	0.5
TN(≤)	0.02	0.06	0.31	1.2	4.6	2.76	2	0.22	1.67	0.23

TP、COD 和 TN 3 个指标为具有最大值的半封闭区间,SD 为具有最小值的半封闭区间。设定 SD 的最大值为 74(左端点值的 2 倍),TP、COD 和 TN 3 个指标的最小值为 0,采用极大值归一化,即 4 个指标的值分别除以 660、27.1、74 和 4.6 归一化。根据前述,各个指标值分别在 4~23、0.36~1.8、2.4~12 和 0.06~0.31 范围内时该样本必定属于中营养化水平。据此原理,在每个评价指标的不同富营养化等级范围内随机生成 5、10、25、50、100、200、500 和 1000 个样本,合计生成 25、50、125、250、500、1000、2500 和 5000 个样本。取 Logistic 模型的最大值 $L = 5$,分界值样本不参与最优化建模。不对逆向指标正向化,采用 EO 群智能最优化算法,求得全局最优解。不同样本数量时 IPP 模型 ❶ 的最佳权重以及 Logistic 模型参数、5 个分界值样本的投影值和 5 个湖泊的投影值等结果见表 5-8。

表 5-8 随机生成样本数量不同时建立 IPP 模型❶和❸的最佳权重等参数比较

样本数	参数	IPP 模型❶-Logistic	IPP 模型❸		样本数	参数	IPP 模型❶-Logistic	IPP 模型❸	
			$0.1S_z$	$r_{max}/5$				$0.1S_z$	$r_{max}/5$
6 个分界值样本	$a(1)$	0.444	0.585	0.597	250	$a(1)$	0.457	0.679	0.643
	$a(2)$	0.475	0.571	0.567		$a(2)$	0.455	0.514	0.502
	$a(3)$	−0.593	0.022	0.022		$a(3)$	−0.610	0.052	0.058
	$a(4)$	0.474	0.575	0.567		$a(4)$	0.460	0.521	0.575
	$b(1)^*$	−0.506	0.068	0.343		$b(1)$	−0.474	0.041	0.306
	$b(2)$	−4.807	1.7152	1.7147		$b(2)$	−4.243	1.5259	1.5320
	$Q(a)$	0.6101	0.6729	5.1100		$Q(a)$	0.4256	232.6	3657.7
	$Q(b)$	0.0376	/	/		$Q(b)$	11.085	/	/

样本数	参数	IPP 模型❶-Logistic	IPP 模型❸		样本数	参数	IPP 模型❶-Logistic	IPP 模型❸	
			$0.1S_z$	$r_{max}/5$				$0.1S_z$	$r_{max}/5$
25	$a(1)$	0.423	0.547	0.687	500	$a(1)$	0.406	0.610	0.587
	$a(2)$	0.532	0.607	0.575		$a(2)$	0.477	0.571	0.610
	$a(3)$	−0.561	0.012	0.061		$a(3)$	−0.618	0.050	0.063
	$a(4)$	0.472	0.576	0.440		$a(4)$	0.476	0.546	0.529
	$b(1)$	−0.322	0.042	0.262		$b(1)$	−0.476	0.405	0.297
	$b(2)$	−4.473	1.288 0	1.330 1		$b(2)$	−4.204	1.484 6	1.496 0
	$Q(a)$	0.426 0	2.187	28.09		$Q(a)$	0.423 3	873.9	13 892
	$Q(b)$	0.887 6	/	/		$Q(b)$	25.54	/	/
50	$a(1)$	0.394	0.573	0.617	1 000	$a(1)$	0.414	0.607	0.590
	$a(2)$	0.461	0.481	0.452		$a(2)$	0.483	0.575	0.554
	$a(3)$	−0.571	0.071	0.067		$a(3)$	−0.618	0.040	0.058
	$a(4)$	0.553	0.660	0.641		$a(4)$	0.463	0.547	0.584
	$b(1)$	−0.444	0.041	0.308		$b(1)$	−0.477	0.402	0.399
	$b(2)$	−4.774	1.537 2	1.539 4		$b(2)$	−4.254	1.565 1	1.564 5
	$Q(a)$	0.408 3	9.921	149.7		$Q(a)$	0.419 0	3 385	58 333
	$Q(b)$	2.286 0	/	/		$Q(b)$	50.672	/	/
125	$a(1)$	0.446	0.644	0.620	2 500	$a(1)$	0.437	0.641	0.619
	$a(2)$	0.481	0.557	0.551		$a(2)$	0.487	0.559	0.584
	$a(3)$	−0.611	0.051	0.063		$a(3)$	−0.594	0.052	0.060
	$a(4)$	0.444	0.522	0.555		$a(4)$	0.467	0.523	0.522
	$b(1)$	−0.480	0.043	0.292		$b(1)$	−0.460	0.418 0	0.321 9
	$b(2)$	−4.116	1.459 6	1.459 4		$b(2)$	−4.391	1.608 8	1.609 3
	$Q(a)$	0.444 0	67.21	908.5		$Q(a)$	0.425 6	24 421	402 565
	$Q(b)$	5.492 9	/	/		$Q(b)$	120.80	/	/

注：＊表示建立 IPP 模型❸，$b(1)$、$b(2)$分别是指投影窗口半径 R 和 r_{max} 值，下同。

随机生成样本较少时（如每个等级 50 以下），无论建立 IPP 模型❶还是❸，因为每次随机生成的样本数据不同，求得的最佳权重相差较大。每个等级内随机生成的样本数量超过 100（最好达到 200 时），建立的 IPP 模型❶和❸都比较稳定，即不会因随机生成的样本数量和数据的不同而出现明显变化。这样建立的 IPP 模型是比较可靠和有效的。

因此，为了能够建立可靠、稳健的 IPP 模型，在每个等级区间内随机生成的样本数量应该在 100 个以上，以 100～200 个为宜。

（1）单指标评价区间标准具有较好的普遍性。因为有些指标最高等级的右端点最大值是左端点值的 2 倍（如指标 SD），有些指标是 4 倍（如指标 DO 和 TN），甚至有些指标是 6 倍（如指标 TP），导致不同指标的最佳权重之间存在一定的差异，但整体上权重差异不是很大。也就是说，针对具有单指标评价区间标准的问题，采用在每个等级内随机生成足够数量（每个等级区间 100 个以上）样本，建立的 IPP 模型的指标权重比较均衡，结果也比较稳定。不同指标之间最大值的倍数差异越小，不同指标的最佳权重就越均衡。

（2）如果建立 IPP 模型❸，不论取 $R=0.1S_z$ 还是 $R=r_{max}/5$，建模结果与 IPP 模型❶的结果都存在较大差异。因为建立 IPP 模型❶时，要求 IPP 模型的投影值 $z(i)$ 与期望值 $y(i)$ 具有较大的线性相关性，属于有监督建模，建立的是有教师值的 IPP 模型，而建立 IPP 模型❸时，属于无教师值（监督）建模，两者之间必然会存在较大的差异。

（3）直接针对 6 个分界值样本建模的结果（见表 5 - 6）与根据随机生成样本建模的结果之间存在一定的差异。一般来讲，根据分界值样本建立 IPP 模型的指标权重差异更大。理论上讲，生成的两类样本都是合理和有效的，都符合单指标评价区间标准。但建议采用分界值样本，不仅生成建模样本、建模过程可以大大简化，保留了评价标准中不同评价指标之间的差异，而且不同评价指标之间的最佳权重相对差异较大，有利于分析不同评价指标的重要性及其排序等。

至此，根据分界值样本和在每个等级区间内随机生成 200 个样本，建立 IPP 模型，得到了分界值样本的投影值、杭州西湖等 5 个湖泊的 IPP 模型投影值、Logistic 模型参数及其富营养化水平判定结果，见表 5 - 9。

表 5 - 9　不同 IPP 模型分界值样本、实际样本的投影值及其判定的富营养化等级

样本	6 个分界值样本			随机生成 200 个样本			随机生成 5 个样本		
	❶	$0.1S_z$	$r_{max}/5$	❶	$0.1S_z^{\#}$	$r_{max}/5$	❶	$0.1S_z$	$r_{max}/5$
最小样本	0.436 9	0.022 2	0.022 1	0.521 6	0.040 2	0.058 1	0.503 7	0.012 3	0.061 6
1～2	1.446 1	0.016 4	0.016 3	1.530 5	0.025 3	0.034 3	1.431 2	0.011 5	0.035 7
2～3	2.645 9	0.022 2	0.022 1	2.643 3	0.025 0	0.028 0	2.481 4	0.020 9	0.027 5
3～4	3.443 0	0.097 8	0.097 4	3.365 6	0.097 5	0.098 6	3.235 8	0.098 6	0.093 8
4～5	4.421 6	0.397 4	0.396 1	4.292 3	0.394 8	0.396 4	4.286 5	0.400 6	0.380 5
＜5	4.996 3	1.731 6	1.731 2	4.990 4	1.729 1	1.728 6	4.993 6	1.730 4	1.702 4
杭州西湖	4.472/5	0.677/5	0.673/5	4.706/5	0.666/5	0.677/5	4.728/5	0.684/5	0.619/5
武汉东湖	4.235/4	0.569/5	0.565/5	4.588/5	0.562/5	0.567/5	4.609/5	0.577/5	0.528/5
青海湖	2.021/2	0.076/3	0.076/3	3.195/3	0.077/3	0.078/3	3.054/3	0.076/3	0.075/3
巢湖	3.592/4	0.367/4	0.364/4	4.252/4	0.359/4	0.367/4	4.238/4	0.374/4	0.324/4
滇池	3.120/4	0.260/4	0.259/4	3.994/4	0.261/4	0.255/4	3.977/4	0.272/4	0.258/4

注：❶表示 IPP 模型❶的结果，下同；♯表示采用约束条件①分别取 $R=0.1S_z$ 和 $R=r_{max}/5$ 建立的 IPP 模型❸的结果，下同。

针对上述 3 类样本数据,建立 IPP 模型❶,逆向指标 SD 的最佳权重小于 0,最小值样本的投影值小于等级 1-2 分界值样本投影值,分界值样本的投影值逐级增大,建模结果正常,与先验知识一致。

建立 IPP 模型❸无论取 $R = 0.1 S_z$ 还是 $R = r_{max}/5$,表 5-9 最小值样本的投影值和分界值样本的投影值都出现了反常(无法合理解释,与已知的指标性质相矛盾)现象。

(1) 根据 6 个分界值样本建立的 IPP 模型❸,其最小值样本的投影值(分别为 0.0222 和 0.0221)等于 2-3(即等级 2 与 3)分界值样本的投影值(分别为 0.0222 和 0.0221),大于 1-2 分界值样本的投影值(分别为 0.0164 和 0.0163)。

(2) 针对每个等级区间内随机生成 200 个的样本,建立 IPP 模型❸,最小值样本的投影值不仅大于 1-2 分界值样本的投影值,也大于 2-3 分界值样本的投影值。

(3) 针对每个等级区间内随机生成的 5 个样本,取 $R = r_{max}/5$,建立 IPP 模型❸,最小值样本的投影值大于 1-2 和 2-3 分界值样本的投影值;取 $R = 0.1 S_z$,建立 IPP 模型❸,最小值样本的投影值大于 1-2 分界值样本的投影值。这些结果肯定都是不合理的,但确实是模型的真正全局最优解。

(4) 评价指标 SD 显然是逆向指标,与其他 3 个指标都是负相关。在没有正向化、采用极大值归一化的情况下,最佳权重理论上应该小于 0,却出现了大于 0 的结果。而且,指标 SD 的权重与 IPP 模型❶在权重差异很大,性质也不一致。

最小值样本的投影值肯定应该是最小的,1-2 分界值样本的投影值也必定要小于 2-3 分界值样本的投影值。分界样本的投影值应逐级增大。而在上述所有 IPP 模型❸中,所有指标的权重都大于 0,样本投影值大小排序也出现了与先验知识不一致的情况。所以,建模结果肯定是不合理的,但确实是真正的全局最优解。

(5) 将评价指标 SD 的归一化方式更改为越小越好的线性归一化 $(1 - x_{ij}/x_{maxj})$,设定 $R = r_{max}/5$ 和约束条件 ①,针对分界值样本,再次建立 IPP 模型❸,得到的最佳权重为 0.5972、0.5670、-0.0221、0.5669,$S_z = 0.6674$、$D_z = 5.7754$、$Q(a) = 3.9121$、$r_{max} = 1.7148$。改变指标 SD 的归一化方式后,权重变为了相反数,目标函数值等都保持不变。再次证实上述最优化过程求得的确实是 IPP 模型❸的真正全局最优解。SD 的最佳权重应该大于 0,但建模结果却是小于 0,SD 的指标性质与先验知识不一致,是欠合理的。

既然确定分界样本值、IPP 模型❸和最优化过程都是正确、可靠的。因为归一化方式对建模结果会产生重大影响,显著改变建模结果。因此,出现上述反常建模结果,必定是采用了不合理的归一化方法所致。

上述所有指标数据直接采用极大值归一化(图 5-2 中的 SD)和对指标 SD 先采用正向化再归一化(图 5-2 中的 SD2),结果如图 5-2 所示。

可见,无论指标 SD 采用哪一种归一化方式,样本数据的分布规律与其他 3 个指标的数据分布规律完全不同。在等级 1~3 范围内,TP、COD、TN 的归一化值很小,等级 1-2 的分界值归一化值分别为 0.006、0.0133、0.0130,等级 2-3 的分界值归一化值分别为 0.0348、0.0664、0.0674,而 SD 的分界值归一化值(未正向化)分别为 0.1622、0.0322,正向归一化值分别为 0.8378 和 0.9676。因此,在等级 1、2,甚至在等级 3 的范围内,指标 SD 对湖泊富营养化的作用显著大于其他 3 个指标,甚至大于 3 个指标的作用之和;而在等级 4 和 5 范围内,SD 的作用可以忽略不计。这与湖泊富营养化的有关先验知识不

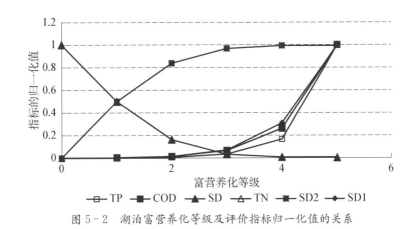

图 5-2 湖泊富营养化等级及评价指标归一化值的关系

相符。

建立 IPP 模型❸,因为是无教师值建模,建模目标是使样本投影点局部尽可能密集和整体尽可能分散。针对分界值样本,如果指标 SD 的最佳权重小一点,就可能使最小值样本、等级 1-2 分界值样本、等级 2-3 分界值样本尽可能密集,使多个分界值样本的投影值几乎相等。针对随机生成的样本,使等级 1~3 范围内的样本投影点尽可能密集,使得这些样本的投影值几乎相等或者差异很小。这就是出现上述不合理反常现象的原因。

根据前述归一化方法理论,对明确(有先验知识)的逆向指标 SD,应该采用越小越好方式归一化。除采用上述线性归一化方式 $(1-x_{ij}/x_{\max j})$(简称归一化方式 ⊖)外,还可以采用非线性归一化方式 $x_{\min j}/x_{ij}$(其中 $x_{\min j}$ 是指标 j 的最小值,简称归一化方式 ⊖)。采用归一化方式 ⊖,得到指标 SD 的最佳权重性质是不合理的。

考虑到评价指标 SD 的值与富营养化等级值之间是明显的非线性关系,不同等级的分界值比较接近等比例关系。为此,采用方式⊖进行非线性归一化往往能得到更合理的结果。可见指标 SD 正向非线性归一化数据的分布规律(图 5-2 中的"SD1")与其他 3 个指标基本一致。

针对表 5-9 的 3 种样本,对 SD 采用方式⊖归一化,再次建立 IPP 模型❸和❶。采用 PPA 群智能最优化算法,求得全局最优解,得到的最佳权重、目标函数值、分界值样本投影值、5 个湖泊的投影值及其判定的富营养化等级,见表 5-10。评价指标 SD 的最佳权重变为了大于 0,所有指标的性质都是正确的。

针对分界值样本,IPP 模型❶和❸的所有指标的最佳权重比较均衡,而且两种模型的最佳权重性质、大小也基本一致,也就是说,两种模型都是正确、合理的。针对每个等级区间内随机生成 200 个的样本,两种模型的最佳权重也基本一致。

针对每个等级内只随机生成 5 个样本,不仅两种模型(尤其是取 $R=r_{\max}/5$)有明显差异,与根据分界值样本、随机生成 200 个样本建立的模型都存在明显差异。这是因为每个等级范围内只随机生成 5 个样本,5 个样本的值是随机生成的,数值不稳定,如更换其他 5 个样本,将得到不同的建模结果。也说明只随机生成 5 个样本,样本数量实在太少了,不能得到稳健的建模结果。

表 5-10　不同 IPP 模型分界值样本、5 个湖泊样本的投影值及其判定结果

样本	分界值样本			随机生成 200 个样本			随机生成 5 个样本		
	❶	$0.1S_z$	$r_{max}/5$	❶	$0.1S_z$	$r_{max}/5$	❶	$0.1S_z$	$r_{max}/5$
$a(1)$	0.471 8	0.514 0	0.522 1	0.472 3	0.524 7	0.528 7	0.369 3	0.399 7	0.557 6
$a(2)$	0.504 5	0.494 1	0.495 6	0.550 5	0.528 3	0.482 5	0.599 5	0.551 9	0.293 4
$a(3)$	0.518 4	0.497 3	0.487 0	0.442 0	0.440 1	0.479 9	0.474 9	0.538 4	0.504 6
$a(4)$	0.504 0	0.494 3	0.494 7	0.527 7	0.501 8	0.507 3	0.527 9	0.495 8	0.590 3
$b(1)^*$	1.044 6	0.078 7	0.399 7	0.681 8	0.045 2	0.363 6	0.722 2	0.045 0	0.330 1
$b(2)$	−17.038	1.998 6	1.998 2	−9.303	1.812 4	1.818	−8.902 6	1.544 5	1.650 6
$Q(a)$	0.574 3	0.673 0	5.109 9	0.367 4	3 784.2	74 256	0.370 2	2.465 5	40.321
$Q(b)$	1.562 1	/	/	228.23	/	/	4.711 7	/	/
最小值*	1.321 0	0.001 1	0.001 1	1.689 9	0.001 0	0.001 1	1.645 2	0.001 2	0.001 2
1-2	1.418 7	0.006 9	0.006 8	1.751 3	0.006 8	0.006 8	1.704 1	0.007 1	0.006 7
2-3	1.721 1	0.023 2	0.023 1	1.929 2	0.023 0	0.023 0	1.875 7	0.023 8	0.022 1
3-4	3.666 0	0.119 3	0.118 9	3.033 7	0.118 4	0.118 7	2.948 9	0.122 1	0.114 4
4-5	4.997 3	0.497 8	0.496 4	4.905 0	0.492 8	0.495 2	4.885 9	0.507 0	0.479 7
<5	5.000 0	1.999 7	1.999 3	5.000 0	1.995 0	1.998 4	5.000 0	1.985 8	1.945 8
杭州西湖	5.000/5	0.827/5	0.825/5	4.996/5	0.819/5	0.825/5	4.995/5	0.847/5	0.821/5
武汉东湖	5.000/5	0.703/5	0.701/5	4.987/5	0.697/5	0.699/5	4.984/5	0.726/5	0.676/5
青海湖	2.978/3	0.084/3	0.083/3	2.632/3	0.084/3	0.083/3	2.547/3	0.085/3	0.079/3
巢湖	**5.000/5**	**0.655/5**	**0.649/5**	**4.975/5**	**0.627/5**	**0.646/5**	**4.974/5**	**0.692/5**	**0.651/5**
滇池	4.986/4	0.394/4	0.391/4	4.765/4	0.388/4	0.385/4	4.773/4	0.426/4	0.328/4

对比表 5-9 和表 5-10 结果又发现了一个特殊结果。表 5-9 和其他文献都判定巢湖处于富营养化(4)等级,而根据采用方式㈠归一化的数据建立的 IPP 模型,都判定巢湖为极富营养化(5)等级。因为其他文献以及表 5-9 的结果都对 SD 采用了线性归一化。显然对指标 SD 分别采用线性归一化和非线性归一化,导致了巢湖富营养化等级判定结果的不一致。

分析巢湖的 4 个评价指标值大小可知,分别属于 4 级(接近 4 级下限)、4 级(非常接近4-5 级的分界值)、5 级(SD 接近 5 级上限)和 5 级(接近 4-5 级的分界值)。当所有指标都按照越大越好 (x_{ij}/x_{maxj}) 或者 $\left(\dfrac{x_{maxj} - x_{ij}}{x_{maxj} - x_{minj}} \right)$ 线性归一化时,巢湖 SD 指标的归一化值仅为 0.003 38,4-5 级分界值的归一化值为 0.007 43。在 IPP 模型 ❶ 中,SD 的最佳权重为 −0.60 左右,指标值与最佳权重乘积的得分仅为 0.002 0 左右。相对于 COD、TN 的 0.12、0.17 等,

甚至于 TP 的 0.019，SD 的作用都被大大的弱化了。虽然 SD 的指标值是 5 级的上限，但最终判定的富营养化水平几乎与 SD 指标值的大小无关。如果建立 IPP 模型❸，最佳权重更是小至 0.02 左右，指标 SD 的作用可以忽略不计。因此，巢湖的最后综合评价结果主要取决于其他 3 个指标的值，所以是富营养化等级（4 级）了。也就是说，采用越大越好的线性归一化方式，对接近最大值的指标值比较有利，作用得到强化，较小值的作用大大弱化；相反，采用越小越好 x_{minj}/x_{ij} 的非线性归一化方式，对接近最小值的指标值比较有利（归一化后数值较大），作用得到强化，否则，作用大大弱化。对巢湖而言，评价指标 SD 的非线性归一化值达到了 0.68。所有 IPP 模型中指标 SD 的最佳权重（表 5-1 中"$a(3)$"）在 0.50 左右，所以指标归一化值与最佳权重的乘积达到了 0.30 以上，其作用大大强于 COD、TN 和 TP3 个指标，实际上，基本相当于 3 个指标的作用（得分）之和。此时，巢湖的富营养化综合评价结果与指标 SD 的值密切相关。由于巢湖 SD 的指标值属于 5 级，而且接近 5 级上限，最后的评价结果必然是巢湖的富营养化水平达到了极富营养化等级（5 级），充分体现了评价指标 SD 的作用。

　　由图 5-2 可知，指标 SD 采用非线性归一化方式㊀处理后的数值分布（SD1）与其他 3 个指标的数值分布规律基本一致，使不同指标的作用一致化和趋同化，符合前述有关选择归一化方法的总原则，是合理和有效的。相反，采用线性归一化方式㊀，虽然也正向化了，但数据分布规律（SD2）与其他 3 个指标完全不同，是欠合理的。在环境评价领域，对 DO、SD 这类越小越好的指标采用非线性规范变换 $(x_{j0}/x_j)^a$（其中 x_{j0} 为某个常数），与 (x_{minj}/x_j) 非线性归一化方式（归一化方式㊀）的作用机理是一致的。

　　针对每个等级区间内随机生成不同数量的样本、分界值样本，对指标 SD 采用非线性归一化，重新建立 IPP 模型❶和❸。结果表明，每个等级区间内随机生成样本数量少于 25 个时，建模结果不稳健，达到 100 个以上时建模结果很稳健。为了避免重复，不再列出详细数据，随机生成 200 个样本和分界值样本的建模结果见表 5-10。

　　在每个等级区间内随机生成 200 个的样本，对指标 SD 采用 (x_{minj}/x_j) 归一化，建立 IPP 模型❶的目标函数值（0.367 4）小于采用线性归一化时的目标函数值（0.419 0），而 Logistic 模型的目标函数值（228.2）又大于采用线性归一化时的目标函数值，似乎与非线性归一化是合理和有效的是相矛盾的。

　　如图 5-3 所示是样本期望值 $y(i)$ 与建立 IPP 模型❶的样本投影值 $z(i)$ 之间的非线性关系。可以看出，$y(i)$ 与 $z(i)$ 之间并不是典型的 Logistic 函数关系，采用 Logistic 函数拟合，误差当然会比较大。

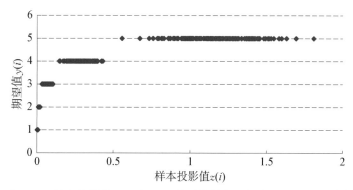

图 5-3　样本期望值 $y(i)$ 与 IPP 模型❶样本投影值 $z(i)$ 之间的关系

建立 IPP 模型❸,与对指标 SD 采用线性归一化时的目标函数值相比,采用非线性归一化时的目标函数值明显更大,说明这样建立的 IPP 模型❸更合理和可靠。

5.3 确定样本期望值 $y(i)$ 与投影值 $z(i)$ 之间的函数关系

针对具有单指标评价区间标准的问题,无论是根据分界值样本建立 IPP 模型,还是根据在每个等级区间内随机生成的足够多样本,每个样本的期望值 $y(i)$ 是已知的,建立 IPP 模型,就可以计算得到相应的投影值 $z(i)$。因此,将待评价样本的归一化数据代入模型就可以得到相应的投影值 $z(i)$。如果能够建立样本期望值 $y(i)$ 与 IPP 模型投影(预测)值 $z(i)$ 之间科学、合理、有效的函数关系,根据求得的待评价样本的预测值,就能反求得到相应的期望值,再根据分界值样本的期望值,就可以很便捷地判定待评价样本的实际等级。

1. $y(i)$ 与 $z(i)$ 之间呈 Logistic 曲线关系

一般情况下,$y(i)$ 与 $z(i)$ 是不相等的。建立 IPP 模型❶以及公式(5-3),实际上已经明确规定 $y(i)$ 与 $z(i)$ 之间是 Logistic 函数(曲线)关系。而且,在建模过程中同时求得 Logistic 模型的参数,这实际上是一个有教师值的建模过程。在建模过程中,Logistic 模型的预测值必须尽可能接近期望值(教师值),或者说误差应尽可能小,或者是误差平方和尽可能小。

对于上述湖泊富营养化评价问题,指标 SD 采用越小越好非线性方式⊖归一化,其他 3 个指标采用越大越好方式归一化。针对每个等级区间内随机生成的 200 个样本,建立 IPP 模型❶,样本期望值 $y(i)$ 与 IPP 模型样本投影值 $z(i)$ 之间的 Logistic 函数关系如图 5-4 所示。得到的最佳权重为 0.472 3、0.550 5、0.442 0、0.527 7,Logistic 模型参数 $b(1) = 0.681 6$,$b(2) = -9.303 0$,$Q(a) = 0.367 4$,相关系数 $|R_{yz}| = 0.811 5$,$Q(b) = 228.227$。

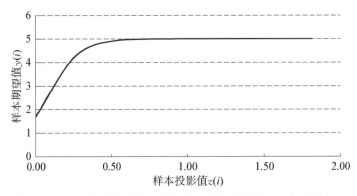

图 5-4 样本期望值 $y(i)$ 与投影值 $z(i)$ 之间的 Logistic 函数关系

计算可得,富营养化等级 1~5 级的 IPP 模型❶的投影值 $z(i)$ 的范围分别为(0,0.006 9]、(0.006 9,0.023 3]、(0.023 3,0.119 9]、(0.119 9,0.497 2]、(0.497 2,1.992 6],对应的 Logistic 模型的预测值 $y(i)$ 的范围分别为(0,1.751 3]、(1.752 3,1.929 2]、(1.929 2,3.033 7]、(3.033 7,4.905 0]、(4.905 0,5.000 0]。求得 5 大湖泊的 $z(i)$ 值分别为 0.833 6、0.709 8、0.084 7、0.640 8 和 0.396 8,相应的 $y(i)$ 值分别为 4.995 8、4.986 6、

2.632 5、4.974 7 和 4.765 0,见表 5 - 10。因此,可以很方便地判定 5 个湖泊的富营养化等级分别为 5、5、3、5、4 级,巢湖处于 5 级的富营养化等级。

2. 样本期望值 $y(i)$ 与 IPP 模型❶的样本投影值 $z(i)$ 之间的函数关系

一般有 3 种方法建立样本期望值 $y(i)$ 与样本投影值 $z(i)$ 之间的函数关系,第一种是建立 Logistic 模型。如对于湖泊富营养化综合评价的 6 个分界值样本,建立的 Logistic 模型为 $y(i)=\dfrac{1}{1+e^{-0.506\,4-4.807\,1z(i)}}$,湖泊 5 个富营养化等级(从极贫营养化到极富营养化)的期望值 $y(i)$ 的范围分别为 $(0,\ 1.446\,1]$、$(1.446\,1,\ 2.645\,9]$、$(2.645\,9,\ 3.443\,0]$、$(3.443\,0,\ 4.421\,6]$、$(4.421\,6,\ 5.000\,0]$。根据求得的实际湖泊的 $y(i)$ 值,很方便判定其富营养化等级。

第二种是采用多项式函数关系表示期望值 $y(i)$ 与样本投影值 $z(i)$ 之间的函数关系。有文献对 4 个分界值样本的 $y(i)$ 与 $z(i)$,建立 3 次多项式,相关系数等于 1(这是必然的,因为只有 4 个样本点,用 3 次多项式拟合,误差必定等于 0,相关系数必定等于 1)。实际上,$y(i)$ 与 $z(i)$ 之间不可能是 3 次多项式关系,因为 $y(i)$ 有上界,而 3 次多项式无上界。也就是说,从原理上,用 3 次多项式表示 $y(i)$ 与 $z(i)$ 之间的函数关系欠合理。

第三种是采用其他非线性函数表示 $y(i)$ 与 $z(i)$ 之间的函数关系,如采用对数函数等。

虽然可采用上述 3 种模型(方法)建立 $y(i)$ 与 $z(i)$ 之间的函数关系,但哪一种模型更合适和有效,除 3 次多项式外,因问题而异,不能一概而论。如可采用由两段函数拼接而成的 S 形函数、Logistic 倒 S 形曲线,等等。

无论是否建立了 $y(i)$ 与 $z(i)$ 之间的函数关系,最后还是要根据分界值样本的期望值及其区间来判定待评价样本的实际等级(水平)。因此,其实没有必要建立 $y(i)$ 与 $z(i)$ 的函数关系,直接根据分界值样本的投影值区间,就可以很便捷地判定待评价指标的实际等级。

3. 小结和特别提示

(1) 对于具有单指标评价区间标准的问题,既可以根据分界值样本,也可以在每个等级区间内随机生成足够多(每个等级 100~200 个)的样本,建立 IPP 模型❶和❸,但两类模型的结果存在一定的差异。根据分界值样本建立的 IPP 模型,各个评价指标的权重之间差异相对较大。根据随机生成样本建立的 IPP 模型,各个评价指标的权重差异相对较小,权重的重要性比较均衡。

(2) 根据分界值样本或者每个等级区间内随机生成的样本,既可以建立 IPP 模型❶,也可以建立 IPP 模型❸。一般讲,建立 IPP 模型❶属于有教师值模型,建立 IPP 模型❸属于无教师值模型。因此,理论上讲,建立 IPP 模型❶的模型结果更接近评价标准,但 IPP 模型❸可以更好地揭示指标重要性之间的差异。

(3) 对越小越好的指标,采用不同的归一化方式,可能得到完全不同的结果,有时候差异很大,甚至难以合理解释结果。理论上,越小越好指标归一化处理后的值,应尽可能与其他指标遵循基本相似的分布规律。实践中,不能机械地套用或者一定要采用哪一种归一化方式,而应根据指标数据的实际变化特性,选取相对更科学合理的归一化方式。

如果正向指标分界值样本数据基本服从幂指数函数,或者相邻等级之间的指标值是近似等比关系,应对逆向指标数据先取倒数正向化,保持近似等比关系,再进行归一化。如指标 TP,5 级与 4 级之比、4 级与 3 级之比、3 级与 2 级之比、2 级与 1 级之比分别为 6、4.8、

5.8 和 4,是近似的等比关系,可直接归一化。逆向指标 SD 的数据基本服从负幂指数函数,或者相邻等级之间的指标数据是近似等比关系,如 1 级与 2 级之比、2 级与 3 级之比、3 级与 4 级之比,4 级与 5 级之比分别为 3、5.4、4 和 3.2,是近似等比关系,应先对指标数据取倒数正向化,再归一化。如果在相邻等级之间的指标数据基本是等差关系,就不应该(能)先取倒数正向化再归一化,而是直接采用 $(1-x_{ij}/x_{\max j})$(线性归一化方式 ⊖)归一化,以保持归一化数据的等差关系。

(4) 在每个等级区间内随机生成的样本和分界值样本的期望值都是已知的,无论是否建立样本期望值 $y(i)$ 与 IPP 模型投影值 $z(i)$ 之间的分段线性函数、Logistic 函数、对数函数等非线性关系,最后都要根据分界值样本的预测值来判定待评价样本的实际等级。因此,建立 $y(i)$ 与 $z(i)$ 之间的函数关系,实际意义不大。如果假定的函数关系不合理,反而适得其反,得到不合理的结果。实践中,直接根据分界值样本的投影值(区间)来判定待评价样本的实际等级是最合理、便捷和有效的。

(5) 建立 IPP 模型❸,逆向指标(指标 SD 明显是逆向指标)的权重不一定就小于 0;对其采用越小越好线性归一化,权重也不一定大于 0。因此,不能简单地以最佳权重大于 0 就判定其为正向指标,这一点在对建模结果开展分析时尤其要引起注意和重视。建立 PP 模型,不能"一建了之",好像只要建立了 PP 模型(求得了真正的全局最优解),就一定得到了可靠、合理和有效的结果。必须对样本投影值的合理性(尤其是分界值样本投影值的大小关系)、权重的合理性及其指标性质、分类结果的合理性等进行分析。如果发现不(欠)合理的结果,首先要审视正向化、归一化方法是否合理,再根据样本投影值的分布规律分析 $y(i)$ 与 $z(i)$ 的非线性函数关系是否合理等,并及时改进,重新建模,直至得到合理的结果,建立可靠、合理、有效的模型。

5.4 建立 IPP 模型❹与❶的实证研究

1. 实证研究案例一

具体案例的洪灾等级评价指标、随机生成的样本、实际洪灾损失数据和风险等级数据等见表 5-11。

设定一般灾、较大灾、大灾、特大灾的灾情等级分别为 1、2、3、4。假设一般灾的左端点值为右端点值的 0.5 倍,特大灾的右端点值为左端点值的 3 倍。在每个灾情等级区间内随机生成 5 个样本。考虑到直接经济损失与成灾面积正相关,根据相同的随机数生成所有样本的直接经济损失与成灾面积。3 个分界值样本的期望值为 1.5、2.5 和 3.5。合计 23 个样本。

首先对样本数据采用去均值归一化,建立 IPP 模型❶。采用 PPA 群智能最优化算法,求得公式(5-3)的全局最优解,得到 IPP 模型❶的最佳权重、目标函数值等模型参数,见表 5-12,样本投影值 $z(i)$ 见表 5-11。图 5-5 所示是 $y(i)$ 与 $z(i)$ 的散点图,可初步判定 $y(i)$ 与 $z(i)$ 是近似 Logistic 函数关系。采用 PPA 群智能最优化算法,求得全局最优解,得到 Logistic 函数的系数 b、公式(5-3)的目标函数值等参数见表 5-12,并求得 23 个样本和 1950~1984 年洪灾等级的预测值 $\hat{y}(i)$,见表 5-11。

表 5‑11　洪灾等级标准、随机生成样本数据、洪灾损失数据和风险等级值

样本/年度	x_1	x_2	风险等级期望值 $y(i)$	投影值 $z(i)$	预测值 $\hat{y}(i)$	投影值 $z_4(i)$	预测值 $R(i)$
Ⅰ	<46.7	<9.5	一般灾	/	/	/	/
Ⅱ	46.7~136.7	9.5~31.0	较大灾	/	/	/	/
Ⅲ	136.7~283.3	31.0~85.0	大灾	/	/ ・	/	/
Ⅳ	>283.3	>85.0	特大灾	/	/	/	/
1	38.7	7.9	1	−1.1787	1.3755	0.0216	1.3563
2	38.5	7.8	1	−1.1804	1.3730	0.0213	1.3546
3	32.1	6.5	1	−1.2149	1.3233	0.0118	1.2990
4	24.2	4.9	1	−1.2573	1.2633	0.0000	1.2320
5	36.4	7.4	1	−1.1914	1.3570	0.0182	1.3362
6	46.7	9.5	1.5	−1.1359	1.4385	0.0336	1.4275
7	97.6	21.7	2	−0.8426	1.8969	0.1094	1.9229
8	60.4	12.8	2	−1.0568	1.5582	0.0540	1.5536
9	112.6	25.2	2	−0.7571	2.0348	0.1318	2.0812
10	56.2	11.8	2	−1.0809	1.5213	0.0477	1.5143
11	80.6	17.6	2	−0.9408	1.7396	0.0841	1.7492
12	136.7	31	2.5	−0.6180	2.2581	0.1678	2.3247
13	259.1	76.1	3	0.2522	3.3636	0.3503	3.3064
14	200.1	54.4	3	−0.1668	2.9149	0.2623	2.8863
15	280.1	83.8	3	0.4011	3.4820	0.3816	3.4320
16	236.1	67.6	3	0.0884	3.2090	0.3160	3.1544
17	157.3	38.6	3	−0.4714	2.4863	0.1985	2.5197
18	283.3	85	3.5	0.4241	3.4985	0.3864	3.4500
19	556.9	167.1	4	2.1736	3.9663	0.7944	4
20	649.5	194.9	4	2.7659	3.9870	0.9324	4
21	602.3	180.7	4	2.4637	3.9788	0.8621	4
22	446.5	134	4	1.4680	3.8965	0.6297	3.9840
23	694.9	208.5	4	3.0560	3.9918	1.0001	4

样本/年度	x_1	x_2	风险等级期望值 $y(i)$	投影值 $z(i)$	预测值 $\hat{y}(i)$	投影值 $z_4(i)$	预测值 $R(i)$
1950	72.92	9.9	2	-1.0463	1.5744	0.06974	1.6544
1954	148.13	20.656	2	-0.6888	2.1449	0.17739	2.3871/3
1956	203.92	27.521	3	-0.4353	2.5408	0.25724	2.8592
1957	179.1	24.858	3	-0.5440	2.3746	0.22172	2.6592
1963	375.46	94.927	4	0.8281	3.7222	0.50279	3.7999
1964	301.24	47.836	3	0.0942	3.2148	0.39655	3.4875/4
1975	141.97	116.439	3	0.2921	3.3973	0.16859	2.3301
1982	279.84	121.127	4	0.7903	3.7060	0.36593	3.3707/3
1984	172.06	51.619	3	-0.2873	2.7544	0.21165	2.5996

注:指标 x_1、x_2 分别表示成灾面积和直接经济损失。风险等级等于 1.5、2.5、3.5 是分界值样本。1950～1984 表示该年度的洪灾损失数据及其判定的洪灾等级。/后的数字是应用 IPP 模型❹-S 形函数判定的结果,其中 1954 年、1964 和 1982 年的判定结果与 IPP 模型❶-Logistic 函数的判定结果不一致。

表 5-12　建立 IPP 模型❸的最佳权重、Logistic 函数、S 形函数的系数等建模结果

参数值	IPP 模型❹-S 形函数		IPP 模型❶-Logistic 函数		IPP 模型❶-S 函数	
	极差法	去均值法&	极差法	去均值法	极差法	去均值法
$a(1)$	1.0000	1.0000	0.7024	0.7095	0.7024	0.7095
$a(2)$	0	0	0.7118	0.7047	0.7118	0.7047
$b(1)^*$	-0.4390	-1.3523	0.7719	-1.2576	-0.6397	-1.9498
$b(2)$	0.6797	2.0937	-4.9256	-1.6151	0.9571	2.9192
$\lvert R_{yz} \rvert$	0.8988	0.8988	0.8959	0.8959	0.8959	0.8959
$Q(a)$	0.8240	0.8240	0.4154	1.2668	0.4154	1.2668
$Q(b)$	1.6062	1.6061	1.8459	1.8395	1.8633	1.8577
MAE	0.3744	0.3744	0.3443	0.3427	0.3345	0.3329
MAPE	0.1322	0.1323	0.1200	0.1195	0.1173	0.1168
MSE	0.2617	0.2640	0.1752	0.1687	0.1370	0.1343

注:& 表示采用去均值归一化并平移至最小值为 0 时求得全局最优解的结果;* IPP 模型❹-S 形函数组合模型,$b(1)$、$b(2)$ 表示 $c(1)$、$c(2)$,下同。

对表 5-11 中的 23 个数据建立 IPP 模型❹。因为 IPP 模型❹要求样本投影值 $z(i)$ 必须大于 0。所以,对样本数据采用越大越好的极差归一化,并用如下 S 形函数拟合 $y(i)$ 和样

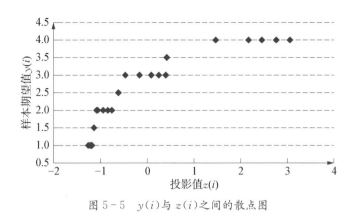

图 5-5　$y(i)$ 与 $z(i)$ 之间的散点图

本投影值 $z(i)$ 之间非线性关系,代替原来的 Logistic 函数,即

$$
R(i) = \begin{cases}
0, & z(i) < c(1) \\
2M\left[\dfrac{z(i) - c(1)}{c(2) - c(1)}\right]^2, & c(1) \leqslant z(i) \leqslant \dfrac{c(1) + c(2)}{2} \\
M\left[1 - 2\left(\dfrac{z(i) - c(2)}{c(2) - c(1)}\right)^2\right], & \dfrac{c(1) + c(2)}{2} \leqslant z(i) \leqslant c(2) \\
M, & z(i) > c(2)
\end{cases}
\tag{5-4}
$$

其中,M 为 S 形函数的最大值,相当于 Logistic 函数的最大值 L;$c(1)$、$c(2)$ 为 S 形函数的参数。

> **特别提示**　不要把 $M\left[1 - 2\left(\dfrac{z(i) - c(2)}{c(2) - c(1)}\right)^2\right]$ 写成 $M\left[1 - 2\left(\dfrac{z(i) - c(2)}{c(2) - c(1)}\right)\right]^2$。

根据使拟合误差平方和最小的最小二乘法,求解公式(5-5)的最优解,可以求得有关 S 形函数的参数、样本预测值 $R(i)$ 等,即

$$
Q(c) = \min \sum_{i=1}^{n} \left[y(i) - R(i)\right]^2。
\tag{5-5}
$$

采用 PPA 群智能最优化算法求得 IPP 模型❹的全局最优解,得到最佳权重、模型目标函数值等,见表 5-12。再求得公式(5-5)的全局最优解,得到 S 形函数的系数、目标函数值等,见表 5-12。并求得样本投影值 $z_4(i)$、风险等级预测值 $R(i)$ 等,见表 5-11。

可见,建立 IPP 模型❹,指标 1 的权重等于 1(原文献等于 0.96),指标 2 的权重等于 0(原文献等于 0.27)。显然,直接经济损失变成了无效用指标,洪灾风险完全取决于成灾面积,结果欠合理。

作为对比,对样本数据采用极差归一化,建立了 IPP 模型❶- Logistic 函数,最佳权重、Logistic 函数系数、目标函数值等最优化建模结果,见表 5-12。可见,指标 1、2 的最佳权重分别等于 0.702 4、0.711 8,与去均值归一化的最佳权重很接近。

采用去均值归一化并线性平移,使归一化值大于 0,建立 IPP 模型❹- S 形函数,最佳权重、S 形函数系数、目标函数值等最优化建模结果,见表 5-12。可见,指标 1、2 的最佳权重

分别等于 1、0，与采用极差归一化结果相同。

由此可见：

（1）建立 IPP 模型❹-S 形函数组合模型，指标 1、2 的最佳权重分别为 1、0，是欠合理的。而且，*MAE*、*MAPE*、*MSE* 均大于 IPP 模型❶-Logistic 函数组合模型，也说明后者的组合模型更合理。

（2）IPP 模型❶-Logistic 函数组合模型与 IPP 模型❹-S 形函数组合模型之间存在较大差异，如前者指标 2 的最佳权重在 0.70 左右，而后者指标 2 的权重等于 0，变成了无效用指标。所以，与 IPP 模型❶相比，IPP 模型❹欠合理。

（3）采用 IPP 模型❹-S 形函数组合模型与 IPP 模型❶-Logistic 函数组合模型对 1954、1964、1982 年的洪灾等级判定结果不一致。

（4）采用极差法和去均值归一化法，建模样本的模型性能基本相当。

（5）对于本例，因为两个指标根据相同的随机数生成样本，所以权重也必定基本相等。

2. 实证研究案例二

具体数据见表 4-29。对样本数据分别采用越大越好的极差归一化和去均值归一化，分别建立 IPP 模型❶-Logistic 函数组合模型和 IPP 模型❹-S 形函数组合模型。采用 PPA 群智能最优化算法求得全局最优解，最佳权重、函数系数以及目标函数值等，见表 5-13。

表 5-13　建立 IPP 模型❶-Logistic、IPP 模型❹-S 形函数组合模型的建模结果

参数值	❹-S 形函数组合模型		❶-Logistic 函数组合模型		❶-S 函数组合模型	
	极差法②##	去均值法&	极差法	去均值法	极差法	去均值法
$a(1)$	0.6647	0.5196	0.3093	0.4069	0.3093	0.4069
$a(2)$	0.0001	0.0083	0.2902	0.3846	0.2902	0.3846
$a(3)$	0.5170	0.5619	0.5056	0.4239	0.5056	0.4239
$a(4)$	0.0081	0.0072	0.5912	0.5832	0.5912	0.5832
$a(5)$	0.5394	0.6435	0.4636	0.4083	0.4636	0.4083
$b(1)^*$	−0.2749	−0.9883	2.8763	0.2165	−0.2841	−3.7979
$b(2)$	1.7281	6.1116	−3.3471	−0.9529	2.0033	4.2589
$|R_{yz}|$	0.8912	0.8923	0.9653	0.9389	0.9653	0.9389
$Q(a)$	0.9639	0.9637	0.3949	1.4094	0.3949	1.4094
$Q(b)$	0.5322	0.5270	0.1762	0.2632	0.1693	0.2545

（1）根据拟合误差平方和 $Q(b)$ 和相关系数 $|R_{yz}|$ 的大小，可以判定 IPP 模型❶-Logistic 函数组合模型的性能明显优于 IPP 模型❹-S 形函数组合模型。

（2）IPP 模型❶-Logistic 函数、❹-S 形函数组合模型存在明显差异。第一个模型中，指标 2 的最佳权重为 0.20 以上，指标 4 的最佳权重达到 0.58 以上。而在第二个模型中，指标 2、4 的权重几乎等于 0，等等。

（3）对样本数据采用极差归一化，IPP 模型❶-Logistic 函数、❹-S 形函数组合模型的预

测值、实际观察值,如图 5-6 所示。虽然两种模型存在较大差异,但预测结果相差不是很大,具有一定的一致性。

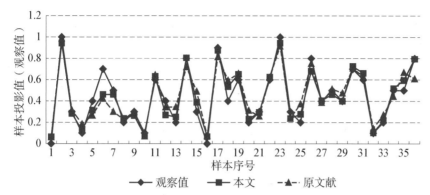

图 5-6　IPP 模型❶-Logistic 函数、❹-S 形函数组合模型的预测值、实际观察值对比

为了进一步比较两种模型的性能,针对前 18 个样本分别建立 IPP 模型❹-S 形函数组合模型、IPP 模型❶-Logistic 函数组合模型的最优化结果、最佳权重等模型参数,以及后 18 个样本的 *MAE*、*MAPE* 和 *MSE* 等,见表 5-14。

表 5-14　建立 IPP 模型❶-Logistic、❹-S 组合模型的最优化结果对比

参数值	❹-S 组合模型			❶-Logistic 组合模型		❶-S 组合模型	
	极差法①#	极差法②	去均值法&	极差法	去均值法	极差法	去均值法
$a(1)$	0.69	0.071 3	0.047 1	0.480 2	0.566 6	0.480 2	0.566 6
$a(2)$	0.08	0.000 0	0.000 0	0.445 0	0.528 9	0.445 0	0.529 0
$a(3)$	0.47	0.573 8	0.595 6	0.383 3	0.288 3	0.383 3	0.288 2
$a(4)$	0.1	0.193 7	0.171 1	0.567 7	0.502 3	0.567 7	0.502 3
$a(5)$	0.53	0.792 6	0.783 5	0.319 7	0.252 5	0.319 6	0.252 5
$b(1)^*$	−0.301 2	−0.263 5	−0.818 6	2.534 3	2.177 6	−0.404 1	−2.176 5
$b(2)$	1.764 7	1.726 6	5.363 3	−3.122 3	−0.733 3	2.028 3	8.121 1
$|R_{yz}|$	0.906 9	0.848 0	0.848 1	0.960 1	0.932 3	0.960 1	0.932 3
$Q(a)$	0.929 2	0.938 3	0.938 3	0.458 2	1.823 0	0.458 2	1.823 0
$Q(b)$	0.268 0	0.430 5	0.430 4	0.131 9	0.198 4	0.124 1	0.192 7
MAE	0.070 7	0.150 5	0.150 1	0.060 7	0.135 2	0.059 8	0.135 3
MAPE	0.214 6	0.397 4	0.391 8	0.128 3	0.270 7	0.125 8	0.270 1
MSE	0.008 0	0.030 3	0.031 2	0.007 7	0.031 9	0.007 5	0.032 1

(1) IPP 模型❶-Logistic 组合模型的性能优于❹-S 组合模型的值。

(2) IPP 模型❶-Logistic 组合模型与 IPP 模型❹-S 组合模型的结果之间存在明显差

异。如对指标数据采用去均值归一化,第一个模型指标 1、2、3、5 的最佳权重分别为 0.57、0.53、0.29、0.25,而在第二个模型中,分别为 0.05、0、0.17、0.78,即指标 1、2 的作用显著降低,指标 3、5 的作用显著增强。

（3）对样本数据采用极差归一化和去均值归一化,建立 IPP 模型❶- Logistic 组合模型,预测样本数据的模型性能有一定差异,极差法性能更优。

3. 实证研究案例三

对 Iris 数据（样本数据②）,采用越大越好极差归一化和去均值归一化,建立 IPP 模型❶- Logistic 组合模型与 IPP 模型❹- S 组合模型。采用 PPA 群智能最优化算法求得全局最优解,得到最佳权重、目标函数值、模型参数以及样本分类识别正确率等,见表 5 - 15。

表 5 - 15　针对 Iris 数据建立 IPP 模型❹- S 形函数和❶- Logistic 组合模型的建模结果

参数	IPP 模型❹- S 形函数		IPP 模型❶- Logistic 函数		IPP 模型❶- S 形函数	
	极差法	去均值法	极差法	去均值法	极差法	去均值法
$a(1)$	0.000 0	0.000 0	0.391 7	0.484 9	0.391 7	0.484 9
$a(2)$	0.886 7	0.757 1	$-0.165 0$	$-0.259 9$	$-0.164 8$	$-0.259 9$
$a(3)$	0.462 3	0.653 3	0.617 6	0.588 1	0.617 6	0.588 1
$a(4)$	0.000 0	0.000 0	0.661 8	0.592 8	0.661 8	0.592 8
$b(1)^*$	$-0.881 5$	$-3.311 2$	0.933 5	$-0.843 3$	$-1.090 5$	$-4.320 5$
$b(2)$	1.616 6	7.000 0	$-2.595 7$	$-0.723 8$	1.810 6	6.080 9
$\lvert R_{yz} \rvert$	0.395 8	0.395 8	0.954 2	0.946 8	0.954 2	0.946 8
$Q(a)$	0.992 7	0.992 7	0.459 6	1.613 6	0.459 6	1.613 6
$Q(b)$	85.142	85.402	11.711	12.899	10.848	12.116
正确率(%)	50	50	96.0	93.3	96.0	93.3

注:正确率表示 3 类样本类别被正确识别的百分比。

采用极差归一化,建立 IPP 模型❹- S 形函数组合模型和 IPP 模型❶- Logistic 函数组合模型,求得的样本预测值,如图 5 - 7 和图 5 - 8 所示。

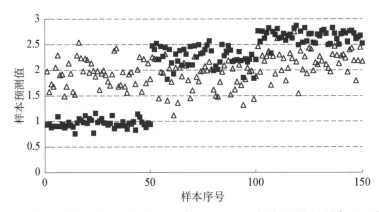

图 5 - 7　IPP 模型❹- S 组合模型（△）、❶- Logistic 组合模型（■）的样本预测值对比

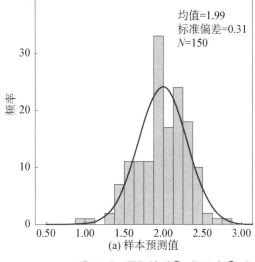

图 5-8 IPP 模型❹-S(a)和❶-Logistic组合模型(b)的样本预测值分布

1-50、51-100、101-150 分别表示 3 类不同样本。IPP 模型❹-S形函数组合模型的样本识别正确率只有 50%,远远低于 IPP 模型❶-Logistic 函数组合模型。IPP 模型❹-S形函数组合模型,对于本例数据,没有实用价值。

建立 IPP 模型❹,样本投影值基本服从正态分布规律,而 IPP 模型❶的样本投影值严重偏离正态分布规律。这是投影值信息熵最大化的必然结果——正态分布的信息熵最大。

作为对比,可将 S形函数与 IPP 模型❶组合,建立❶-S组合模型。针对上述 3 个实证研究案例数据,采用 PPA 群智能最优化算法,求得全局最优解,得到最佳权重、模型参数值等结果,见表 5-12~表 5-15。可见,IPP 模型❶-S组合模型的性能与❶-Logistic 组合模型的性能基本相当。

4. 小结

(1) IPP 模型❶-Logistic 函数组合模型、IPP 模型❶-S形函数组合模型的性能优于 IPP 模型❹-S形函数组合模型。

(2) IPP 模型❹的建模目标是使样本投影值 $z(i)$ 整体上尽可能服从正态分布,与 IPP 模型❸使样本投影值整体上尽可能分散、局部尽可能密集不同,也与 IPP 模型❶使样本投影值 $z(i)$ 与期望值 $y(i)$ 之间尽可能线性相关不同。所以,IPP 模型❹本质上是非教师值评价模型,聚类或者教师值意义不清晰。

(3) 与去均值归一化法相比,采用极差归一化的模型性能更优,在建立 IPP 模型❶-Logistic 组合模型和 IPP 模型❶-S形函数组合模型时应优先采用。

(4) 建立 IPP 模型❹-S形函数组合模型时,总是有个别指标的最佳权重等于 0。

(5) 有教师值或者单指标评价区间标准的评价问题,不建议建立 IPP 模型❹-S形函数组合模型。

5.5 建立正确、合理、可靠的 IPP 模型

5.5.1 选择合理的 IPP 模型

针对具有单指标评价区间标准的综合评价、排序和分类问题,可以建立 IPP 模型。通过在评价指标的每个等级区间内随机生成足够多(一般 100~200 个)的样本,或根据分界值样本(也可以把待评价样本合在一起)都可以建立 IPP 模型❶和❸,还可以建立 IPP 模型❶、❸- Logistic 函数或者❶、❸- S 形函数组合模型,使误差平方和最小。针对随机生成的建模样本,也可以建立 DCPP 模型。理论上建立 IPP 模型❶是有教师值的评价模型,使得投影值与教师值的线性相关性最大;建立 IPP 模型❸本身不需要教师值,只有在排序、分类时才根据教师值确定。不建议建立 IPP 模型❹或者 IPP 模型❹- S 形函数组合模型。

5.5.2 不一定建立样本期望值 $y(i)$ 与 IPP 模型投影值 $z(i)$ 之间的非线性函数关系

建立 IPP 模型❶和 IPP 模型❸,并不一定要建立样本期望值 $y(i)$ 与 IPP 模型投影值 $z(i)$ 之间的非线性函数(模型)关系。因为,无论是否建立非线性关系,都是根据分界值样本的投影值或者非线性模型的预测值来判定待评价样本的实际等级。建立分段线性模型意义不大,建立其他诸如对数函数、幂指数函数、多项式函数、倒 S 形函数等非线性函数,也没有多少实践意义。建立幂指数函数和多项式函数,虽然在样本投影点处有效拟合精度很高,但延伸以后就会出现无法合理解释的现象,欠合理。如针对 4 个(对)样本数据,建立 3 次多项式,其误差必然等于 0。根据 IPP 模型❸的投影值,建立样本投影值 $z(i)$ 从大到小(或者从小到大)的排列序号 $y(i)$ 与样本投影值 $z(i)$ 之间的多项式函数关系,更是没有意义。

15 个样本见表 5 - 16,由 6 个评价指标($x_1 \sim x_6$)构成,前 15 个为建模样本,后 4 个为待评价样本。

所有指标都采用越大越好极差归一化。采用 PPA 群智能最优化算法,求得全局最优解,求得最佳权重为 $a(i) =$ {0.039、0.25、0.5137、0.8203、0、0.0198},投影值 $z(i) =$ {0.2103、0.1530、0.2103、0.2555、0.2103、0.2103、0.2103、1.0294、0.7633、1.1381、0.9784、0.9269、1.2768、1.3850、1.3850}。求得 3 次多项式方程为 $y(i) = -24.350[z(i)]^3 + 56.236[z(i)]^2 - 43.301z(i) + 17.457$。图 5 - 9 所示是投影值 $y(i)$ 与序号 $z(i)$ 之间的关系示意图。共有 2 对、7 个样本的投影值是相等的。设定 15 个样本的排序号(1、1、3~9、10、10、10、10、10、10、15,投影值相等,序号也相同),根据 3 次多项式得到的拟合序号为 0.66、0.66、3.17、5.12、5.91、6.11、6.23、6.34、9.58、10.62、10.62、10.62、10.62、10.62、12.13,多个排序号误差较大。编号 3~9 并不是同一类,编号 10、11、12 也不是同一类。编号 16~19 的投影值 $z(i)$ 为 0.0429、0.2116、0.8402、0.8688,排序号 $y(i)$ 为 15.70、10.58、6.33、6.32,判定结果为前两种是针叶材,后两种的序号介于杨木和慈竹之间,无法判定结果。显然,直接根据 IPP❸的投影值,判定结果也是如此。对于本例数据,建立 IPP 模型❸,不能对造纸纤维原料进行正确识别和分类。

与其根据序号来判断待评价样本的等级,还不如直接根据投影值判断其等级,而且更简

表 5-16 造纸纤维原料及其主要化学成分

编号	纤维原料	x_1	x_2	x_3	x_4	x_5	x_6
1	云杉	10.97	0.73	12.43	11.62	28.43	46.92
2	鱼鳞松	9.32	0.31	10.68	11.45	29.12	48.45
3	毛紫冷杉	11.61	0.99	14.51	10.79	31.65	45.93
4	真杉	10.7	0.21	16.7	11.65	32.67	46.11
5	马尾松	11.47	0.33	22.87	8.54	28.42	51.86
6	落叶松	11.67	0.36	13.03	11.27	27.44	52.55
7	红松	9.64	0.42	17.55	10.46	27.69	53.12
8	桦木	12.34	0.82	21.32	25.91	22.91	53.43
9	杨木	11.31	0.32	15.61	22.61	17.1	43.24
10	慈竹	12.56	1.2	31.24	25.41	31.28	44.35
11	白夹竹	12.48	1.43	28.65	22.64	33.46	46.47
12	毛竹	12.14	1.1	30.98	21.12	30.67	45.5
13	芦苇	10.49	5.82	38.36	25.13	19.26	41.57
14	麦草	10.65	6.04	44.56	25.56	22.34	40.4
15	稻草	11.53	14.15	48.79	21.08	9.49	36.73
16	云南松	9.53	0.23	11.29	8.91	24.93	48.87
17	柏木	10.28	0.41	17.07	10.69	32.44	44.16
18	小毛竹	9.82	1.23	24.73	21.56	23.4	46.5
19	蔗渣	10.35	3.66	16.7	23.51	19.3	42.16

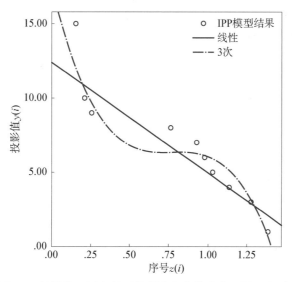

图 5-9 投影值 $z(i)$ 与按照投影值大小排序号 $y(i)$ 之间关系

捷、直观和有效。

5.5.3 选取合理的评价指标归一化方式

评价指标的归一化(无量纲化),实际上是要解决具有不同量纲的不同指标数据的可综合性问题,是综合评价的前提和基础性工作。指标数据无量纲化,就是要确定某个函数关系,将各指标的实际数据转换到一个所有指标都合适的区间。

主要有线性无量纲化和非线性无量纲化两类方法。选择方法的总原则是,使不同指标无量纲化后的数据,应尽可能服从相似的分布规律,尽可能趋于一致。尤其是逆向指标正向化、无量纲化时,是采用取倒数(非线性)还是取相反数等(线性),要根据指标数据的不同特征来确定。如果指标数据基本服从线性规律,直接取相反数正向化比较合理;如果指标数据基本服从幂指数函数规律,取倒数正向化比较合理。如果事先已经知道指标属性(具有先验知识),而建模结果中的指标属性却是相反的,很可能就是指标正向化和无量纲化不合理造成的。

5.5.4 根据单指标评价区间标准构建可靠、合理的建模样本

针对有教师值的问题,根据教师值构建可靠、合理的建模样本,是建模的基础和前提。共有以下 3 种方法。

(1) 非区间型教师值综合评价问题。如 5.4 节中的实证研究案例二、三,直接针对教师值或者把教师值与待评价样本合在一起建模,根据就近原则判定待评价样本的实际等级。

(2) 针对区间型评价标准的教师值。如果最高等级区间没有上限值或者最低等级区间没有下限值,首先要确定最大值和最小值。一般设定最大值是最高等级左端点值的 $2\sim 3$ 倍或者取大于该值的待评价样本的最大值,也可以采用自然延伸法进行取值。除非指标数据基本服从幂指数增长或者 10 倍数增长,不宜超过 5 倍。否则,其他等级的区分度很低,或者扭曲指标规律。最小值一般可自然延伸取值或者取 0,对建模结果影响很小。确定各个区间的上、下限值后,一是可在每个指标的等级范围内随机生成足够多(每个等级 $100\sim 200$ 个)的建模样本;二是将分界值样本作为建模样本,或者与随机生成样本合在一起,建立 IPP 模型❶和❸;三是将上述两类样本与待评价样本合在一起组成建模样本,则可建立 IPP 模型❸。针对随机生成的建模样本,建立 IPP 模型,所有指标的最佳权重比较接近。根据分界值样本建立 IPP 模型,各个指标的最佳权重相差相对较大,能较好地体现不同指标之间的差异。

(3) 同时含有定性指标和定量指标的区间型教师值综合评价问题,见表 5-17。在每个等级区间内,定量指标随机生成样本,定性指标保持常数,可以生成足够多的建模样本。如果要采用分界值建模样本,必须对定性指标做相应的处理,如将不同等级管材的定性指标赋值为 1、2、4、6、8 等。显然,定量指标是 6 个分界值(含最大值和最小值),而定性指标是 5 个值,不一一对应。而且,评价指标值与等级值之间都是非线性关系。为此,可对定性指标的赋值作近似处理,假定其服从分段线性规律,设定 5 个等级的分界值分别为 0.5、1.5、3、5、7、9。

表 5 - 17　管网结构安全韧性评估指标及单指标分级标准

韧性等级	管径	管材	接口形式	覆土厚度	管龄	地面载荷	节点水压比
Ⅰ	(0, 150]	镀锌钢管(1)	焊接(1)	(0, 0.5]	(40, 50]	快车道(1)	(0, 0.7]
Ⅱ	(150, 300]	灰铸铁管(2)	石棉水泥(2)	(0.5, 0.7]	(25, 40]	慢车道(3)	(0.7, 0.9]
Ⅲ	(300, 500]	混凝土管(4)	黏接(4)	(0.7, 1.0]	(15, 25]	人行道(5)	(0.9, 1.0]
Ⅳ	(500, 800]	塑料管(6)	法兰接口(6)	(1.0, 1.5]	(5, 15]	内街(7)	(1.0, 1.2]
Ⅴ	(800, 1500]	球墨铸铁管(8)	胶圈(8)	(1.5, 2.0]	(0, 5]	草地(9)	(1.2, 1.5]

注:括号内的 1、2、4、6、8 等是对定性指标的赋值。

半闭区间型教师值评价标准见表 5 - 18,可根据上述原则确定最大值和最小值,再构建分界值样本。如先确定全氮、全磷、有机质、耕层厚和物理黏粒含量等级 Ⅰ 的最大值,以及确定全磷等等级 Ⅴ 的最小值。

表 5 - 18　土壤养分单指标区间评价标准

等级	全氮	全磷	有机质	pH 值	耕层厚	物理黏粒含量
Ⅰ	>0.20	>0.20	>4.0	6.5～7.5	>40	>60
Ⅱ	0.15～0.20	0.15～0.20	3.0～4.0	5.5～6.5	25～40	50～60
Ⅲ	0.10～0.15	0.10～0.15	2.0～3.0	4.5～5.5	15～25	40～50
Ⅳ	0.08～0.10	0.05～0.10	1.0～2.0	<4.5	10～15	30～40
Ⅴ	0.05～0.08	<0.05	0.60～1.0	<4.5	<10	<30

具有特殊数据结构的教师值评价标准见表 5 - 19。其中 pH 值既不是越大越好的正向指标,也不是越小越好的逆向指标或者区间最优指标,不能简单地构建分界值样本。如指标 pH = 7 时,土壤质量等级从 Ⅱ 级直接跳到 Ⅳ 级;pH = 5 时,土壤质量等级从 Ⅲ 直接跳到 Ⅴ 级,出现了不连续的情况。为保持 pH 值各个等级的连续性,不妨做一点微调整。设定 Ⅱ 级土壤的 pH = 5.5 ～ 6 或 6.5 ～ 6.95;Ⅲ 级土壤的 pH = 5.05 ～ 5.5 或 6.95 ～ 7.05;Ⅳ 级土壤的 pH = 4.95 ～ 5.05 或 7.05 ～ 7.5;Ⅴ 级土壤的 pH < 4.95 或 > 7.5。如果采用随机生成样本的方法,可以将 pH 值作为定性指标。

对于表 5 - 17～表 5 - 19 这类特殊的区间评价标准教师值,必须明确说明构建、生成建模样本的方法,仅仅给出建模结果是没有意义的。因为样本构建、生成方法不一样,结果也不相同。

5.5.5　判断求得 IPP 模型全局最优解的准则

如果改变指标 k 的极差归一化方式,如前所述,样本投影值标准差 S_z 保持不变,样本期望值 $y(i)$ 与 IPP 模型❶投影值 $z(i)$ 的相关系数为

表 5-19　土壤质量等级及其评价标准

评价指标	I	II	III	IV	V
有机质(g/kg)(>)	80	60	40	20	≤20
全氮(g/kg)(>)	5	3.5	2	0.5	≤0.5
全磷(g/kg)(>)	2	1.5	1	0.5	≤0.5
全钾(g/kg)(>)	25	17.5	10	2.5	≤2.5
速效氮(mg/kg)(>)	350	275	200	125	≤125
速效磷(mg/kg)(>)	100	70	40	10	≤10
速效钾(mg/kg)(>)	350	270	190	110	≤110
CEC(coml(+)/kg)(>)	200	150	100	50	≤50
pH	6~6.5	5.5~6 或 6.5~7	5~5.5	7.0~7.5	≤5 或 >7.5
孔隙度(%)(>)	70	60	50	40	≤40
水稳性团粒(%)(>)	60	50	40	30	≤30

$$
\begin{aligned}
|R_{z_2 y}| &= \left| \frac{\sum_{i=1}^{n}[z_2(i)-E(z_2)][y(i)-E(y)]}{\left[\sum_{i=1}^{n}[z_2(i)-E(z_2)]^2 \sum_{i=1}^{n}[y(i)-E(y)]^2\right]^{1/2}} \right| \\
&= \left| \frac{\sum_{i=1}^{n}\{[z_1(i)-a_k]-[E(z_1)-a_k]\}[y(i)-E(y)]}{\left[\sum_{i=1}^{n}\{[z_1(i)-a_k]-[E(z_1)-a_k]\}^2 \sum_{i=1}^{n}[y(i)-E(y)]^2\right]^{1/2}} \right| \\
&= \left| \frac{\sum_{i=1}^{n}[z_1(i)-E(z_1)][y(i)-E(y)]}{\left[\sum_{i=1}^{n}[z_1(i)-E(z_1)]^2 \sum_{i=1}^{n}[y(i)-E(y)]^2\right]^{1/2}} \right| = |R_{z_1 y}|。
\end{aligned}
$$

所以,建立 IPP 模型❶时,改变一半指标的极差归一化方式,如果权重变为相反数,而目标函数值、投影值标准差、相关系数等均保持不变,则说明最优化过程已经求得了真正的全局最优解。

5.6　建立 IPP 模型的常见错误

一是在每个等级区间随机生成的样本数量太少,造成建模结果不稳定,一般要求生成 100~200 个。二是对于开口区间不设定最大值和最小值,最大值不同,其结果也不同。三是采用了欠合理的归一化方法,导致建模结果无法合理解释。四是选用欠合理的模型,采用IPP模型❹-S形函数组合模型。五是对于同时含有定性和定量指标的评价标准,没有说明如何构建和生成建模样本。六是没有求得真正的全局最优解。如研究各省市的洪水灾情,4个评价指标($x_1 \sim x_4$)是倒房数量、受灾面积、伤亡人数、直接经济损失、样本数据见表 5-20。

表 5-20　各省市实际灾情等级和4个评价指标数据

序号	省市	洪灾类型	x_1	x_2	x_3	x_4	灾情等级
1	湖南	暴雨	30	139.1	363	28.2	3
2	广西	大暴雨	0.2	2.8	6	0.847	1
3	陕西	暴雨	4.7	12	78	8	2
4	四川	大暴雨	25	3.7	16	3.5	2
5	甘肃	暴雨	0.094	4.5	21	0.158	1
6	安徽	暴雨	0.08	4.2	9	2	2
7	四川	大暴雨	2	20.5	59	3.5	2
8	内蒙	大暴雨	1	18.1	51	0.901	1
9	安徽	特大暴雨	0.4	6.4	7	1.4	1
10	湖南	暴雨	0.9	10.1	17	0.944	1
11	山东	暴风雨	0.68	2.8	2	0.075	1
12	广东	台风暴雨	3.4	17.5	71	6.8	2
13	福建	台风暴雨	1.5	14.4	69	4.1	2
14	湖南	暴风雨	2.2	21.3	37	3.3	2
15	山东	大雨	0.68	28.1	2	0.075	1
16	福建	台风	4.4	18.9	161	8.99	2
17	广东	特大暴雨	0.19	2.9	10	1.2	1
18	四川	大暴雨	0.7	3.9	7	1.2	1
19	浙江	台风	4	44.3	65	18	3
20	江苏	台风	11.5	146.7	52	20	3
21	安徽	台风	3	3.4	2	2	2
22	四川	暴雨	0.1	0.73	2	0.55	1
23	福建	台风	4.8	30	116	10	2
24	河北	暴雨	0.22	10.4	11	0.25	1
25	海南	台风	0.12	2.9	3	0.197	1

序号	省市	洪灾类型	x_1	x_2	x_3	x_4	灾情等级
26	海南	大暴雨	0.19	2.6	6	0.519	1
27	湖南	大暴雨	34	20.7	1 663	28	3
28	江西	大暴雨	15	40	15	8	2
29	陕西	暴风雨	11	20	606	9	2
30	广西	暴风雨	9	1.3	207	0.24	1
31	鲁豫	暴风雨	1.8	35.3	800	11	2
32	华南	台风	6.8	99.3	254	17.2	3
33	广东	暴风雨	4.19	1.3	186	0.24	1

　　显然,4个指标都是数值越大灾情越严重的正向指标,而且指标数据之间都是正相关,各个指标的最佳权重必定大于0。采用越大越好的极差归一化,针对前30个样本,建立IPP模型❶,有学者用AGA最优化算法,求得最佳权重为$a(1) \sim a(4) = (-0.0846、-0.3426、0.3676、-0.8227)$。可见,3个指标变成了逆向指标,这个结果与实际情况肯定不相符,无法合理解释3个逆向指标的性质。再采用PPA群智能最优化算法求得真正的全局最优解,最佳权重$a^{\#}(1) \sim a^{\#}(4) = (0.4956、0.4510、0.2521、0.6981)$,所有4个指标的性质都正确。因此,建立IPP模型后,必须根据先验知识,分析结果的合理性。

低维逐次投影寻踪模型及实证研究

6.1 什么情况下需要建立 LDSPPC 模型

多个(对)样本投影值相等,虽然有利于聚类分析研究,但无法实现完全排序。尤其是针对多属性的中、小样本和贫样本问题,一维 PPC 模型不能从样本数据中挖掘出足够多的有用信息。事实上,针对高维小样本、贫样本问题综合评价结果往往欠合理。应该建立互相正交的第二维、第三维、第四维 PP 模型。为了实现样本的综合评价与排序,再通过矢量加权法将逐次 PPC 模型构建成低维逐次投影寻踪(LDSPPC)模型,从样本数据中挖掘出充分的有效信息,对高维中小样本、贫样本实现完全排序与分类,得到更合理、可靠的综合评价结果;对评价指标重要性进行排序与分类,等等。

求解一维 PPC 模型的全局最优解十分困难,求解第二、第三、第四维 PPC 模型的全局最优解更困难。Friedman 等提出了建立二维、三维 PPC 模型的原理和思想,并以 Iris 数据进行实证研究。

6.2 LDSPPC 模型的原理

已提出了 20 余种一维 PP 模型的投影指标函数(目标函数),一维 PPC 模型①的整体聚类效果最好;基于信息熵最大化 PP 模型的建模目标是使样本投影值最大程度偏离正态分布。因此,以一维 PPC 模型①为基础模型,建立逐次 PPC 模型,以及构建 LDSPPC 模型。

设样本原始数据为 $x^*(i, j)(i=1, 2, \cdots, n; j=1, 2, \cdots, p)(n, p$ 分别为样本个数和变量维数)。对样本原始数据无量纲化处理,得到数据 $x(i, j)$。

1. 建立第一维 PPC 模型

目标函数(投影指标函数)为

$$Q_1(\boldsymbol{a}_1) = \max(S_{z, 1} D_{z, 1}),$$

$$\text{s. t.} \quad \sum_{j=1}^{p} a_1^2(j) = 1, \ 1 \geqslant a_1(j) \geqslant -1。 \tag{6-1}$$

其中,第一维投影的样本投影值标准差 $S_{z, 1} = \sqrt{\left\{ \sum_{i=1}^{n} \left[z_1(i) - \bar{z}_1 \right]^2 \right\}/(n-1)}$ （下标1表示

第一维，下同），其值越大表示样本点整体越分散；局部密度值 $D_{z,1} = \sum\limits_{i=1}^{n} \sum\limits_{k=1}^{n} [R_1 - (r_{i,k})_1] u[R_1 - (r_{i,k})_1]$，其值越大表示类内样本点越密集；$\overline{z_1}$ 为样本投影值 $z_1(i)$ 的均值；$(r_{i,k})_1 = |z_1(i) - z_1(k)|$ 表示样本 i 和 k 之间的绝对距离，$(r_{\max})_1$ 为 $(r_{i,k})_1$ 的最大值；投影窗口半径 R_1 的取值范围为 $(r_{\max})_1/5 \leqslant R_1 \leqslant (r_{\max})_1/3$，取 $R_1 = (r_{\max})_1/5$ 和 $R_1 = (r_{\max})_1/3$ 时结果基本相同；$u(t)$ 为单位阶跃函数。

2. 第二维 PPC 模型

目标函数为

$$Q_2(\boldsymbol{a}_2) = \max(S_{z,2} D_{z,2}),$$

$$\text{s. t.} \quad \sum_{j=1}^{p} a_1^2(j) = 1, \ \sum_{j=1}^{p} a_2^2(j) = 1, \ \sum_{j=1}^{p} a_1(j) a_2(j) = 0, \tag{6-2}$$

$$1 \geqslant a_1(j) \geqslant -1, \ 1 \geqslant a_2(j) \geqslant -1。$$

其中，$S_{z,2}$ 和 $D_{z,2}$ 分别为样本数据在第二维最佳投影方向上的投影值标准差和局部密度值，计算公式和参数选取原则参照公式（6-1）。

3. 第 m 维 PPC 模型

目标函数为

$$Q_m(\boldsymbol{a}_m) = \max(S_{z,m} D_{z,m}),$$

$$\text{s. t.} \quad \sum_{j=1}^{p} a_m^2(j) = 1, \ 1 \geqslant a_m(j) \geqslant -1, \tag{6-3}$$

$$\sum_{j=1}^{p} a_s(j) a_{s+1}(j) = 0, \ (s = 1, 2, \cdots, m-1)。$$

假设第 m 维 PPC 模型的最佳投影向量为 $\boldsymbol{a}_m = [a_m(1), a_m(2), \cdots, a_m(p)]$，则样本投影值 $z_m(i) = \sum\limits_{j=1}^{p} a_m(j) x(i, j)$。假设共建立了 $M(M \leqslant 4)$ 维 PPC 模型。如果只建立第一维 PPC 模型，根据样本投影值 $z_1(i)$ 的大小就可以排序和分类。

4. 合成 LDSPPC 模型

各维最佳投影向量 $\boldsymbol{a}_1$、$\boldsymbol{a}_2$、$\cdots$、$\boldsymbol{a}_m$ 相互垂直，也相互独立。采用简单加权求和得到总得分，然后进行排序和分类，缺乏理论依据，数学意义也不清晰。事实上，PPC 建模是将样本数据投影到某个感兴趣的方向上，由各维 PPC 模型综合而成的 LDSPPC 模型也必须具有这个空间投影特性。而且，建立第 m 维 PPC 模型时，就是求得目标函数 $Q_m(\boldsymbol{a}_m)$ 的最大值。因此，$Q_m(\boldsymbol{a}_m)$ 就表征第 m 维 PPC 模型的相对重要性，可根据 $Q_m(\boldsymbol{a}_m)$ 的大小为其分配权重。将各维 PPC 模型构建成 LDSPPC 模型，只有采用矢量合成法，才能保证 LDSPPC 模型是在某个方向上的空间投影。

令第 m 维 PPC 模型的目标函数值为 $Q_m(\boldsymbol{a}_m)$，其分配权重为 $\omega_m = \dfrac{Q_m(\boldsymbol{a}_m)}{\sqrt{\sum\limits_{m=1}^{M} Q_m^2(\boldsymbol{a}_m)}}$（$m =$

1, 2, $\cdots$, M），则 LDSPPC 模型的最佳投影向量为 $\boldsymbol{a}_z = \{a_z(1), a_z(2), \cdots, a_z(p)\}$，其中

$$a_z(j) = \sum_{m=1}^{M}\left[\omega_m a_m(j)\right]。$$ 各维逐次的最佳投影向量相互正交,满足 $\sum_{j=1}^{p} a_z^2(j) = \sum_{j=1}^{p}\left[\sum_{m=1}^{M}\omega_m a_m(j)\right]^2 = 1$。LDSPPC 模型的样本综合投影值为 $z_z(i) = \sum_{j=1}^{p} a_z(j)x(i,j)$。

5. 确定 PPC 模型的维数

通常要求第 M 维 PPC 模型的分配权重占比不大于 20%。因为 $Q_1 \geqslant Q_2 \geqslant \cdots \geqslant Q_M$,最不利的情况是 $\dfrac{Q_M(a_M)}{Q_1(a_1)+(M-1)Q_M(a_M)} \leqslant 0.20$,则 $M=2$、3 和 4 时,分别要求 $Q_2(a_2) \leqslant 0.25Q_1(a_1)$、$Q_3(a_3) \leqslant 0.33Q_1(a_1)$ 和 $Q_4(a_4) \leqslant 0.50Q_1(a_1)$,第 M 维 PPC 模型的实际分配权重占比必定小于 20%。

根据求得的研究对象(样本)综合投影值 $z_z(i)$ 的大小,可以确定研究对象的优劣排序与分类结果。根据求得的最佳综合投影向量系数 $a_z(j)$ 的大小,可以判定各个评价指标的重要性,再对其排序与分类。

6. 应用群智能最优化算法求解逐次 PPC 模型的全局最优解

求解各维 PPC 模型非常困难,维数越多,求解难度越大的,越需要判定全局最优解的准则。改变一半指标的归一化方式,如果其最佳权重变为相反数,$S_{z,m}$、$D_{z,m}$、目标函数值 $Q_m(a_m)$ 等均保持不变,则表明最优化过程已经求得了全局最优解。

LDSPPC 模型已应用于线上供应链金融风险评价、学术期刊评价、供应商选择、评价、排序和分类研究等,取得了较理想的效果。

6.3 建立供应商评估、排序 LDSPPC 模型的实证研究

某核心企业 6 家零部件供应商的具体评价指标和数据见表 6-1。有学者采用基于信息熵权重的 TOPSIS 法、模糊综合评价、基于马氏距离的 TOPSIS、基于余弦相似性的 TOPSIS 法等进行评价与排序。

表 6-1　6 个供应商 S1~S6 的评价指标数据

供应商	x_1	x_2	x_3	x_4	x_5	x_6	x_7	x_8	x_9
S1	335	3.2	15	0.8	0.12	230	0.10	0.82	0.13
S2	268	1.4	37	0.92	0.25	130	0.08	0.96	0.15
S3	304	1.9	22	0.99	0.09	220	0.14	0.99	0.20
S4	270	2.0	16	0.98	0.35	180	0.12	0.96	0.21
S5	310	0.8	26	0.86	0.20	150	0.15	0.8	0.12
S6	303	2.7	10	0.95	0.19	170	0.16	0.91	0.19

注:评价指标 x_1~x_9 分别为产品价格(元)、售后服务(小时)、地理位置(公里)、产品合格率、新产品开发率、供应能力(件)、净资产收益率、准时交货率和市场占有率。其中,x_4~x_9 是越大越好的效益型指标,其他指标为成本型指标。

本例是典型的多属性(因素)综合评价问题。采用 LDSPPC 模型进行供应商选择与评估,同时求得各个评价指标的最佳权重和供应商优劣的结果,拓展了供应商选择与评估的新方法。

1. 建立第一维 PPC 模型

对表 6-1 中 $x_1 \sim x_3$ 的数据采用越小越好极差归一化,其他指标采用越大越好极差归一化。取 $R_1 = (r_{max})_1/5$,采用 PPA 群智能最优化算法求得全局最优解,得到第一维 PPC 模型的最佳投影向量 a_1 以及 $Q_1(a_1)$、$S_{z,1}$、$D_{z,1}$、R_1 和 $(r_{max})_1$,见表 6-2。可以判定 S4 供应商最优,S1 供应商最差,其他 4 个供应商因为投影值相等,不能排序。有 4 个样本投影值相等,真正体现了 PPC 模型使局部投影点尽可能密集的特征。

表 6-2 各维 PPC 模型及其不同组合 LDSPPC 模型的参数

参数	第一维	第二维	第三维	第四维	LDSPPC	LDSPPC2	LDSPPC3	LDSPPC4	LDSPPC5
$a_m(1)$	0.230 2	0.362 1	−0.242 3	−0.183 3	0.194 0	−0.037 5	−0.394 4	−0.293 2	0.493 6
$a_m(2)$	0.464 9	−0.349 0	−0.221 9	0.197 3	0.125 5	−0.649 1	−0.305 2	−0.018 7	0.198 5
$a_m(3)$	−0.115 2	0.218 1	0.626 8	−0.133 2	0.246 1	0.483 6	0.268 7	−0.318 1	−0.196 7
$a_m(4)$	0.420 2	0.264 0	0.012 1	0.261 4	0.504 7	−0.240 4	−0.500 5	−0.363 2	0.359 1
$a_m(5)$	0.064 6	0.397 5	0.121 9	−0.422 2	0.178 8	0.314 3	−0.077 4	−0.407 2	0.305 8
$a_m(6)$	−0.416 1	0.043 6	0.201 5	0.686 9	−0.008 9	0.217 2	0.174 2	0.380 6	−0.545 8
$a_m(7)$	0.554 6	−0.290 5	0.552 3	0.070 8	0.501 6	−0.333 3	−0.047 1	−0.463 3	0.008 9
$a_m(8)$	0.140 5	0.401 1	−0.310 0	0.332 5	0.263 9	−0.117 9	−0.513 1	−0.084 0	0.333 2
$a_m(9)$	0.190 6	0.474 0	0.206 1	0.275 1	0.530 0	0.107 3	−0.359 8	−0.381 1	0.210 9
$z_m(1)$	−0.328 8	0.289 7	0.856 8	0.612 6	0.423 7	0.564 6	0.279 1	−0.092 2	−0.610 5
$z_m(2)$	**1.065 1**	**1.007 7**	−0.516 0	0.241 3	1.115 2	−0.545 4	−1.538 4	−0.984 6	1.407 8
$z_m(3)$	**1.065 1**	**1.007 7**	**0.599 5**	1.457 5	1.901 6	−0.416 9	−1.409 9	−1.113 1	0.621 4
$z_m(4)$	1.206 3	1.682 6	**0.599 5**	0.576 3	2.097 2	0.052 6	−1.605 4	−1.785 4	1.293 7
$z_m(5)$	**1.065 1**	−0.118 7	0.524 6	0.177 5	0.969 7	−0.656 4	−0.539 4	−0.873 6	0.443 4
$z_m(6)$	**1.065 1**	**1.007 7**	1.137 1	0.616 0	1.894 5	0.031 2	−0.961 8	−1.561 2	0.628 5
$S_{z,m}$	0.583 3	0.634 3	0.562 0	0.456 6	0.663 6	0.462 1	0.730 2	0.592 8	0.723 8
$D_{z,m}$	6.852 9	4.323 1	4.061 5	3.297 5	3.584 0	2.418 0	3.740 8	3.334 6	4.682 6
$Q_m(a_m)$	3.997 6	2.742 2	2.282 5	1.505 5	2.378 3	1.117 4	2.731 4	1.976 6	3.389 2
R_m	0.307 0	0.360 3	0.330 6	0.256 0	0.334 7	0.244 2	0.376 9	0.338 6	0.403 7
$(r_{max})_m$	1.535 1	1.801 3	1.653 1	1.280 0	1.673 5	1.221 0	1.884 5	1.693 2	2.018 3

注:下划波浪线 ﹏ 表示样本投影值是相等的;下划双实线 ＿ 表示最大的样本投影值;下划粗实线 ＿ 表示最小的样本投影值;LDSPPC2～5 表示各维 PPC 模型不同的组合,LDSPPC 的组合是 $(-a_1, a_2, a_3, -a_4)$,即取投影向量 a_1、a_4 的相反数组合;LDSPPC3～5 的组合分别为 $(-a_1, -a_2, a_3, -a_4)$、$(-a_1, -a_2, -a_3, a_4)$ 和 $(a_1, a_2, -a_3, -a_4)$。

为了进一步挖掘样本数据的有效信息和对 4 个样本实现完全排序,须建立第二维 PPC 模型。取 $R_2 = (r_{max})_2/5$,求得全局最优解,得到第二维最佳投影向量系数 $\{a_2(1)$, $a_2(2)$, $\cdots$, $a_2(9)\}$,以及 $Q_2(\boldsymbol{a}_2)$、$S_{z,2}$、$D_{z,2}$、R_2、$(r_{max})_2$,供应商 S1 ～ S6 的投影值 $\{z_2(1)$, $z_2(2)$, $\cdots$, $z_2(6)\}$,见表 6 - 2。在第二维最佳投影方向的投影中,S4 供应商的投影值还是最大,S5 供应商的投影值最小,3 个供应商 S2、S3 和 S6 的投影值仍然相等。表明第二维 PPC 模型已从投影值相等的 4 个供应商中,筛选出最差的供应商 S5。根据第一维、第二维 PPC 模型的投影值,仍然无法对供应商 S2 和 S6 进行完全排序,因为它们第一维、第二维 PPC 模型的投影值都相等。

由于 $Q_2(\boldsymbol{a}_2) > 0.25Q_1(\boldsymbol{a}_1)$,以及第三维 PPC 模型的 $Q_3(\boldsymbol{a}_3) > 0.33Q_1(\boldsymbol{a}_1)$、第四维 PPC 模型的 $Q_4(\boldsymbol{a}_4) < 0.50Q_1(\boldsymbol{a}_1)$,所以共需要建立四维逐次 PPC 模型。

在第三维投影方向上,S3、S4 的投影值相等。在第四维投影方向上,所有样本的投影值都不相等,可以实现完全排序。

2. 对四维逐次 PPC 模型采用矢量合成法构建 LDSPPC 模型

根据第 m 维 PPC 模型的分配权重 $\omega_m = Q_m(a_m) / \sqrt{\sum\limits_{m=1}^{4} Q_m^2(a_m)}$,求得第一 ～ 第四维 PPC 模型的分配权重分别为 0.718 3、0.492 7、0.410 1 和 0.270 5。可见,在 LDSPPC 模型中,第一维 PPC 模型中占主导地位,第二维与第三维 PPC 模型的分配权重基本相当,既明显小于第一维,又明显大于第四维。求得 LDSPPC 模型的综合最佳投影向量 $\boldsymbol{a}_z = \{a_z(1)$, $a_z(2)$, $\cdots$, $a_z(9)\} = (0.194\,0, 0.125\,5, 0.246\,1, 0.504\,7, 0.178\,8, -0.008\,9, 0.501\,6,$ $0.263\,9, 0.530\,0)$。可见,指标 x_9 的最佳权重最大,然后是指标 x_4、x_7,其他 6 个指标的最佳权重大小排序依次为 x_8、x_3、x_1、x_5、x_2、x_6,x_6 的权重几乎等于 0,可以删除。指标 x_9、x_4、x_7 3 个指标最佳权重明显大于其他指标,且基本相等,3 个指标的权重占比之和达到 60%。

求得 LDSPPC 模型 6 个供应商的样本投影值 $\{z_z(1), z_z(2), \cdots, z_z(6)\} = (0.423\,7,$ $1.115\,2, 1.901\,6, 2.097\,2, 0.969\,7, 1.894\,5)$。可以判定供应商 S4 最优,其次是供应商 S3,供应商 S1 最差,供应商的优劣排序为 S4、S3、S6、S2、S5、S1,S3 与 S6 的得分很接近。

3. 建立 LDSPPC 模型的必要性

根据第一 ～ 第四维 PPC 模型的分配权重,第一维 PPC 模型仅从样本数据中挖掘出 38% 的有效信息,第二维、第三维和第四维 PPC 模型分别占比 26%、22% 和 14%。因此,对于供应商选择、评价、排序和分类的贫样本问题,必须建立 LDSPPC 模型。仅建立第一维 PPC 模型,不能充分反映 6 个供应商的真实情况,只能判定供应商 S4 最优,S1 最劣,不能区分其他 4 个供应商的优劣。

4. 供应商优劣排序及其各个评价指标的重要性分析

对供应商进行优劣评估,不仅要得到供应商的排序结果,更重要的是要求得各个评价指标的最佳权重,判定其重要性及其排序。这对企业来说更具有实践意义。

9 个评价指标的归一化权重分别为 0.076 0、0.049 1、0.096 4、0.197 7、0.070 0、0.003 5、0.196 4、0.103 3 和 0.207 6。首先,市场占有率(x_9)对供应商优劣影响最大,归一化权重占比达到 20.8%,是最重要指标;其次是产品合格率(x_4),权重占比为 19.8%;第三是净资产收益率(x_7),最佳权重占比为 19.6%。5 个指标的最佳权重占比小于 10%,权重约为前述 3 个指标的一半。所以,如果将评价指标分为 3 类,x_9、x_4 和 x_7 是 3 个最重要指标,

x_8、x_3 是 2 个重要指标,x_1、x_5 和 x_2 是次重要指标。另外,供应能力指标(x_6)归一化权重很小,可以删除。

LDSPPC 模型确定的 3 个最重要指标较为合理和科学。因为供应商的市场占有率指标充分表征供应商在同类产品、行业中的地位、优势和竞争力,既是供应商(企业)外在的市场表现和客户认可情况,更是企业(供应商)核心竞争力的真实体现,当然是核心企业选择供应商时必须优先考核的最重要因素,与专家法的结果一致。产品合格率充分体现供应商的企业家精神、经营理念、价值追求和内在品质,市场占有率是供应商外在品质的体现,两者相辅相成,相得益彰,缺一不可。供应商的净资产收益率表征供应商的获利能力,一家优秀的供应商,不仅其产品的市场占有率要高,产品合格率要稳定地保持在高水平。而且,企业还必须有很强的获利能力,才能高质量持续发展,其上下游合作企业的利益才能得到长期的保障。这 3 个指标是衡量供应商优劣的最重要的核心竞争力,是本质指标;其他一些指标只是与价格、地理位置、售后服务等有关,虽然也重要,但不是表征供应商核心竞争力的指标,可以很快得以改善或者克服。如产品有高合格率作为优质保障,价格高一点不是劣势,反而是优质优价市场规律的真实体现。

5. 不同综合评价方法评价结果合理性的比较

供应商优劣排序评价结果见表 6-3。评价结果具有如下特点。

(1) 供应商 S4 都是最优;除信息熵权- TOPSIS 法外,S1 都是最劣;其他供应商的排名,10 种方法都不一致。

(2) 一维 PPC 模型和基于灰色关联度与理想解法的 PPC 模型不能实现完全排序。

(3) 灰色关联法、多种 TOPSIS 法都须事先采用其他赋权重方法确定指标权重,否则就是等权重。如果权重欠合理,结果也必定欠合理,而确定合理的权重,本身就是综合评价要解决的最重要和基础性工作。

表 6-3 不同评价方法 6 个供应商的优劣排序结果对比

评价方法	S1	S2	S3	S4	S5	S6
一维 PPC	6	2	2	1	2	2
灰色关联和理想解法*	6	5	4	1	2	3
基于灰色关联和理想解的 PPC+	6	5	3	1	4	2
基于灰色关联和理想解的 PPC++	6	3	1	1	6	4
基于灰关联加权 TOPSIS	6	4	3	1	5	2
基于余弦相似性的 TOPSIS	6	5	4	1	3	2
灰色关联法	6	5	4	1	2	3
TOPSIS	6	4	5	1	2	3
信息熵权- TOPSIS	5	4	6	1	3	2
LDSPPC	6	4	2	1	5	3

注: * 如果决策者偏好不同,供应商 S2、S3 的排序就可能发生变化,最优供应商排序第 1,最劣第 6;+、++分别表示没有求得全局最优解和求得全局最优解时的结果。

PPC 模型和 LDSPPC 模型同时求得最佳权重和样本评价结果(投影值),实现求权重和评价两个过程的有机统一。建立 LDSPPC 模型,得到各个评价指标的权重及其重要性排序,对后续选择其他供应商具有很好的指导意义。根据逐次建立的 PPC 模型,可以很直观地显示判定供应商优劣的次序和过程,是一种理想的综合评价方法,尤其是针对小样本、贫样本问题。PCA、FA 等绝大多数综合评价方法不能应用于贫样本、小样本问题,建模结果的稳健性、有效性难以保证。因此,对于贫样本、小样本问题,优先推荐建立 LDSPPC 模型。

采用不同综合评价方法之所以会得到不同的结果,一方面是不同评价方法的原理不同导致的,更主要的原因是因为权重不同导致的。上述方法采用的权重,见表 6-4。不同模型采用(得到)、不同赋权重方法确定的权重差异较大。主观法和灰靶贡献度法确定的客观权重,不同指标之间相对比较均衡;信息熵权重,不同指标之间差异较大;LDSPPC 模型确定的权重,除 $a(6)$ 外,也比较均衡,但主要分为两组,$x(4)$、$x(6)$、$x(9)$ 的权重较大,是其他指标权重的 2～3 倍;一维 PPC 模型的指标权重差异较大,而且 $x(3)$ 和 $x(6)$ 两个是逆向指标。

表 6-4　不同方法(模型)的权重对比

评价方法	$a(1)$	$a(2)$	$a(3)$	$a(4)$	$a(5)$	$a(6)$	$a(7)$	$a(8)$	$a(9)$
一维 PPC	0.2302	0.4649	−0.1152	0.4202	0.0646	−0.4161	0.5546	0.1405	0.1906
灰色关联和理想解法*	0.11	0.16	0.15	0.07	0.14	0.12	0.1	0.09	0.06
PPC+	0.108	0.103	0.113	0.11	0.112	0.11	0.113	0.115	0.116
PPC++	0.2095	0	0	0	0.0121	0	0	0.7784	0
加权 TOPSIS#	0.1031	0.1042	0.1049	0.0967	0.177	0.1062	0.0866	0.0954	0.1259
灰色关联法*	0.11	0.16	0.15	0.07	0.14	0.12	0.1	0.09	0.06
TOPSIS*	0.11	0.16	0.15	0.07	0.14	0.12	0.1	0.09	0.06
信息熵权- TOPSIS	0.0085	0.009	0.2411	0.2744	0.244	0.0496	0.0992	0.0084	0.0657
LDSPPC	0.1940	0.1255	0.2461	0.5047	0.1788	−0.0089	0.5016	0.2639	0.5300

注:＊表示是主观赋权重;＋、＋＋表示基于灰色关联和理想解 PPC 模型的主观权重和 PPC 客观权重的组合权重,前者没有求得全局最优解,后者求得全局最优解;＃表示基于灰关联加权 TOPSIS 法、采用灰靶贡献度确定的客观权重;余弦相似性的 TOPSIS 法,有关文献没有给出具体权重,认为指标权重已内化于余弦相似性中。

对表 6-1 数据进行相关性分析,指标 $x(2)$ 与 $x(3)$ 在 0.05 水平上显著负相关;指标 $x(4)$ 与 $x(8)$、$x(9)$ 在 0.05 水平上显著相关;$x(6)$ 与 $x(1)$、$x(2)$、$x(5)$ 之间是负相关,相关系数达到−0.600 以上,但不显著。

建立 LDSPPC 模型,实践意义明确,能同时求得各个评价指标的最佳权重和各个供应商的投影值,可实现对样本优劣的完全排序与分类,判定各个评价指标的重要性。如果有关于评价指标或者个别供应商优劣的先验知识,可以实现主观与客观的有机统一。

6.4 建立线上供应链金融风险综合评价 LDSPPC 模型的实证研究

1. 评价指标体系和采集的数据及其归一化

线上供应链金融风险涉及宏观环境、申请中小企业资质、链上核心企业资质、融资项目资质、线上交易安全性等一系列复杂因素,由 5 个方面、30 个指标构成评估指标体系,采集了有效样本 13 个(S1～S13),归一化数据见表 6 - 5。专家法判定的金融风险等级也列于表 6 - 5 中。样本数量少于评价指标个数,是典型的贫样本综合评价、排序与分类问题。

表 6 - 5　13 家线上供应链金融风险评估指标及其归一化值

指标	S1	S2	S3	S4	S5	S6	S7	S8	S9	S10	S11	S12	S13
x_1	0	0	0	0	0	0	0	1	0	0	1	1	1
x_2	0	0	0	0	1	1	0	0	0	0	0	1	0
x_3	1	0	0	1	0	0	0	1	0	0	1	0	0
x_4	1	0.33	0	0.67	0.67	0.33	0.33	0.33	0.67	0.33	0.67	0.67	0.33
x_5	1	0.33	0	1	0.67	0.67	0.33	0.33	0.67	0.33	0.33	0.67	0.33
x_6	1	0.26	0	0.78	0.74	0.45	0.14	0.22	0.43	0.27	0.20	0.60	0.15
x_7	1	0	0.00	0.29	0.30	0.13	0.17	0.03	0.12	0.32	0.17	0.30	0.16
x_8	1	0.25	0	0.79	0.73	0.50	0.21	0.31	0.48	0.34	0.22	0.66	0.22
x_9	1	0.44	0	0.76	0.77	0.52	0.49	0.39	0.63	0.36	0.22	0.64	0.25
x_{10}	1	0.74	0	0.43	0.37	0.37	0.21	0.59	0.26	0.71	0.41	0.38	0.52
x_{11}	1	0.01	0	0.78	0.76	0.29	0.25	0.40	0.53	0.31	0.06	0.55	0.06
x_{12}	1	0.14	0	0.51	0.48	0.33	0.15	0.26	0.32	0.24	0.11	0.38	0.09
x_{13}	1	0.10	0	0.66	0.52	0.29	0.15	0.24	0.29	0.29	0.13	0.42	0.12
x_{14}	1	0.47	0	0.70	0.72	0.49	0.62	0.42	0.44	0.32	0.30	0.44	0.18
x_{15}	1	0.12	0	0.67	0.61	0.45	0.18	0.18	0.55	0.27	0.36	0.55	0.27
x_{16}	1	1	0	1	0.6	1	0.8	0	0.2	1	0.6	1	1
x_{17}	1	1	0	1	1	1	0.2	0.4	1	0.6	1	1	0.2
x_{18}	1	1	0	1	1	1	1	1	0	1	1	1	1
x_{19}	1	0.94	0	0.19	0.20	0.44	0.16	0.20	0.52	0.12	0.55	0.40	0.15
x_{20}	1	0.24	0	0.20	0.41	0.21	0.10	0.12	0.50	0.01	0.00	0.26	0.10

指标	S1	S2	S3	S4	S5	S6	S7	S8	S9	S10	S11	S12	S13
x_{21}	1	1.18	0	0.11	0.30	0.40	0.23	0.13	0.40	0.04	0.56	0.34	0.08
x_{22}	0.5	0.5	0	1	1	0	1	1	1	0.5	0.5	1	1
x_{23}	1	0	1	1	0.5	0.5	0	0.5	0.5	0	0.5	0.5	0.5
x_{24}	1	0.33	0	0.67	0.67	0.33	0.33	0.00	0.33	0.67	0.33	0.67	0.67
x_{25}	1	0.33	0	1	0.33	0.67	0.33	0.33	0.33	0.33	0.67	0.67	0.33
x_{26}	1	0	0	1	0.5	1	0	0	0.5	0.5	0.5	0.5	0
x_{27}	1	0.5	0	0.5	0.5	0.5	0	0.5	0.5	0	0.5	0.5	0.5
x_{28}	1	0.33	0	1	0.67	0.33	0	0	0.33	0	0.33	0.67	0.33
x_{29}	1	0	0	0.67	0.67	0.33	0	0.33	0.33	0.33	0.33	0.33	0.33
x_{30}	1	0	0	0.67	0.67	0.33	0	0.33	0.33	0.33	0.33	0.33	0.33
风险等级	1	3	4	1	2	2	3	3	2	3	3	2	3

注：风险等级 1、2、3、4 分别表示供应链为极低风险、低风险、中等风险和高风险，由专家法判定。评价指标 x_1、x_2、…、x_{30} 为宏观经济政策、政策支持力度、领导者素质、公司治理结构、财务披露质量、销售利润率、净资产收益率、成本费用利润率、流动比率、资产负债率、销售收入增长率、净利润增长率、总资产增长率、存货周转率、应收账款周转率、交易履约率、贷款按期支付率、核心企业信用等级、核心企业销售利润率、核心企业净资产收益率、核心企业成本费用利润率、两者线上交易年限、项目产品价格稳定性、项目产品变现能力、应收账款周转情况、过往退货记录、关系质量、信息共享程度、电子订单以及票据的处理能力、整体信息化水平，指标单位略。

2. 建立各维 PPC 模型

专家法判定的分类结果相对比较粗糙，也没有揭示出风险等级水平与评价指标之间的函数关系。

在建立各维 PPC 模型时，应把专家法判定结果作为决策者偏好添加到约束条件中，即增加约束条件 $[z_1(1)，z_1(3)] > [z_1(4)，z_1(7)，z_1(9)] + C_0 > [z_1(5)，z_1(6)，z_1(8)，z_1(10)] + C_0 > z_1(2) + C_0$，并使 C_0 尽可能大，实现类与类之间尽可能分散。针对 10 个（表 6-5 中 S2、S6、S10 除外）建模（训练）样本的归一化数据，采用 PPA 群智能最优化算法求得全局最优解，得到第一维 PPC 模型的最优化结果，目标函数值 $Q_1(\boldsymbol{a}_1) = 33.950\,1$，$S_{z,1} = 1.386\,5$，$D_{z,1} = 24.476\,8$，$R_1 = 0.985\,0$，$(r_{\max})_1 = 4.925\,1$，最佳投影向量及其系数为 $\boldsymbol{a}_1\{a_1(1)，a_1(2)，…，a_1(30)\} = (-0.178\,9，-0.071\,5，0.058\,8，0.160\,6，0.233\,5，0.205\,0，0.205\,1，0.217\,1，0.254\,6，0.186\,9，0.253\,0，0.218\,5，0.217\,5，0.241\,3，0.200\,5，0.167\,7，0.105\,0，0.075\,1，0.172\,0，0.256\,4，0.129\,8，0.097\,1，0.180\,2，0.181\,5，0.152\,6，0.159\,5，0.161\,8，0.171\,8，0.165\,5，0.165\,7)$。求得 10 个建模样本的投影值 $\{z_1(1)，z_1(2)，…，z_1(10)\} = (4.926\,1，0.001\,0，3.447\,5，2.847\,1，1.136\,7，1.310\,8，2.196\,4，1.596\,6，2.420\,9，1.311\,7)$。

再建立第二维 PPC 模型，删除关于投影值大小的决策偏好约束条件，求得全局最优化解，$Q_2(\boldsymbol{a}_2) = 10.676\,2$，$S_{z,2} = 0.610\,3$，$D_{z,2} = 17.493\,3$，$R_2 = 0.427\,3$，$(r_{\max})_2 = 2.136\,5$，

$a_2\{a_2(1)，a_2(2)，\cdots，a_2(30)\}=(0.563\,5，0.387\,7，-0.005\,1，0.062\,1，0.016\,6，$
$0.072\,0，-0.061\,7，0.067\,1，-0.097\,7，-0.015\,1，-0.006\,0，0.001\,4，-0.000\,2，$
$-0.286\,4，0.056\,9，-0.089\,8，0.288\,8，-0.205\,0，0.071\,0，-0.018\,4，-0.005\,7，0.410\,6，$
$0.139\,9，0.026\,1，0.051\,2，0.148\,0，0.175\,9，0.171\,4，0.058\,8，0.057\,8)$。10 个建模样本投影值$\{z_2(1)，z_2(2)，\cdots，z_2(10)\}=(0.877\,9，-0.002\,2，1.003\,7，1.170\,7，-0.367\,3，$
$1.003\,7，1.003\,6，1.170\,7，1.769\,2，1.003\,7)$。

由于$Q_2(a_2)$大于$0.25Q_1(a_1)$，须建立第三维 PPC 模型。求得全局最优化解，$Q_3(a_3)=$
$8.562\,5，S_{z,3}=0.523\,5，D_{z,3}=16.356\,6，R_3=0.389\,9，(r_{max})_3=1.949\,4，a_3\{a_3(1)，$
$a_3(2)，\cdots，a_3(30)\}=(0.283\,5，0.131\,8，-0.004\,5，-0.096\,8，-0.107\,7，-0.022\,2，$
$0.115\,2，-0.031\,9，-0.099\,6，0.171\,0，-0.109\,6，-0.002\,3，0.026\,9，-0.014\,3，$
$-0.049\,3，0.415\,8，-0.344\,0，0.493\,4，-0.197\,8，-0.116\,1，-0.092\,3，0.013\,1，0.050\,4，$
$0.316\,3，-0.048\,8，-0.149\,3，0.049\,2，0.123\,4，0.184\,5，0.192\,6)$。建模样本的投影值
$\{z_3(1)，z_3(2)，\cdots，z_3(10)\}=(0.672\,3，0.672\,3，0.672\,1，-0.463\,8，0.998\,6，0.672\,3，$
$0.672\,3，0.672\,3，1.485\,6，-0.000\,4)$。由于$Q_3(a_3)=0.25Q_1(a_1)<0.33Q_1(a_1)$，因此，无
须建立第四维 PPC 模型。

3. 将各维 PPC 模型矢量合成为 LDSPPC 模型

根据矢量合成法和各维 PPC 模型的分配权重$\omega_m=Q_m(a_m)/\sqrt{\sum_{m=1}^{3}Q_m^2(a_m)}$，$m=1，2，$
3，求得分配权重$\omega_1=0.927\,5$，$\omega_2=0.291\,7$和$\omega_3=0.233\,9$。显然，第一维 PPC 模型占绝对
主导地位，第二维、第三维基本相当。求得综合最佳投影向量系数，得到线上供应链金融风
险水平（模型得分）与各个评价指标的线性关系，即

$$
\begin{aligned}
z_z(i)=&0.067\,8x(i，1)+0.077\,6x(i，2)+0.052\,0x(i，3)+0.144\,4x(i，4)\\
&+0.196\,2x(i，5)+0.205\,9x(i，6)+0.199\,2x(i，7)+0.213\,4x(i，8)\\
&+0.184\,3x(i，9)+0.208\,9x(i，10)+0.207\,2x(i，11)+0.202\,5x(i，12)\\
&+0.207\,9x(i，13)+0.136\,9x(i，14)+0.191\,0x(i，15)+0.226\,6x(i，16)\\
&+0.101\,1x(i，17)+0.125\,3x(i，18)+0.133\,9x(i，19)+0.205\,2x(i，20)\\
&+0.097\,1x(i，21)+0.212\,9x(i，22)+0.249\,9x(i，23)+0.145\,0x(i，24)\\
&+0.156\,1x(i，25)+0.212\,8x(i，26)+0.238\,2x(i，27)+0.213\,8x(i，28)\\
&+0.215\,5x(i，29)+0.175\,4x(i，30)。
\end{aligned}
$$

$$(6-4)$$

可以看出，x_{24}、x_{28}、x_{16}、$\cdots$和x_{12}共 14 个指标的权重大于 0.200 0；x_7、x_5、$\cdots$和x_{17}
共 12 个指标的权重介于 0.100 0～0.200 0；x_{21}、x_2、x_1 和 x_3 共 4 个指标的权重介于
0.050 0～0.100 0。求得 LDSPPC 模型 10 个建模样本的综合投影值$\{z_z(1)，z_z(2)，\cdots，$
$z_z(10)\}=(4.982\,1，0.000\,2，3.647\,5，3.139\,3，1.856\,8，1.979\,5，2.994\,9，1.104\,4，$
$2.221\,4，1.665\,7)$。根据表 6-5，已邀请专家将线上供应链风险等级划定为 4 个等级（教师
值），分别为极低风险、较低风险、中等风险和高风险。因此，LDSPPC 模型的综合建模结果，4
个等级的输出值范围分别为 >3.647 4、2.221 4～3.139 3、1.104 4～1.979 5 和<0.550 0。
将待评价样本 S2、S6 和 S10 的归一化值代入公式（6-4），到得模型输出值分别为 1.742 5、

2.570 4和1.867 9。可以判定样本S2和S10为中等金融风险等级，样本S6为较低金融风险等级，与专家判定的结果完全一致。但根据LDSPPC模型的结果，还可以更精细地判定同一风险等级样本的风险高低。

4. 建立LDSPPC模型的必要性分析

根据第一维、第二维、第三维PPC模型的目标函数值，表明第一维PPC模型已经从样本数据挖掘出了绝大部分有效信息，但第二维、第三维PPC模型的分配权重分别达到20%、16%，说明建立第二维、第三维模型是非常必要的，三维LDSPPC模型的结果更合理。如果仅建立第一维PPC模型，不能正确反映30个评价指标的真实作用，也不能真实体现13个样本之间的差异。

5. 分析评价指标重要性及其排序

根据LDSPPC模型的综合最佳权重，在30个评价指标中，项目产品变现能力（x_{24}）对线上供应链金融风险高低的影响最大，其次是信息共享程度（x_{28}），排名前9位指标的归一化权重占比均大于4.0%，对线上供应链金融风险水平有显著影响；指标x_3的归一化权重占比最小，仅为1.0%。指标的最大权重与最小权重之比为4.8，说明所有指标都不能删除。

6. 判定线上供应链金融风险等级及其排序

在13个线上供应链（样本）中，S3的金融风险最大，其次是样本S11，其他样本的金融风险大小排序为S13、S2、S7、S10、S8、S12、S6、S9、S5、S4、S1。样本S3属于高风险等级，中等风险等级有样本S11、S13、S2、S7、S10和S8，较低风险等级有样本S12、S6、S9和S5为，极低风险等级有样本S4、S1。根据LDSPPC模型的判定结果与专家判定结果完全一致，但LDSPPC模型可以对相同风险等级的样本（如S11、S13、S2、S7、S10和S8等）再进行精细排序，专家无法做到。建立LDSPPC模型，得到各个评价指标的最佳权重，专家法没有给出权重。由于BPNN模型训练样本的误差几乎等于0，也不能精细排序，这是LDSPPC模型优于BPNN模型的一个方面。

LDSPPC模型的样本投影值（金融风险大小）与各个评价指标之间是线性关系，后续应用非常方便，而BPNN模型的样本投影值与各个评价指标之间是复杂的非线性关系和黑箱模型，后续应用不方便。不可能建立完全相同的两个BPNN模型，不确定性高。本例训练样本数量少于评价指标个数，又没有采用检验样本实时监控训练过程以避免过训练，而根据建模原理，必定会发生过训练，理论上建立BPNN模型的泛化能力和实用价值难以保证。

6.5　建立基于DCPP基础模型的LDSDCPP模型实证研究

因为上述案例是有教师值的综合评价问题，可以建立DCPP模型（模型⑱）。为了从样本数据中挖掘出更充分的信息，建立基于DCPP模型的LDSDCPP模型。

1. 建立各维DCPP模型

针对表6-5的数据，采用MPA群智能最优化算法求得全局最优解，得到第一维DCPP模型的目标函数值$Q_1(\boldsymbol{a}_1) = 66.705\,9$，$s_1(\boldsymbol{a}_1) = 76.195\,8$，$d_1(\boldsymbol{a}_1) = 4.745\,0$，$(r_{max})_1 = 4.875\,5$，最佳投影向量及其系数$\boldsymbol{a}_1\{a_1(1), a_1(2), \cdots, a_1(30)\} = (-0.179, 0.060, 0.080,$

0.171,0.250,0.236,0.137,0.231,0.227,0.093,0.251,0.189,0.206,0.188,0.202,
0.166,0.232,0.060,0.111,0.173,0.081,0.150,0.195,0.176,0.185,0.255,0.128,
0.248,0.171,0.171）。求得 10 个建模样本（风险等级从低到高排列）的投影值$\{z_1(1),$
$z_1(2),\cdots,z_1(10)\}=$(4.875,3.722,3.102,2.313,2.699,1.058,1.315,1.729,1.315,
0.000)。所有样本的投影值都不相等,类与类之间足够分开,类内样本点局部足够密集,整
体聚类效果较好。4 类风险的样本投影值分布如图 6-1 所示。如果仅仅针对综合评价、分类
和排序,可以不建立第二维 DCPP 模型等。

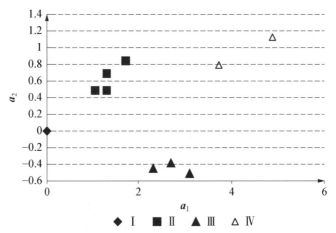

图 6-1　第一维、第二维 DCPP 模型的样本投影值分布

作为对比,尝试建立第二维 DCPP 模型,求得全局最优解,目标函数值 $Q_2(\boldsymbol{a}_2)=28.017$,
$s_2(\boldsymbol{a}_2)=31.721$, $d_2(\boldsymbol{a}_2)=1.852$, $(r_{\max})_2=1.625$, $\boldsymbol{a}_2\{a_2(1),a_2(2),\cdots,a_2(30)\}=$
(0.013,$-$0.536,0.523,$-$0.058,$-$0.035,$-$0.072,0.117,$-$0.073,$-$0.072,
0.192,$-$0.092,0.023,0.042,0.067,$-$0.043,0.203,$-$0.282,0.321,0.008,$-$0.053,
0.017,$-$0.256,0.121,0.053,0.162,$-$0.010,0.037,$-$0.004,0.081,0.081)。10 个样
本的投影值$\{z_2(1),z_2(2),\cdots,z_2(10)\}=$(1.124,0.792,$-$0.511,$-$0.451,$-$0.386,
0.486,0.690,0.841,0.486,0.000)。第一维、第二维 DCPP 模型的样本投影值分布见图
6-1。

从图 6-1(图中Ⅰ、Ⅱ、Ⅲ、Ⅳ分别表示高风险、中等风险、低风险和极低风险,$\boldsymbol{a}_1$、$\boldsymbol{a}_2$ 分
别表示第一维、第二维 DCPP)可知,第一维 DCPP 模型,10 个样本分类全部正确,第二维
DCPP 模型,有一个Ⅱ类风险样本的投影值大于Ⅳ类风险样本的投影值。在第一维、第二维
DCPP 模型的投影平面上,4 类风险的样本足够分开,便于分类。

根据矢量合成法,将第一维、第二维 DCPP 模型构成的综合 LDSDCPP 模型,第一维、第
二维 DCPP 模型的分配权重分别为 0.922 0、0.387 2,10 个样本的综合投影值$\{z_z(1),$
$z_z(2),\cdots,z_z(10)\}=$\{4.930,3.738,2.662,1.958,2.339,1.164,1.479,1.920,1.401,
0.000\}。4 类风险的样本分类结果全部正确,但Ⅱ类风险与Ⅲ类风险样本之间的距离（差
异）较小。

鉴于第二维 DCPP 模型的分配权重占比为 15%,已小于 20%,可以不建立第三维 DCPP
模型。

鉴于 LDSPPC 模型由三维 PPC 模型构建而成,尝试建立第三维 DCPP 模型,求得全局最优解,得到目标函数值 $Q_3(\boldsymbol{a}_3) = 22.4755$,$s_3(\boldsymbol{a}_3) = 35.258$,$d_3(\boldsymbol{a}_3) = 6.391$,$(r_{max})_3 = 2.082$,$\boldsymbol{a}_3\{a_3(1),\ a_3(2),\ \cdots,\ a_3(30)\} = \{0.683,\ 0.301,\ 0.087,\ 0.092,\ -0.023,\ -0.024,\ -0.034,\ 0.011,\ 0.026,\ 0.133,\ -0.029,\ -0.033,\ -0.047,\ 0.030,\ -0.015,\ 0.132,\ 0.137,\ 0.481,\ 0.047,\ -0.079,\ 0.047,\ 0.292,\ 0.010,\ 0.028,\ 0.051,\ -0.136,\ 0.109,\ -0.069,\ -0.009,\ -0.009\}$。10 个建模样本的投影值 $\{z_3(1),\ z_3(2),\ \cdots,\ z_3(10)\} = \{1.053,\ 1.080,\ 1.293,\ 0.499,\ 2.082,\ 0.702,\ 1.760,\ 1.766,\ 1.766,\ 0.000\}$。第三维 DCPP 模型的分配权重占比仅为 8.8%。

2. 将 3 维 DCPP 模型矢量合成为 LDSDCPP 模型

求得各维 DCPP 模型的分配权重 $\omega_1 = 0.8805$、$\omega_2 = 0.3698$ 和 $\omega_3 = 0.2967$。显然,第一维 DCPP 模型占绝对主导地位。求得综合最佳投影向量系数等,得到 LDSDCPP 模型的综合投影值 $\{z_2(1),\ z_2(2),\ \cdots,\ z_2(10)\} = \{5.021,\ 3.890,\ 2.926,\ 2.018,\ 2.851,\ 1.320,\ 1.935,\ 2.358,\ 1.861,\ 0.000\}$。显然,第 8 个样本(Ⅱ级风险)的投影值大于第 4 个样本(Ⅲ级风险)的投影值,分类错误。如果第三维 DCPP 模型取 $-\boldsymbol{a}_3$,构建 LDSDCPP 模型,得到 10 个建模样本的投影值 $\{z_2(1),\ z_2(2),\ \cdots,\ z_2(10)\} = \{4.396,\ 3.249,\ 2.159,\ 1.722,\ 1.616,\ 0.903,\ 0.891,\ 1.310,\ 0.814,\ 0.000\}$。显然,4 类风险样本的分类全部正确,极低风险、较低风险、中等风险和高风险 4 个等级的 LDSDCPP 模型输出值范围(分界值取相邻类样本的中值)分别为 > 2.704、$1.463 \sim 2.703$、$0.408 \sim 1.463$ 和 < 0.407。得到综合投影向量系数 $\{a_z(1),\ a_z(2),\ \cdots,\ a_z(30)\} = \{-0.355,\ -0.234,\ 0.238,\ 0.102,\ 0.215,\ 0.188,\ 0.174,\ 0.173,\ 0.165,\ 0.114,\ 0.196,\ 0.185,\ 0.211,\ 0.181,\ 0.167,\ 0.182,\ 0.059,\ 0.029,\ 0.086,\ 0.156,\ 0.064,\ -0.049,\ 0.213,\ 0.167,\ 0.207,\ 0.261,\ 0.094,\ 0.238,\ 0.183,\ 0.183\}$。

可见,x_1、x_2、x_3、$\cdots$ 和 x_{28} 共 9 个评价指标的权重绝对值大于 0.20;x_4、x_6、$\cdots$ 和 x_{30} 共 15 个指标的权重绝对值在 $[0.10, 0.20]$ 范围内;x_{17}、x_{18}、$\cdots$ 和 x_{27} 共 6 个指标的权重绝对值小于 0.10。求得 3 个待评价样本 LDSDCPP 模型的综合投影值分别为 1.207、1.846、1.366。可以判定待评价样本 S2 和 S10 为中等风险等级,样本 S6 为较低金融风险等级,与专家判定的结果一致。根据 LDSDCPP 模型,可以判定样本 S2 的风险高于样本 S10。

> **特别提示**　LDSPPC 模型和 LDSDCPP 模型都能正确识别所有样本的供应链金融风险,但结果存在一定差异。如 LDSDCPP 模型中,指标 1、2 的综合权重小于 0,指标 1 的权重绝对值最大等,都与 LDSPPC 模型的结果不一致。

6.6 针对样本数据②建立 LDSPPC 模型（三）

上述案例均为贫样本。针对高相似度的大样本数据②,建立 LDSPPC 模型。

1. 建立各维 PPC 模型

取 $R_1 = (r_{max})_1/5$,采用 MPA 群智能最优化算法求得全局最优解,得到第一维 PPC 模型

的目标函数值 $Q_1(\boldsymbol{a}_1) = 900.477$，$S_{z,1} = 0.4707$，$D_{z,1} = 1913.26$，$R_1 = 0.3245$，$(r_{\max})_1 =$ 1.6226，最佳投影向量及其系数 $\boldsymbol{a}_1\{a_1(1), a_1(2), a_1(3), a_1(4)\} = \{0.4331, -0.3488,$ 0.6308, 0.5412\}。 求得 150 个样本的投影值 $\{z_1(1), z_1(2), \cdots, z_1(150)\} =$ $\{-0.0565, -0.0079, -0.0717, -0.0478, \cdots, 1.0015, 0.9968, 0.9916, 0.8688\}$。

建立第二维 PPC 模型，求得全局最优解，目标函数值 $Q_2(\boldsymbol{a}_2) = 424.789$，$S_{z,2} = 0.2776$，$D_{z,2} = 1530.44$，$R_2 = 0.2334$，$(r_{\max})_2 = 1.1672$，$\boldsymbol{a}_2\{a_2(1), a_2(2), a_2(3), a_2(4)\} =$ $\{0.1101, 0.9342, 0.2176, 0.2602\}$。150 个样本的投影值 $\{z_2(1), z_2(2), \cdots, z_2(150)\} =$ $\{0.4004, 0.5889, 0.5013, 0.5445, \cdots, 1.1436, 0.9733, 0.8483, 0.9296\}$。

鉴于 $Q_2(\boldsymbol{a}_2) > 0.25Q_1(\boldsymbol{a}_1)$，须建立第三维 PPC 模型，得到 $Q_3(\boldsymbol{a}_3) = 83.02007$，$S_{z,3} =$ 0.1072，$D_{z,3} = 774.255$，$R_3 = 0.1161$，$(r_{\max})_3 = 0.5807$，$\boldsymbol{a}_3\{a_3(1), a_3(2), a_3(3),$ $a_3(4)\} = \{0.8814, 0.0617, -0.2117, -0.4178\}$。150 个样本的投影值 $\{z_3(1),$ $z_3(2), \cdots, z_3(150)\} = \{0.1872, 0.1512, 0.1006, 0.0716, \cdots, 0.0811, 0.0927,$ $-0.0505, -0.0158\}$。 鉴于 $Q_3(\boldsymbol{a}_3) < 0.33Q_1(\boldsymbol{a}_1)$，共需要建立三维 PPC 模型。

2. 建立 LDSPPC 模型

将上述第一维、第二维、第三维 PPC 模型构建成 LDSPPC 模型，第一维、第二维、第三维 PPC 模型的分配权重分别为 0.9013、0.4252、0.0831，第三维的作用很小。综合投影向量系数 $\boldsymbol{a}_z\{a_z(1), a_z(2), a_z(3), a_z(4)\} = \{0.5103, 0.0879, 0.6435, 0.5637\}$；150 个样本的投影值 $\{z_z(1), z_z(2), \cdots, z_z(150)\} = \{0.1349, 0.2559, 0.1569, 0.1944, \cdots, 1.3956,$ 1.3199, 1.2502, 1.1770\}。

研究发现，LDSPPC 模型的样本分类识别正确率为 93.33%，与一维 PPC 模型①的分类识别正确率基本相当。

6.7 针对样本数据②建立二维 PPC 模型—实证研究

针对样本数据②，取 $R = 0.1\max[S_{z,1}, S_{z,2}]$，采用 PPA 求得全局最优解，得到目标函数 $Q(\boldsymbol{a}) = 2.4326$，$S_{z,1} = 0.4149$，$S_{z,2} = 0.2346$，$D_z = 24.993$，$R = 0.0415$，$r_{\max} =$ 1.5720，其中 $D_{z,1} = 58.0334$，$R_1 = 0.0415$，$(r_{\max})_1 = 1.3804$，$D_{z,2} = 30.5678$，$R_2 =$ 0.0235，$(r_{\max})_2 = 0.8121$；第一维最佳投影向量及其系数 $\boldsymbol{a}_1\{a_1(1), a_1(2), a_1(3),$ $a_1(4)\} = \{0.3125, -0.3116, 0.1774, 0.8796\}$，第二维最佳投影向量及其系数 $\boldsymbol{a}_2\{a_2(1),$ $a_2(2), a_2(3), a_2(4)\} = \{0.0110, 0.0110, 0.9802, -0.1976\}$。参照 LDSPPC 模型⊜，可以求得 $Q_1(\boldsymbol{a}_1) = 24.0769$，$Q_2(\boldsymbol{a}_2) = 7.1713$。因为 $Q_2(\boldsymbol{a}_2) = 0.2979Q_1(\boldsymbol{a}_1) > 0.25Q_1(\boldsymbol{a}_1)$，二维 PPC 模型 ⊖ 还没有从样本数据中挖掘出足够多的有效信息。

Iris 数据二维 PPC 模型⊖的第一维、第二维投影值的分布情况见图 6 - 2。Friedman 等没有提出对二维投影得到的投影值如何进行综合，只能按第一维和第二维投影值分类研究。

按照二维 PPC 模型⊖第一维投影值的大小进行分类和排序，样本的分类识别正确率为 96%。在第二维投影方向上，分类正确率较低。可见，对于 Iris 数据，在二维平面上，建立二维 PPC 模型⊖，并没有提高样本的分类正确率。

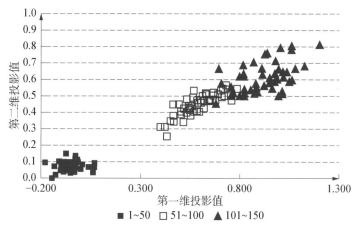

图 6 - 2　Iris 数据二维 PPC 模型㊀的投影值分布(3 类样本按原始序号排列)

6.8　建立 LDSPPC 模型

1. 什么问题需要建立 LDSPPC(LDSDCPP)模型

针对贫样本、小样本问题,只建立一维 PPC 模型,通常都有几个(对)样本的投影值相等,不能从样本数据中挖掘出足够多的有效信息,样本不能实现完全排序。因此,需要建立 LDSPPC 模型。当然,对于中等样本和大样本问题,为了挖掘出更多的有效信息,也可以建立 LDSPPC 模型。

2. 选用合理的参数

一维 PPC 模型是 LDSPPC 模型的基础模型,各种参数的选取原则详见第四章的有关内容。投影窗口半径 R 应在$[r_{max}/5, r_{max}/3]$ 范围内取值,通常取 $R = r_{max}/3$ 或者 $R = r_{max}/5$,建模结果基本稳定。R 绝对不能大于 r_{max}。

用第四章的定理和推论判定群智能最优化过程求得了各维 PP 模型的全局最优解,必须确保各维模型都求得了全局最优解。根据专业知识(先验知识)判定结果的合理性,因为 a 和 $-a$ 都是全局最优解,但哪一个是正确解,必须根据专业知识加以判定。如根据主要指标(权重最大指标)的理论属性、样本得分的性质(是越大越好,还是越小越好等)等。如果某维 PPC 模型是欠合理的,则综合而成的 LDSPPC 模型的结果也是欠合理的。

多个不同最佳投影向量(方向)组合而成的 LDSPPC2~6 模型,见表 6 - 2。如果第一维取投影向量$-a_1$,不仅指标的最大权重小于 0,多数样本的投影值也小于 0,显然是欠合理的。同理,如果第二维取投影向量$-a_2$,指标的最大权重小于 0,多数样本的投影值也小于 0。应根据已掌握的先验知识,研判建立模型结果的合理性,再进行组合,从而建立正确、可靠、合理的 LDSPPC 模型。

3. 确定需要建立逐次 PPC 模型的维数

建立 LDSPPC 模型,必须确定需要建立 PPC 模型的维数。首先建立投影向量相互垂直的各维 PPC 模型,直至第 M 维 PPC 模型的目标函数值分配权重占比小于 20%,不大于四维。采用矢量合成法,将各维 PPC 模型构建成 LDSPPC 模型,确保 LDSPPC 模型是某个感兴趣方向的投影,实现对小样本、贫样本的综合评价、分类和完全排序。

4. 根据建模的实际目标要求选择基础模型

如果建模目标是使样本投影点具有更好的整体聚类效果,应采用一维 PPC 模型①作为基础模型;如果要求使样本投影点最大程度偏离正态分布,应采用一维 PPC 模型⑦、⑧作为基础模型;针对有聚类要求的教师值样本,可采用一维 DCPP 模型⑱作为基础模型,等等。

建立 PPR 模型及其实证研究

7.1 概述

在自然科学、社会科学、管理科学和工程领域的理论研究、社会实践调查中，除了需要开展综合评价、排序和分类研究外，更需要根据现有的理论结果和调查或者实（试）验数据（如根据试验优化设计得到的数据、田野调查得到的数据等）进行归纳、总结和提炼。需要对收集到的现有数据进行拟合与预测建模。最常用的是多元线性回归和 Logistic、GM 灰色、VAR 等非线性回归模型，以及基于 ANN、RF、SVM 等现代数据挖掘建模技术。根据现有数据和建立的拟合模型，预测未来发展趋势等，并根据一些判定准则做出预警等。针对多维（评价指标、自变量等）数据的拟合、预测建模问题，Friedman 等建立了 PPR 模型。

PPR 模型主要有两大类、3 种形式。第一类是基于样本一维投影值和多重平滑回归技术算法（SMART 算法）的 S - PPR 模型。S - PPR 模型通过取中位数平滑以及分段线性回归方法估计岭函数的参数。岭函数不是具体的函数表达式，而是一系列函数列表。计算导数时用差分替代微分，后续应用对函数列表数据进行内插，计算工作量大而复杂，必须有专用软件，否则无法验证模型结果的合理性、有效性和正确性，以及对新样本数据预测、预警等。虽然 S - PPR 模型的建模结果也给出各个指标（或者自变量）的权重，可以求得每个变量的最优化值和最优化方案等，但不能直接给出明晰的（或者显式的）数学模型，后续应用不方便。第二类模型是为了克服 S - PPR 模型没有岭函数具体表达式和需要庞大函数列表的缺陷，提出了基于样本一维投影值和可变阶 Hermite 正交多项式岭函数的 PPR 模型（H - PPR 模型），以及基于样本一维投影值的幂指数（线性、2 次、3 次、4 次多项式）岭函数的 PPR 模型（P - PPR 模型）两种形式。

7.2 建立 H - PPR 模型

把可变阶的 Hermite 正交多项式（简称 Hermite 正交多项式）作为 PPR 模型的岭函数，建立 H - PPR 模型，计算公式为 $(2-33) \sim (2-35)$。

一般要求 H - PPR 模型预测值 $f[z(i)]$ 的误差平方和最小，即目标函数为

$$Q(\boldsymbol{a}, \boldsymbol{C}) = \min\left\{\sum_{i=1}^{n}\left[y(i) - f(i)\right]^2\right\} = \min\left\{\sum_{i=1}^{n}\left[y(i) - \sum_{j=1}^{J}\sum_{r=1}^{R_H}C_{jr}h_{jr}(z(i))\right]^2\right\}.$$

$$(7-1)$$

其中，$y(i)$、$f(i)$ 为样本期望值和模型预测值。当然，目标函数也可以采用相对误差平方和最小、均方差最小、平均相对误差绝对值最小，等等。

在实际建模时，首先建立第一个岭函数，如果模型已经满足精度（预测误差）要求，则不再建立第二个岭函数；否则，用第一个岭函数的绝对误差值代替原因变量值 $y(i)$，建立第二个岭函数；如果模型预测误差仍不能满足精度要求，则再建立第三个岭函数，等等，直至 H-PPR 模型误差满足精度要求为止。随着岭函数个数的增加，建模样本的预测误差逐步减小，模型的柔性越来越好；同时，受建模样本数据中噪声的影响也越来越大，非建模样本（检验样本或者测试样本）的误差可能变大。也就是说，检验样本（或者测试样本）误差刚开始时逐步减小，减小到一定程度后，如果继续增加岭函数个数，误差就不再继续减小，反而出现增大的现象（趋势），这就出现了诸如神经网络建模中的过拟合现象。因此必须取发生过拟合之前的岭函数和权重，即在满足精度要求的情况下，岭函数个数应尽可能少。Hermite 正交多项式最高阶数越高，模型的柔性和数据拟合能力也越好，也越容易发生过拟合。所以，实际建模时，在满足精度要求的情况下，尽可能取较低的最高阶数，实践中从 1 阶开始（相当于是线性岭函数）尝试，逐步提高最高阶数。部分实证研究表明，基于 Hermite 正交多项式岭函数的 H-PPR 模型，其内插和外延性能均优于 S-PPR 模型。

可变阶 Hermite 正交多项式属于参数回归分析的范畴，尤其适用于中小样本问题的数据建模和预测研究。H-PPR 模型的计算和最优化求解相对不是十分复杂，求解多项式系数 $\boldsymbol{C}$ 不需要采用最优化算法，求得的是确定性的全局最优解。H-PPR 模型虽然形式看起来比较复杂，但是属于显性模型，后续应用相对便捷，很容易对模型的有效性和正确性进行自主验证。已有实证研究结果表明，H-PPR 模型的预测效果优于 BPNN 模型，也优于 S-PPR 模型。

由于 PPR 模型在计算样本一维投影值时，自变量（评价指标）的最佳权重必须满足权重平方和等于 1 的约束条件。大大减少了 PPR 模型发生过拟合的可能性，但仍然需要采用检验样本或者测试样本，校验 PPR 模型的有效性和可靠性。

7.3 建立 P-PPR 模型

以样本一维投影值为基础项，建立幂指数多项式（最常用的是 2 次、3 次多项式）岭函数的 P-PPR 模型。模型所需条件弱，建立的模型是投影值的多项式，结构形式简单，后续应用便捷，拟合精度高，能满足工程实际要求，具有普遍的实用价值。P-PPR 模型第一个 3 次多项式岭函数样本预测值的计算见公式(2-41)。

通常要求模型预测值的均方差达到最小，则目标函数为

$$Q(\boldsymbol{a}, \boldsymbol{C}) = \min\left\{\frac{1}{n}\sum_{i=1}^{n}\left[y(i) - f(i)\right]^2\right\}.$$

$$(7-2)$$

如果第一个 3 次多项式岭函数 P‐PPR 模型的误差不能满足精度要求,可以用 P‐PPR 模型的绝对误差 $[y(i)-f(i)]$ 替代原始因变量 $y(i)$,建立第二个 3 次多项式岭函数的 P‐PPR 模型,直至模型误差满足精度要求为止。随着岭函数个数的增加,建模样本的误差将会越来越小,但验证(测试)样本的误差将出现先减小并降至最小,然后出现增大趋势,即过拟合,建模时务必注意。因此,在满足模型精度要求的前提下,岭函数个数应尽可能少。

> **特别提示**　实证建模时,最佳投影向量系数 $a(1),a(2),\cdots,a(p)$ 的平方和必须等于 1。否则,模型不具有空间投影的特性,不是严格意义上的 PPR 模型。

7.4　建立适用于实验优化设计的 T‐PPR 模型

在科学研究中会遇到大量的实验优化设计问题,尤其为了节约资源、时间以及受客观条件限制等,不可能进行大量实验(试验),而采用正交实验设计或者均匀(混合)设计等。早期通常都采用响应面方程(RSM)建模,并根据建立的 RSM 模型求得最优化设计(一般是使因变量取得极大值或者极小值)方案。自 1990 年代以来,为了提高模型精度,尤其是为了求得更大(或小)因变量值的最优化方案,采用 ANN(主要是 BPNN 模型)技术建模。ANN 模型具有很好的非线性逼近能力,但 ANN 是黑箱模型无法直接分析、判定自变量(评价指标)与因变量之间的关系。而且,ANN 是数据驱动型模型,主要应用于其他常规方法不能取得较好效果的大样本、非线性、复杂数据的建模领域。建立 ANN 模型的精度既取决于样本数据的可靠性和有效性,又必须保证建模(训练)过程中不发生过训练。所以,建模时必须将样本数据分成最大值、最小值、均值、标准差等基本相等(也称为性质相似)的训练样本、检验样本和测试样本,一般要求检验样本和测试样本占比都不低于 15%,最好能够达到 25%。用检验样本实时监控训练过程以避免过训练,并用测试样本误差表征模型的性能。只有当测试样本误差与训练样本误差、检验样本误差基本相当时,建立的模型才具有较好的泛化能力和实用价值。

事实上,正交实验设计、均匀(混合)实验设计等得到的样本数据量都很少,一般只有 10~40 组左右,而自变量通常为 3~4 个,甚至更多,属于典型的中小样本问题。虽然勉强可以建立 ANN 模型,但很难(几乎不)具有较好的泛化能力和实用价值。目前很多 ANN 模型没有采用检验样本实时监控训练过程,以避免过训练,建模结果的泛化能力难以保证。RSM 模型未剔除共线性的项和非显著的项,结果欠合理。

针对正交实验设计数据,有学者建立基于样本一维投影值和 3 个 3 次多项式岭函数的 P‐PPR 模型,但不满足指标权重平方和等于 1 的约束条件,不是严格意义上的 PPR 模型。另外,3 次多项式是马鞍形曲面,虽然建模样本的拟合精度较高,但可能不存在极大(小)值。有学者比较研究了响应面方程(RSM)与 S‐PPR 模型在优化实验设计应用中的优劣,但无法给出 S‐PPR 模型具体的岭函数形式,仅给出了因变量的一个高值区,并认为 RSM 模型有两个高值区,不符合实际情况。目前在实验优化设计领域,多建立 S‐PPR 模型。针对实验优化设计问题,一般不能采用 3 次多项式的 P‐PPR 模型,但可采用基于样本一维投影值 2 次多项式岭函数的 T‐PPR 模型,可以求得模型的极大(小)值。基于 2 次多项式岭函数 T‐

PPR 模型的数学表达式为

$$f[z(i)] = f(i) = c_0 + c_1 z(i) + c_2 [z(i)]^2 = c_0 + c_1 \sum_{j=1}^{p} a(j)x(i,j) + c_2 \Big[\sum_{j=1}^{p} a(j)x(i,j)\Big]^2 \text{。}$$

$$(7-3)$$

其中，$c_0 \sim c_2$ 为 2 次多项式的系数，其他参数符号意义见公式（2 - 41）。

根据通常的建模要求，应使 T - PPR 模型预测值的均方差达到最小，则目标函数同公式（7 - 2）。因为是 2 次多项式，理论上因变量在区域内（一般要求不是边界值）存在极大（小）值，可以求得试验设计最优方案。因为样本一维投影时，必须满足自变量的权重平方和等于 1 的约束条件，所以，建模时一般不容易发生过拟合。

除了上述岭函数形式以外，也有诸如核函数、样条函数、GCV 样条函数等形式。商品化软件 DPS 采用核函数岭函数。

为统一起见，将第 j 个岭函数的 PPR 模型的预测值统称为 f_j，则 PPR 模型的预测值 $f(i)$ 为

$$f(i) = f_1(i) + f_2(i) + f_3(i) + \cdots + f_m(i) \text{。} \qquad (7-4)$$

有学者认为 PPR 模型与 BPNN 模型不仅型式相似，而且当 PPR 模型的岭函数采用 Sigmoid 函数时，PPR 模型就成为了 BPNN 模型。实际上，两种模型存在明显的区别，PPR 模型中自变量的权重平方和等于 1，而 BPNN 模型没有这方面的限制。所以，建立 PPR 模型时不存在过训练现象。求得的 PPR 模型参数都是确定性最优解，不容易发生过拟合；而 BPNN 模型很容易发生过训练，求得的网络连接权重等都不是确定性解，网络结构太大时很容易发生过拟合。事实上，建立具有一个岭函数的 PPR 模型，相当于 BPNN 模型一个隐层节点的输出，所以，BPNN 模型与 PPR 模型之间存在较大区别。另外，PPR 模型的岭函数是逐个增加的，而 BPNN 模型是一次训练完成的，决定了前者不易发生过训练，后者很容易发生过训练。

有学者认为 PPR 模型相当于是广义可加权模型（GAM）与 ANN 的混合模型，具备两类模型的优点，比 ANN 模型更简洁，泛化能力和预测能力与 ANN 模型基本相当。

7.5　表征 PPR 模型性能的主要指标

建立 PPR 模型后，必须对模型的泛化能力和预测能力（性能）进行客观分析和比较研究。衡量模型性能的常用指标主要有相关系数（R）、平均绝对误差（MAE）、平均绝对百分比（相对）误差（$MAPE$）或偏差率（$BIAS$）、标准差（σ）、均方根误差（$RMSE$）、相对均方根误差（$RRMSE$）、Nash-Sutcliffe 标准（准则、判据）（NHS）等，计算公式分别为

$$R = \sqrt{\dfrac{\sum_{i=1}^{n} [f(i) - \bar{y}]^2}{\sum_{i=1}^{n} [y(i) - \bar{y}]^2}} = \sqrt{\dfrac{SS_R}{SS_T}}, \ MAE = \dfrac{1}{n}\sum_{i=1}^{n} |y(i) - f(i)| \text{。}$$

$$MAPE = \frac{1}{n}\sum_{i=1}^{n}\left|\frac{y(i)-f(i)}{y(i)}\right| \times 100\%, \text{或} \ BIAS = \frac{1}{n}\sum_{i=1}^{n}\left(\frac{y(i)-f(i)}{y(i)}\right).$$

$$\sigma = \sqrt{\frac{1}{n-1}\sum_{i=1}^{n}|y(i)-f(i)|^2}, \quad RMSE = \sqrt{\frac{1}{n}\sum_{i=1}^{n}|y(i)-f(i)|^2}.$$

$$RRMSE = \sqrt{\frac{1}{n}\sum_{i=1}^{n}\left|\frac{y(i)-f(i)}{y(i)}\right|^2}, \quad NHS = 1 - \frac{\sum_{i=1}^{n}\left[y(i)-f(i)\right]^2}{\sum_{i=1}^{n}\left[y(i)-\bar{y}\right]^2}.$$

一般可采用上述 3、4 个指标表征模型性能，R、MAE、$MAPE$ 和 $RMSE$ 等最常用。如果因变量 $y(i)$ 的个别值很小，指标 $MAPE$ 和 $RRMSE$ 可能较大而失去意义，非线性模型的 NHS 相当于线性模型的 R。

7.6 PPR 模型的实证研究

7.6.1　实证研究案例一

全固废胶凝砂砾石筑坝材料抗压强度的实验(样本)数据见表 7-1。其中组号 1～16 是建模样本，组号 J1～J9 是验证(检验)样本。

表 7-1　实验方案、结果和采用不同岭函数 PPR 模型的建模结果对比

组号	实验方案及结果				T-PPR 模型				H-PPR 模型		
	x_1	x_2	x_3	y	f_1	f_2	f_3	f_4	f_1	f_2	f_3
1	3	8	10	6.2	6.82	−0.52	−0.29	0.09	6.92	−0.36	−0.27
2	3	10	15	7.8	8.07	−0.36	0.29	0.04	8.11	0.00	−0.30
3	3	12	20	9.0	8.77	−0.20	0.30	0.00	8.68	0.49	−0.34
4	3	14	25	8.5	8.93	−0.07	−0.25	−0.03	8.93	0.05	−0.37
5	6	8	15	8.3	8.34	0.25	−0.34	−0.09	8.38	−0.36	0.23
6	6	10	10	7.1	6.62	0.29	0.28	0.09	6.67	0.08	0.28
7	6	12	25	9.5	8.87	0.36	0.31	−0.11	8.91	0.50	0.16
8	6	14	20	8.8	8.72	0.38	−0.22	0.00	8.62	−0.11	0.21
9	9	8	20	8.6	8.93	0.36	−0.39	−0.09	8.91	−0.36	0.40
10	9	10	25	9.1	8.77	0.32	0.25	−0.07	8.81	0.07	0.41
11	9	12	10	7.5	6.41	0.30	0.31	0.09	6.38	0.49	0.35
12	9	14	15	8.1	7.81	0.23	−0.20	0.04	7.86	−0.29	0.37
13	12	8	25	8.3	8.61	−0.17	−0.44	0.09	8.60	−0.36	−0.12

组号	实验方案及结果				T‐PPR 模型				H‐PPR 模型		
	x_1	x_2	x_3	y	f_1	f_2	f_3	f_4	f_1	f_2	f_3
14	12	10	20	8.7	8.92	−0.27	0.24	−0.09	8.88	0.15	−0.23
15	12	12	15	8.2	8.11	−0.39	0.33	−0.09	8.19	0.48	−0.33
16	12	14	10	5.2	6.20	−0.51	−0.18	0.09	6.07	−0.48	−0.45
J1	4	9	12	7.2	7.39	−0.13	0.06	0.05	7.53	−0.25	−0.10
J2	4	11	17	8.6	8.42	−0.01	0.36	0.01	8.39	0.32	−0.14
J3	4	13	22	9.0	8.90	0.10	0.10	−0.03	8.82	0.41	−0.18
J4	7	9	17	8.7	8.62	0.37	0.03	−0.10	8.59	−0.23	0.35
J5	7	11	22	9.5	8.94	0.39	0.36	−0.11	8.91	0.35	0.33
J6	7	13	12	7.6	6.92	0.40	0.11	0.16	6.94	0.31	0.38
J7	10	9	22	8.8	8.93	0.23	−0.01	−0.07	8.93	−0.20	0.31
J8	10	11	12	7.8	7.34	0.18	0.36	−0.04	7.51	0.42	0.21
J9	10	13	17	8.6	8.39	0.09	0.14	−0.06	8.38	0.27	0.25

注：x_1、x_2、x_3 为自变量，分别表示电石渣掺量(%)、脱硫石膏掺量(%)和矿渣掺量(%)；y 为因变量，表示筑坝材料的 28 天抗压强度(Mpa)；$f_1 \sim f_4$ 表示第 1～4 个岭函数的预测值。

　　基于 SMART 算法、由 3 个岭函数构成的 S‐PPR 模型，假定以相对误差小于 5% 作为合格标准，建模样本和检验样本的合格率均为 100%，建模样本和检验样本的 $MAPE$ 分别为 1.3% 和 3.2%，求得的最佳实验设计方案为电石渣掺量为 8%、脱硫石膏掺量为 12% 和矿渣掺量为 20%。文献没有给出筑坝材料 28 天的最大抗压强度值，也没有给出每一个样本的抗压强度预测值。

1. 建立 T‐PPR 模型

　　针对表 7‐1 的样本数据，对自变量数据进行极差归一化(也可采用去均值归一化，求得模型参数不同，但 $RMSE$ 等性能指标的结果是相同的)，对因变量不作归一化。

　　前 16 个为建模样本，采用 PPA 群智能最优化算法求得真正的全局最优解，自变量最佳权重和 2 次多项式系数见表 7‐2，建模样本和检验样本的预测值 $f_1(i)$ 见表 7‐1(表中用 f_1 表示)，模型主要性能指标值见表 7‐3。

表 7‐2　T‐PPR 模型不同岭函数的参数

岭函数	最佳权重 $a(1) \sim a(3)$	多项式系数 $c_0 \sim c_2$
第 1 个岭函数	(0.0702, −0.1720, 0.9826)	(6.8152, 5.6500, −3.7472)
第 2 个岭函数	(0.9899, 0.1400, 0.0228)	(−0.5229, 3.2451, −2.8603)
第 3 个岭函数	(−0.0412, 0.9991, −0.0130)	(−0.2898, 2.6016, −2.5941)
第 4 个岭函数	(−0.4932, 0.4888, −0.7196)	(0.0936, 0.6827, 0.5624)

表 7-3　不同岭函数个数的 T-PPR 模型性能指标值对比

模型性能	1 个岭函数		2 个岭函数		3 个岭函数		4 个岭函数	
	建模样本	检验样本	建模样本	检验样本	建模样本	检验样本	建模样本	检验样本
$RMSE$	0.497 6	0.375 3	0.371 5	0.238 2	0.225 9	0.212 2	0.209 2	0.160 2
$MAPE$	0.005 4	−0.028 7	0.001 6	−0.005 3	0.000 4	0.017 1	0.001 2	0.014 8
MAE	0.000 0	−0.241 0	0.000 0	−0.039 2	0.000 0	0.150 4	−0.001 7	0.125 0
Max_AE	1.085 4	0.679 4	0.786 9	0.359 2	0.473 2	0.352 2	0.406 2	0.279 9
Max_RE	19.259	8.939 2	10.492 0	4.081 8	6.309 3	4.002 3	7.811 5	3.180 7
R	0.886 9	0.860 3	0.938 6	0.946 2	0.977 8	0.957 6	0.981 0	0.976 0
$Q(a, C)$	3.961 9	1.126 6	2.208 6	0.454 0	0.816 7	0.360 1	0.700 3	0.205 4
合格率	62.5	66.7	75.0	100	87.5	100	87.5	100

注:有 1~4 个岭函数的 T-PPR 模型的结果;Max_AE 和 Max_RE 是指最大绝对误差和最大相对误差绝对值。

　　第 1 个岭函数的 T-PPR 模型,建模样本和检验样本的合格率(%)分别只有 62.5% 和 66.7%,明显偏低,最大相对误差分别达到 19.3% 和 8.9%,明显偏大,显然不能满足实际工程预测的精度要求,需要建立更多个岭函数的 PPR 模型。

　　把第 1 个岭函数 PPR 模型的绝对预测误差 $[y(i) - f_1(i)]$ 替代因变量值 $y(i)$,继续建立第 2 个多项式岭函数,求得的岭函数参数见表 7-2,预测值见表 7-1(表中 f_2 所示)。得到了含有 2 个岭函数的 T-PPR 模型,预测值为 $[f_2(i) + f_1(i)]$,模型性能指标值见表 7-3(表中"2 个岭函数")。可见,含有 2 个岭函数的 T-PPR 模型性能明显优于含有 1 个岭函数的模型,建模样本和检验样本的合格率分别从 62.5%、66.7% 提高到 75% 和 100%,最大相对误差分别从 19.3%、8.9% 下降到 10.5% 和 4.1%。但整体上讲,建模样本的合格率还是偏低,最大相对误差还是偏大,还不能满足工程实际问题的精度要求。为此,再将含有 2 个岭函数 T-PPR 模型的绝对预测误差替代原因变量值,继续建立第 3 个岭函数。同理,建立第 4 个岭函数。

　　第 3 个、第 4 个岭函数的参数值见表 7-2,岭函数的预测值见表 7-1(表中 f_3、f_4 所示)。含有 3 个岭函数和 4 个岭函数的 T-PPR 模型的性能指标值见表 7-3。含有 3 个岭函数 T-PPR 模型的性能明显优于含有 2 个岭函数模型,建模样本的合格率从 75% 进一步提高到 87.5%,检验样本的合格率保持在 100%,建模样本和检验样本的最大相对误差分别从 10.5% 和 4.1% 进一步下降到 6.3%、4.0%。虽然两个样本(12.5%)没有达到合格标准,但相对误差分别为 6.31% 和 6.07%,已经接近 5% 的合格要求。含有 4 个岭函数 T-PPR 模型的性能指标值稍优于含有 3 个岭函数模型,但改进不大,合格率保持不变,建模样本的最大相对误差却从 6.3% 增大到 7.8%。因此,已没有必要再建立更多的岭函数。

　　为简便计算,决定采用含有 3 个岭函数的 T-PPR 模型,模型预测值为 $[f_1(i) + f_2(i) + f_3(i)]$。理论上讲,如果采用 3 次多项式岭函数,建模样本的性能指标值会更优。

　　从误差平方和逐步减小可知,第 1 个岭函数比第 2 个岭函数重要,以此类推;同时,根据

4个岭函数的最佳权重可知,自变量 x_3 的重要性明显要高于自变量 x_1,自变量 x_1 的重要性又要高于自变量 x_2。T-PPR 是显性模型,后续应用便捷。S-PPR 模型只能以列表形式给出结果,后续应用不便。

2. 建立 H-PPR 模型

与建立 T-PPR 模型时对表 7-1 数据作相同的归一化处理,针对前 16 个建模样本,采用 PPA 群智能最优化算法求得真正的全局最优解。为避免发生过拟合,在满足精度要求的情况下,最高阶数应尽可能低。对最高阶数 R 为 2～6 阶的第 1 个岭函数模型的精度对比研究发现,$R=2$ 和 3 时,模型精度较低;而 $R=5$ 和 6 时,建模样本相对误差较小,但个别检验样本的相对误差较大。所以,最后确定 $R=4$。建立了第 1 个基于 Hermite 正交多项式岭函数的 H-PPR 模型,自变量的最佳权重和 Hermite 正交多项式的系数见表 7-4。建模样本和检验样本的预测值 $f_1(i)$ 见表 7-1,模型主要性能指标见表 7-5。含有一个岭函数的 H-PPR 模型,建模样本和检验样本的合格率分别只有 62.5% 和 77.8%,明显偏低,最大相对误差分别达到 16.7% 和 8.70%,明显偏大。不能满足工程实际预测的精度要求,需要建立含有更多个岭函数的 H-PPR 模型。

表 7-4　建立 H-PPR 模型的不同岭函数参数

岭函数	最佳权重 $a(1)\sim a(3)$	多项式系数 $c_1\sim c_4$
第 1 个岭函数	$(0.0966, -0.2045, \underline{0.9741})$	$(23.714, -19.631, 14.216, -7.6176)$
第 2 个岭函数	$(0.0896, \underline{0.9953}, -0.0369)$	$(-2.6133, -3.1277, -2.0446, -4.4002)$
第 3 个岭函数	$(\underline{0.9961}, 0.0138, -0.0877)$	$(-2.4658, -0.3009, -3.1963, -0.9299)$

表 7-5　建立含有不同个数岭函数 H-PPR 模型的性能比较

模型性能	1 个岭函数		2 个岭函数		3 个岭函数	
	建模样本	检验样本	建模样本	检验样本	建模样本	检验样本
$RMSE$	0.489	0.376	0.351	0.221	0.157	0.186
$MAPE$	0.054	0.041	0.002	-0.005	-0.001	0.015
MAE	0.397	0.339	0.000	-0.047	0.000	0.127
Max_AE	1.115	0.661	0.622	0.350	0.346	0.341
Max_RE	16.72	8.699	8.291	4.605	4.021	4.368
R	0.891	0.860	0.945	0.954	0.989	0.968
$Q(\boldsymbol{a}, \boldsymbol{C})$	3.826	1.130	1.976	0.390	0.392	0.276
合格率	62.5	77.8	62.5	100	100	100

注:1～4 个岭函数是指含有 1～4 个岭函数的 PPR 模型的结果;Max_AE 和 Max_RE 是指最大绝对误差和最大相对误差绝对值。

为此,把含有一个岭函数 H-PPR 模型的绝对预测误差 $[y(i)-f_1(i)]$ 替代原因变量

$y(i)$,建立第 2 个岭函数,求得岭函数参数见表 7-4,模型预测值见表 7-1(表中 f_2 所示),得到含有 2 个岭函数的 H-PPR 模型,模型预测值为 $[f_2(i)+f_1(i)]$,性能指标值见表 7-5(表中"2 个岭函数")。2 个岭函数的 H-PPR 模型性能明显优于 1 个岭函数的模型,建模样本合格率不变,检验样本合格率从 77.8% 提高到 100%,最大相对误差分别从 16.7%、8.70% 下降到 8.30% 和 4.61%。整体上讲,建模样本的合格率还是偏低,最大相对误差偏大,不能满足工程实际问题的精度要求。

再将含有 2 个岭函数 H-PPR 模型的预测误差作为因变量,继续建立第 3 个岭函数,参数值见表 7-4,岭函数的预测值见表 7-1(表中 f_3 所示)。含有 3 个岭函数的 H-PPR 模型性能指标值见表 7-5。显然,含有 3 个岭函数 H-PPR 模型的性能明显优于含有 2 个岭函数的模型,建模样本的合格率从 62.5% 提高到 100%,检验样本的合格率保持在 100%,最大相对误差分别从 8.70% 和 4.61% 进一步下降到 4.02%、4.37%。因此,决定采用含有 3 个岭函数的 H-PPR 模型,模型预测值为 $[f_1(i)+f_2(i)+f_3(i)]$。

显然,第 1 个岭函数明显比第 2 个岭函数重要,以此类推。根据 3 个岭函数的最佳权重可以看出,自变量 x_3 的重要性高于自变量 x_2,x_2 又高于 x_1。这个结果与 T-PPR 模型略有差异,即自变量 x_1 和 x_2 的重要性排序不同。从第 2 个、第 3 个岭函数的目标函数值下降幅度大小可以看出,两个自变量的重要性差异不大。

> **特别提示** H-PPR 模型性能与 Hermite 正交多项式的最高阶数直接相关。最高阶数越高,模型的拟合能力越强;模型的泛化能力和预测能力可能会减弱,容易发生过拟合,反之,可能发生欠拟合。在建模时,应比较研究最高阶数取不同值时的模型性能,以确定合理的最高阶数。

3. 根据 PPR 模型确定最优实验设计方案

T-PPR 模型由 2 次多项式构成,理论上区域内存在极大(小)值。通过令因变量对各个自变量的偏导数等于 0,求解联立方程组可以得到最优解。H-PPR 模型是一个非常复杂的高次非线性方程组,必须应用最优化算法才能求得 H-PPR 模型的极大(小)值。

为统一计,对于两种 PPR 模型,均采用 PPA 群智能最优化算法进行求解,求得 PPR 模型取得极大值的全局最优解。T-PPR 模型的最优实验设计方案为:电石渣掺量(x_1)为 7.31%、脱硫石膏掺量(x_2)为 11.19%、矿渣掺量(x_3)为 22.39%,此时因变量筑坝材料的 28 天抗压强度可达到 $9.705\,\mathrm{Mpa}$,优于表 7-1 的所有实际实验方案(最佳方案为 J5,3 个自变量分别为 7、11、22,筑坝材料的 28 天抗压强度可达到 $9.696\,\mathrm{Mpa}$)。根据 T-PPR 模型,文献给出的最佳实验方案的筑坝材料 28 的抗压强度为 9.521,低于表 7-1 的实验方案 J5。

同理,求得 H-PPR 模型的最优实验设计方案为:电石渣掺量(x_1)为 8.33%、脱硫石膏掺量(x_2)为 11.46%、矿渣掺量(x_3)为 23.12%,此时筑坝材料的 28 天抗压强度可达到 $9.852\,\mathrm{Mpa}$,优于表 7-1 中的所有实际实验方案。其中,实验最佳方案 J5 的预测值为 9.587,小于根据模型确定的最佳方案的预测值。根据建立的 H-PPR 模型,文献给出的最佳试验方案(条件)下的筑坝材料 28 天抗压强度为 9.654,低于表 7-1 所示的实验方案 J5。

得到如下结论:①尽管两种 PPR 模型的建模原理相差较大,岭函数形式完全不同,但都具有较好的泛化能力和预测能力。②从 PPR 模型性能指标 RMSE、MAPE、Max_RE、相关系数 R 等的值来看,H-PPR 模型的数据拟合能力稍优于 T-PPR 模型。③从两种 PPR

模型的最佳实验设计方案可知,H－PPR 模型筑坝材料 28 天抗压强度值更大一点。PPR 模型求得的最佳方案预测值都大于所有实际实验方案的模型预测值,说明根据 PPR 模型可以挖据出更优的实验设计方案,也优于文献求得的最佳实验设计方案。

7.6.2 实证研究案例二

某项研究设定充填管道失效风险为 4 级:特大危险(Ⅰ级)、重大危险(Ⅱ级)、较大危险(Ⅲ级)、一般危险(Ⅳ级)。主要有 8 个定量指标(因素)和 2 个定性指标影响充填管道失效风险,8 个定量指标(指标单位略)的评价标准区间见表 7－6,共采集到 15 组数据,见表 7－7。

1. 建立 H－PPR 模型

表 7－6　管道失效风险评价指标分类标准

风险水平	$x_1(\geqslant)$	$x_2(\geqslant)$	$x_3(\geqslant)$	$x_4(\leqslant)$	$x_5(\geqslant)$	$x_6(\leqslant)$	$x_7(\geqslant)$	$x_9(\geqslant)$
Ⅰ	60	2	3.2	1.5	7	100	0.25	400
Ⅱ	45	1.7	2.2	4	4.5	150	0.12	300
Ⅲ	30	1.4	1.2	6.5	2	200	0.05	200
Ⅳ	$\leqslant 30$	$\leqslant 1.4$	$\leqslant 1.2$	$\geqslant 6.5$	$\leqslant 2$	$\geqslant 200$	$\leqslant 0.05$	$\leqslant 200$

表 7－7　管道失效风险评价指标数据及专家判定的风险等级

样本	x_1	x_2	x_3	x_4	x_5	x_6	x_7	x_8	x_9	x_{10}	y(风险)
1	23	1.75	1.04	2.65	4.22	260	0.04	5.86	245	7.06	Ⅳ
2	51	1.29	1.83	5.16	1.99	178	0.28	3.41	186	3.94	Ⅱ
3	28	2.07	0.98	4.89	7.27	227	0.04	4.02	197	5.16	Ⅲ
4	37	1.55	1.16	6.68	1.96	258	0.09	5.11	190	4.28	Ⅲ
5	19	1.36	1.02	7.01	1.91	290	0.05	6.08	183	6.05	Ⅳ
6	50	1.29	3.27	3.23	1.83	294	0.18	1.17	367	1.96	Ⅰ
7	26	1.14	3.03	6.62	1.87	196	0.04	5.99	170	6.43	Ⅳ
8	27	1.37	1.07	6.57	5.77	255	0.03	4.6	161	5.39	Ⅲ
9	26	1.31	2.87	6.32	1.89	284	0.05	6.25	159	7.77	Ⅳ
10	21	1.17	2.11	7.2	1.8	203	0.03	7.33	130	7.1	Ⅳ
11	59	1.95	1.39	6.72	1.78	93	0.11	1.92	412	1.99	Ⅰ
12	22	1.09	1.18	6.69	5.51	98	0.01	7.28	187	6.83	Ⅳ
13	28	1.22	2.54	3.85	4.02	208	0.06	6.52	199	7.02	Ⅱ
14	43	1.51	1.14	6.5	1.69	219	0.09	5.73	163	6.58	Ⅳ
15	27	1.36	0.87	3.24	3.92	221	0.02	4.04	203	5.25	Ⅲ

因为样本数量太少,采用粗糙集(RS)对评价指标进行约简,得到 5 个约简评价指标 x_1、x_2、x_5、x_6 和 x_9。约简后的评价指标和数据见表 7-8,约简后各个样本的自变量属性值见表 7-9。

为保持建模数据和检验样本数据的一致性,直接应用表 7-8 的数据建模。设定前 10 组数据为建模样本,后 5 组数据为检验样本。

表 7-8　经 RS 处理后的自变量数据及 PPR 建模结果

组号	x_1	x_2	x_5	x_6	x_9	投影值 $z(i)$	y	风险等级	PPR	SVM	SVM_T	PPR	PPR	PPR_A	SVM_A
1	23	1.75	4.22	260	245	0.735	4	Ⅳ			3.969	3.994	-30.6	3.972	3.971
2	51	1.29	1.99	178	186	0.425	2	Ⅱ			2.031	1.985	-20.5	1.865	2.029
3	28	2.07	7.27	227	197	1.145	3	Ⅲ			2.991	3.004	-10.5	3.058	3.031
4	37	1.55	1.96	258	190	0.514	3	Ⅲ			3.029	3.011	11.1	3.646	3.126
5	19	1.36	1.91	290	183	0.226	4	Ⅳ			4.031	4.005	98.4	3.839	4.031
6	50	1.29	1.83	294	367	0.801	1	Ⅰ			1.030	1.008	-25.4	1.003	1.030
7	26	1.14	1.87	196	170	0.034	4	Ⅳ			3.970	3.995	82.6	3.851	3.780
8	27	1.37	5.77	255	161	0.613	3	Ⅲ			3.030	3.004	-12.8	2.882	2.970
9	26	1.31	1.89	284	159	0.244	4	Ⅳ			3.970	4.008	92.6	3.585	3.968
10	21	1.17	1.8	203	130	-0.058	4	Ⅳ			4.031	3.985	101.9	3.927	4.031
11	59	1.95	1.78	93	412	1.016	1	Ⅰ	0.905	1.111	2.551	-4.630	45.0	0.929	1.031
12	22	1.09	5.51	98	187	0.176	4	Ⅳ	4.185	3.613	3.104	2.168	-18.8	3.972	3.970
13	28	1.22	4.02	208	199	0.358	2	Ⅱ	2.149	1.811	3.530	4.055	12.6	2.274	2.805
14	43	1.51	1.69	219	163	0.448	4	Ⅳ	3.798	3.695	2.500	2.558	-0.70	4.063	2.924
15	27	1.36	3.92	221	203	0.436	3	Ⅲ	3.178	2.737	3.675	4.057	3.40	3.133	3.029

分析表 7-9 各自变量(评价指标)属性值数据发现异常:①组号 1 和 15 两个样本(下划粗实线 __ 表示),各个指标的属性值是相等的,但风险等级前者是Ⅳ级,后者是Ⅲ级,即两个完全一样的样本,风险等级却相差一级。这是不可能的。②组号 8 样本,5 个指标的属性值分别为 4、4、2、4、4,风险等级为Ⅲ;而组号 13 样本,5 个指标的属性值分别为 4、4、3、4、4,风险等级却为Ⅱ。这是不可能的,因为属性值越大,风险等级越高。所以,组号 13 样本的风险等级必定要高于组号 8 样本。而且,组号 13 样本只有一个指标的属性值是 3,其他都是 4,风险等级至少高于Ⅲ级,不可能是Ⅱ级。③组号 6 样本,5 个指标的属性值分别为 2、4、4、4、2,所有属性值均大于 2,但风险等级却是Ⅰ级。这是不可能的。

表 7-9 的指标属性值根据表 7-6 确定,是正确的。因此,样本的属性值与风险等级之间存在矛盾,必定是专家判定结果错误。这是一个典型的建模样本和验证数据存在错误的实证研究案例。

表 7-9　原始数据经 RS 处理后的各指标属性值及 PPR 建模结果对比

组号	F1	F2	F5	F6	F9	样本投影值	G	风险等级	PPR	SVM	SVM_T	PPR
1	4	2	3	4	3	0.954	4	IV			3.970	3.999
2	2	4	4	3	4	1.207	2	II			2.030	2.002
3	4	1	1	4	4	0.548	3	III			3.030	2.996
4	3	3	4	4	4	1.178	3	III			3.030	3.000
5	4	4	4	4	4	1.597	4	IV			3.969	3.999
6	2	4	4	4	2	0.869	1	I			1.030	0.999
7	4	4	4	3	4	1.697	4	IV			3.972	4.000
8	4	4	2	4	4	1.247	3	III			3.029	3.005
9	4	4	4	4	4	1.597	4	IV			3.969	3.999
10	4	1	4	4	4	1.074	4	IV			3.969	3.999
11	2	2	4	1	1	0.700	1	I	0.905	1.111	2.732	1.137
12	4	4	2	1	4	1.547	4	IV	4.185	3.613	3.285	2.894
13	4	4	3	4	4	1.422	2	II	2.149	1.811	3.604	3.719
14	3	4	4	4	4	1.352	4	IV	3.798	3.695	3.027	3.000
15	4	2	3	4	3	0.954	3	III	3.178	2.737	3.970	3.999

对表 7-8 的自变量数据采用极差归一化,对逆向指标 x_6 采用越小越好归一化,取 Hermite 正交多项式的最高阶数为 5 阶,采用 PPA 群智能最优化算法求得全局最优解,得到各个指标的最佳权重和 Hermite 正交多项式系数,见表 7-10。建模样本的目标函数值、最大绝对误差 Max_AE 和最大相对误差绝对值 Max_RE 也列于表 7-10 中。10 个建模样本和 5 个检验样本的模型预测值见表 7-8。10 个建模样本的误差都很小,Max_AE 仅为 0.0147,Max_RE 仅为 0.75%;5 个检验样本的误差都很大,但组号 1 和 15 样本的模型预测值很接近,组号 13 样本的模型预测值大于组号 8 样本。这个结果表明,H-PPR 模型是可靠的,也再次证实组号 13、15 样本专家主观判定的风险等级欠合理。

计算得到样本投影值 $z(i)$ 与风险等级期望值 $y(i)$,如图 7-1 所示。把建模样本和检验样本合在一起,所有样本投影值 $z(i)$ 与风险等级期望值 $y(i)$ 的非线性关系,如图 7-2 所示。

检验样本的期望值(专家判定结果)严重扭曲了建模样本的分布规律,尤其是投影值在 0.10～0.20 和 0.50～0.70 范围内。再比较组号 13 样本和组号 1、12、15 样本的指标属性值发现,组号 13 样本的所有指标属性值都是最大的,但专家主观判定的结果却恰恰相反,组号 13 样本的风险等级是 II 级,而组号 1、12 和 15 样本的风险等级却是 IV、IV 和 III 级。

样本投影值与风险等级 $y(i)$ 之间存在复杂的、毫无规律的非线性关系,与上述表 7-6

表 7-10　Hermite 最高阶数取不同值时的自变量最佳权重和多项式系数对比

R_H	最佳权重 $a(1)\sim a(5)$	多项式系数 C	$Q(a, C)$	Max_AE	Max_RE
5	(0.843 2，0.087 5，−0.453 1，0.021 8，0.275 1)	(−26.719，7.287 5，−75.230，16.669，−44.368)	0.000 8	0.014 7	0.75
5_R	(0.641 3，0.000 1，−0.609 1，−0.171 7，0.433 9)	(36.604，−12.207，65.871，−7.319 0，35.233)	0.000 1	0.005 4	0.18
4	(0.729 6，0.142 3，−0.580 3，−0.037 0，0.330 6)	(7.218 5，−5.432 2，4.344 5，2.315 9)	0.003 1	0.036 5	0.92
3	(0.709 1，0.190 3，−0.643 8，−0.038 4，0.212 2)	(4.109 1，−7.523 1，2.375 1)	0.005 7	0.053 8	1.35
2	(0.724 4，0.224 5，−0.635 0，−0.106 0，0.102 1)	(1.274 8，−7.544 4)	0.011 1	0.064 7	1.62
2_P	(0.834 1，−0.010 0，0.290 8，−0.425 1，−0.197 1)	(4.079 5，−0.677 6，−11.643)	0.043 9	0.144 8	3.62
2_P_R	(0.630 3，−0.136 4，0.409 2，−0.629 1，−0.144 6)	(3.658 8，3.502 7，−7.589 2)	0.004 5	0.053 6	1.34

注:5_R 表示根据 RS 处理后数据建立 H-PPR 模型的结果。2_P、2_P_R 分别表示采用原始数据和 RS 处理后数据的 T-PPR 模型的结果。2、3、4 分别表示建立基于 2 次、3 次和 4 次多项式岭函数的 P-PPR 模型的结果。

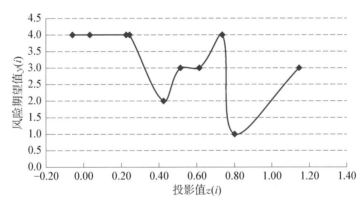

图 7-1　建模样本投影值 $z(i)$ 与风险等级期望值 $y(i)$ 之间的非线性关系

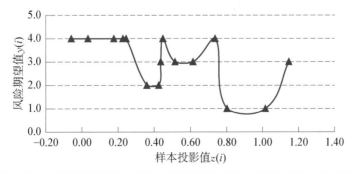

图 7-2　所有样本投影值 $z(i)$ 与风险等级期望值 $y(i)$ 之间的非线性关系

的评价标准完全不同。所以，这种复杂的非线性关系（实际上是过拟合）是由于专家主观判定结果出现错误造成的，也可能是最高阶数太高所致。

如图 7-1 所示，PPR 模型的预测值（期望值）与样本投影值之间虽然也是复杂的非线性关系，但具有较好的规律性，是基本可信和合理的。根据表 7-6，投影值越小，风险等级应该越高。由于专家判定组号 3 和 8 样本的风险等级期望值偏低，导致在投影值较小的区域内，风险等级不是升高，而是降低，与表 7-6 的评价标准存在一定差异。

最高阶数分别取 2、3 和 4 阶，求得全局最优解，得到自变量最佳权重、Hermite 正交多项式系数、目标函数值、Max_AE、Max_RE，见表 7-10。可见，最高阶数为 2 阶时，对建模样本已有足够的拟合能力（精度），完全能够满足精度要求。最高阶数为 2～4 阶时，H-PPR 模型建模样本投影值 $z(i)$ 与期望值 $y(i)$ 之间的非线性关系，如图 7-3 所示。可见，最高阶数为 2～5 阶时，样本投影值 $z(i)$ 与期望值 $y(i)$ 之间的非线性关系基本一致，说明最高阶数为 2～5 阶基本等效。

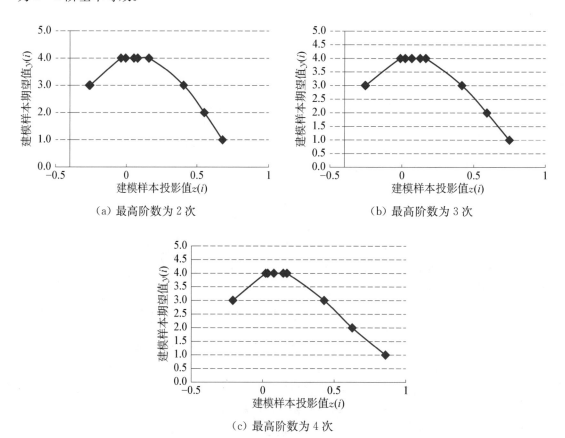

（a）最高阶数为 2 次　　　　　　　（b）最高阶数为 3 次

（c）最高阶数为 4 次

图 7-3　最高阶数为 2～4 阶时样本投影值 $z(i)$ 与期望值 $y(i)$ 之间的非线性关系

作为对比，根据指标属性值，建立了最高阶数为 5 阶的 H-PPR 模型，得到自变量最佳权重、多项式系数、目标函数值、Max_AE、Max_RE 等见表 7-10 的"5_R"，样本投影值和风险等级预测值见表 7-9 的 PPR 列。可见，尽管建模样本的误差都很小，但与原始数据为样本的建模结果相比，存在较大的差异，图 7-4(a) 和 (b) 所示是建模样本和包括验证样本在内的所有样本的期望值与投影值之间的非线性关系。

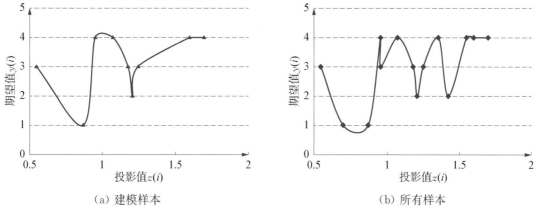

（a）建模样本 （b）所有样本

图 7-4 根据粗糙集数据建立 H-PPR 模型的样本期望值 $y(i)$ 与投影值 $z(i)$ 之间的非线性关系

验证样本严重扭曲了建模样本的分布规律，显然是专家判定的结果欠合理所致。比较图 7-1 与图 7-4(a)、图 7-2 与图 7-4(b)可见，无论是建模样本，还是所有样本，样本期望值与投影值的分布规律都存在较大的差异。

2. 建立 T-PPR 模型

针对自变量原始数据和粗糙集数据，分别建立 T-PPR 模型。求得自变量最佳权重、2 次多项式系数、目标函数值、Max_AE、Max_RE 等，列于表 7-10。可见，T-PPR 模型也能很好地拟合建模样本数据，最大相对误差绝对值均小于 5%，能够满足精度要求。但从图 7-5 所示的建模样本（原始数据）投影值 $z(i)$ 与期望值 $y(i)$ 的非线性关系可知，样本投影值在 0.06 附近区域内出现了剧烈的波动或者变化，虽然能够很好的拟合建模样本，但实际上也从一个侧面表明组号 6、8 样本期望值（专家判定结果）是欠合理的，其风险等级应该是Ⅲ级和Ⅳ级。

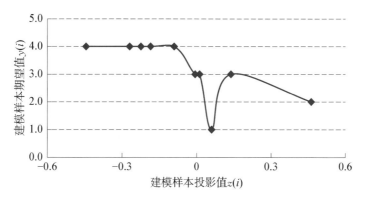

图 7-5 T-PPR 模型建模样本投影值 $z(i)$ 与期望值 $y(i)$ 之间的非线性关系

3. 针对所有样本建立 H-PPR 模型

把所有样本都作为建模样本，建立了最高阶数为 5 阶的 H-PPR 模型，结果见表 7-8（表中 PPR_A 列）。样本 13 的相对误差为 13%，样本 4 的相对误差为 21%。样本投影值与模型期望值的对应关系如图 7-6 所示，是复杂的非线性关系，与表 7-6 的评价标准差异明显,投影值在[−0.7,−0.2]范围内样本数量很少。

作为对比,对上述原始数据、粗糙集数据的建模样本、所有样本的数据,应用DPS软件建立了SVM模型,模型预测值分别见表7-8(表中SVM_T、SVM_A列),样本13和14的相对误差达到了40%和27%。

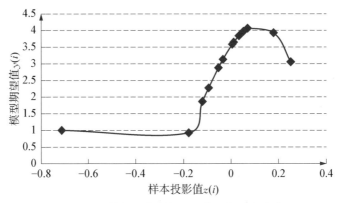

图7-6 样本投影值与风险等级期望值关系

表7-8中部分建模样本的期望值是错误的,导致建立H-PPR模型的样本投影值与期望值之间是存在突变的复杂非线性关系,与表7-6的评价标准不一致。所以,建模结果是不可靠的。虽然,上述根据建模原理和过程都是正确的,但由于建模样本存在差错,结果欠合理。这是典型的"进去的是垃圾,(输出的)出来的也必定是垃圾"。因此,对于诸如PPR模型、ANN模型、SVM模型、RF模型等现代数据挖掘技术对数据进行拟合建模等,必须首先保证建模样本数据的可靠性、正确性和有效性,这样才能建立有实际意义的PPR模型。

7.6.3　实证研究案例三

样本数据见表7-11,建立H-PPR模型。对自变量和因变量均按照越大越好方式进行极差归一化,前12个样本为建模样本,后5个样本为检验样本,Hermite正交多项式的最高阶数为8,表7-11列出了有关文献的建模结果,用预测值和相对误差E_R表示。作为对比,采用GSO群智能最优化算法,求得全局最优解,目标函数值为0.000 537,得到最高阶数为8阶的Hermite正交多项式岭函数的PPR模型的预测值和相对误差E_R见表7-11,自变量最佳权重和Hermite正交多项式系数见表7-12。

根据表7-11数据求得全局最优解,根据因变量是否归一化处理,分别建立基于样本一维投影值2次和3次多项式岭函数的P-PPR模型。自变量的最佳权重和多项式系数见表7-12。其中模型3和4基于2次多项式岭函数,模型5和6基于3次多项式岭函数。无论是否对因变量归一化,T-PPR模型的性能指标值是相等的,建模样本和检验样本的平均绝对百分比误差(MAPE)分别为2.66%和3.40%,最大绝对百分比误差(Max_APE)分别为6.25%和5.54%。建模样本与检验样本的一致性很好,说明模型具有很好的泛化能力和实用价值,完全能满足精度要求。

针对因变量是否归一化处理的两种情况,建立3次多项式岭函数的P-PPR模型,结果

GSO

表 7 - 11　自变量、实测值(因变量)数据及不同 PPR 模型预测值和相对误差比较

城市	x_1	x_2	x_3	x_4	x_5	实测值 y	预测值	E_R	预测值 2	E_R
北京	151.6	162.8	154.5	39.5	1.62	6.29	6.296	0.10%	6.377	1.38%
长春	256.5	61.3	156.5	21.2	1.79	6.71	6.708	−0.03%	6.663	−0.70%
锦州	340.8	123.8	259.2	49.4	1.51	6.32	6.314	−0.09%	6.301	−0.30%
烟台	289.1	39.1	182.5	22.8	1.6	6.95	6.954	0.06%	6.923	−0.38%
平顶山	107.7	138.3	152.3	0.40	1.61	6.29	6.300	0.16%	6.329	0.62%
合肥	110.3	117.3	141.9	31.8	1.31	4.73	4.746	0.34%	4.658	−1.51%
苏州	125.3	93.6	200.2	14.4	1.03	4.63	4.532	−2.12%	4.519	−2.39%
南宁	26.6	27.7	61.6	4.9	0.82	4.82	4.825	0.10%	4.761	−1.22%
重庆	127.8	151.1	326.6	27.9	0.78	4.21	4.209	−0.02%	4.286	1.82%
贵阳	199.6	174.3	405.2	27.9	0.86	4.23	4.232	0.05%	4.323	2.19%
马鞍山	123	73.7	139.2	15.1	1.27	5.33	5.299	−0.58%	5.341	0.20%
广州	175.1	141.1	254.9	33.3	1.10	4.39	4.488	2.23%	4.417	0.62%
上海	104.3	75.8	153.4	12.6	1.08	4.85	4.829	−0.43%	4.511	−6.99%
杭州	59.9	68.2	112.3	13.5	1.02	4.84	4.985	3.00%	4.062	−16.1%
南宁 1	131.8	84.9	197	14.4	1.03	4.76	4.859	2.08%	4.484	−5.79%
南宁 2	150.4	130.9	243.9	17	1.08	4.80	4.915	2.40%	5.168	7.66%
桂林	67.2	50.0	107.2	19.7	0.92	4.83	5.100	5.59%	4.810	−0.41%

注:& 表示根据某文献的最佳权重和 Hermite 多项式系数反求得到的预测值 3。

见表 7 - 12。两个模型因变量原始值的误差平方和均等于 0.073 3,建模样本的 $MAPE$ 分别为 1.93% 和 1.37%, Max_APE 分别为 8.68% 和 7.20%,完全能满足精度要求。检验样本的 $MAPE$ 分别为 4.31% 和 3.42%, Max_APE 分别为 14.37% 和 14.63%。可见,检验样本的模型性能指标值 $MAPE$ 和 Max_APE 几乎是建模样本的 2 倍,即存在发生过拟合的嫌疑。虽然建模样本拟合精度很高,但模型可能缺乏泛化能力。对于本例数据,3 次多项式的次数过高了,建立 T - PPR 模型,精度就足够高了。

全局最优解时 H - PPR 模型的样本投影值 $z(i)$ 与模型预测值 $y(i)$ 之间的非线性关系如图 7 - 6(a)所示,T - PPR 模型的样本投影值 $z(i)$ 与模型预测值 $y(i)$ 之间的非线性关系如图 7 - 6(b)所示。可见,PPR 模型具有很好的非线性拟合能力,2 个 PPR 模型的预测值与样本投影值之间的非线性关系相差较大。虽然 H - PPR 和 T - PPR 模型都能满足精度要求,但两者的非线性关系也相差很大。

从整体上看,H - PPR 模型对建模样本的拟合精度更高,而 P - PPR 模型对检验样本的预测能力或者泛化能力更好。针对本例数据,采用 P - PPR 模型更合理和更可靠。

184

表7-12 不同PPR模型的最佳权重与多项式系数

模型	$a(1)$	$a(2)$	$a(3)$	$a(4)$	$a(5)$	c_1	c_2	c_3	c_4	c_5	c_6	c_7	c_8
文献	0.6531	-0.1361	-0.36	-0.0922	0.6457	-2252	-4527	-2083	-15128	1299	15979	1405	10949
模型1	0.3805	0.2338	0.0208	-0.5379	0.7147	-6.3611	-27.874	4.8234	-26.190	-7.3526	25.474	-12.950	20.520
模型2	0.3779	0.2327	0.0240	-0.5376	0.7166	-3.4095	-88.262	20.148	-73.525	-30.166	71.229	-41.163	54.475
模型3	0.5888	0.2603	-0.7414	-0.1782	-0.0646	0.3168	3.6068	9.1189					
模型4	0.5887	0.2603	-0.7415	-0.1781	-0.0646	5.0781	9.8821	24.980					
模型5	0.3427	0.2169	0.0702	-0.5324	0.7397	0.1387	2.7850	12.762	9.9933				
模型6	0.3427	0.2169	0.0701	-0.5324	0.7396	4.5899	7.6300	34.966	27.380				

注：模型1、3、5将因变量 y 归一化；模型1和2表示最高阶数为8阶。

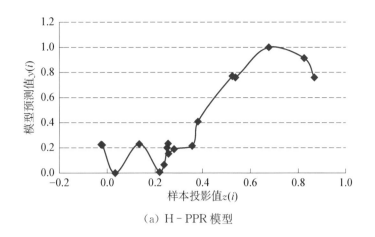

（a）H－PPR 模型

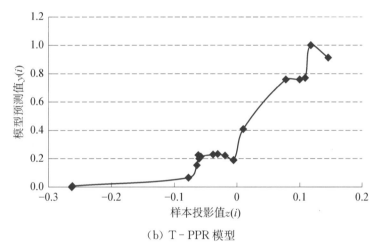

（b）T－PPR 模型

图 7-6　不同 PPR 模型预测值 $y(i)$ 与样本投影值 $z(i)$ 之间的非线性关系

7.6.4　实证研究案例四

具有 3 个自变量的 12 组样本数据见表 7-13。所有样本数据都是建模样本，采用 PPA 群智能最优化算法求得全局最优解，建立了最高阶数为 4 次、由 3 个岭函数组成的 H-PPR 模型，得到自变量的最佳权重和多项式系数见表 7-14。第 1 个岭函数的目标函数值为 0.018 6；第 2 个岭函数的目标函数值为 0.009 3。 MAPE 从一个岭函数时的 1.55％ 下降到 0.77％， Max_APE 从 4.62％ 下降到 1.59％，完全能够满足工程实践要求。

针对表 7-13 实例数据，建立了基于 2 次、3 次多项式的 P-PPR 模型。第 1 个多项式岭 函数的目标函数值分别为 0.042 0 和 0.024 6（见表 7-14），第 2 个多项式岭函数的目标函数 值分别为 0.031 8 和 0.004 2。可见，包含样本一维投影值 2 个 3 次多项式岭函数 P-PPR 模 型的目标函数值已小于文献和包含 3 个 Hermite 正交多项式岭函数的目标函数值，表明 3 次 多项式 P-PPR 模型的数据拟合能力更强。对于本例数据，T-PPR 模型的拟合能力相对 较弱。

表 7 - 13　某县地下水埋深实测值(y)及其预测因子($x_1 \sim x_3$)值

月份	x_1	x_2	x_3	实测值(y)
1	78.55	4.9	7	6.93
2	78.55	2.7	12.2	6.90
3	78.55	7.5	34.9	6.90
4	2 365.83	19.7	82.1	6.94
5	4 384.01	56.1	120.8	7.56
6	3 711.28	83	108.1	9.23
7	3 307.65	115.6	115	9.22
8	78.55	99.2	91.2	7.38
9	78.55	69	69.2	7.02
10	78.55	29.8	46.2	6.60
11	78.55	10.9	21.1	6.80
12	78.55	8.6	6.8	6.60

表 7 - 14　PPR 模型的最佳权重

模型	岭函数	$a(1)$	$a(2)$	$a(3)$	c_1	c_2	c_3	c_4	$Q(a)$
模型 1	第 1 岭函数	0.999 8	−0.019 9	−0.007 5	9.195 0	−65.791 0	23.004 8	−61.284 1	0.018 6
	第 2 岭函数	0.310 8	−0.949 6	−0.041 1	−0.169 3	−2.444 5	−1.399 8	−2.630 1	0.009 3
	第 3 岭函数	0.542 7	0.807 2	−0.232 2	−0.794 6	−2.647 2	0.285 3	−3.008 3	0.004 6
模型 3	第 1 岭函数	0.605 8	0.384 1	−0.696 7	6.844 4	5.927 9	43.914	/	0.042 0
	第 2 岭函数	0.977 8	0.176 5	−0.113 2	−0.049 0	1.492 6	−1.660 8	/	0.031 8
	第 3 岭函数	0.417 7	0.458 4	−0.784 5	−0.004 1	−2.674 3	−14.854	/	0.026 1
模型 4	第 1 岭函数	−0.429 5	−0.656 4	0.620 2	6.759 7	−3.727 7	39.460	83.164	0.024 6
	第 2 岭函数	0.323 2	0.519 7	−0.790 9	0.032 0	−6.789 1	−84.669	−227.72	0.004 2

注:模型 1、3、4 分别表示求得全局最优解的 H - PPR 模型,2、3 次多项式 P - PPR 模型。

7.7　建立正确、合理、可靠的 PPR 模型

7.7.1　PPR 模型数据拟合的主要情况

PPR 模型主要应用于各个自变量(评价指标)和因变量不服从正态分布规律数据的非线

性建模。绘制直方图直观分析或者应用 Shapiro-Wilk(夏皮罗-威尔克)W 统计量等,检验自变量、因变量数据是否基本服从正态分布规律。如果(自变量和因变量)样本数据服从正态分布规律,则采用常规的建模方法一般也能得到可靠的结果,否则,难以保证建模结果的有效性、可靠性等。应优先建立 PPR 模型,一般都能取得较好的效果。

7.7.2 对自变量数据必须进行规格化处理

为了尽可能降低自变量不同量纲对建模结果的不利影响,必须对自变量数据进行归一化处理。一般可采用极差归一化或者去均值归一化、极大值归一化。特定情况下可以采用均值归一化以及极小值归一化、Sigmoid 等非线性规格化方法。为使建模结果更直观,一般不对因变量归一化处理。

7.7.3 建立合理、可靠的 *PPR* 模型

S-PPR、P-PPR 和 H-PPR 模型的数据拟合能力基本相当。与 ANN 模型不同,PPR 模型的误差不会随岭函数个数的增加而不断减小。由于 PPR 模型中各个自变量的权重平方和等于 1,所以,在增加岭函数个数的过程中,PPR 模型的误差降低到一定程度以后不再减小。对于 H-PPR 模型,随着 Hermite 多项式最高阶数的提高,模型的拟合误差逐步减小。基于幂指数多项式岭函数 P-PPR 模型,随着多项式次数的提高,模型误差一般也会减小,但建议不高于 4 次。所以,单纯比较 PPR 模型与 ANN 模型的训练(建模)样本误差没有意义,因为只要隐层节点个数足够多,ANN 模型的训练样本误差总可以等于(接近)0,而 PPR 模型一般是不可能的。

没有哪一种 PPR 模型能适用于所有场合。考虑到模型的可解释性以及便于后续应用。推荐建立基于样本一维投影值 1~3 次多项式的 P-PPR 模型。如果不能满足精度要求,才尝试建立基于可变阶 Hermite 正交多项式的 H-PPR 模型。针对试验优化设计类问题,一般应建立 T-PPR 模型,不能建立基于线性、3 次多项式的 P-PPR 模型,不推荐 H-PPR 模型。具体建模原则如下。

(1)建立 P-PPR 模型 首先建立基于样本一维投影值的第 1 个线性岭函数 PPR 模型,如果不能满足精度要求,可建立第 2 个线性岭函数,直至满足精度要求。如果增加岭函数个数,几乎不能改进模型性能,仍然不能满足精度要求,说明线性岭函数不适用于本问题建模。可以尝试建立第 1 个、第 2 个 2 次、3 次多项式岭函数,直至满足精度要求,甚至建立 4 次多项式岭函数模型。对于绝大多数非线性数据拟合、预测问题,建立基于 2 次、3 次、4 次多项式的 P-PPR 模型,都能满足精度要求。一般情况下,4 次多项式模型性能优于 3 次多项式,又优于 2 次多项式的模型以及线性 PPR 模型。建立多个岭函数时必须防止发生过拟合,因为检验样本误差随着岭函数个数的增加出现了增大趋势。

(2)建立 H-PPR 模型 如果采用 P-PPR 模型不能满足精度要求,可尝试建立 H-PPR 模型。同理,Hermite 正交多项式的最高阶数应从较低阶(如 2~6 阶)开始,岭函数个数也从 1 个开始逐步增加。首先从含有 1 个岭函数的 PPR 模型开始尝试,直至满足精度要求为止。如果建立了 7~8 个岭函数仍然不能满足精度要求,可以适当提高 Hermite 正交多项式的最高阶数,重新建立第 1 个岭函数、第 2 个岭函数的 PPR 模型,如此循环往复,直到建立满足精度要求的 H-PPR 模型为止。因此,在建立 H-PPR 模型的过程中,为了防止过拟

合,在满足精度要求的前提下,Hermite 正交多项式的最高阶数应尽可能低(一般以 2～6 阶为宜,最高不超过 10 阶),岭函数个数应尽可能少(一般不超过 3～6 个,最多不超过 8～11个)。通常情况下,Hermite 正交多项式的最高阶数和岭函数个数,通过试凑法可以合理确定。

如果检验样本误差与建模样本误差基本相当或者稍大,说明建立的 PPR 模型具有较好的泛化能力和实用价值。否则,PPR 模型的泛化能力就难以保证。

7.7.4 多个指数值综合衡量模型性能

如果因变量的期望值小于 50,建议不采用 $MAPE$、Max_RE 等相对误差类指数评价模型性能,尽量采用绝对误差类指数(如 $RMSE$、MAE、Max_AE 等)衡量模型性能,应同时根据多个指数值综合衡量模型性能。

7.7.5 确保建模样本数据的可靠和正确

如果因变量的期望值是离散值指标(分类指标),首先应采用相关分析法、直观散点图、比对分析法等分析建模样本或者检验样本的正确性和合理性。因为数据建模科学、计算机领域都具有"garbage in, garbage out"(垃圾进去,垃圾出来),或者"if you input wrong data, the output will also be wrong"(若输入错误数据,则输出亦为错误数据)特性。

7.7.6 不能采用 DPS 软件建立 PPR 模型

大量实证研究结果表明,采用 DPS 软件不能得到正确的建模结果,应慎用甚至不用。如某县第 5 代稻飞虱发生程度及其影响因素值见表 7 - 15。

表 7 - 15 某县第 5 代稻飞虱发生程度及影响因素值

年度	x_1	x_2	x_3	x_4	x_5	y	PPR	PPR1	PPR2	PPR3	PPR5	PPR7	T - PPR	PPR9
1988	−0.7	63.7	27	0.13	4	4	3.8	3.88	3.80	3.78	3.95	3.92	3.67	3.72
1989	−0.5	27.2	71	0.52	2	1	1	1.10	1.07	1.07	0.53	2.57	3.04	2.25
1990	−0.2	60.9	64	0.26	5	4	4	3.91	3.83	3.85	4.80	4.80	3.78	2.60
1991	0.2	54.2	10.5	0.93	5	5	5	5.02	4.90	4.89	4.39	4.74	4.96	6.05
1992	2	34.6	142.7	1.28	3	3	2.7	2.74	2.85	2.80	4.05	2.04	2.58	2.66
1993	0.8	51.1	89.9	1.27	5	3	3.3	3.25	3.51	3.50	4.99	5.00	3.92	4.57
1994	−0.8	29.4	31.3	0.37	5	2	2	1.97	2.00	2.00	4.74	5.14	4.71	4.27
1995	−0.7	54.6	84.3	0.06	4	5	4.7	4.74	4.77	4.81	3.49	4.28	3.81	4.92
1996	−1.4	35.6	132.4	1.58	5	2	2.1	2.09	2.08	2.09	5.02	5.04	1.88	2.86
1997	2.6	21.3	247.7	3.12	1	1	1	1.00	0.94	0.94	0.96	1.40	0.96	1.57
1998	3	46.6	55.4	0.15	5	1	1.1	1.06	1.08	1.08	4.11	4.93	5.72	4.70
1999	−0.8	68.8	99.4	2.18	3	4	4	4.02	4.05	4.06	3.31	2.83	2.79	2.61

年度	x_1	x_2	x_3	x_4	x_5	y	PPR	PPR1	PPR2	PPR3	PPR5	PPR7	T－PPR	PPR9
2000	−0.2	27.7	136.6	2.04	1	2	2.2	2.17	2.16	2.17	1.34	0.94	2.13	1.61
2001	−0.6	42.1	112.5	0.65	1	3	3	2.86	2.88	2.90	1.20	0.62	3.14	1.51
2002	0	65.6	129.3	3.17	1	1	0.9	1.03	1.06	1.04	2.07	1.36	1.98	1.28
2003	−1.7	22	156.9	1.3	1	1	1	0.98	1.04	1.05	0.66	1.00	1.09	2.60
2004	−1.2	62.7	40.1	2.22	1	1	1.1	1.11	0.96	0.96	1.58	1.24	1.91	1.82
2005	0	60.5	2.2	0.16	4	5	5	5.05	5.01	5.1	4.52	4.15	3.94	4.38
2006*	−0.5	52.9	31	0.02	5	4	3.6	3.18	2.99	2.96	2.30	4.57	3.64	4.59
2007*	−1.4	45.7	27.7	1.04	4	4	3.7	2.89	2.77	2.76	2.51	5.16	3.77	2.19

注：y 表示第 5 代稻飞虱发生程度的实际值。* 表示预测样本。

将表 7－15 的数据导入 DPS 软件，1988～2005 年数据为建模样本，2006、2007 年为预测样本。采用 DPS 软件系统的默认参数，重复建模 5 次。文献的结果、其中 3 次的建模结果见表 7－15 的 PPR、PPR1～PPR3。可见，每次建模结果都不相同，2006、2007 年的预测结果也各不相同，多数为 3 级，不可能为 4 级。

其中两次建模结果中 5 个岭函数的最佳权重见表 7－16。可见，最佳权重明显不同，而且多个岭函数的指标最佳权重平方和不等于 1，不是严格意义上的 PPR 模型。可见，采用 DPS 软件不能得到稳健、正确的 PPR 模型结果。

事实上，对于本例数据求得全局最优解，建立 Hermite 多项式最高阶数为 5 阶、7 阶的 H－PPR（PPR5、PPR7）和 3 次多项式 P－PPR 模型（PPR9），模型结果与预测（验证）样本的期望值也不一致。T－PPR 模型的预测样本结果虽然一致，但建模样本的误差较大，也没有实用价值。

表 7－16　DPS 软件得到某两个 PPR 模型 5 个岭函数的最佳权重

变量	PPR1					PPR2				
	函数 1	函数 2	函数 3	函数 4	函数 5	函数 1	函数 2	函数 3	函数 4	函数 5
x_1	0.043 5	−0.139 9	0.566 7	0.140 8	0.279 9	0.104 4	0.202 9	−0.077 9	0.197 4	0.199 3
x_2	0.484 7	0.599 8	0.641 2	0.488 7	−0.729 1	−0.483 3	−0.600 6	−0.763 1	0.453 2	−0.941 1
x_3	0.858 5	−0.776 7	0.435 3	0.855 6	−0.275 0	−0.862 5	0.771 7	−0.283 6	0.851 8	0.236 9
x_4	0.100 2	0.085 7	0.183 6	0.092 3	0.356 9	−0.081 5	0.002 3	0.441 3	0.108 6	0.051 0
x_5	−0.098 5	−0.098 7	0.202 9	0.027 0	0.423 9	0.070 3	0.049 5	0.303 7	0.123 2	0.019 1
$\sum a_j^2$#	0.993 6	0.999 8	0.996 7	0.999 9	0.992 8	1.000 0	0.999 9	0.956 0	0.996 9	0.984 5

注：函数 1～5 表示第 1～5 个岭函数。♯ 表示自变量的权重平方和；多个岭函数的指标权重平方和不等于 1。

7.8 建立 PPR 模型的常见错误

第一类错误是在进行一维投影时各个评价指标的权重平方和不等于 1,不是严格意义上的 PPR 模型。第二类错误是没有求得真正的全局最优解,或者把 Hermite 正交多项式的公式写错等。第三类错误是建模样本、检验样本本身就存在错误或者差错,不可能建立正确、合理、可靠的 PPR 模型。第四类错误是 Hermite 多项式的最高阶数取得太高,或者岭函数个数太多,以致发生过拟合。第五类错误是针对试验优化设计数据,建立 3 次多项式岭函数 P-PPR 模型,以及最高阶数高于 2 阶的 H-PPR 模型,极有可能发生过拟合,也可能不能求得极大(小)值。第六类错误是采用 DPS 软件建立 S-PPR、P-PPR 和 H-PPR 等各类 PPR 模型。

建立投影寻踪耦合模型及实证研究

第八章

在数据拟合、预测等的实践中,单纯应用 PPR 模型有时不能满足精度要求。需要将 PPR 模型与其他建模方法有机结合,才能满足实际需要。把以 PPR 为基础模型、与其他建模方法相结合的数据拟合建模方法称为投影寻踪耦合模型,主要有投影寻踪门限(槛)回归耦合模型(PPTR)、投影寻踪 BP 神经网络耦合模型(PPBP)、投影寻踪自回归耦合模型(PPAR)、投影寻踪门限自回归耦合模型(PPARTR)、投影寻踪自回归神经网络耦合模型(PPARBP)等。

8.1 投影寻踪门限回归模型原理及实证研究

8.1.1 PPTR 模型的原理

实践中,或者因变量数据中包含较多的噪声信息,或者为了后续应用及其系统控制便利,不需要建立因变量与多个自变量之间复杂的非线性关系,只需要建立因变量与自变量之间比较简洁的线性回归模型,实现对因变量的趋势性预测和分析,以及对自变量重要性的分析等。在数据采集期间(尤其是时间序列数据),可能存在某些系统性或者政策性的变化(如我国实行改革开放,从计划经济到市场经济转变前后,从比较强调 GDP 增长率到要求实现经济社会高质量发展的转变等),使得这种线性趋势存在明显的转折点,即应该用(逐)多段线性(相当于折线)模型来表示,这就是门限或者门槛的概念。门限(自)回归模型(threshold auto-regressive model, TR 或者 TRAR)可以解决一类非线性(分段线性)问题,非线性模型按照自变量(或者样本投影值)的不同取值范围,采用若干个(通常是 2、3 个)线性模型来表征。而且,由于门限的控制作用,保证了模型的稳定性,也可应用于研究如因宏观政策改变等而引发的某些突变现象。

具有 $(q-1)$ 个门限值 m_1、m_2、$\cdots$、m_{q-1} 回归模型可定义如下:设定有 p 个自变量 $x(1)$、$x(2)$、$\cdots$、$x(p)$,因变量是 y,假定根据自变量 $x(t)$(当然也可以是多个自变量的组合,也可以是因变量)作为门限条件,则门限回归模型可表示为

$$y(i) = \begin{cases} a_0^{(1)} + a_1^{(1)}x(i,1) + a_2^{(1)}x(i,2) + \cdots + a_p^{(1)}x(i,p) + \varepsilon^{(1)}(i), & x(t) \leqslant m_1, \\ a_0^{(2)} + a_1^{(2)}x(i,1) + a_2^{(2)}x(i,2) + \cdots + a_p^{(2)}x(i,p) + \varepsilon^{(2)}(i), & m_1 < x(t) \leqslant m_2, \\ \quad\quad\quad\quad\quad\quad\quad\quad \vdots \\ a_0^{(q)} + a_1^{(q)}x(i,1) + a_2^{(q)}x(i,2) + \cdots + a_p^{(q)}x(i,p) + \varepsilon^{(q)}(i), & m_{q-1} < x(t). \end{cases}$$
$$(8-1)$$

其中，$x(i,p)$ 为第 p 个自变量（评价指标）的第 i 个样本值；$x(t)$ 为第 t 个自变量的门限值，也可以设定多个指标（或者样本一维投影值等组合指标）的门限值；$a^{(1)}$、$a^{(2)}$、$\cdots$、$a^{(q)}$ 为门限回归模型的系数，ε 为随机误差或者白噪声。

为使 TR 模型不过于复杂，或者针对样本数据不是很多的情况，通常只取 1、2 个门限值。由公式（8-1）可知，确定合理的门限指标和门限值是建立门限回归模型的关键和核心。

针对公式（8-1），如果事先已知门限指标和门限值，就可以使逐段线性模型（即门限回归模型）的绝对预测误差平方和最小（即最小二乘法）求得各个线性方程的系数 $a_j^{(q)}$，从而建立门限回归模型。

根据回归理论，用最小二乘法建立这类传统的线性回归模型，因变量 y 和自变量 $x(1)$、$x(2)$、$\cdots$、$x(p)$ 最好能服从正态分布，而且一般要求样本数量大于 50。否则，虽然可以建立多元线性回归（MLR）模型，但可靠性和有效性难以保证。在实际应用中，因变量 y 和自变量数据一般都不服从正态分布规律，不能直接应用最小二乘法建立 MLR 模型。

另一方面，PP 方法对样本数量的要求低，适用于贫样本和小样本问题的建模。针对有教师值的 PP 建模问题，可建立 IPP 模型❶进行一维投影，也可以直接进行一维投影。

建立 IPP 模型❶，既可以实现样本投影值 $z(i)$ 与期望值 $y(i)$ 之间具有最大的线性相关性，又使样本投影值整体上尽可能分散。对多个自变量进行一维投影，把多个自变量的门限回归问题简化为投影值 $z(i)$ 与期望值 $y(i)$ 之间的门限回归问题，建模变得更简洁、直观。

可根据投影值 $z(i)$ 与期望值 $y(i)$ 之间的二维散点图中点群的大致分布情况，确定分段线性的段数（即门限个数）。最便捷的方法是根据投影值 $z(i)$ 的大小设置门限值。因此，对于样本投影值只有一个门限值 m 时，PP 门限回归模型（PPTR）可表示为

$$y(i) = \begin{cases} a_0^{(1)} + a_1^{(1)}z(i) + \varepsilon^{(1)}(i), & z(i) \leqslant m。 \\ a_0^{(2)} + a_1^{(2)}z(i) + \varepsilon^{(2)}(i), & z(i) > m。 \end{cases}$$
$$(8-2)$$

因为 PPTR 模型的分段线性方程必定分别通过均值点 $(E[y^{(1)}], E[z^{(1)}])$ 和 $(E[y^{(2)}], E[z^{(2)}])$，即公式（8-2）等价于

$$y(i) = \begin{cases} E[y^{(1)}] + a^{(1)}\{z(i) - E[z^{(1)}]\} + \varepsilon^{(1)}(i), & z(i) \leqslant m。 \\ E[y^{(2)}] + a^{(2)}\{z(i) - E[z^{(2)}]\} + \varepsilon^{(2)}(i), & z(i) > m。 \end{cases}$$
$$(8-3)$$

则根据 PPTR 模型的估计（预测）值为

$$f(i) = \begin{cases} E[y^{(1)}] + a^{(1)}\{z(i) - E[z^{(1)}]\}, & z(i) \leqslant m。 \\ E[y^{(2)}] + a^{(2)}\{z(i) - E[z^{(2)}]\}, & z(i) > m。 \end{cases}$$
$$(8-4)$$

在数据拟合、预测建模中，一般情况下（最常用的）是使模型预测值的绝对误差平方和最小（即最小二乘法），建立使绝对误差平方和最小的 PPTR 模型，即

$$Q_A(\boldsymbol{a}, m) = \min\left\{\sum_{i=1}^{n}\left[y(i) - f(i)\right]^2\right\}。 \tag{8-5}$$

在评价模型性能时,有时又往往更侧重于相对误差的大小或者 *MAPE* 值等。因此,也可以设定目标函数,使预测值的相对误差绝对值之和最小或者相对误差平方和最小,即

$$Q_R(\boldsymbol{a}, m) = \min\left\{\sum_{i=1}^{n}\left|\frac{y(i) - f(i)}{y(i)}\right|\right\}。 \tag{8-6}$$

或者
$$Q_{R2}(\boldsymbol{a}, m) = \min\left\{\sum_{i=1}^{n}\left[\frac{y(i) - f(i)}{y(i)}\right]^2\right\}。 \tag{8-7}$$

采用 PPA 最优化算法可以求得公式(8-5)~(8-7)的全局最优解,从而建立 PPTR 模型。

8.1.2 建立 PPTR 模型的实证研究

1. 实证研究一

某地 1954~1981 年夏季(6~8 月)降水量 $y(i)(i=1, 2, \cdots, 28)$ 及相关的 4 个预报因子 $x(i, 1)$、$x(i, 2)$、$x(i, 3)$、$x(i, 4)(i=1, 2, \cdots, 28)$ 的观察值数据,见表 8-1。前 23 个为建模样本,后 5 个为检验样本(或者称为测试样本、验证样本、预留样本),对建模样本和检验样本的预测因子数据去均值归一化,对因变量不作归一化。

表 8-1　某地 1954~1981 年夏季(6~8 月)降水量及 4 个预报因子数据

年度	$x(i, 1)$	$x(i, 2)$	$x(i, 3)$	$x(i, 4)$	$y(i)$	$z_1(i)$	$f_1(i)$	$E_{R1}(\%)$
1954	14	1.38	−34	16	582	3.302	574.8	−1.23
1955	10	0.52	−29	2	458	1.401	352.4	−23.06
1956	13	1.70	−32	13	559	3.244	568.1	1.62
1957	24	0.80	24	1	322	1.374	349.2	8.44
1958	12	1.83	41	11	399	2.096	433.7	8.69
1959	6	1.77	−50	7	523	2.812	517.5	−1.05
1960	18	1.23	27	4	322	1.605	376.3	16.85
1961	−10	0.28	−8	6	358	0.351	420.5	17.46
1962	0	1.20	66	6	354	0.388	426.5	20.48
1963	14	1.75	−60	6	574	3.215	564.6	−1.63
1964	12	1.78	−70	7	489	3.368	582.5	19.13
1965	−18	1.37	−15	0	232	0.463	242.5	4.53
1966	16	1.38	0	4	440	2.018	424.6	−3.50
1967	−4	0.29	−9	−7	421	−0.321	314.4	−25.32

续　表

年度	$x(i,1)$	$x(i,2)$	$x(i,3)$	$x(i,4)$	$y(i)$	$z_1(i)$	$f_1(i)$	$E_{R1}(\%)$
1968	-23	1.12	-12	-14	181	-1.006	206.2	13.92
1969	5	1.52	0	10	426	2.084	432.3	1.49
1970	-16	0.63	34	4	364	-0.406	301.0	-17.30
1971	-1	1.32	22	-7	375	0.115	383.3	2.21
1972	-18	1.18	4	-11	224	-0.757	245.6	9.63
1973	8	1.50	-11	5	514	1.992	421.5	-18.00
1974	-8	1.43	4	-12	381	-0.214	331.3	-13.05
1975	-11	0.74	10	0	275	-0.056	356.3	29.57
1976	-19	1.07	-5	0	426	0.056	373.9	-12.22
1977	21	1.13	-17	4	517	2.297	457.2	-11.56
1978	-19	1.52	18	1	420	0.126	385.1	-8.31
1979	-19	1.93	63	8	400	0.290	411.0	2.74
1980	-14	1.59	6	5	288	0.860	289.0	0.36
1981	-5	0.95	34	7	342	0.524	249.7	-26.99

注:预测因子 $x(i,1)\sim x(i,4)$ 表示 500 hPa 高度 2 月和 3 月之和,上一年 12 月亚洲地面纬向环流指数,$75°\sim85°$ N、$180°\sim170°$ W 极地 2 月 500 hPa 高度,当年 4 月副热带高压指数。

　　采用 PPA 群智能最优化算法求得 IPP 模型❶的全局最优解,目标函数值为 1.140 2,公式(8-7)的目标函数值为 0.484 6,最佳投影向量系数(权重) $\boldsymbol{a}_L^* = (0.570\,9, 0.342\,4, -0.469\,9, 0.579\,7)$。建模样本的 $y(i)$ 与 $x(i,1)$、$x(i,2)$、$x(i,3)$、$x(i,4)$ 之间的相关系数分别为 0.614 2、0.390 4、$-0.535\,8$、0.667 0,与最佳投影向量系数的大小关系基本一致。求得全局最优解的 PPTR 模型为

$$f_1(i) = \begin{cases} 335.9 + 157.999\,4[z(i) + 0.185\,0], & z(i) \leqslant 0.400\,7。 \\ 449.2 + 117.062\,3[z(i) - 2.228\,7], & z(i) > 0.400\,7。 \end{cases} \quad (8-8)$$

根据模型(8-8)的样本投影值 $z_1(i)$、模型预测值 $f_1(i)$ 和相对误差 E_{R1} 见表 8-1。

　　对公式(8-7)的最优化求解过程表明,由于样本投影值是离散的,所以,门限值不是唯一的,而是在某个区间内。对于本例数据,门限值在 $[0.388, 0.463]$ 范围内,PPTR 模型都一样。

　　针对 5 个检验样本,根据公式(8-8)PPTR 模型的 MAE、MAPE 和 RMSE 分别为 39.80、9.99% 和 51.83。不同 PPTR 模型建模样本、检验样本的模型性能值见表 8-2。

表 8 - 2　不同 PPTR 模型建模样本、检验样本的模型性能值对比

模型	建模样本					检验样本				
	MAE	*MAPE*	*RMSE*	*Max_AE*	*Max_RE*	*MAE*	*MAPE*	*RMSE*	*Max_AE*	*Max_RE*
模型 1	44.08	11.76	55.67	106.6	29.57	39.80	9.99	61.83	92.3	26.99
模型 2	56.36	16.08	68.61	137.8	48.36	59.08	15.94	62.90	102.0	30.26
模型 3	45.77	12.88	53.96	101.3	31.66	40.88	10.38	47.43	70.3	20.56
模型 4	31.17	8.15	41.21	102.3	24.27	49.40	12.16	55.73	76.5	19.14
模型 5	30.42	8.97	40.60	92.9	20.79	42.77	11.34	48.74	67.97	16.99

注：* 表示有关文献的模型。

(1) 比较研究一　作为对比，如果不采用 PPTR 模型，而是采用无门限的线性回归模型，求得公式(8-7)的目标函数值为 0.9479，几乎是 PPTR 模型的 2 倍。无门限的投影寻踪线性回归模型为

$$f(i) = 399.957 + 77.8019[z(i) - 1.1793]。 \tag{8-9}$$

主要性能指标值如建模样本的 *MAE* 和 *MAPE* 分别为 56.36 和 16.08%，检验样本的 *MAE* 和 *MAPE* 分别为 59.08 和 15.94%，其他性能指标值见表 8-2(模型 2)，明显大于 PPTR 模型。因此，采用 PPTR 模型能显著提高预测精度，具有较好的泛化能力和实用价值。

(2) 比较研究二　作为对比，根据 IPP 模型❶和目标函数(8-5)，建立模型预测值绝对误差平方和最小的 PPTR 模型，即

$$f(i) = \begin{cases} 335.9 + 118.8769[z(i) + 0.1850], & z(i) \leqslant 0.4034。 \\ 449.2 + 104.1658[z(i) - 2.2287], & z(i) > 0.4034。 \end{cases} \tag{8-10}$$

比较公式(8-8)和(8-10)发现，两个 PPTR 模型的截距和样本投影值的均值相等，但 PPTR 模型的斜率存在一定差异。模型(8-10)的主要性能指标值见表 8-2(模型 3)。模型 1、3 性能基本相当，如果更关注绝对误差，模型 3 性能稍优；反之，如果更关注相对误差，模型 1 的性能稍优。模型 1 和模型 3 都具有较好的泛化能力和实用价值。

(3) 比较研究三　作为对比，直接根据公式(8-2)和目标函数(8-7)，建立模型预测值的相对误差平方和最小的 PPTR 模型，即

$$f(i) = \begin{cases} 421.3304 + 198.3994z(i), & z(i) \leqslant -3.88 \times 10^{-8}。 \\ 238.3962 + 109.7034z(i), & z(i) > -3.88 \times 10^{-8}。 \end{cases} \tag{8-11}$$

比较公式(8-11)和(8-8)发现，两个 PPTR 模型的截距和斜率均存在一定差异，最佳投影向量系数(权重) $\boldsymbol{a}_L^* = \{0.5012, 0.0481, -0.5863, 0.6346\}$ 也存在一定的差异。尤其是指标 2 的权重显著减小，指标 3 的权重绝对值显著增大，公式(8-7)的目标函数值从 0.4846 下降到 0.2591。模型(8-11)的主要性能指标值见表 8-2(模型 4)，模型 4 建模样本、检验样本的 *MAE*、*MAPE*、*RMSE* 等都显著小于模型 1、2 的值。

（4）比较研究四　作为对比，直接根据公式（8-2）和目标函数（8-5），建立模型预测值的绝对误差平方和最小的 PPTR 模型，即

$$f(i) = \begin{cases} 418.349\,8 + 180.053\,5z(i), & z(i) \leqslant 2.22 \times 10^{-7}。 \\ 252.492\,1 + 105.345\,4z(i), & z(i) > 2.22 \times 10^{-7}。 \end{cases} \quad (8-12)$$

比较公式（8-12）和（8-10）（目标函数均是绝对误差平方和最小）发现，两个 PPTR 模型的截距和斜率以及最佳投影向量系数（权重）$a_L^* = (0.509\,6, 0.056\,7, -0.584\,2, 0.629\,0)$ 都存在一定的差异。尤其是指标 2 的权重显著减小，指标 3 的权重绝对值显著增大。公式（8-12）和（8-10）的绝对误差平方和分别为 37 919 和 66 974，前者小于后者；相对误差平方和分别为 0.290\,4 和 0.259\,1，前者大后者小。PPTR 模型（8-12）的主要性能指标值见表 8-2（模型 5），样本的 MAE、MAPE、RMSE 等显著小于模型 3，也小于模型 2、模型 1 的性能指标值；检验样本的模型性能指标值基本相当。

综上所述：①对于本例数据，直接采用公式（8-2）和公式（8-5）～（8-7）进行 PPTR 建模，建模样本的模型性能明显优于采用 IPP 模型❶和公式（8-5）～（8-7）的模型性能。②采用公式（8-5）～（8-7）进行 PPTR 建模，结果比较接近，但也存在一定差异。公式（8-6）、（8-7）的相对误差类指标优于公式（8-5），绝对误差类指标劣于公式（8-5）。③如果样本的期望值相差较大，个别样本的期望值甚至小于 10，或者样本期望值相差一个数量级以上，建议尽量不要应用公式（8-6）、（8-7）（即目标函数为相对误差平方和最小和相对误差绝对值之和最小）进行 PPTR 建模，否则，个别样本的绝对误差会比较大；反之，如果采用公式（8-5）建立 PPTR 模型，个别样本的相对误差会比较大。④一般地，PPTR 模型的预测精度高于无门限的 PPLR 模型。⑤对于本例数据，样本期望值的最大值和最小值分别为 582 和 181，比较适合采用绝对误差公式（8-5）建立 PPTR 模型，有利于期望值在较大值区域内有更高的预测精度。如果采用相对误差的公式（8-6）、（8-7）建立 PPTR 模型，则有利于期望值在较小值区域内有更高的预测精度。建模时应根据实际应用问题的具体要求，合理选取目标函数（8-5）～（8-7）建立 PPTR 模型。

2. 实证研究二

新疆伊犁河雅玛渡站年径流量 23 年的实测数据 $y(i)(i=1, 2, \cdots, 23)$ 和相关的 4 个预报因子分别为前一年 11 月至当年 3 月的总降雨量（mm）、前一年 8 月欧亚地区月平均威信环流指数、前一年 5 月欧亚地区径向环流指数、前一年 6 月 2 800 MHz 的太阳射电流量（10^{-22} W/m^2 Hz），见表 8-3。前 17 个为建模样本，后 6 个为检验样本，对建模样本和检验样本的预测因子数据去均值归一化。

采用 PPA 群智能最优化算法，求得模型（8-7）的真正全局最优解，建模样本 IPP 模型❶的目标函数值为 1.183\,6，相对误差公式（8-7）的目标函数值为 0.097\,4，模型的 MAE 和 MAPE 分别为 22.68 和 6.11%，最佳投影向量系数（权重）$a_L^* = (0.683\,6, -0.532\,7, 0.362\,1, 0.343\,4)$，建模样本 $y(i)$ 与 $x(i, 1)$、$x(i, 2)$、$x(i, 3)$、$x(i, 4)$ 之间的相关系数分别为 0.81、-0.63、0.43、0.41，与最佳投影向量系数的大小关系基本一致。

全局最优解的 PPTR 模型为

$$f_1(i) = \begin{cases} 322.3 + 5.798\,9[z(i) + 1.232\,0], & z(i) \leqslant -0.377\,9。 \\ 438.5 + 37.610\,0[z(i) - 0.862\,4], & z(i) > -0.377\,9。 \end{cases} \quad (8-13)$$

196

表 8 - 3　新疆伊犁河雅玛渡站年径流量 23 年径流量及 4 个预报因子数据

序号	$x(i,1)$	$x(i,2)$	$x(i,3)$	$x(i,4)$	$y(i)$	$z_1(i)$	$f_1(i)$	$E_{R1}(\%)$
1	114.6	1.10	0.71	85	346	−0.040	404.6	16.9
2	132.4	0.97	0.54	73	410	−0.168	399.8	2.5
3	103.5	0.96	0.66	67	385	0.004	406.2	5.5
4	179.3	0.88	0.59	89	446	1.066	446.1	0.0
5	92.7	1.15	0.44	154	300	−1.292	321.9	7.3
6	115.0	0.74	0.65	252	453	1.993	481.0	6.2
7	163.6	0.85	0.58	220	495	1.703	470.1	5.0
8	139.5	0.7	0.59	217	478	1.975	480.3	0.5
9	76.7	0.95	0.51	162	341	−0.405	327.1	4.1
10	42.1	1.08	0.47	110	326	−1.796	319.0	2.1
11	77.8	1.19	0.57	91	364	−1.417	321.2	11.8
12	100.6	0.82	0.57	83	456	0.262	415.9	8.8
13	55.3	0.96	0.40	69	300	−1.745	319.3	6.4
14	152.1	1.04	0.49	77	433	−0.375	392.0	9.5
15	81.0	1.08	0.54	96	336	−1.079	323.2	3.8
16	29.8	0.83	0.49	120	289	−0.891	324.3	12.2
17	248.6	0.79	0.50	147	483	2.204	489.0	1.2
18	64.9	0.59	0.50	167	402	0.746	434.1	8.0
19	95.7	1.02	0.48	160	384	−0.567	326.1	15.1
20	89.9	0.96	0.39	105	314	−1.143	322.8	2.8
21	121.8	0.83	0.60	140	401	0.870	438.8	9.4
22	78.5	0.89	0.44	94	280	−0.873	324.4	15.8
23	90.0	0.95	0.43	89	301	−1.022	323.5	7.5

对于本例数据,门限值在[−0.4056,−0.3746]范围内,PPTR 模型都是一样的。

针对 PPTR 模型(8-13),建模样本的 MAE、MAPE 以及根据 IPP 模型❶和公式(8-7)的目标函数值见表 8-4。针对 6 个检验(验证)样本,PPTR 模型(8-14)的 MAE、MAPE 以及相对误差平方和分别为 33.91、9.77% 和 0.097。

表 8-4 PPTR 模型建模样本、检验样本的 *MAE*、*MAPE* 及目标函数值比较

样本	*MAE*	*MAPE*	IPP 模型❶	公式(8-7)目标函数值
建模样本	22.68	6.11	0.0974	1.1836
检验样本	33.91	9.77	0.7044	0.097

对于本例数据,如果直接建立无门限的 PPLR 模型,根据相对误差公式(8-7)的目标函数值为 0.1377,明显大于 PPTR 模型的目标函数值,PPLR 模型为

$$f(i) = 390.647 + 48.4902z(i)。 \tag{8-14}$$

建模样本的 *MAE* 和 *MAPE* 分别为 27.14 和 7.25%,检验样本的 *MAE* 和 *MAPE* 分别为 34.52 和 10.67%,明显大于 PPTR 模型。

对于本例数据,径流量 $y(i)$ 的最大值和最小值分别为 495 和 280,理论上采用相对误差公式(8-7)和绝对误差公式(8-5)建立 PPTR 模型都是合适的。但是,如果地方政府和河流管理部门,希望或者更关注准确预测最大径流量,以便采取适当的措施,防止发生洪涝灾害等,采用绝对误差公式(8-5)建立 PPTR 模型更为合适。如果更关注最小径流量,以便采取适当措施,做好抗旱工作等,采用相对误差公式(8-7)建立 PPTR 模型更为合适。为此,分别建立基于 IPP 模型❶和公式(8-5)的 PPTR 模型(8-15)、基于公式(8-2)和(8-7)的 PPTR 模型(8-16),径流量的预测公式为

$$f_1(i) = \begin{cases} 322.3 + 6.3500[z(i) + 1.2320], & z(i) \leqslant -0.3779。 \\ 438.5 + 33.8728[z(i) - 0.8624], & z(i) > -0.3779。 \end{cases} \tag{8-15}$$

$$f(i) = \begin{cases} 412.3139 + 75.477z(i), & z(i) \leqslant 0.7508。 \\ 282.4828 + 105.5402z(i), & z(i) > 0.7508。 \end{cases} \tag{8-16}$$

其中,公式(8-16)的最佳权重 ***a*** = (0.7910, -0.2831, 0.4878, -0.2371),与公式(8-15)的最佳权重 ***a*** = (0.6836, -0.5326, 0.3621, 0.3434)明显不同。

与采用相对误差平方和最小的模型相比,采用绝对误差平方和最小的 PPTR 模型,截距基本不变,但斜率出现了一定的改变;建模样本的绝对误差平方和从 13059.12 下降到 12925.21,相对误差平方和却从 0.0973 增大到 0.0981,整体上变化不大。

采用公式(8-2)或者 IPP 模型❶与公式(8-5)组合建立的 PPTR 模型,截距和斜率都明显不同,建模样本的绝对误差平方和从 12925.21 下降到 6426.84,相对误差平方和也从 0.0973 下降到 0.0509,建模样本的模型性能得到显著改善。不同 PPTR 模型(8-15)和(8-16)的主要性能指标值,见表 8-5。针对建模样本,采用公式(8-2)建立 PPTR 模型的性能明显优于根据 IPP 模型❶建立的 PPTR 模型,针对检验样本,情况正好相反。

表 8–5　不同 PPTR 模型建模样本、检验样本的模型性能值对比

模型	建模样本					检验样本				
	MAE	MAPE	RMSE	Max_AE	Max_RE	MAE	MAPE	RMSE	Max_AE	Max_RE
模型 1*	14.26	3.91	19.44	40.89	12.54	39.74	11.82	44.29	64.17	11.92
模型 2	22.06	5.99	27.57	61.95	17.90	33.97	9.79	37.34	57.49	15.92

注：* 模型 1、2 分别表示根据公式(8-2)、IPP 模型❶以及目标函数(8-5)建立的 PPTR 模型。

8.2　PPBP 模型原理及实证研究

8.2.1　建立 PPBP 模型的原理

在 PPR 模型中，样本一维投影值为 $z(i) = \sum_{j=1}^{p} a(j)x(i, j)$；而在 BPNN 模型中有一个偏置量，使得 BPNN 模型具有更好的柔性和数据拟合能力，同时也更容易发生过训练。PPBP 模型可有效避免发生过拟合，又具有较好的数据拟合能力。

1. BPNN 模型和 PPR 模型的适用条件

PPR 模型要求各个自变量的权重平方和等于 1，使得建立 PPR 模型时不易发生过拟合。所以，PPR 模型可应用于样本数量比较少的场合。BPNN 模型对各个自变量的权重没有任何限制，很容易发生过训练、过拟合，只能应用于大样本情况。

2. 对样本数量的要求及合理分组

在建立 BPNN 模型时，一般要求训练样本数量达到自变量个数的 10～20 倍以上，训练样本数量必须多于网络连接权重个数，最好达到 3～5 倍以上。确定模型网络结构的情况下，训练样本越多，发生过训练、过拟合的可能性就越低。一般将样本分成(随机抽样，或者根据如 SOM 等某种算法)性质相似的训练样本、检验样本和测试样本。训练样本用于训练过程中调整模型的网络连接权重以使误差平方和最小化，采用检验样本实时监控训练过程以防止发生过训练。检验样本误差出现增大趋势，应立即停止训练(称为训练早期停止法或者提前停止训练法，即 early stopping)，并取停止训练前的网络连接权重。根据 Hornik 提出的 BPNN 模型的计算能力定理(也称为存在性定理)，对于给定的训练样本数据，如果不存在矛盾样本(自变量值完全相同而期望值不同)，只要隐层节点个数足够多，总可以使训练样本误差接近 0(足够小)，但模型不一定具有泛化能力和实用价值。

事实上，建立具有较好泛化能力和实用价值的 BPNN 模型，是一个非常繁琐和需要反复试凑的过程，必须遵循基本建模准则和步骤，否则，仅仅实现使训练样本误差很小，甚至个别测试样本误差也足够小，模型也很可能没有泛化能力。那种认为只要少数几个样本就能建立 BPNN 模型的观点，是非常有害的。BPNN 模型绝不是数据拟合建模的万能钥匙，只适用于大样本数据，对于中小样本，尽量不要应用。

要建立一个具有泛化能力和实用价值的 BP 模型非常困难，必须确定合理的网络结构。

目前确定隐层节点个数的公式多数只有在特定条件下才有意义,有些公式本身就欠合理,可以作为试凑法的初始值;必须将样本分成性质相似的训练样本(占 50% 左右)、检验样本(占 25% 左右)、测试样本(占 25% 左右);训练时必须采用检验样本实时监控训练过程以避免过训练。由于网络初始权重不同,BPNN 模型的结果具有不可重复性。将建立 BPNN 模型的过程视作艺术创作过程,是非常形象和恰如其分的。

建立 PPR 模型,由于自变量权重平方和等于 1,以及在确定 Hermite 正交多项式的最高阶数时,往往先从低阶开始尝试,只有在不能满足精度要求时,才逐次提高最高阶数,所以,不易发生过拟合。当然,如果建模样本(训练样本)数量较少而采用的阶数太高,或者建立太多的岭函数,也可能发生过拟合。建立 PPR 模型时,要求 Hermite 正交多项式的最高阶数尽可能低,岭函数个数尽可能少,就能有效避免发生过拟合。

理论上,建立 BPNN 模型时,隐层节点个数也应该从较少的个数开始尝试,逐步增多。但在实际建模中,直接套用所谓的计算公式或者主观确定隐层节点个数,网络结构往往过大,很容易发生过训练、过拟合。

3. BPNN 模型与 PPR 模型的区别与联系

如果 BPNN 模型的隐层只有 1 个节点,相当于含有 1 个 Sigmoid 岭函数的 PPR 模型。在 BPNN 模型中,除自变量外还增加了一个常数项。以此类推,如果 BPNN 模型隐层有 m 个节点,相当于含有 m 个 Sigmoid 岭函数的 PPR 模型。3 层 BPNN 模型相当于岭函数的加权线性组合,而逐步建立多个岭函数的 PPR 模型,多个岭函数是等权线性组合。因此,BPNN 模型数据拟合能力更强,也更容易发生过训练和过拟合。当然,在 PPR 模型中,岭函数有多种形式,如幂指数多项式、可变阶数 Hermite 正交多项式、核函数、分段线性函数等,形式更灵活。

由于样本的一维投影值没有常数项,PPR 模型的数据拟合能力劣于 BPNN 模型。已有研究表明,PPR 模型对高维非线性、非正态分布规律数据的拟合能力优于传统的多元线性回归模型(MLR)、Logistic 模型、SVR、多变量自适应样条回归模型 MARS(multivariate adaptive regression spline)等,基于 PP 的 RBFNN 模型优于基于 PCA 的 RBFNN 模型,投影寻踪加权指数模型(additive index model)优于 SVR、RFR、BP 模型等现代数据挖掘机器学习算法。

4. PPBP 模型

PPBP 模型综合兼顾数据拟合能力,有效防止发生过拟合,提高可解释性等,实现对样本数据的更合理和有效挖掘。

在样本一维投影值中增加常数项,可以提高 PPR 模型的柔性和数据拟合能力,就构建了 PPBP 模型。具体建模过程如下。

步骤 1:设建模样本数据为 $[x(i, j), y(i)](i=1, 2, \cdots, n; j=1, 2, \cdots, p)$,其中 $x(i, j)$ 为自变量规格化数据,$y(i)$ 为因变量数据,n、p 为建模样本的数量和自变量个数。则根据一维投影原理,可得增加了常数项的样本一维投影值为

$$z(i) = \sum_{j=1}^{p} a(j)x(i, j) + \theta 。 \tag{8-17}$$

其中,$a(j)$ 为自变量的最佳投影向量系数或者权重,θ 为常数项(也称为阈值项)。现有文献

都没有对常数项 θ 提出取值范围的限制。θ 不应成为主导者,建议 θ 的取值范围应限制在 $[-1,1]$ 范围内,与投影向量系数对应。

步骤 2:对含有常数项的样本一维投影值 $z(i)$ 与因变量期望值 $y(i)$ 建立 H-PPR 模型,就建立了 PPBP 模型。目标函数为误差平方和最小(当然也可以是相对误差平方和最小、相对误差绝对值之和最小等),即

$$Q(\boldsymbol{a},\theta,\boldsymbol{C})=\min\left\{\sum_{i=1}^{n}\left[y(i)-f(i)\right]^2\right\}. \qquad (8-18)$$

其中,$f(i)$ 为岭函数的预测值。

步骤 3:计算基于第 1 个岭函数 PPBP 模型的拟合误差 $e(i)=[y(i)-f(i)]$,如果 $e(i)$ 满足精度要求,则停止建立更多岭函数,并输出模型参数值和 *RMSE*、*MAPE* 等模型性能指标值。否则,按照步骤 4 计算。

步骤 4:用误差 $e(i)$ 替代 $y(i)$,重复步骤 1~3,建立第 2 个岭函数、第 3 个岭函数等,直至拟合误差满足精度要求为止,输出各个岭函数等参数值和最后的拟合结果、模型性能指标值等。

提高 Hermite 多项式的最高阶数,或者增加岭函数个数,如果检验样本误差值出现增大趋势,说明已经发生了过拟合,取发生过拟合之前的最高阶数和岭函数个数。PPBP 模型的可靠性和稳健性优于 BPNN 模型。

8.2.2　建立 PPBP 模型的实证研究

1. 实证研究一

针对表 8-3 的数据,有学者采用 RAGA 最优化算法求得样本一维投影值公式(8-17)的最佳投影向量系数 $\boldsymbol{a}^*=(0.84,-0.52,0.09,0.15)$,$\theta^*=0.10$。最高阶数为 8 阶的 Hermite 多项式的系数 $c_1\sim c_8=(6.99\times10^5,3.08\times10^5,1.66\times10^6,1.11\times10^6,1.44\times10^6,1.26\times10^6,4.27\times10^5,9.29\times10^5)$;公式(8-18)的目标函数值(误差平方和)为 187.91,基于 1 个岭函数 PPBP 模型的投影值 $z(i)$ 和预测值、相对误差等,见表 8-6。有学者将前 20 个样本作为建模样本,采用人工鱼群算法求得了几乎相同的最优解。

采用 PPA 群智能最优化算法求得 PPBP 模型的全局最优解,得到最佳权重 $\boldsymbol{a}=(0.8162,-0.5667,0.0373,-0.1060)$,$\theta=0.2796$,最高阶数为 8 阶的 Hermite 正交多项式的系数 $c_1\sim c_8=(8.63\times10^3,4.37\times10^3,5.83\times10^3,6.41\times10^3,-5.51\times10^3,-7.37\times10^3,-4.05\times10^3,-8.68\times10^3)$。可见,虽然最佳权重与有关文献相差不大,但常数项尤其是 Hermite 正交多项式的系数相差很大。PPBP 模型的目标函数值为 283.22,检验样本的 *RMSE*、*MAE*、*MAPE*、*Max_AE*、*Max_RE* 分别为 54.44、52.14、15.26%、71.33、25.47%,显著大于建模样本的值 16.83、14.06、3.94%、33.69、9.26%,说明模型的泛化能力不是很好,或者说,Hermite 最高阶数取 8 阶太高了,应该选用更低的最高阶数。为此,分别建立最高阶数为 2、3、4、5、6、7、8、9、10 阶的 PPBP 模型,模型性能指标值见表 8-7。

表 8 - 6　新疆伊犁河雅玛渡站年径流量 23 年径流量及 4 个预报因子数据

序号	实测值[*]	有关文献结果			求得全局最优解的 PPBP 模型结果				
	$y(i)$	$z(i)$	PPBP	$E_{BP}(\%)$	$z_8(i)$	$f_8(i)$	$E_{R8}(\%)$	$f_4(i)$	$E_{R4}(\%)$
1	346	0.088	335.5	−3.03	0.141	339.7	−1.83	343.6	−0.70
2	410	0.212	427.7	4.31	0.317	431.8	5.32	448.1	9.29
3	385	0.138	388.7	0.97	0.237	387.0	0.51	414.6	7.69
4	446	0.497	452.5	1.45	0.574	459.0	2.91	424.3	−4.87
5	300	−0.059	308.1	2.68	−0.059	322.4	7.46	307.9	2.63
6	453	0.520	466.1	2.89	0.380	459.7	1.49	456.4	0.76
7	495	0.566	472.3	−4.59	0.468	477.5	−3.53	469.7	−5.11
8	478	0.604	483.6	1.18	0.522	473.1	−1.02	469.9	−1.70
9	341	0.079	347.2	1.80	0.074	320.0	−6.16	324.2	−4.93
10	326	−0.220	328.4	0.73	−0.153	338.4	3.80	296.8	−8.96
11	364	−0.166	357.2	−1.88	−0.101	330.3	−9.26	375.6	3.20
12	456	0.242	444.4	−2.55	0.341	443.2	−2.80	470.7	3.23
13	300	−0.118	322.1	7.38	0.025	315.0	4.99	311.1	3.71
14	433	0.216	423.4	−2.22	0.317	431.4	−0.36	388.5	−10.28
15	336	−0.062	303.5	−9.66	0.009	315.0	−6.25	363.3	8.12
16	289	−0.037	297.5	2.95	0.034	315.3	9.10	307.6	6.42
17	483	0.862	482.9	−0.02	0.874	482.2	−0.16	469.0	−2.91
18	402	0.347	403.5	0.36	0.366	454.4	13.03	378.2	−5.93
19	384	0.081	315.3	−17.9	0.077	320.4	−16.55	302.4	−21.24
20	314	0.041	297.4	−5.27	0.133	336.4	7.12	307.9	−1.93
21	401	0.363	404.4	0.86	0.379	459.3	14.53	469.8	17.16
22	280	0.063	317.8	13.49	0.168	351.3	25.47	299.3	6.90
23	301	0.048	302.4	0.47	0.156	345.9	14.92	295.6	−1.78

注：* 完整的预测因子数据见表 8-3，前 17 组为建模样本。$z(i)$、$f(i)$、$E_R(\%)$ 表示样本一维投影值、PPBP 模型的预测值及其相对误差，下标 4、8 表示 Hermite 正交多项式的最高阶数为 4 阶和 8 阶。

表 8 - 7　Hermite 正交多项式最高阶数不同时的 PPBP 模型性能指标值对比

样本	性能指标值	2	3	4	5	6	7	8	9
建模样本	$Q(a)$	1 259	508.9	497.9	309.1	308.3	289.2	283.3	279.2
	$RMSE$	35.49	22.56	22.31	17.58	17.56	17.01	16.83	16.71
	$MAPE$	0.078	0.050	0.050	0.042	0.041	0.040	0.039	0.039
	MAE	28.73	19.32	19.09	15.18	14.97	14.32	14.06	13.82
	Max_AE	80.74	42.87	44.50	33.23	32.77	34.23	33.69	32.08
	Max_RE	22.18	9.902	10.28	10.31	9.780	9.403	9.257	9.073
检验样本	$RMSE$	72.78	**45.81**	**45.45**	58.95	59.95	55.19	54.44	53.93
	$MAPE$	0.208	**0.092**	**0.092**	0.171	0.174	0.156	0.153	0.149
	MAE	66.32	**34.20**	**34.16**	57.27	58.24	53.14	52.14	51.31
	Max_AE	114.8	**84.12**	**81.58**	84.25	85.72	74.22	71.33	68.49
	Max_RE	40.98	**21.91**	**21.24**	30.09	30.61	26.51	25.47	24.46

注:$Q(a)$为建模样本 PPBP 模型的目标函数值;粗体部分的结果是合理、有效的。

由表 8 - 7 可知,提高 Hermite 正交多项式的最高阶数,建模样本的目标函数值逐步减小,最高阶数在 2~5 阶时减小比较明显,大于 5 阶时,减小比较缓慢。其他模型性能指标值也基本类似,都呈现逐步减小的特点,而且前期减小明显,后期减小缓慢。检验样本表现出不同的特征,最高阶数从 2 阶增大到 3 阶时,模型性能值改善明显,在 3、4 阶时基本不变,在 5 阶时性能指标值明显大于 3 阶、4 阶,从 5 阶提高到 9 阶,虽然模型性能指标值又逐步减小,但还是明显大于 3 阶、4 阶时的性能指标值。可见,最高阶数为 5~9 阶时,发生了过拟合。因此,对于本例数据,最高阶数取 3 阶或者 4 阶(结果基本相同,相差很小)是合理和有效的。

取最高阶数为 4 阶时,PPBP 模型的最佳权重为 $a = (0.439\,9, -0.284\,2, 0.834\,2, -0.172\,6)$,常数项 $\theta = -0.085\,1$,Hermite 正交多项式的系数 $c_1 \sim c_4 = (-1.76 \times 10^3, -2.51 \times 10^3, -1.62 \times 10^3, -2.23 \times 10^3)$。PPBP 模型的预测值及其相对误差,见表 8 - 6。Hermite 最高阶数为 4 阶时,检验样本的预测值、相对误差优于 8 阶。因此,建立 PPBP 模型,必须合理确定 Hermite 正交多项式的最高阶数,否则,极有可能发生过拟合。这一点务必引起重视。不能随意或者主观确定一个最高阶数,而不对其合理性、有效性进行比较研究,否则,模型很可能没有泛化能力,结果的可靠性、合理性等难以保证。

2. 实证研究二

13 种机织物透气量实测值(y)(因变量)及其织物总紧度(x_1)、厚度(x_2)、面密度(x_3)、平均浮长(x_4)等 4 个影响因素(自变量)的数据见表 8 - 8。需建立机织物透气量与影响因素之间的 PPBP 模型。

(1)**建立 PPR 模型**　设定前 11 组数据为建模样本,后 2 组数据为检验样本,对自变量数据采用极差归一化,对因变量数据不作归一化。

有学者采用 DPS 软件建立由 4 个核函数岭函数构成的 PPR 模型、网络结构为 4 - 2 - 1 的 BPNN 模型,采用逐步线性回归方法建立只包含 x_1 和 x_4 两个自变量的多元线性回归

（MLR）模型。PPR 模型的性能明显优于 BPNN 模型和 MLR 模型。

调用 DPS 软件建立由 4 个核函数岭函数构成的 PPR 模型，结果见表 8 - 8（预测值 f_1、相对误差 E_{R1}）。尝试很多次，每次得到的最优化结果都不同。DPS 软件没有明确说明是否需要对自变量进行归一化，也没有提供归一化功能。对原始数据多次建模发现，对自变量不作和作归一化，建立的 PPR 模型相差很大，无法得到文献的结果。针对原始数据建立 PPR 模型的预测值和相对误差见表 8 - 8（f_2 和 E_{R2}），最佳权重的平方和不一定等于 1。如某次建模，第一个岭函数的最佳权重为 0.213 2、−0.544 9、−0.001 5、−0.796 2，权重平方和等于 0.976 4；另一次建模的最佳权重为 0.240 9、−0.065 2、−0.003 8、−0.916 1，权重平方和仅为 0.901 6。

（2）建立 PPBP 模型 针对表 8 - 8 的数据，建立 PPBP 模型，f_3、E_{R3}、f_4、E_{R4} 分别表示基于 Hermite 正交多项式最高阶数为 2 阶和 7 阶时 PPBP 模型的预测值及其相对误差。

提高 Hermite 多项式的最高阶数，建模样本的目标函数值（本例为 MSE）逐步减小，从最高阶数为 1 阶时的 83 212，迅速下降到 2 阶时的 24 943，然后减小速度明显减缓，最高阶数为 7 阶时，降至 11 119。对应的，检验样本的 MSE 先从 90 664 下降到 88 976，取 3 阶时，又上升到 91 904，到 7 阶时，MSE 达到 120 000。因此，对于本例数据，最高阶数为 2 阶是比较合理的，求得了 PPBP 模型的最优解，得到最佳权重 $a = (−0.446\ 5,\ 0.828\ 1,\ 0.204\ 1,\ −0.270\ 8)$，常数项 $\theta = 1.000\ 0$，Hermite 正交多项式的系数 $(c_1,\ c_2) = (5.79 \times 10^3,\ −3.63 \times 10^3)$。建模样本的 MSE 为 24 943，小于 PPR 模型，即有常数项的 PPBP 模型性能稍优于没有常数项的 PPR 模型。

最高阶数取 2 阶，建立了第 2 个岭函数的 PPBP 模型，最佳权重 $a = (0.288\ 8,\ 0.392\ 1,\ 0.543\ 3,\ 0.683\ 9)$，$\theta = 1.000\ 0$，Hermite 正交多项式的系数 $(c_1,\ c_2) = (−4.63 \times 10^2,\ 3.67 \times 10^2)$，由两个岭函数构建的 PPBP 模型，其建模样本的 MSE 为 29 737，优于一个岭函数的 PPBP 模型。如果最高阶数取 3 阶，建模样本的 MSE 将下降到 5 803，但检验样本的 MSE 将增大到 114 604，发生过拟合。因此，最高阶数取 2 阶是合理的。如果需再提高模型的性能（精度），还可以建立第 3、4 个岭函数的 PPBP 模型等，但很可能会发生过拟合。

针对自变量原始数据，建立 PPBP 模型。Hermite 正交多项式的最高阶数分别为 1~7 阶时，建模样本的 MSE 分别为 30 502、30 491、27 120、14 392、4 442、975、1.67，随最高阶数的提高迅速降低。检验样本的 MSE 却随之迅速增大，并且总有部分样本的相对误差大于 80%。所以，本例数据不能采用原始数据建立 PPBP 模型。

（3）建立 P - PPR 模型 建立线性、2 次、3 次多项式岭函数的 P - PPR 模型，得到建模样本的 MSE 分别为 33 546、23 873、20 347，检验样本的 MSE 分别为 29 980、74 829、95 673。显然，综合建模样本和检验样本的 MSE，基于线性的 PPR 模型是比较合理的，建模样本的最大相对误差为 45%，检验样本的相对误差均小于 20%，该模型可以接受。与 PPBP 模型和最高阶数为 1 阶的 Hermite 正交多项式的 PPR 模型的性能基本相当。

（4）建立 BPNN 模型 因为输入层有 4 个节点，即使采用最紧凑的两个隐层结构 4 - 2 - 1 - 1，网络连接权重个数为 15 个，多于训练样本个数（11 个）。即使采用 4 - 2 - 1 网络结构，网络连接权重个数也有 13 个，多于训练样本个数。所以，对于本例的小样本数据，训练样本数量太少，不满足 BPNN 模型训练样本数量必须多于网络连接权重个数的最基本条件。不

表 8 - 8 13 种机织物透气量、影响因素及不同 PPR 模型的预测值和相对误差

序号	x_1	x_2	x_3	x_4	y	f_0	E_{R0}	f_1	E_{R1}	f_2	E_{R2}	f_3	E_{R3}	f_4	E_{R4}	f_5	E_{R5}	f_6	E_{R6}
1	54.9	0.55	106	1	2397	2394	−0.13	2454	2.38	2406	0.37	2565	−7.02	2409	−0.49	2397	0.00	2396	0.03
2	61.1	0.8	124	4	3176	3208	1.01	3147	−0.91	3172	−0.12	3131	1.41	3207	−0.98	3176	0.01	3180	0.14
3	67.6	0.7	141	2	1515	1505	−0.66	1600	5.61	1525	0.66	1528	−0.84	1392	8.12	1515	0.00	1528	−0.43
4	63.3	0.84	165	2	2074	2103	1.40	2037	−1.78	2077	0.12	2073	0.06	2021	2.55	2074	0.01	2064	0.32
5	71.0	1.02	193	4	1897	1897	0.00	2134	12.49	1899	0.10	2142	−12.93	1989	−4.83	1897	0.00	1876	0.67
6	78.5	1.18	259	4	1323	1339	1.21	1407	6.35	1353	2.24	1416	−7.00	1233	6.79	1323	0.00	1350	−0.86
7	72.3	1.08	238	2	990	936	−5.45	1141	15.25	1034	4.43	1124	−13.58	1134	−14.50	990	0.00	1001	−0.34
8	62.3	1.12	179	4	3278	3208	−2.14	3045	−7.11	3247	−0.95	2994	8.66	3240	1.15	3277	0.03	3279	−0.03
9	77.8	0.86	211	2	1029	1016	−1.26	636	−38.19	955	−7.16	613	40.43	842	18.20	1029	0.00	1004	0.81
10	77.0	0.77	170	1	161	228	41.61	239	48.45	194	20.59	227	−41.28	208	−29.35	161	0.01	165	−0.14
11	75.9	1.08	240	2	779	837	7.45	779	0.00	758	−2.74	743	4.59	945	−21.26	779	0.01	774	0.17
12	68.3	0.78	182	1	935	972	3.96	1118	19.57	955	2.13	1090	−16.58	1079	−15.39	523	13.21	760	5.61
13	77.4	1.04	208	4	1692	1680	−0.71	1487	−12.12	1701	0.54	1393	17.65	1225	27.57	1287	12.99	1364	10.52

采用检验样本实时监控训练过程,采用网络结构太大,必定会发生过训练。应用 Statsoft 公司的神经网络软件 STATISTIC Neural Networks,分别建立网络结构为 4-2-1-1 和 4-2-1 的 BPNN 模型,几乎每次训练都发生过训练(把序号 12、13 的样本作为检验样本,实时监控训练过程),训练样本的误差几乎达到 0,检验样本误差却要大很多。其中,某两次训练得到的(当然发生了过训练)BP 模型的预测值和相对误差见表 8-8 的 f_5、E_{R5}、f_6、E_{R6}。训练样本误差很小,几乎等于 0,检验样本误差本身并不是很大,但显著大于训练样本误差,达几十倍以上。某次训练过程中训练样本 MSE、检验样本 MSE 的变化情况如图 8-1 所示(与表 8-8 的预测值 f_5 和相对误差 E_{R5} 对应),显然训练过程中发生了过训练。某次训练得到的网络结构为 4-2-1-1 的 BP 模型的网络连接权重(a1~a4 为输入层节点,h1♯01、h1♯02 为第一个隐层的节点,h2♯01 为第 2 个隐层的节点)见表 8-9。仅是举例而已,每次训练得到的权重都不同。

表 8-9　BP 模型的网络连接权重

阈值	−0.131 2	−0.793 7	0.136 7	−1.507 0
$a1$	−0.051 5	−1.375 9		
$a2$	−0.695 5	−0.809 1		
$a3$	0.606 7	−0.636 5		
$a4$	−0.820 2	1.004 9		
h1♯01			1.327 9	
h1♯02			−2.054 7	
h2♯01				−2.643 9

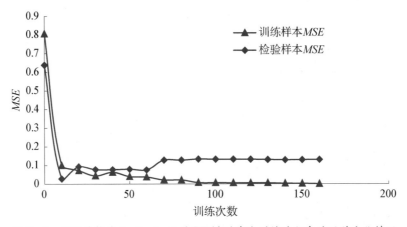

图 8-1　网络结构为 4-2-1-1 的 BP 模型某次训练过程中的误差变化情况

3. 实证研究三

50 种粉煤灰混凝土强度实测值(y)(因变量)以及粉煤灰含量(x_1)、胶凝材料用量(x_2)、胶水比(x_3)等 3 个影响因素(自变量)的数据见表 8-10。建立 PPBP 模型,有学者应用 DPS

软件建立 PPR 模型。

表 8 - 10　粉煤灰混凝土强度的实测值及 3 个影响因素值

序号	x_1	x_2	x_3	实测值 y	拟合值#	序号	x_1	x_2	x_3	实测值 y	拟合值#
1	0.153 8	455	2.585 2	56.8	56.27	26	0.179 4	390	1.921 1	47.2	45.64
2	0.151 5	495	2.734 8	53.8	52.51	27	0.171 4	420	2.400	56.5	54.57
3	0.168 5	445	2.542 8	60.1	58.47	28	0.16	500	2.631 5	59.3	60.52
4	0.25	320	1.616 1	34.3	37.51	29	0.392 8	300	1.489 3	24.8	27.04
5	0.180 7	415	2.243 2	53.4	53.7	30	0.148 9	470	2.35	54.3	55.73
6	0.15	500	2.673 7	63.9	60.52	31	0.179 4	390	2.010 3	42.8	45.64
7	0.176 4	425	2.309 7	54.2	54.84	32	0.192 3	390	1.921 1	48.1	45.64
8	0.164 8	455	2.600 0	57	56.27	33	0.180 7	415	2.243 2	51.6	53.70
9	0.15	500	2.777 7	57.9	60.53	34	0.090 9	352	1.637 2	36.6	38.19
10	0.153 8	455	2.645 3	43.6	56.27	35	0.137 7	450	2.307 6	51.5	56.32
11	0.168 5	445	2.528 4	57.9	58.47	36	0.150 6	365	1.713 6	35.1	38.34
12	0.170 4	440	2.514 2	56.7	57.95	37	0.200 0	325	1.641 4	41.2	36.01
13	0.185 1	405	2.250 0	56.1	52.13	38	0.178 4	353	1.713 5	42.9	39.04
14	0.158 2	455	2.527 7	54.3	56.27	39	0.213 11	305	1.783 6	41.4	37.98
15	0.169 2	455	2.556 1	60.4	56.27	40	0.150 6	365	1.754 8	40.5	38.34
16	0.152 5	459	2.668 6	63.5	59.12	J1	0.213 1	305	1.763	31.3	37.98
17	0.154 1	454	2.718 5	60.7	55.96	J2	0.137 9	435	2.253 8	49.0	56.55
18	0.150 2	466	2.491 9	60.4	59.29	J3	0.205 8	340	1.725 8	37.3	29.41
19	0.230 7	325	1.633 1	33.3	36.01	J4	0.230 7	325	1.641 4	34.2	36.01
20	0.170 7	451	2.505 5	58.6	56.03	J5	0.208 9	335	1.683 4	42.0	30.91
21	0.179 3	446	2.548 5	61.1	58.19	J6	0.137 9	435	2.242 2	46.9	56.55
22	0.175	400	2.010 0	44.1	47.92	J7	0.253 9	315	1.567 1	28.3	40.26
23	0.142 8	490	2.512 8	45.4	46.21	J8	0.215 3	325	1.625 0	28.8	36.01
24	0.161 6	433	2.315 5	56.0	56.01	J9	0.136 3	440	2.256 4	50.1	57.94
25	0.202 8	345	1.725 0	28.7	30.56	J10	0.117 6	425	2.272 7	54.9	54.84

注：#表示采用 DPS 软件得到的拟合值。

（1）建立 PPR 模型　前 40 组数据（序号 1～40）为建模样本，后 10 组数据（序号 J1～J10）为检验样本。对自变量数据进行极差归一化，对因变量数据不作归一化。有学者采用

DPS 软件,建立了由 4 个核函数岭函数构成的 PPR 模型。对 40 个建模样本的拟合效果较理想,10 个预留样本(检验样本)的预测值与实测值相差较大,建模样本和检验样本的 MAE 分别为 11.13 和 7.98,$MAPE$ 分别为 5.58% 和 22.18%。检验样本的相对误差显著大于建模样本,主要原因是除上述 3 个影响因素外,还存在其他诸如粉煤灰质量等影响因素,在建模时没有考虑。

针对上述归一化数据,调用 DPS 软件,一共 5 次建立基于 4 个核函数岭函数的 PPR 模型,每次结果都不同,也与表 8 - 9 的拟合值不同。某次建立 PPR 模型,得到建模样本的 MAE、MSE、$MAPE$、$RMSE$ 分别为 3.25、19.47、7.06%、4.41,检验样本的 MAE、MSE、$MAPE$、$RMSE$ 分别为 3.91、21.56、11.23%、4.64。建模样本与检验样本的模型性能指标值比较接近,说明模型具有一定的泛化能力。

针对自变量原始数据,每次结果不同。某次建立 PPR 模型,得到建模样本的 MAE、MSE、$MAPE$、$RMSE$ 分别为 2.46、10.31、5.24%、3.21,检验样本的值分别为 7.36、66.90、19.92%、8.18、11.96、42.25%。建模样本的性能指标值明显小于检验样本的性能指标值,说明模型的泛化能力较差。

根据原始数据建立 PPR 模型的数据拟合更好,但泛化能力较差,最佳权重平方和不等于 1。针对本例数据,所有 4 个岭函数,自变量 x_2 的最佳权重基本上都接近于 1,其他两个自变量的权重几乎都等于 0,结果欠合理。

(2) 建立 PPBP 模型　分别取 Hermite 正交多项式的最高阶数为 1、2、3、5、8 阶,采用 PPA 群智能最优化算法,求得全局最优解,得到建模样本/检验样本的 MSE 分别为 17.99/28.69、17.86/27.85、17.80/25.56、17.75/24.96、17.73/25.14。可见,提高最高阶数,建模样本的 MSE 逐步减小,但减小速度非常缓慢,而检验样本的 MSE 减小较大。最高阶数大于 5 阶时,检验样本的 MSE 稍有增大。因此,取最高阶数为 3~5 阶比较合理。最高阶数为 5 阶,求得最佳权重 $(a_1, a_2, a_3) = (-0.1268, -0.2469, 0.9607)$,常数项 $\theta = -0.3940$,Hermite 正交多项式系数 $(c_1, c_2, \cdots, c_5) = (229.502, -179.181, 376.526, -91.429, 193.527)$,建模样本和检验样本的 MSE 分别为 17.75 和 24.96,建模样本的 $RMSE$、$MAPE$、MAE、Max_AE、Max_RE、相关系数 R_p 分别为 4.2131、6.34%、2.9522、14.2436、33.15%、0.998,检验样本的值分别为 4.9967、11.42%、4.0898、10.8426、34.64%、0.993。可见,虽然建模样本的 $MAPE$、MAE 几乎是检验样本的 2 倍,但 $RMSE$、Max_AE、Max_RE 和相关系数等性能指标值表明,模型具有较好的泛化能力和实用价值。

(3) 建立 H - PPR 模型　作为对比,建立 Hermite 正交多项式最高阶数为 5 阶的 H - PPR 模型,求得最佳权重为 $(a_1, a_2, a_3) = (-0.1354, -0.2476, 0.9594)$,Hermite 正交多项式的系数 $(c_1, c_2, \cdots, c_5) = (3.4991, -107.539, -159.431, -50.092, -102.862)$。建模样本和检验样本的 MSE 分别为 17.76 和 24.88,即 H - PPR 模型的最佳权重、MSE 与 PPBP 模型几乎没有差异。因为存在常数项,两个模型的一维投影值 $z(i)$ 明显不同,Hermite 正交多项式的系数差异较大。H-PPR 模型建模样本的 $RMSE$、$MAPE$、MAE、Max_AE、Max_RE、相关系数 R_p 分别为 4.2142、6.37%、2.9631、14.2620、33.05%、0.998,检验样本的值分别为 4.9875、11.34%、4.0689、10.8418、34.64%、0.993。表明 H-PPR 模型也具有较好的泛化能力和实用价值。

（4）建立 P-PPR 模型　作为对比,建立基于样本一维投影值的 1、2、3、4 次多项式的 P-PPR 模型,求得全局最优解,得到建模样本/检验样本的 MSE 分别为 21.51/22.48、17.86/24.95、17.78/25.13、17.76/24.88。采用 3 次、4 次多项式岭函数,建模样本和检验样本的 MSE 几乎不变,但模型却更复杂了。因此,采用 2 次多项式岭函数是合理的,求得最佳权重 $(a_1, a_2, a_3) = (-0.1135, -0.2280, 0.9670)$,2 次多项式的系数 $(c_0, c_1, c_2) = (32.96, 67.48, -44.97)$。得到建模样本的 $RMSE$、$MAPE$、MAE、Max_AE、Max_RE、相关系数 R_p 分别为 4.2265、6.41%、2.9820、1.3706、33.41%、0.9069,检验样本的值分别为 4.9953、11.27%、4.0713、10.9890、35.08%、0.8373。可见,基于 2 次多项式岭函数的 T-PPR 模型也具有较好的泛化能力和实用价值。

（5）建立 PPTR 模型　因为样本数据较多,可尝试建立具有一个门槛值的 PPTR 模型。采用 PPA 群智能最优化算法求得全局最优解,建立 IPP 模型❶,求得最佳权重和样本投影值;根据公式(8-5),以绝对误差平方和最小为目标函数,求得全局最优解,得到 PPTR 模型,即

$$f(i) = \begin{cases} 48.6844 + 24.5889[z(i) - 0.6835], & z(i) \leqslant 1.0936。 \\ 56.0125 + 33.6652[z(i) - 1.2188], & z(i) > 1.0396。 \end{cases} \tag{8-19}$$

求得最佳权重 $(a_1, a_2, a_3) = (-0.2059, 0.6455, 0.7355)$。建模样本的 MSE、$RMSE$、$MAPE$、MAE、Max_AE、Max_RE 分别为 18.8946、4.3468、7.57%、3.5146、9.9948、32.36%,检验样本的值分别为 18.2209、4.2686、9.76%、3.7062、6.5777、20.79%。可见,建模样本和检验样本的模型性能值比较接近,表明 PPTR 模型具有很好的数据拟合能力、泛化能力和实用价值,与 PPBP 模型性能基本相当。

还可以根据公式(8-7),以相对误差平方和最小为目标函数建模。也可以直接进行一维投影,求得样本投影值,并以(8-7)或者(8-5)为目标函数建立 PPTR 模型等。

针对样本数量较多、自变量个数较少的本例数据,建立 PPBP 模型、H-PPR 模型和 P-PPR 模型以及 PPTR 模型,4 种模型具有相似的数据拟合能力(主要针对建模样本)、泛化能力(主要针对检验样本)和实用价值。

4. 实证研究四

淮河王家坝水文站洪水位及 4 个影响因素的数据见表 8-11,$x_1 \sim x_4$ 分别表示洪峰流量、起涨水位、站以上区间平均雨量、站以下几个雨量站的平均雨量,实测值 y 为最高洪水位。

一共 23 个样本,前 18 个为建模样本,后 5 个为检验样本。对自变量数据采用越大越好的极差归一化,对因变量不作归一化。分别建立 Hermite 最高阶数为 2、3、4、5、6、8、10 阶的 PPBP 模型,采用 PPA 群智能最优化算法求得全局最优解,得到建模样本/检验样本的 MSE 分别为 0.0949/2.2481、0.0137/0.0214、0.0135/0.0213、0.0082/0.0235、0.0081/0.0260、0.0081/0.0263、0.0081/0.0251。提高最高阶数,建模样本的 MSE 先迅速减小然后趋于稳定(高于 5 阶时基本不变);检验样本的 MSE 也是先减小,4 阶时的 MSE 最小,大于 4 阶时出现增大趋势。因此,为了避免发生过拟合,最高阶数取 3 阶或者 4 阶是合理的。最高阶数取 4 阶时,求得最佳权重 $(a_1, a_2, a_3, a_4) = (0.9498, -0.0203, -0.1035, 0.2947)$,常数项 $\theta = 0.5320$,Hermite 正交多项式系数 $(c_1, c_2, c_3, c_4) = (68.5200、$

表 8-11　淮河王家坝水文站洪水位及预测因子数据

序号	x_1	x_2	x_3	x_4	实测值 y	PPBP	H-PPR	P-PPR
1	5 485	27.19	204	134	28.80	28.74	28.80	28.80
2	1 725	26.46	66	61	26.67	26.76	26.78	26.78
3	2 115	26.41	192	213	27.53	27.58	27.60	27.60
4	2 308	23.94	84	71	27.45	27.43	27.36	27.36
5	1 688	25.74	41	19	26.61	26.46	26.54	26.55
6	4 310	26.92	249	198	28.45	28.58	28.45	28.45
7	2 115	26.74	75	70	27.32	27.26	27.22	27.23
8	3 690	27.86	117	121	28.34	28.21	28.20	28.21
9	3 630	25.23	123	143	28.04	28.23	28.19	28.19
10	2 910	26.90	80	71	27.85	27.76	27.82	27.82
11	2 940	26.12	125	127	27.95	27.86	27.93	27.92
12	3 330	26.44	66	69	27.90	27.96	28.02	28.01
13	2 250	26.63	32	18	27.00	27.24	27.19	27.20
14	1 750	26.36	36	39	26.78	26.73	26.73	26.71
15	2 406	26.06	99	102	27.64	27.56	27.55	27.55
16	3 358	26.00	169	126	28.16	28.01	28.09	28.10
17	1 644	20.27	119	44	26.46	26.44	26.47	26.49
18	2 174	23.92	11	12	27.06	27.20	27.07	27.05
19	1 706	25.96	150	113	26.85	26.87	26.92	26.96
20	2 532	25.78	91	94	27.59	27.62	27.62	27.62
21	4 440	28.11	186	276	28.74	28.76	28.62	28.56
22	2 387	24.24	197	171	27.93	27.63	27.66	27.68
23	2 010	25.06	77	74	27.32	27.19	27.11	27.11

— 20.928 6、22.977 9、7.194 6),样本的模型预测值见表 8-11(PPBP)。得到建模样本的 *RMSE*、*MAPE*、*MAE*、*Max_AE*、*Max_RE*、相关系数 R_p 分别为 0.116 0、0.37%、0.101 1、0.236 4、0.88%、0.999 2,检验样本的值分别为 0.146 0、0.36%、0.098 6、0.296 1、1.06%、0.994 9。可见,建模样本与检验样本的模型性能指标值非常接近,表明最高阶数为 4 阶的 PPBP 模型具有很好的数据拟合能力、泛化能力和实用价值。

取最高阶数为 8 阶,建立 PPBP 模型,计算得到建模样本、检验样本的 *MSE* 分别为

0.0075 和 0.5694,检验样本的 MSE 显著大于建模样本的 MSE,表明可能发生了过拟合。

作为对比,建立 H-PPR 模型,取最高阶数分别为 2、4、6、8、10 阶时,求得全局最优解,得到建模样本/检验样本的 MSE 分别为 0.1959/0.7044、0.0211/0.0578、0.0090/0.0377、0.0084/0.0267、0.0083/0.0241。说明取最高阶数为 8～10 阶是合理的,与上述建立的 PPBP 模型性能基本相当。取 8 阶时,求得最佳权重$(a_1, a_2, a_3, a_4) = (0.9722, 0.0260, -0.0204, 0.2319)$,Hermite 正交多项式系数$(c_1, c_2, \cdots, c_8) = (85.286, -91.911, 44.233, -31.222, -67.925, 26.207, -45.687, 7.398)$,样本预测值见表 8-11(H-PPR)。

作为对比,建立 P-PPR 模型,采用线性、2、3、4 次多项式岭函数时,求得建模样本/检验样本的 MSE 分别为 0.0288/0.1378、0.0123/0.0352、0.0083/0.0307、0.0083/0.0309。可见,基于 3 次多项式岭函数的 P-PPR 模型是合理的,模型性能稍劣于 PPBP 模型,求得最佳权重为 $(a_1, a_2, a_3, a_4) = (0.9792, 0.0370, 0.0214, 0.1983)$,3 次多项式的系数$(c_0, c_1, c_2, c_3) = (26.2969, 5.7853, -6.0454, 2.5666)$。样本预测值见表 8-11(P-PPR),与最高阶数为 8 阶的 H-PPR 模型的预测值非常接近。

8.3　PPAR 模型原理及实证研究

8.3.1　建立 PPAR 模型的原理

应用 PPR、PPTR、PPBP 模型对多个自变量问题的数据建模,取得了较好的效果。但是,实际建模中,有些如某流域的降水量、太阳黑子活动规律等问题,很难确定其影响因素(自变量)。如果影响因素确定不合理,更难建立满足精度要求的 PPR、PPTR 和 PPBP 模型。这些建模问题往往具有完整(较长)的时间序列数据。理论上讲,各种错综复杂的影响因素虽然不能正确描述对时间序列数据(因变量数据)的影响规律,但这种影响关系和结果最终都可以由时间序列数据的特征呈现出来。因此,对这类时间序列数据进行正确、合理、可靠建模,具有重要的理论意义和实践价值。

将 PP 技术与时间序列自回归分析方法进行有机结合就构建了投影寻踪自回归(PPAR)模型,将不同滞后期的高维非线性时间序列数据进行一维线性投影,建立揭示原始时间序列数据的结构特征和变化规律的岭函数,再由这些岭函数构建反映时间序列数据特征的 PPAR 模型。通过一维线性投影,可以克服维度灾难问题,并且 PP 技术用于高维非线性、非正态分布数据的建模,优于自回归滑动平均模型(ARIMA)、BPNN 模型等常用的时间序列建模方法。PPAR 为时间序列数据提供了一种新的建模方法。

参照其他时间序列建模方法,构建时间序列数据的自回归数据,就可以建立 PPAR 模型了。可以是 P-PPAR 模型,也可以是 H-PPAR 模型,还可以是 PPARBP 模型。

1. PPAR 建模过程

步骤 1:确定合理的自回归步数 k。设时间序列数据为 $\{x(i)\}(i=1, 2, \cdots, n)$,则延迟 k 步的时间序列自相关系数 $R(k)$ 为

$$R(k) = \frac{\sum_{i=k+1}^{n} \left[x(i) - Ex \right] \left[x(i-k) - Ex \right]}{\sum_{i=1}^{n} \left[x(i) - Ex \right]^2} \,。 \tag{8-20}$$

其中,均值 $Ex = \frac{1}{n} \sum_{i=1}^{n} x(i)$; $k = 1$ 、2 、3 、$\cdots$ 、m ,一般要求 $m < \frac{n}{4}$ 。随着 k 增大,$R(k)$ 的方差也增大,但 $R(k)$ 的估计精度将降低。因此,m 通常要求取较小的数值。根据抽样分布理论,$R(k)$ 在置信水平 $(1-\alpha)$ (一般取 $70\% \sim 80\%$)的情况下,当自相关系数值

$$R(k) \notin \left[\frac{-1 - \mu_{\alpha/2} \cdot \sqrt{(n-k-1)}}{(n-k)}, \frac{-1 + \mu_{\alpha/2} \cdot \sqrt{(n-k-1)}}{(n-k)} \right] \tag{8-21}$$

时,可以推断时间序列 $\{x(i)\}$ 延迟 k 步时是显著相关的。$x(i-k)$ 可作为 $x(i)$ 的预测因子,否则,时间序列 $\{x(i)\}$ 延迟 k 步是非显著相关的。公式中的分位值 $\mu_{\alpha/2}$ 可从正态分布表中查得。

> **特别提示** 不能把公式(8-21)错误地写成
>
> $$R(k) \notin \left[-1 - \frac{\mu_{\alpha/2} \cdot \sqrt{(n-k-1)}}{(n-k)}, -1 + \frac{\mu_{\alpha/2} \cdot \sqrt{(n-k-1)}}{(n-k)} \right] \,。$$

步骤2:设定预测的时间序列数据 $x(i)$ 和已经确定的延迟 k 步的预测因子 $x(i-k)$ ($k=1$ 、2 、$\cdots$ 、p ; $i = k+1$ 、$k+2$ 、$\cdots$ 、n),其中 p 为预测因子的个数。因为时间序列数据的数值大小更具开放性,事先很难判断其可能的最大值和最小值。所以,一般先对时间序列数据采用去均值归一化(标准化),再建立 $x(i)$ 与 $x(i-k)$ 之间的函数关系式。因此,建立 PPAR 模型的过程,与之前建立 PPR 模型的过程基本类似,只是前述的 p 个自变量变成了现在的 p 维预测因子。所以,可以对 p 维预测因子的归一化数据 $x(i-k)$ 进行一维投影,得到一维投影值,即

$$z(i) = \sum_{j=1}^{p} a(j) x(i - p - 1 + j), \ i = p+1 、p+2 、\cdots 、n 。 \tag{8-22}$$

其中,$a(j)$ 为 p 维预测因子的最佳投影向量系数或者权重。

步骤3:建立 $x(i)$ 与 $x(i-k)$ 之间的 PPAR 模型。对时间序列的因变量数据 $x(i)$ 不作归一化。对样本预测因子的一维投影值 $z(i)$ 与时间序列数据(因变量期望值) $x(i)$ 之间建立 H-PPR 模型,即 H-PPAR 模型。设定目标函数为误差平方和最小,

$$Q(\boldsymbol{a}, \boldsymbol{C}) = \min \left\{ \sum_{i=1}^{n} \left[x(i) - f(i) \right]^2 \right\}, \tag{8-23}$$

其中,$f(i)$ 为基于可变阶数 Hermite 正交多项式岭函数的 PPAR 模型的预测值,见公式 (2-34)~(2-38)。

步骤4:计算上述基于第1个岭函数 PPAR 模型的拟合误差 $e(i) = [x(i) - f(i)]$ 。如果 $e(i)$ 已经满足精度要求,则停止建立更多的岭函数,并输出模型参数和 $RMSE$ 、$MAPE$ 等

性能指标值,否则,按照步骤 5 建立包含更多个岭函数的 PPAR 模型。

步骤 5:用误差 $e(i)$ 替代 $y(i)$,回到步骤 2,重复步骤 3、4,建立第 2、3 个岭函数的 PPAR 模型等,直至拟合误差满足精度要求为止。输出基于各个岭函数的 PPAR 模型的参数值、最后的拟合结果和模型性能指标值等。

2. 防止过拟合

提高 Hermite 多项式最高阶数或者增加岭函数个数,如果检验样本误差出现增大趋势,表明已经发生了过拟合,取发生过拟合之前的最高阶数和岭函数个数,建立 PPAR 模型。

建立 PPAR 模型的关键和基础是确定正确的或者合理的延迟步数 k。k 值不同,模型也必然不同。因为目标函数值是绝对误差平方和最小,如果对因变量去均值归一化(标准化),则模型预测误差太小,不敏感。所以,建模时不对时间序列的因变量数据 $x(i)$ 进行归一化(标准化)处理,仅对预测因子 $x(i-k)$ 采用去均值归一化。PPAR 模型的其他特性与 H - PPR 模型完全一致。除采用可变阶数 Hermite 正交多项式岭函数外,也可以采用基于样本一维投影值的线性、2 次、3 次多项式岭函数等,这样建立的 PPAR 模型的特性与 P - PPR 模型一致。与 PPBP 结合,还可以建立 PPARBP 模型,模型特性与 PPBP 基本一致。

8.3.2 建立 PPAR 模型的实证研究

1. 实证研究一

1973~2003 年,三江平原挠力河流域菜嘴子水文站的降水量时间序列观测数据,见表 8-12。要求建立 PPAR 模型,对降水量进行合理、可靠预测。

对降水量时间序列数据进行自相关分析,在置信水平 $(1-\alpha)$ 为 70% 的情况下,只有 $R(3)$、$R(5)$、$R(6)$ 3 个预测因子是显著相关的。以这 3 个预测因子为自变量,构建时间序列自回归样本数据 $\{x(i-6), x(i-5), x(i-3), x(i)\}$。对预测因子数据采用去均值归一化。2003 年为预留样本,预测 2004、2005 年降水量。有学者取 Hermite 多项式最高阶数为 8 阶,采用 RAGA 求得最优解,得到最佳权重为 $\{a(1), a(2), a(3)\} = \{0.4673, 0.7379, -0.4869\}$,多项式系数 $\{c_1, c_2, \cdots, c_8\} = \{3253, -7219, 11139, -17667, 13708, -17286, 5871, -12139\}$。样本投影值和预测值见表 8-12。

分别设定 Hermite 正交多项式的最高阶数为 5、6、7、8、9、10 阶,建立 PPAR 模型,采用 PPA 群智能最优化算法求得全局最优解。得到的目标函数值(均方差 MSE)分别为 126387.8、51518.7、13898.8、2876.4、2038.1、1336.2。可以看出,提高 Hermite 的最高阶数,建模样本的目标函数值逐步减小,有可能发生过拟合。

作为对比,取最高阶数为 8 阶和 10 阶时得到样本一维投影值 $z(i)$,建立基于 Hermite 正交多项式岭函数的 PPAR(H - PPAR)模型,预测值 $f_1(i)$、$f_2(i)$ 和相对误差 $E_{R1}(i)$、$E_{R2}(i)$,见表 8-12。两个模型(M1 和 M2)的 $RMSE$、$MAPE$ 等主要模型性能值见表 8-13,3 个预测因子的最佳权重及其 Hermite 正交多项式系数见表 8-14。

表8-12 1973～2003年三江平原挠力河流域菜嘴子水文站降水量时间序列数据[3]及预测结果

年	$x(i)$	$z_0(i)$	$f_0(i)$	$z_1(i)$	$f_1(i)$	$E_{R1}(i)$	$f_2(i)$	$E_{R2}(i)$	$f_3(i)$	$E_{R3}(i)$	$z_4(i)$	$f_4(i)$	$E_{R4}(i)$	$f_5(i)$	$E_{R5}(i)$
1979	531.7	-1.429	522	-1.430	518.7	2.45	556.2	-4.61	476.5	10.38	-0.201	550.2	3.49	561.1	5.53
1980	521.1	-0.881	554	-0.881	549.2	-5.38	548.5	-5.26	545.8	-4.73	-0.915	662.0	27.03	640.9	22.99
1981	876.0	-1.210	840.4	-1.215	845.6	3.47	837.3	4.42	862.5	1.54	-1.466	821.2	-6.25	766.2	-12.54
1982	502.4	0.249	526.6	0.262	525.2	-4.54	572.1	-13.88	482.6	3.94	-0.328	563.7	12.19	537.9	7.06
1983	584.0	-0.631	534.4	-0.627	532.6	8.79	546.5	6.42	583.9	0.01	-0.840	645.6	10.55	604.6	3.54
1984	726.5	1.449	732	1.474	731.6	-0.70	712.7	1.89	727.3	-0.11	-0.487	584.1	-19.60	602.8	-17.02
1985	617.2	-0.423	613.7	-0.416	618.5	-0.21	622.8	-0.91	620.7	-0.56	-0.308	561.5	-9.03	625.3	1.32
1986	458.4	2.194	456.9	2.237	456.6	0.40	458.3	0.02	487.1	-6.25	2.670	478.8	4.46	542.0	18.24
1987	686.1	-1.082	738.7	-1.082	739.1	-7.73	698.7	-1.83	706.2	-2.94	-1.020	686.8	0.10	694.2	1.18
1988	511.4	0.557	538	0.575	540.4	-5.67	521.5	-1.97	487.9	4.60	0.155	524.4	2.53	556.9	8.90
1989	448.7	0.482	533.6	0.504	536.0	-19.46	512.9	-14.30	510.1	-13.68	1.440	513.7	14.48	465.6	3.76
1990	608.6	0.107	550.4	0.122	548.0	9.96	562.5	7.57	519.0	14.72	0.151	524.5	-13.81	526.8	-13.44
1991	825.8	-1.141	797	-1.143	800.1	3.11	823.2	0.32	819.4	0.78	-0.940	667.6	-19.15	721.4	-12.64
1992	460.9	0.711	530.5	0.735	530.3	-15.05	451.2	2.11	537.6	-16.64	1.229	511.8	11.05	465.7	1.05
1993	531.1	-0.704	516.7	-0.700	513.1	3.39	535.2	-0.78	517.8	2.51	-0.644	608.6	14.60	572.2	7.74
1994	676.2	0.499	534.9	0.512	536.6	20.64	575.3	14.91	699.0	-3.37	-1.206	736.8	8.96	764.1	13.00
1995	540.1	0.310	524.2	0.328	523.6	3.05	586.8	-8.64	571.2	-5.75	0.563	511.4	-5.32	524.3	-2.93
1996	546.3	1.299	546.7	1.332	548.1	-0.33	559.5	-2.42	568.0	-3.97	2.200	507.0	-7.19	498.1	-8.81
1997	753.7	-1.336	775.8	-1.340	773.8	-2.66	753.0	0.09	726.0	3.68	-1.279	758.9	0.69	728.0	-3.42

续 表

年	$x(i)$	$z_0(i)$	$f_0(i)$	$z_1(i)$	$f_1(i)$	$E_{R1}(i)$	$f_2(i)$	$E_{R2}(i)$	$f_3(i)$	$E_{R3}(i)$	$z_4(i)$	$f_4(i)$	$E_{R4}(i)$	$f_5(i)$	$E_{R5}(i)$
1998	549.7	0.086	555.9	0.099	554.2	−0.83	547.2	0.45	541.5	1.49	−0.186	548.9	−0.15	569.0	3.52
1999	474.2	0.736	526.5	0.760	525.7	−10.86	453.5	4.37	458.2	3.36	0.981	510.0	7.54	468.4	−1.23
2000	595.2	0.100	552.2	0.112	550.5	7.50	551.9	7.27	558.4	6.19	−0.522	589.1	−1.02	616.4	3.57
2001	519.9	−0.110	615.6	−0.099	617.4	−18.75	554.6	−6.67	545.4	−4.91	−0.144	545.0	4.83	607.3	16.81
2002	581.2	0.874	493.5	0.902	486.9	16.23	590.3	−1.56	568.7	2.15	1.697	514.7	−11.44	467.1	−19.63
2003	507.2	−0.798	519.8	−0.793	513.9	−1.32	516.3	−1.79	809.6	−59.61	−0.371	568.9	12.16	571.2	12.62
2004	519.9	−0.725	514.6	−0.723	510.2	/	518.9	/	467.9	/	−0.745	626.7	/	652.9	/
2005	581.2	0.601	538.3	0.621	540.8	/	497.6	/	/	/	0.312	517.6	/	/	/
2006	507.2	/	/	−0.672	518.9	/	545.6	/	/	/	−0.387	570.8	/	/	/

注：1973～1978 年的降水量分别为 669.4、535.8、450.9、378.8、503.3、457.8。

表 8-13 最高阶数(多项式次数)不同时 PPAR 模型的性能指标值对比

模型	MSE	$RMSE$	$MAPE$	MAE	Max_AE	Max_RE
M0	2 819	55.46	7.86	44.14	141.3	26.47
M1	2 876	53.63	7.13	40.30	139.6	20.64
M2	1 336	36.55	4.69	26.59	100.9	14.91
M3	1 213	34.83	4.93	26.65	89.57	16.64
M4	4 669	68.33	8.98	53.04	158.2	27.03
M5	4 396	66.31	8.74	52.45	123.7	22.99

注:模型 M0 表示有关文献 PPAR 模型的结果,其 MSE、$RMSE$ 等性能指标值根据模型预测值计算得到,模型参数见表 8-14。

Hermite 多项式最高阶数为 10 阶时,建模样本的模型性能指标值更优,但容易发生过拟合,是否具有泛化能力,需要看检验(预留)样本的误差大小。从本例数据来看,预留样本的误差也很小,是合理的。

根据时间序列自相关系数公式(8-20)、(8-21),判定 $x(i-k)$ 与 $x(i)$ 之间是否存在显著的线性相关性。而 PPAR 模型是建立 $x(i)$ 与 $x(i-k)$ 之间的非线性模型,线性不显著相关的预测因子,可能存在显著的非线性相关性。因此,如果保留线性非显著相关的预测因子,PPAR 模型可否提高预测精度,这是一个值得深入研究和讨论的问题。

将 $x(i-6)$、$x(i-5)$、…、$x(i-1)$ 全部作为预测因子建立 PPAR 模型,求得模型(M3)的参数值见表 8-14,模型的预测值 $f_3(i)$ 及其相对误差 $E_{R3}(i)$ 见表 8-12,模型性能指标值见表 8-13。可见,$x(i-6)$ 的权重最大,为最重要预测因子,其次是 $x(i-4)$、$x(i-1)$,这与模型 M0、M1 的情况不完全一致。针对建模样本,模型 M3 的性能很好,但预留样本的相对误差高达 60%,显然,模型没有泛化能力。取最高阶数为 6 阶、8 阶时,建模样本的误差也很小,但预留样本的相对误差都大于 60%,模型仍然没有泛化能力和实用价值。

作为对比,采用线性、2~4 次多项式岭函数,建立 P-PPAR 模型,目标函数值 MSE 分别为 7 106、5 214、4 669 和 4 657。可见,采用 3 次多项式是合理的,P-PPAR 模型的预测值 $f_4(i)$ 及其相对误差 $E_{R4}(i)$ 见表 8-12,模型性能指标值见表 8-13(M4),预测因子的最佳权重和多项式系数见表 8-14。可见,P-PPAR 模型的性能稍差于 H-PPAR 模型,但也能满足精度要求。

建立基于完全预测因子的 P-PPAR 模型,采用线性、2~4 次多项式岭函数,目标函数值 MSE 分别为 6 517、4 396、2 681、2 483,采用 3 次、4 次多项式时预留样本的相对误差分别高达 64% 和 88%,没有实用价值。所以,采用 2 次多项式岭函数的 P-PPAR 模型(M5)是合理的,模型的性能指标值见表 8-13,模型参数值见表 8-14,模型的预测值 $f_5(i)$ 和相对误差 $E_{R5}(i)$ 见表 8-12。模型 M5 的性能略差于 M1,优于 M4。

表 8 - 14 不同模型的参数

模型	$a(1)$	$a(2)$	$a(3)$	c_1	c_2	c_3	c_4	c_5	c_6	c_7	c_8	c_9	c_{10}
M0	−0.4869	0.7379	0.4673	3253	−7219	11139	−17667	13708	−17286	5871	−12139		
M1	−0.4857	0.7397	0.4657	3320	−7186	11423	−17514	14131	−17086	6082	−5983		
M2	−0.4563	0.7707	0.4447	4772	−2269	19353	12257	32464	46939	25464	53578	7740	20489
M3	0.7617	0.1932	0.3554	−0.2581	−0.2654	0.3452	−3136	−5573	−9214	−10059	−9859	−5324	−3695
M4	−0.1156	0.9876	−0.1058	533.67	−69.41	62.27	−16.47		−9214				
M5	−0.1033	0.9595	−0.1804	−0.1079	0.1224	0.0978	543.36	−106.88	36.67				

注:M3 前 6 个数据为最佳权重,后 7 个数据为多项式系数;M4 前 6 个数据为最佳权重,后 3 个为 2 次多项式系数;M5 前 6 个数据为最佳权重,后 3 个为 2 次多项式系数。

综上所述,对于本例数据,H-PPAR 模型和 P-PPAR 模型具有基本相似的性能,均能满足精度要求。一般地,提高 Hermite 多项式的最高阶数或者多项式次数,建模样本误差逐步减小,建模样本误差很小,很可能发生过拟合,导致模型没有泛化能力和实用价值。

2. 实证研究二

1956～2005 年长江宜昌站流量监测数据见表 8-15。

表 8-15 长江宜昌站 1956～2005 年流量监测数据

年度	实测值	年度	实测值	年度	实测值	年度	实测值	年度	实测值
1956	13 100	1966	13 600	1976	12 900	1986	12 100	1996	13 300
1957	13 600	1967	14 300	1977	13 400	1987	13 700	1997	11 500
1958	13 100	1968	16 300	1978	12 400	1988	13 300	1998	16 500
1959	11 600	1969	11 600	1979	12 600	1989	15 100	1999	15 200
1960	12 700	1970	13 300	1980	14 600	1990	14 100	2000	14 900
1961	14 000	1971	12 300	1981	14 000	1991	13 700	2001	13 100
1962	14 700	1972	11 300	1982	14 200	1992	13 000	2002	12 500
1963	14 300	1973	13 600	1983	15 100	1993	14 600	2003	12 900
1964	16 500	1974	15 900	1984	14 300	1994	11 000	2004	13 100
1965	15 600	1975	13 700	1985	14 500	1995	13 400	2005	14 600

对流量数据进行自回归分析,判定预测因子是 $x(i-5)$、$x(i-4)$ 和 $x(i-1)$,要求建立 $x(i)$(因变量)与 3 个预测因子(自变量)之间的 PPAR 模型。

对预测因子数据采用去均值归一化,对因变量不作归一化。2005 年为预留样本,预测 2006、2007 年流量。有学者取 Hermite 的最高阶数为 8 阶,采用 RAGA 最优化算法求得最优解,建立 PPAR 模型(M0),得到最佳权重和 Hermite 正交多项式系数,见表 8-16。

作为对比,取 Hermite 的最高阶数为 8 阶,采用 PPA 群智能最优化算法求得全局最优解,建立 PPAR 模型(M1),得到最佳权重和正交多项式系数见表 8-16。模型 M1 的 *RMSE* 等主要性能指标值见表 8-17。

作为对比,又建立最高阶数为 10 阶的 PPAR 模型(M2),模型参数见表 8-16,模型性能指标值见表 8-17。

作为对比,又建立基于样本一维投影值的 1～4 次多项式岭函数的 P-PPAR 模型(模型 3～6),求得模型参数值见表 8-16,求得模型性能指标值见表 8-17。P-PPAR 模型的性能优于 Hermite 多项式最高阶数为 8 阶的 H-PPAR 模型(M1),稍劣于最高阶数为 10 阶的 H-PPAR 模型(M2)。

表 8 - 16 不同模型的最优化参数值

模型	$a(1)$	$a(2)$	$a(3)$	c_1	c_2	c_3	c_4	c_5	c_6	c_7	c_8	c_9	c_{10}
M0	0.5511	0.4976	-0.6698	95 889	-158 825	291 773	-355 333	318 726	-316 001	118 616	-203 966		
M1	0.5613	-0.0943	0.8222	118 628	-198 773	417 872	-514 630	527 023	-518 068	226 261	-184 841		
M2	0.6509	0.4874	0.5820	121 496	-214 164	524 629	-662 059	927 894	-920 900	757 164	-620 048	238 260	-164 871
M3	0.7070	0.7014	-0.0904	13 795	-518.28								
M4	-0.7058	-0.7022	0.0937	13 805	516.01	-8.217							
M5	-0.3349	-0.9231	0.1891	13 882	1152.7	-106.3	-260.3						
M6	-0.2125	-0.8737	0.4375	13 371	1461.2	1322.2	-432.6	-386.8					

表 8‐17 不同 PPAR 模型的主要性能指标值对比

模型	MSE	$RMSE$	$MAPE$	MAE	Max_AE	Max_RE	E_R_Y
M0	1.04×10^{10}	101 779	364.06	51 505	582 032	3 829.2	196.7
M0_1	9.65×10^{5}	982.4	5.82	780	2 396	21.20	7.26
M1	2.14×10^{6}	1 463.0	8.61	1 200	3 532	22.75	10.79
M2	8.83×10^{5}	939.74	5.48	739	2 140	17.45	3.11
M3	1.42×10^{6}	1 193.0	6.75	921	3 428	21.12	6.84
M4	1.42×10^{6}	1 193.0	6.74	920	3 440	21.19	6.77
M5	1.32×10^{6}	1 147.9	6.75	921	3 006	20.89	4.73
M6	1.02×10^{6}	1 011.6	5.99	819	2 759	19.44	8.39

注：M0 表示根据有关文献的最佳权重和多项式系数计算得到的结果，M0_1 表示根据有关文献的模型预测值计算得到的结果。E_R_Y 为预留样本的相对误差（%）。

综上所述，根据预留样本的相对误差，模型 M1～M6 能满足精度要求，尤其是 P‐PPAR 模型，性能比较稳定，可以优先应用。H‐PPAR 模型性能与最高阶数直接相关，最高阶数越高，建模样本的误差越小，越容易发生过拟合。

3. 实证研究三

采用 PPAR 模型研究上海市 1980～2013 年的需水量，具体数据见表 8‐18。

表 8‐18 上海市 1980～2013 年需水量数据

年度	需水量	年度	需水量	年度	需水量	年度	需水量	年度	需水量
1980	9.73	1987	12.71	1994	16.27	2001	24.15	2008	30.9
1981	10.17	1988	12.61	1995	22.07	2002	24.4	2009	30.47
1982	10.09	1989	12.92	1996	23.11	2003	25.82	2010	30.9
1983	10.21	1990	13.32	1997	23.32	2004	27.35	2011	31.13
1984	10.64	1991	13.53	1998	24.12	2005	28.65	2012	30.97
1985	11.54	1992	14.1	1999	23.51	2006	29.19	2013	31.91
1986	11.71	1993	14.94	2000	24	2007	30.34		

经自回归相关分析，确定滞后期是 4，采用完全预测因子 $x(i-4)$、$x(i-3)$、$x(i-3)$、$x(i-1)$，建立 $x(i)$ 与 4 个预测因子（自变量）之间的 PPAR 模型。前 20 组数据为建模样本，对预测因子数据采用 $x=\dfrac{x^{*}-0.8x^{*}_{\min}}{1.2x^{*}_{\max}-0.8x^{*}_{\min}}$（其中，$x^{*}$、$x^{*}_{\max}$、$x^{*}_{\min}$ 分别为原始时间序列数据、最大值和最小值）归一化，目标函数为相对误差绝对值之和最小。文献采用飞蛾火焰优化算法（MFO）进行最优化求解，得到了由两个线性岭函数构成的 PPAR 模型，参数为

$$\alpha = [0.948\,477, \; -0.967\,230],$$

$$\beta = \begin{bmatrix} 0.543\,842 & 0.589\,043 & -0.101\,460 & 0.589\,043 \\ 0.657\,748 & 0.574\,701 & -0.052\,420 & -0.577\,480 \end{bmatrix}。$$

得到最终的 PPAR 预测模型：$\hat{Y}_k = -0.042\,735\hat{x}_{k1} + 0.002\,867\hat{x}_{k2} - 0.045\,525\hat{x}_{k3} + 1.117\,250\hat{x}_{k4}$（简称模型 M1）。

事实上，$\beta = [0.657\,748 \quad 0.574\,701 \quad -0.052\,420 \quad -0.577\,480]$ 的权重平方和等于 1.099，不满足权重平方和等于 1 的约束条件。根据模型 M1 计算得到模型预测值的目标函数值为 1.521 6。

对上述 20 组建模样本和 10 组验证样本建立 BPNN 模型，因为样本太少，即使采用最紧凑的网络结构 4 - 2 - 1，网络连接权重个数为 13 个（$5×2+3×1$），也不满足 BPNN 模型的基本条件。

作为对比，根据相对误差绝对值之和最小的目标函数，建立由 1 个线性岭函数以及含有常数项和不含常数项构成的两个 PPAR 模型：$\hat{Y}_k = 0.012\,527 - 0.088\,751\hat{x}_{k1} + 0.143\,034\hat{x}_{k2} - 0.177\,822\hat{x}_{k3} + 1.119\,265\hat{x}_{k4}$（简称模型 M2），$\hat{Y}_k = 0.056\,675\hat{x}_{k1} + 0.120\,388\hat{x}_{k2} - 0.197\,726\hat{x}_{k3} + 1.104\,888\hat{x}_{k4}$（简称模型 M3）。目标函数值分别为 1.239 8 和 1.452 9。上述 3 个不同 PPAR 模型的性能指标值见表 8 - 19 所示。

表 8 - 19　不同 PPAR 模型的主要性能指标值对比

模型	MSE	RMSE	MAPE	MAE	Max_AE	Max_RE
M1_J	1.732 3	1.316 2	3.64	0.667 4	5.358 2	24.28
M1_C	0.417 2	0.645 9	1.86	0.556 3	1.283 2	4.21
M2_J	1.543 8	1.242 5	4.33	0.752 0	4.771 6	21.62
M3_C	0.284 4	0.533 3	1.54	0.460 0	0.936 4	3.07
M3_J	1.826 6	1.351 5	4.67	0.872 3	4.726 7	21.42
M3_C	2.040 6	1.428 5	4.06	1.244 8	2.289 6	7.51

注：J 表示检验样本的模型性能指标值；C 表示建模样本的模型性能指标值。

无论是对建模样本还是测试（检验）样本，模型 M3 的性能最好，目标函数值最小，已没有必要再建立第 2 个岭函数。

8.4　PPARTR 模型原理及实证研究

8.4.1　建立 PPARTR 模型的原理

首先，根据时间序列自回归相关分析结果，确定自相关的滞后期和预测因子；其次，对预测因子进行一维投影，得到一维样本投影值；第三步，根据 PPTR 模型，求得投影值的门限

（槛）值，从而建立 PPARTR 模型。

PPAR 模型中的 PP 模型可以是 P‑PPR 模型，也可以是 H‑PPR 模型，还可以是 PPBP 模型。既可以直接根据样本一维投影值建立 PPAR 模型，也可以先根据 IPP 模型❶求得一维投影值，再建立 PPAR 模型。目标函数既可以是使绝对误差平方和最小，也可以是使相对误差绝对值之和最小，或者是使相对误差平方和最小等。实际研究中，可根据具体问题要求合理确定。

1. PPARTR 的建模过程

步骤 1：一维投影。根据 PPAR 模型原理，确定合理的自回归步数 k，然后构建样本一维投影值 $z(i)$（公式 8‑22）。

步骤 2：建立 $x(i)$ 与 $x(i-k)$ 之间的 PPARTR 模型。一般有两种方法。第一种方法，根据 $x(i) \sim z(i)$ 的散点图，采用 IPP 模型❶，求得样本一维投影值的最佳权重 $a(j)$，再建立 TR 模型，求得 TR 模型中投影值 $z(i)$ 的最优门限值，以及截距和斜率等参数，从而建立 PPARTR 模型。第二种方法，直接根据 TR 模型，同时最优化一维投影的最佳权重 $a(j)$、TR 模型中投影值 $z(i)$ 的最优门限值以及截距和斜率等参数，从而建立 PPARTR 模型。

因此，如果只有一个门限值 m，第二种方法的 PPARTR 模型可简化为

$$x(i) = \begin{cases} a_0^{(I)} + a_1^{(I)}z(i) + \varepsilon(i, I), & z(i) \leqslant m。 \\ a_0^{(II)} + a_1^{(II)}z(i) + \varepsilon(i, II), & z(i) > m。 \end{cases} \quad (8-24)$$

其中，ε 为随机误差或者白噪声序列，$a_0^{(I)}$，$a_1^{(I)}$、$a_0^{(II)}$，$a_1^{(II)}$ 分别为门限模型的截距和斜率。

第一种方法的 PPARTR 模型可表示为

$$x(i) = \begin{cases} E[x(I)] + a^{(I)}\{z(i) - E[z(I)]\} + \varepsilon(i, I), & z(i) \leqslant m。 \\ E[x(II)] + a^{(II)}\{z(i) - E[z(II)]\} + \varepsilon(i, II), & z(i) > m。 \end{cases} \quad (8-25)$$

其中，$(E[x(I)], E[z(I)])$ 和 $(E[x(II)], E[z(II)])$ 为门限模型第一段线性模型和第二段线性模型的因变量均值和样本投影值均值，即门限模型（公式 8‑25）通过均值点，$a^{(I)}$、$a^{(II)}$ 为门槛模型的斜率。则根据门限回归模型（8‑24）和（8‑25）的样本预测值 $f(i)$ 为

$$f(i) = \begin{cases} a_0^{(I)} + a_1^{(I)}z(i), & z(i) \leqslant m。 \\ a_0^{(II)} + a_1^{(II)}z(i), & z(i) > m。 \end{cases} \quad (8-26)$$

$$f(i) = \begin{cases} E[x(I)] + a^{(I)}\{z(i) - E[z(I)]\}, & z(i) \leqslant m。 \\ E[x(II)] + a^{(II)}\{z(i) - E[z(II)]\}, & z(i) > m。 \end{cases} \quad (8-27)$$

其中，m 为一维投影值门限（门槛）值。

2. 确定合理的目标函数

在数据拟合和预测建模中，目标函数可以是使相对误差平方和最小（或者相对误差绝对值之和最小）和使绝对误差平方和最小（或者是均方误差最小）两种形式：

$$Q_R(\boldsymbol{a}, m) = \min\left\{\sum_{i=1}^{n}\left[\frac{y(i) - f(i)}{y(i)}\right]^2\right\}。 \quad (8-28)$$

或者

$$Q_R(\boldsymbol{a}, m) = \min\left\{\sum_{i=1}^{n}\left|\frac{y(i) - f(i)}{y(i)}\right|\right\}。 \quad (8-29)$$

$$Q_A(\boldsymbol{a}, m) = \min\left\{\sum_{i=1}^{n}[y(i) - f(i)]^2\right\}。 \tag{8-30}$$

或者
$$Q_A(\boldsymbol{a}, m) = \min\left\{\frac{1}{n}\sum_{i=1}^{n}[y(i) - f(i)]^2\right\}。 \tag{8-31}$$

采用 PPA 群智能最优化算法求得目标函数的全局最优解，从而建立 PPARTR 模型（公式 8-26）或者（公式 8-27）。在实际问题的建模研究中，可以根据不同的研究目的，选择合适的目标函数。

8.4.2 建立 PPARTR 模型的实证研究

1. 实证研究一

1966~1993 年度某海洋冰情等级的时间序列数据 $x(i)(i=1, 2, \cdots, 27)$ 见表 8-20，拟建立 PPARTR 模型对海洋冰情等级进行有效和可靠预测。

表 8-20　某海洋冰情等级序列实测值及不同 PPARTR 模型的预测值和绝对误差对比

年度	$y(i)$	模型(8-32a)			模型(8-33a)			模型(8-34)		
		$z(i)$	$f(i)$	$E_a(i)$	$z(i)$	$f(i)$	$E_a(i)$	$z(i)$	$f(i)$	$E_a(i)$
1970#	3.50	1.148	2.990	0.510	−0.074	3.812	0.312	1.148	3.500	0.000
1971	3.00	0.575	2.696	0.304	0.419	1.998	1.002	0.575	2.838	0.162
1972	1.00	−1.256	1.756	0.756	1.108	2.118	1.118	−1.256	1.695	0.695
1973	3.00	0.194	2.500	0.500	1.503	2.187	0.813	0.194	2.601	0.399
1974	1.50	−0.264	2.265	0.765	0.222	1.964	0.464	−0.264	2.314	0.814
1975	1.50	−1.551	1.605	0.105	1.108	2.118	0.618	−1.551	1.512	0.012
1976	4.50	1.214	4.500	0.000	−0.074	3.812	0.688	1.214	4.500	0.000
1977	2.50	−0.841	1.969	0.531	−1.256	2.235	0.265	−0.841	1.954	0.546
1978	2.50	−0.082	2.359	0.141	−0.567	3.155	0.655	−0.082	2.428	0.072
1979	3.00	2.082	3.000	0.000	−0.567	3.155	0.155	2.082	3.000	0.000
1980	2.50	−1.286	1.741	0.759	0.813	2.067	0.433	−1.286	1.677	0.823
1981	2.50	−0.022	2.389	0.111	0.025	1.929	0.571	−0.022	2.465	0.035
1982	2.00	0.339	2.574	0.574	0.025	1.929	0.071	0.339	2.691	0.691
1983	3.00	−0.411	2.190	0.810	0.714	2.050	0.950	−0.411	2.223	0.777
1984	3.50	0.036	2.419	1.081	−0.369	3.417	0.083	0.036	2.502	0.998
1985	3.00	−0.266	2.264	0.736	−0.764	2.892	0.108	−0.266	2.313	0.687
1986	3.00	0.727	2.774	0.226	−0.665	3.023	0.023	0.727	2.933	0.067
1987	2.00	0.427	2.620	0.620	−0.074	1.912	0.088	0.427	2.746	0.746

年度	$y(i)$	模型(8-32a)			模型(8-33a)			模型(8-34)		
		$z(i)$	$f(i)$	$E_a(i)$	$z(i)$	$f(i)$	$E_a(i)$	$z(i)$	$f(i)$	$E_a(i)$
1988	1.50	−0.381	2.205	0.705	1.010	2.101	0.601	−0.381	2.242	0.742
1989	3.00	−0.108	2.345	0.655	1.108	2.118	0.882	−0.108	2.412	0.588
1990	1.50	−0.655	2.065	0.565	−0.074	1.912	0.412	−0.655	2.070	0.570
1991	1.50	−0.529	2.129	0.629	0.517	2.015	0.515	−0.529	2.149	0.649
1992	1.50	0.884	2.854	<u>1.354</u>	0.222	1.964	0.464	0.884	1.500	0.000
1993	1.50	−1.190	1.790	0.290	1.108	2.118	0.618	−1.190	1.737	0.237
1994	/	−0.198	2.299	/	0.222	1.964	/	/	2.355	/

注:1994 年表示利用模型进行预测得到的结果。♯1966~1969 年的实际冰情等级为 3.00、4.50、5.00 和 3.00。

根据自回归相关分析结果,得到置信水平为 70% 时的预测因子为 $x(i-4)$、$x(i-3)$、$x(i-1)$。设定所有样本都是建模样本,对时间序列数据统一进行去均值归一化,根据公式(8-22)进行一维投影,建立 IPP 模型 ❶,最后根据公式(8-27)和(8-30)建立 PPARTR 模型。

采用 PPA 群智能最优化算法求得全局最优解,得到预测因子 $x(i-4)$、$x(i-3)$、$x(i-1)$ 的最佳权重 $a = (-0.6710, 0.7320, 0.1179)$,IPP 模型 ❶ 的目标函数值为 0.5056,公式(8-30)的目标函数值为 9.3511。可见,最佳权重与有关文献的最佳权重不同,最重要预测因子也不同。建立的 PPARTR 模型为

$$f(i) = \begin{cases} 2.2955 + 0.5132[z(i) - 0.2050], & z(i) \leqslant m \text{。} \\ 3.7500 - 1.7290[z(i) - 1.6478], & z(i) > m \text{。} \end{cases} \tag{8-32a}$$

门限值 m 实际上是一个范围[0.8836, 1.1480]。建立一维投影值、PPARTR 模型(8-32a)的预测值见表 8-20,模型的 MAE、MAPE 分别为 0.530 和 26.9%,均优于自回归模型和 PPTR 模型。在 24 个样本中,分别有 21 个、22 个样本的绝对误差小于 0.80、1(1 个冰情等级),分别占 87.5% 和 91.6%,最大绝对误差为 1.35,均优于 AR 模型。

采用直接进行投影得到样本一维投影值,再根据公式(8-26)和(8-30)求得全局最优解,建立 PPARTR 模型:

$$f(i) = \begin{cases} 1.9249 - 0.1745z(i), & z(i) \leqslant m \text{。} \\ 3.9202 - 1.3336z(i), & z(i) > m \text{。} \end{cases} \tag{8-33a}$$

门限值 m 实际上也是一个范围[0.0739, 0.3695]。求得预测因子 $x(i-4)$、$x(i-3)$、$x(i-1)$ 的最佳权重为 $a = (-0.6000, 0.0000, 0.8000)$,公式(8-33a)的目标函数值为 8.2262,小于公式(8-32a)的目标函数值。可见,最佳权重与有关文献以及公式(8-32a)的最佳权重都不同,最重要预测因子变为了 $x(i-1)$,而 $x(i-3)$ 的权重等于 0,变成了无效用预测因子。公式(8-33a)的一维投影值、PPARTR 模型预测值见表 8-20,MAE 和 MAPE 分别为 0.496 和 25.02%,Max_AE 为 1.118,均优于公式(8-32a)。在 24 个样本中,分别有

12 个和 23 个样本的绝对误差小于 0.5 和 1.0,分别占 50% 和 95.8%,优于公式(8-32a)和 AR 模型、门限自回归模型。

因为 a 和 $-a$ 都是最优解。因此,对于公式(8-32a),如果最佳权重取 $-a$,则 $a = (0.6710, -0.7320, -0.1179)$,相应的 PPARTR 模型变为

$$f(i) = \begin{cases} 3.7500 + 1.7290[z(i) + 1.6478], & z(i) \leqslant m。 \\ 2.2955 - 0.5132[z(i) - 0.2050], & z(i) > m。 \end{cases} \quad (8-32b)$$

门限值 m 范围为 $[-1.1818, -1.1480]$,虽然两个模型公式(8-32a)和(8-32b)的形式不一致,但预测值 $f(i)$、MAE、$MAPE$ 等都是相等的。同理,对于公式(8-33a),如果取最佳权重 $a = (0.6000, 0.0000, -0.8000)$,则相应的 PPARTR 模型变为

$$f(i) = \begin{cases} 3.9202 + 1.3336z(i), & z(i) \leqslant m。 \\ 1.9249 + 0.1745z(i), & z(i) > m。 \end{cases} \quad (8-33b)$$

门槛值 m 范围为 $[-0.0739, 0.0246]$。同理,公式(8-33a)和(8-33b)等价。绝对误差比较大的样本,绝大部分都是因为因变量值出现比较大的改变。如 1971、1972、1973 年,冰情分别为 3.0、1.0、3.0 级;1975、1976、1977 年,冰情分别为 1.5、4.5、1.5 级;1988、1989、1990 年,冰情分别为 1.5、3.0、1.5 级;等等。从建模结果看,整体上拟合精度满足预测要求,只有极个别年度(样本)的绝对误差(冰情等级)超过了 1 个等级。为此,可建立含有两个门限值的 PPARTR 模型,即

$$f(i) = \begin{cases} 2.275 + 0.6241[z(i) + 0.3273], & z(i) \leqslant 0.8032。 \\ 2.500 + 7.5627[z(i) - 1.016], & 0.8032 < z(i) \leqslant 1.2116。 \\ 3.750 - 1.7291[z(i) - 1.6478], & z(i) > 1.2116。 \end{cases} \quad (8-34)$$

模型(8-34)的样本一维投影值 $z(i)$、模型预测值 $f(i)$ 以及绝对误差 $E_a(i)$,见表 8-20。因变量的最大绝对误差已从大于 1 个等级下降到小于 1 个等级,MAE、$MAPE$ 也从公式(8-32a)的 0.5303、26.85%,公式(8-33a)的 0.4962、25.02% 下降到公式(8-34)的 0.4296、21.66%。表明,采用 2 个门限值的 PPARTR 模型性能更优。

2. 实证研究二

1983~2002 年度水稻产量时间序列数据 $x(i)(i = 1, 2, \cdots, 20)$ 见表 8-21,要求建立 PPARTR 模型进行可靠、合理预测。将 2002~2003 年作为预留样本,建立了含有 2 个门限值的 PPARTR 模型,并预测 2005~2006 年的水稻产量。

对所有时间序列数据采用去均值归一化,并进行自回归相关分析,得到置信水平为 70% 时的预测因子 $x(i-4)$、$x(i-3)$、$x(i-1)$。根据公式(8-22)进行一维投影,建立 IPP 模型 ❶,有学者采用 RAGA 最优化算法求得最优解,得到最佳权重 $a = (0.6178, 0.6067, 0.5003)$。根据公式(8-27)和(8-30)建立包含两个门槛值的 PPARTR 模型,即

$$f(i) = \begin{cases} 3.600 + 2.7163[z(i) + 1.4844], & z(i) \leqslant -0.9463。 \\ 4.905 + 3.5981[z(i) + 0.2936], & -0.9463 < z(i) \leqslant 0.6487。 \\ 4.605 + 2.2257[z(i) - 1.3911], & z(i) > 0.6487。 \end{cases}$$

$$(8-35)$$

表 8 - 21　水稻产量时间序列实测值及不同模型的预测值和绝对误差对比

年度	实测值	(8 - 36a)			(8 - 37a)		
	$y(i)$	$z(i)$	$f(i)$	$E_R(i)$	$z(i)$	$f(i)$	$E_R(i)$
1987	1.875	−1.984	2.904	54.90	−1.984	2.673	42.56
1988	2.700	−2.192	2.450	−9.26	−2.192	2.067	−23.45
1989	4.950	−1.584	3.782	−23.60	−1.584	3.844	−22.35
1990	4.860	−0.914	5.249	8.00	−0.914	5.801	19.37
1991	1.950	−0.757	2.810	44.13	−0.757	2.174	11.50
1992	2.475	−0.379	4.365	76.35	−0.379	3.881	56.81
1993	4.485	0.318	3.553	−20.77	0.318	7.028	56.71
1994	6.510	−0.297	4.701	−27.78	−0.297	4.251	−34.71
1995	5.595	−0.449	4.080	−27.07	−0.449	3.569	−36.22
1996	6.615	0.208	6.780	2.49	0.208	6.533	−1.23
1997	5.130	1.707	5.155	0.49	1.707	5.467	6.57
1998	3.420	1.598	5.030	47.09	1.598	5.171	51.20
1999	6.000	1.332	4.723	−21.28	1.332	4.443	−25.95
2000	6.105	1.655	5.096	−16.53	1.655	5.326	−12.76
2001	2.370	0.664	3.952	66.76	0.664	2.618	10.46
2002	6.690	0.286	7.099	6.11	0.286	6.884	2.89
2003	7.075	1.991	5.483	−22.50	1.991	6.243	−11.76
2004	4.216	0.770	4.075	−3.34	0.770	2.909	−30.99
2005	7.334	0.659	3.947	−46.18	0.659	2.607	−64.46
2006	7.618	2.669	6.265	−17.75	2.669	8.095	6.27
2007	/	1.815	5.281	/	1.815	5.764	/

注:2007 年为预测值。1983~1986 年的水稻产量分别为 1.530、1.125、1.125 和 2.310。

采用 PPA 群智能最优化算法求得全局最优解,得到预测因子 $x(i-4)$、$x(i-3)$、$x(i-1)$ 的最佳权重为 $\boldsymbol{a}=(0.542\,1、0.712\,4、0.445\,6)$,IPP 模型 ❶ 的目标函数值为 $0.505\,9$,明显大于目标函数值 0.47,根据公式(8-30)的目标函数值为 $21.323\,7$。建立含有两个门槛值的 PPARTR 模型为

$$f(i)=\begin{cases} 3.596\,3+2.190\,2[z(i)+1.668\,4], & z(i)\leqslant-0.847\,6。 \\ 4.972\,5+4.111\,1[z(i)+0.231\,5], & -0.847\,6<z(i)\leqslant0.312\,3。 \\ 3.596\,3+1.153\,5[z(i)-1.212\,3], & z(i)>0.312\,3。 \end{cases}$$

$$(8-36a)$$

求得样本一维投影值 $z(i)$ 和 PPARTR 模型预测值 $y(i)$ 及相对误差 $E_R(i)$ 见表 8-21。求得最重要预测因子是 $x(i-3)$，而且权重明显大于其他两个预测因子。文献的最重要预测因子是 $x(i-4)$，而且与 $x(i-3)$ 基本相当。根据文献给出的最佳权重，计算得到的样本投影值 $z(i)$ 和 PPARTR 预测值 $f(i)$，见表 8-21。绝对误差平方和为 27.799 1，明显大于 18.660 4，计算可得 $Q(a) = S_z \mid R_{xz} \mid = 1.262 4 \times 0.396 7 = 0.500 8$，也大于 0.47。

根据公式(8-28)，建立了使相对误差平方和最小的含有两个门槛值的 PPARTR 模型，即

$$f(i) = \begin{cases} 3.596 3 + 2.922 6[z(i) + 1.668 4], & z(i) \leqslant -0.879 1。 \\ 4.902 9 + 4.514 9[z(i) + 0.153 0], & -0.879 1 < z(i) \leqslant 0.552 1。 \\ 4.605 0 + 2.731 2[z(i) - 1.391 2], & z(i) > 0.552 1。 \end{cases}$$

(8-37a)

求得预测因子 $x(i-4)$、$x(i-3)$、$x(i-1)$ 的最佳权重为 $a = (0.542 1、0.712 4、0.445 6)$，相对误差平方和(目标函数值)为 1.594 7，小于公式(8-36a)的 2.087 7，但绝对误差平方和从公式(8-36a)的 21.323 7 增大到了 27.170 4，样本投影值、模型预测值及其相对误差见表 8-21。所以，应该根据建模目标是更关注绝对误差大小还是相对误差大小，选择公式(8-30)、(8-31)或者(8-28)、(8-29)建立 PPARTR 模型。

尝试建立只有一个门限值的 PPARTR 模型，绝对误差平方和等于 28.456 1，明显大于含有 2 个门限值 PPARTR 模型的结果 21.323 7。同理，a 和 $-a$ 都是最优解。所以，公式(8-36a)和(8-37a)与下列两个公式等价：

$$f(i) = \begin{cases} 4.585 0 - 1.153 5[z(i) + 1.212 3], & z(i) \leqslant -0.302 8。 \\ 4.972 5 - 4.111 1[z(i) - 0.231 5], & -0.302 8 < z(i) \leqslant 0.774 3。 \\ 3.596 3 - 2.190 2[z(i) - 1.668 4], & z(i) > 0.774 3。 \end{cases}$$

(8-36b)

$$f(i) = \begin{cases} 4.605 0 - 2.731 2[z(i) + 1.391 2], & z(i) \leqslant -0.355 1。 \\ 4.902 9 - 4.514 9[z(i) - 0.153 0], & -0.355 1 < z(i) \leqslant 0.792 6。 \\ 3.596 3 - 2.922 6[z(i) - 1.668 4], & z(i) > 0.792 6。 \end{cases}$$

(8-37b)

8.5　PPARBP 模型原理及实证研究

8.5.1　建立 PPARBP 模型的原理

对于复杂的时间序列数据，受制于 PPAR 模型中可调节的参数较少，预测精度受到一定的限制。为此，参照 PPBP 模型的构建原理，可在构建自回归一维投影值时增加一个常数项，以提高 PPAR 模型的柔性和数据拟合、预测能力，实现 PPAR 模型与 PPBP 模型的耦合，从而建立 PPARBP 模型。首先针对时间序列数据进行自回归相关分析，以确定合理的滞后期和预测因子；其次，对预测因子进行一维投影，并增加 1 个常数项，得到含常数项的样本一维

投影值;第三步是根据构建 PPR 模型原理,建立 H - PPARBP 模型。

同样地,PPARBP 模型中含常数项的样本一维投影值既可以采用一维 PPC 模型直接计算得到,也可以根据 IPP 模型❶计算得到。根据具体问题的实际要求合理确定目标函数公式。

PPARBP 的建模过程:

步骤 1:根据 PPAR 模型的原理,确定合理的自回归步数 k。构建带有常数项的样本一维投影值:

$$z(i) = \sum_{j=1}^{p} a(j) x(i - p - 1 + j) + \theta, \ i = p + 1, \ p + 2, \cdots, n。 \quad (8 - 38)$$

其中,$a(j)$ 为预测因子的最佳投影向量系数或者权重,θ 为常数项,$\theta \in [-1, 1]$,$x(i - p - 1 + j)$ 为预测因子。

步骤 2:对样本一维投影值 $z(i)$ 与时间序列数据(因变量期望值)$x(i)$ 建立 H - PPR 模型,即建立 PPARBP 模型,目标函数为绝对误差平方和最小(8 - 39a)或者相对误差平方和最小(8 - 39b),即

$$Q_A(\boldsymbol{a}, \theta, C) = \min\left\{ \sum_{i=1}^{n} \left[x(i) - f(i) \right]^2 \right\}。 \quad (8 - 39a)$$

$$Q_R(\boldsymbol{a}, \theta, C) = \min\left\{ \sum_{i=1}^{n} \left[\frac{x(i) - f(i)}{x(i)} \right]^2 \right\}。 \quad (8 - 39b)$$

其中,$f(i)$ 为 PPARBP 模型的预测值,最常用的 PPR 模型是 H - PPR 模型。

步骤 3:计算基于第 1 个岭函数 PPARBP 模型的拟合误差 $e(i) = [x(i) - f(i)]$,如果模型拟合误差已满足精度要求,则停止建立更多岭函数,输出模型参数值和 $RMSE$、$MAPE$ 等性能指标值,否则,按照步骤 4 继续进行建模。

步骤 4:用模型拟合误差 $e(i)$ 替代因变量原始数据 $x(i)$,回到步骤 2,重复步骤 2 和 3,建立第 2、3 个岭函数等,直至拟合误差满足精度要求为止,输出所有参数。

8.5.2　建立 PPARBP 模型的实证研究

1. 实证研究一

1966～1993 年度某海域海洋冰情等级的时间序列数据 $x(i)(i = 1, 2, \cdots, 27)$,见表 8 - 20。拟建立 PPARBP 模型进行有效和可靠预测。

根据公式(8 - 38)进行一维投影,求得投影值 $z(i)$,并根据公式(8 - 39a)和(2 - 32)～(2 - 40)建立 PPARBP 模型。采用 PPA 群智能最优化算法求得全局最优解,分别建立 Hermite 多项式最高阶数为 3、5、6、7、8、9、10、11 阶时的 PPARBP 模型,性能指标值 MAE、$RMSE$、$MAPE$ 见表 8 - 23。

提高 Hermite 正交多项式的最高阶数,模型的 MSE、$RMSE$、$MAPE$ 等减小。最高阶数从 6→7 阶,模型性能显著改善,从 9→10 阶时也有较大改善,但发生过拟合的风险增大。因此,为确保模型的稳健性和有效性,设定 Hermite 的最高阶数为 7 阶是比较合理的。求得预测因子的最佳权重为 $\boldsymbol{a} = (-0.9708、-0.2332、0.0565)$,常数项 $\theta = 0.7304$,Hermite 正交多项式系数 $c_1 \sim c_7 = \{14.2879、-21.0478、49.8192、-47.6475、71.0158、-32.5706、32.4896\}$,样本的拟合值、绝对误差等见表 8 - 22。$MAE$、$Max\_AE$ 分别为 0.3302、0.8558,

表 8 - 22　海洋冰情等级序列实测值及其不同 PPARBP 模型的预测值和绝对误差对比

年度	PPARBP_7			PPARBP_3		
	$z(i)$	$f(i)$	$E_a(i)$	$z(i)$	$f(i)$	$E_a(i)$
1970	-0.038	2.812	0.688	1.482	3.079	0.421
1971	-1.560	3.112	-0.112	0.827	1.825	1.175
1972	-1.607	0.900	0.100	-0.404	1.060	-0.060
1973	0.080	3.036	-0.036	0.003	2.626	0.374
1974	-0.172	1.952	-0.452	0.691	1.827	-0.327
1975	0.682	1.917	-0.417	-0.407	1.036	0.464
1976	2.136	4.254	0.246	1.621	3.319	1.181
1977	0.735	2.063	0.437	1.527	3.167	-0.667
1978	2.058	2.862	-0.362	1.428	2.963	-0.463
1979	1.369	2.816	0.184	2.279	2.923	0.077
1980	-1.013	2.466	0.034	-0.181	2.263	0.237
1981	0.872	2.611	-0.111	0.981	1.980	0.520
1982	0.757	2.139	-0.139	1.123	2.245	-0.245
1983	0.366	2.226	0.774	0.317	2.355	0.645
1984	0.900	2.732	0.768	1.280	2.613	0.887
1985	1.042	3.260	-0.260	1.437	2.983	0.017
1986	1.263	3.260	-0.260	1.787	3.467	-0.467
1987	0.192	2.856	-0.856	1.198	2.416	-0.416
1988	-0.227	1.426	0.074	0.094	2.633	-1.133
1989	0.223	2.759	0.241	0.160	2.585	0.415
1990	0.536	1.807	-0.307	0.773	1.809	-0.309
1991	1.524	1.846	-0.346	0.465	2.092	-0.592
1992	1.658	1.069	0.431	1.256	2.554	-1.054
1993	0.568	1.790	-0.290	-0.265	1.910	-0.410
1994	2.002	2.082	/	0.830	1.826	/

注：PPARBP_3 和 PPARBP_7 分别表示最高阶数为 3 和 7 阶的 PPARBP 模型的结果。

表 8-23　Hermite 正交多项式最高阶数不同时 PPARBP 模型的性能指标值对比

性能指标	3	5	6	7	8	9	10	11	1_P	2_P	3_P
MSE	9.244	6.714	6.388	3.927	3.830	3.381	2.744	2.686	11.42	11.29	11.13
$RMSE$	0.621	0.529	0.516	0.405	0.400	0.375	0.338	0.335	0.690	0.686	0.681
$MAPE(\%)$	23.74	21.60	19.67	15.05	15.09	14.20	11.37	11.35	27.60	27.49	26.64

注:3~11 表示最高阶数为 3~11 阶的 H-PPARBP 模型,1_P~3_P 表示采用 1~3 次多项式岭函数的 P-PPARBP 模型。

Max_RE 等于 42.79%。作为对比,还列出了最高阶数为 3 阶的 PPARBP_3 模型(该模型的 MSE 值与 PPARTR 基本相当)的一维样本投影值、预测值及其绝对误差。同时建立了基于样本一维投影值线性、2 次、3 次多项式的 P-PPARBP 模型,其 MSE、$RMSE$、$MAPE$ 见表 8-23。可见,针对本例数据,P-PPARBP 模型性能明显劣于 H-PPARBP 模型。

在 24 个样本中,PPARBP_7 模型有 20 个样本(占 83.33%)的绝对误差小于 0.5,最大绝对误差为 0.856,均明显优于 PPARTR 模型和 PPARBP_3 模型。

2. 实证研究二

针对表 8-21 的时间序列数据,拟建立 PPARBP 模型。

表 8-24　时间序列实测值及其不同模型的预测值和相对误差对比

年度	文献[*]		文献[b]			H-PPARBP			PPARTR(8-36a)		
	$f(i)$	$E_R(i)$	$z(i)$	$f(i)$	$E_R(i)$	$z(i)$	$f(i)$	$E_R(i)$	$z(i)$	$f(i)$	$E_R(i)$
1987	2.046	9.10	−0.051	2.720	45.08	0.991	2.197	17.18	−1.984	2.904	54.90
1988	2.573	−4.71	−0.317	2.816	4.30	0.956	2.385	−11.67	−2.192	2.450	−9.26
1989	5.877	18.72	−0.123	4.102	−17.14	1.170	4.158	−15.99	−1.584	3.782	−23.60
1990	4.406	−9.34	0.809	5.476	12.67	1.678	4.779	−1.66	−0.914	5.249	8.00
1991	2.353	20.68	0.624	2.234	14.55	1.714	2.228	14.25	−0.757	2.810	44.13
1992	2.061	−16.71	0.594	1.585	−35.98	0.163	2.764	11.66	−0.379	4.365	76.35
1993	4.479	−0.13	1.736	5.109	13.91	−0.349	4.959	10.56	0.318	3.553	−20.77
1994	6.580	1.08	1.924	6.265	−3.77	0.682	6.652	2.19	−0.297	4.701	−27.78
1995	5.684	1.59	0.940	6.395	14.29	2.333	5.588	−0.12	−0.449	4.080	−27.07
1996	6.391	−3.39	1.109	5.918	−10.53	1.652	6.375	−3.63	0.208	6.780	2.49
1997	5.025	−2.05	2.315	4.673	−8.91	1.227	5.681	10.75	1.707	5.155	0.49
1998	3.410	−0.28	2.963	3.130	−8.47	0.095	3.681	7.64	1.598	5.030	47.09
1999	5.941	−0.99	2.278	5.056	−15.73	−0.344	5.564	−7.27	1.332	4.723	−21.28
2000	6.109	0.06	3.146	6.241	2.22	0.429	5.807	−4.89	1.655	5.096	−16.53
2001	2.497	5.37	2.397	3.762	58.72	1.086	2.627	10.84	0.664	3.952	66.76

年度	文献[*]		文献[b]			H-PPARBP			PPARTR(8-36a)		
	$f(i)$	$E_R(i)$	$z(i)$	$f(i)$	$E_R(i)$	$z(i)$	$f(i)$	$E_R(i)$	$z(i)$	$f(i)$	$E_R(i)$
2002	6.293	-5.93	1.049	6.252	-6.55	0.005	6.296	-5.89	0.286	7.099	6.11
2003	5.845	-17.39	3.020	3.973	-43.85	0.805	4.627	-34.60	1.991	5.483	-22.50
2004	4.184	-0.76	2.979	3.354	-20.44	1.228	5.720	35.68	0.770	4.075	-3.34
2005	5.439	25.84	0.911	6.303	-14.06	0.980	2.237	-69.50	0.659	3.947	-46.18
2006	5.075	33.38	3.497	12.78	67.73	0.748	5.672	-25.54	2.669	6.265	-17.75
2007	/	/	3.607	14.07	/	0.970	2.290	/	1.815	5.281	/

注：* 表示有关文献给出的 BPPPAR(PPARBP)模型的拟合值和相对误差。b 表示根据有关文献的最佳权重、多项式系数计算的结果。

根据公式(8-38)得到样本的一维投影值，再根据公式(8-39a)和(2-34)建立 PPARBP 模型。有学者取 Hermite 多项式最高阶数为 9 阶，采用 RAGA 最优化算法求得最优解，得到最佳权重 a =(0.350、0.084、0.933)，常数项 θ =1.448，Hermite 正交多项式系数 $c_1 \sim c_9$ = {-922.5、-198.5、-184.0、824.8、1533.2、1544.8、1010.9、418.0、85.9}，样本拟合值和相对误差见表 8-24，模型性能指标值见表 8-25。

采用 PPA 群智能最优化算法求得全局最优解，分别建立 Hermite 正交多项式最高阶数为 3、5、6、7、8、9、10 阶的 PPARBP 模型，模型的 MAE、RMSE、MAPE 等见表 8-25。

表 8-25　Hermite 正交多项式最高阶数不同时 PPARBP 模型的性能指标值对比

性能指标	3	5	6	7	8	9	10	文献	PPARTR
MSE	15.505	7.2003	6.8079	4.3522	2.3745	2.1716	1.9905	7.6053	21.324
RMSE	0.9844	0.6708	0.6523	0.5216	0.3852	0.3684	0.3527	0.6894	1.1544
MAPE(%)	24.91	14.61	14.02	11.84	8.62	8.51	7.86	17.05	28.29
MAE	0.8550	0.5057	0.5047	0.4099	0.3207	0.3210	0.3036	0.6013	0.9949
Max_AE	1.7553	1.7883	1.4789	1.0347	0.8883	0.7916	0.6939	1.3918	1.8896
Max_RE(%)	68.80	39.97	43.76	55.19	21.61	17.18	16.79	58.72	76.35

注：3～10 表示最高阶数为 3～10 阶的 H-PPARBP 模型的结果。

提高最高阶数，MSE、RMSE、MAPE 等模型性能指标值均逐步减小，最高阶数从 6→7→8→9 阶，模型性能提高比较明显。当然，最高阶数越高发生过拟合的风险越大。为确保模型的稳健性和有效性，以及便于比较，设定 Hermite 的最高阶数为 9 阶。得到预测因子的最佳权重为 a =(0.6363、-0.1659、0.7534)，常数项 θ =0.6050，Hermite 正交多项式的系数 $c_1 \sim c_9$ = {-93.606、404.838、-526.360、708.710、76.043、-110.141、1025.125、-383.780、527.065}。样本的一维投影值、预测值及其相对误差见表8-24。作为对比,表8-24也列出了PPARTR模型的样本一维投影值、预测值及其相对误差,还建立了基于样本一维投影值线性、2次、3次多项式的P-PPARBP模型,3次多项式的P-PPARBP模型的MSE仍然大于31。因误差太大,故未列出具体结果。

对于本例数据,PPARTR模型的性能与最高阶数为3阶的PPARBP模型基本相当。最高阶数为9阶的PPARBP模型的 $MAPE$ 仅为8.51%,最大相对误差为17.2%,性能最优,完全能够满足精度要求。

8.6 基于小波分解技术的 PP 耦合模型

小波分解技术和小波消噪技术作为 PPAR 模型的前置技术,再建立 PPAR 模型。如有关文献针对长江宜昌站1956~2005年年径流量数据,首先采用小波分解技术和小波消噪技术对时间序列数据进行分解,根据自回归相关分析,确定合理的滞后期,得到各个滞后期的数据,再进行 PP 一维投影,进而建立 PPAR 模型,得到了较好的效果。实证研究结果表明,与 PPAR、BPNN 和 ARIMA 模型相比,基于小波分解(小波消噪技术)-PPAR 耦合模型的预测精度更高。

8.7 PP 耦合模型

1. 根据实际问题要求选用合适的 PP 耦合模型

共有 6 种 PP 耦合模型。第一类是 PPTR 和 PPBP,主要用于多变量问题的数据拟合和预测建模。PPTR 模型主要针对因政策、外部环境等发生突变前后数据的建模。PPBP 模型主要针对需要建立因变量与多个自变量(组合成样本一维投影值)之间比较复杂的函数关系的问题。第二类是 PPAR、PPARTR、PPARBP 3 种自回归 PP 耦合模型,主要用于时间序列数据的自回归建模和预测。PPAR 是基础和关键,对于精度要求不是很高的问题,可直接建立 PPAR 模型。如果时间序列数据中包含因政策、外部环境等发生突变的事件,则应该建立 PPARTR 模型。如果模型精度要求更高可以建立 PPARBP 模型。第三类是首先采用小波消噪、小波分解技术等,对时间序列数据进行分解,再采用 PPAR 等建模,前者是基础和关键。

2. 是建立 PPBP 模型,还是建立 PPR 模型

PPBP 模型可提高模型的数据拟合能力以及最优化收敛速度,也更容易发生过拟合,不一定能够提高模型的泛化能力,应同时兼顾数据拟合能力和泛化能力。一般首先建立 PPR 模型,如果不能满足精度要求,再建立 PPBP 模型。

3. 是建立 H-PPR 模型,还是建立 P-PPR 模型

考虑到后续应用更加方便和模型的可解释性,应优先建立 P-PPR 模型,通常取 2 次或者 3 次多项式。如果采用 P-PPR 模型不能满足精度要求,可以建立 H-PPR 模型。

4. 目标函数是采用绝对误差类指标,还是相对误差类指标

如果数据拟合和预测更关注最大值区域的模型精度,目标函数应该取绝对误差类指标;

如果更关注最小值区域的模型精度,目标函数应该取相对误差类指标;如果要兼顾整个区域,而且最小值不是太小,目标函数可取相对误差绝对值之和最小。

5. 针对 PPTR 和 PPARTR 模型,需合理确定门限个数

一般设置一个门槛值,如果模型精度不能满足要求,可以考虑设置两个门槛值等。根据实际问题和需要,既可以针对某个评价指标设置门槛值,也可以针对样本一维投影值设置门槛值。

6. 是建立 PPR、PPBP 模型,还是建立传统统计模型或者 ANN 模型

一般,PPR、PPBP 模型的柔性和数据拟合能力劣于 BPNN 模型,但不容易发生过拟合,需要合理确定的参数较少。因此,PPR、PPBP 模型是一种比较理想的高维非线性、非正态分布数据的拟合和预测模型,适用性、数据拟合能力和泛化能力优于传统的非线性(如 Logistic、RSM 等)模型,又能克服 ANN 建模中容易发生过训练、过拟合以及模型结果不确定性等缺陷,具有中等柔性,具有更好的适宜性和推广价值。

第九章 建立投影寻踪组合模型及实证研究

PP 组合模型主要有如下几类：一是首先建立 PPC 模型，得到各个评价指标的权重，再与其他主客观方法的权重进行组合，得到组合权重；二是根据 PPC 模型得到的权重大小，筛选重要指标，再采用其他诸如 ANN 技术等进行建模；三是根据 PPC 模型得到的权重，与集对分析、GRA 等其他方法进行组合评价；四是 PPC 模型与 GRA、TOPSIS 的组合；五是 PPC 模型与云模型组合，建立 PP－C 组合模型；六是 PP 模型与 ANN 及其他模型进行组合，如将多变量数据的多个 PCA 得分和 PPC 模型的一维投影值作为 BP 模型的输入变量；七是基于 PPC 模型的结果，进行耦合协调度、随机前沿面、DEA 等分析；八是建立 PPC 模型，根据一维投影值进行初步分类，以各类样本的均值作为 RBFNN 隐层节点的中心值，建立 RBFNN 模型等。

9.1 建立基于 PPC 模型权重的组合评价模型及实证研究

PPC 模型是求解客观权重的最有效方法之一，优于仅基于指标数据方差等离散程度而现实意义不太明晰的其他客观赋权重方法。

1. 实证研究一

研究我国 30 个省市的开放度，采集到建模样本数据由 4 个评价指标、30 个样本构成，见表 9－1。

表 9－1　30 个省市区域开放度评价指标值

序号	省市	x_1	x_2	x_3	x_4	序号	省市	x_1	x_2	x_3	x_4
1	北京	11 150.2	830.29	0.8	634.96	16	河南	3 299.71	179.8	0.33	94.07
2	天津	9 767.62	773.2	0.44	792.36	17	湖北	4 143.14	128.64	0.32	74.38
3	河北	4 426.78	151.89	0.3	82.74	18	湖南	3 435.08	103.67	0.34	47.28
4	山西	3 550.47	69.9	0.24	73.1	19	广东	7 835.93	302.51	0.54	73.93
5	内蒙古	3 646.58	7.04	0.04	5.81	20	广西	3 535.44	67.86	0.19	26.46

序号	省市	x_1	x_2	x_3	x_4	序号	省市	x_1	x_2	x_3	x_4
6	辽宁	6 826.42	189.38	0.33	187.54	21	海南	5 029.97	107.42	0.5	27.35
7	吉林	4 356.48	60.26	0.19	56.68	22	四川	3 120.53	62	0.2	31.92
8	黑龙江	5 443.2	44.37	0.13	37.71	23	贵州	1 796.09	35.78	0.2	25.25
9	上海	17 403.32	3 847.77	0.98	2 465.06	24	云南	3 024.26	30.63	0.18	16.08
10	江苏	7 295.85	502.46	0.5	160.53	25	西藏	2 332.5	0.46	0.02	0.15
11	浙江	8 161.13	346.25	0.15	81.84	26	陕西	2 845.85	48.64	0.21	41.03
12	安徽	3 332.08	154.12	0.33	60.7	27	甘肃	2 269.69	12.18	0.09	15.3
13	福建	6 674.45	177.97	0.42	39.72	28	青海	3 436.8	2.29	0.03	3.11
14	江西	2 966.06	72.21	0.25	38.53	29	宁夏	3 308.97	32.77	0.19	35.38
15	山东	5 746.51	319.23	0.38	155.18	30	新疆	5 024.5	5.03	0.02	4.51

235

所有指标都是越大越好的正向指标,采用 $x_{i,j} = \dfrac{x_{i,j}^*}{x_{\max,j}^* + x_{\min,j}^*}$ 归一化(其中,$x_{i,j}^*$、$x_{i,j}$ 分别为原始数据和归一化数据;$x_{\max,j}^*$、$x_{\min,j}^*$ 分别为指标 j 原始数据的最大值和最小值)。取投影窗口半径 $R = 0.1S_z$,约束条件为 $\sum\limits_{j=1}^{p} a^2(j) = 1$,$a(j) \in [0, 1]$(约束条件②),建立 PPC 模型①。

有关文献利用 AGA(加速遗传算法)求得最优解,得到目标函数值 $Q(a) = 1.417$,最佳权重为 $a^* = (0.272, 0.951, 0.024, 0.937)$。最佳权重的平方和等于 1.856 9,不等于 1,不满足 PPC 模型的约束条件。

针对上述归一化数据,采用 PPA 群智能最优化算法求得真正的全局最优解,得到目标函数值 $Q(a) = 1.472 1$,最佳权重为 $a = (0.144 5, 0.637 4, 0, 0.756 9)$,$S_z = 0.280 0$,$D_z = 5.258 0$,$r_{\max} = 1.527 4$。指标 3 的权重等于 0,是无效用指标;指标 4 的权重最大,明显大于指标 2。

采用正确的约束条件 $\sum\limits_{j=1}^{p} a^2(j) = 1$,$a(j) \in [-1, 1]$(约束条件①),求得真正的全局最优解,建立 PPC 模型①,得到目标函数值 $Q(a) = 1.915 2$,$S_z = 0.240 3$,$D_z = 7.969 6$,最佳权重 $a = (-0.017 3, 0.640 0, -0.107 8, 0.760 5)$。显然,目标函数值明显大于采用约束条件②时的值,而且,指标 1 和 3 的最佳权重小于 0(尽管很小),说明这两个指标数据与指标 2 和 4 的数据之间是很弱的负相关。尽管这 4 个指标的理论属性都是正向指标,但由于数据之间存在很强的共线性关系,指标 1 和 3 的数据呈现很弱的负向指标特性。

进行权重组合的基础是建立 PPC 模型时必须求得真正的全局最优解,否则,组合权重欠合理。

2. 实证研究二

某灌区改造项目的建模样本数据由 8 个评价指标 7 个样本构成,见表 9-2。

对所有指标均按照极大值归一化,有学者建立一维 PPC 模型①时求得的最佳权重为 $a =$ (0.3598、0.3591、0.3589、0.3567、0.3548、0.3497、0.3467、0.3424),各个评价指标的最佳权重几乎相等,不便于有的放矢地指导灌区改造工作。所以,建立 PPC 模型 ②。

同时,将约束条件修改为权重之和等于 1,即 $\sum_{j=1}^{p} a(j) = 1$,$a(j) \in [0, 1]$(约束条件③)。有学者采用 AGA 最优化算法求得最优解,得到目标函数值为 0.453,最佳权重 $a =$ (0.040、0.031、0.545、0.185、0.094、0.017、0.026、0.063)(即满足权重之和等于 1),并认为这个结果优于原文献的结果,更合理。根据第四章对约束条件的分析,如果约束条件采用权重之和等于 1,已经不是严格意义上的 PP 模型,不具备空间投影的特性。

表 9 - 2　灌区改造方案评价指标集及其综合评价指标值

方案	x_1	x_2	x_3	x_4	x_5	x_6	x_7	x_8
I	0.75	0.95	0.3	0.9	0.93	0.9	0.85	0.85
II	0.73	0.94	0.28	0.87	0.89	0.87	0.81	0.8
III	0.7	0.92	0.25	0.8	0.83	0.8	0.76	0.73
IV	0.66	0.9	0.21	0.72	0.76	0.74	0.7	0.65
V	0.6	0.88	0.17	0.6	0.67	0.7	0.65	0.6
VI	0.49	0.85	0.1	0.45	0.55	0.59	0.58	0.49
VII	0.35	0.8	0	0.3	0.4	0.5	0.5	0.4

针对上述归一化数据,采用 PPA 群智能最优化算法求得真正的全局最优解,采用约束条件①,建立一维 PPC 模型①,最佳权重为 $a =$ (0.3229、0.0936、0.5979、0.4177、0.3458、0.2700、0.2463、0.3191),$S_z = 0.59595$,$D_z = 0.41717$,目标函数值为 0.2486。显然,各个指标的权重差异比较大,而不是几乎相等,最大权重与最小权重之比达到 6 倍以上。

采用约束条件①,建立 PPC 模型②求得真正的全局最优解,最佳权重为 $a =$ (0.3229、0.0936、0.5979、0.4177、0.3458、0.2700、0.2463、0.3191),$S_z = 0.59595$,$D_z = 0.41717$,目标函数值为 1.0312。可见,建立 PPC 模型 ① 和 ② 的全局最优解完全相同,与第四章理论分析和实证研究结果一致。

作为对比,针对上述归一化数据,约束条件采用权重之和等于 1,建立 PPC 模型②,求得真正的全局最优解,最佳权重为 $a =$ (0、0、1、0、0、0、0、0),$S_z = 0.3568$,$D_z = 0.2498$,目标函数值为 0.6066。如果约束条件采用 $\sum_{j=1}^{p} a(j) = 1$,$a(j) \in [0, 1]$,则标准差最大的指标权重必定等于 1,其他指标的权重等于 0。对于本例数据,所有指标的标准差分别为 0.1937、0.0558、0.3568、0.2493、0.2061、0.1616、0.1478、0.1917,指标 3 的标准差最大,所以最佳权重等于 1,其他指标的最佳权重都等于 0。

因此,权重之和等于 1 的约束条件是错误的,投影窗口半径取较小值和中间适度值,建立 PPC 模型②与模型①的结果完全相同。

3. 实证研究三

城市防洪标准方案样本数据由 12 个评价指标、4 个样本构成,见表 9-3。对表 9-3 的数据采用越大越好极差归一化,有学者采用约束条件②,用 AGA 进行最优化,建立一维 PPC 模型①,得到最佳权重 $a(j)$ 见表 9-3,目标函数值为 0.321。

采用约束条件①,用 PPA 群智能最优化算法求得真正的全局最优解,得到最佳权重 $a^*(j)$,见表 9-3,目标函数值为 0.9216。从表 9-3 结果可以看出,共有 x_6、$x_8 \sim x_{10}$、x_{12} 等 5 个指标的权重小于 0(用下划粗实线 __ 表示);而且 12 个指标最佳权重的绝对值相差不大,最大(绝对值)权重为 0.3257,最小权重为 0.2775,最大权重与最小权重之比仅为 1.17,说明几乎是等权重,$x_1 \sim x_7$、$x_{11} \sim x_{12}$ 合计 9 个指标的权重(绝对值)相等。

同理,采用约束条件②,求得真正的全局最优解,最佳权重 $a^\#(j)$,见表 9-3,目标函数值为 0.5199。对比 $a^\#(j)$ 和 $a^*(j)$ 可知,采用约束条件①时权重小于 0 的指标(x_6、$x_8 \sim x_{10}$、x_{12}),在采用约束条件②时,权重都等于 0。可见,指标 x_6、$x_8 \sim x_{10}$、x_{12} 虽然理论上都是正向指标,但实际数据却是逆向性质的,与其他指标的数据之间是负相关的。因此,采用约束条件①,通过建立 PPC 模型和得到的权重性质,可以甄别哪些指标的数据之间是负相关的,可以判定哪些指标数据是逆向性质的。

表 9-3 城市防洪标准方案样本集建模数据

样本/权重	x_1	x_2	x_3	x_4	x_5	x_6	x_7	x_8	x_9	x_{10}	x_{11}	x_{12}
1	0.182	0.143	0.192	0.167	0.200	0.357	0.143	0.389	0.444	0.333	0.143	0.318
2	0.227	0.214	0.231	0.222	0.233	0.286	0.214	0.389	0.444	0.286	0.214	0.273
3	0.273	0.286	0.270	0.278	0.267	0.214	0.286	0.191	0.112	0.238	0.286	0.227
4	0.318	0.357	0.307	0.333	0.300	0.143	0.357	0.031	0	0.143	0.357	0.182
$a(j)$	0.371	0.371	0.430	0.410	0.315	0.031	0.389	0.056	0.027	0.056	0.333	0.044
$a^*(j)$	0.283	0.283	0.283	0.283	0.283	−0.283	0.283	−0.309	−0.326	−0.278	0.283	−0.283
$a^\#(j)$	0.378	0.378	0.378	0.379	0.378	0	0.378	0	0	0	0.378	0

4. 实证研究四

某灌区改建扩建工程优化方案的数据由 10 个指标、6 个样本构成,见表 9-4。其中 $x(3)$、$x(4)$、$x(10)$ 为越大越好的正向指标,其他指标为负向指标,取相反数正向化。对评价指标数据采用极大值归一化,取投影窗口半径 $R = 0.1 S_z$,采用约束条件 $\sum_{j=1}^{p} a(j) = 1$,$a(j) \in [0, 1]$,有学者用 TOPSIS-PP 方法构建一维投影值,即

$$z(i) = \frac{\left\{ \sum_{j=1}^{p} a(j) [x(i,j) - x_{\min}(i,j)] \right\}^{0.5}}{\left\{ \sum_{j=1}^{p} a(j) [x(i,j) - x_{\min}(i,j)] \right\}^{0.5} + \left\{ \sum_{j=1}^{p} a(j) [x_{\max}(i,j) - x(i,j)] \right\}^{0.5}}。$$

其中，$x_{\max}(i,j)$、$x_{\min}(i,j)$分别表示指标 j 的最大值和最小值，建立一维 PPC 模型②。采用 AGA 进行最优化，求得目标函数值 $Q(\boldsymbol{a})=0.6933$，最佳权重为 0.093、0.040、0.108、0.225、0.115、0.010、0.040、0.071、0.288、0.011。根据最佳权重，可以求得 $S_z=0.3858$，$D_z=0.3075$，$r_{\max}=0.8964$，得到样本投影值为 0.2304、0.9788、0.0824、0.0909、0.7329、0.1215。样本投影值见表 9-4 的 T-PP，所有样本的投影值都不相等。根据上述一维投影值和约束条件，又建立 PPC 模型①，得到的最佳权重和样本投影值，见表 9-4（表中 PP3）。认为建立 PPC 模型 ① 和 ② 的差异不明显。

根据 TOPSIS-PP 一维投影值，采用 PPA 群智能最优化算法求得真正的全局最优解，建立 PPC 模型②，求得目标函数值 $Q(\boldsymbol{a})=1.1074$，$S_z=0.4144$，$D_z=0.6930$，$r_{\max}=0.9147$，最佳权重为 0、0、0、0、0.3541、0、0、0、0.6459、0，见表 9-4 的 T-PP*。除指标 5、9 外，其他 8 个指标的最佳权重都等于 0，成为无效用指标，这个结果欠合理。但这确实是真正的全局最优解。

根据 $z(i)=\sum_{j=1}^{p}a(j)x(i,j)$ 和权重约束条件 $\sum_{j=1}^{p}a(j)=1$，$a(j)\in[0,1]$，有学者采用 RAGA 最优化算法求得最优解，建立 PPC 模型 ① 和 ②，求得最佳权重和样本投影值见表 9-4（表中 PP1 和 PP2）。

针对上述归一化数据、权重约束条件 $\sum_{j=1}^{p}a(j)=1$，$a(j)\in[0,1]$，根据一维投影值 $z(i)=\sum_{j=1}^{p}a(j)x(i,j)$，采用 PPA 群智能最优化算法求得真正的全局最优，求得 PPC 模型 ① 的目标函数值 $Q(\boldsymbol{a})=0.1652$，求得 $S_z=0.3711$，$D_z=0.4453$，最佳权重和样本投影值见表 9-4（表中 PP1*）。除指标 9 的最佳权重等于 1 外，其他指标的权重都等于 0，成为无效用指标，这个结果显然是欠合理的。这是由于采用错误的约束条件（权重之和等于 1）造成的。因为所有指标的标准差分别为 0.0474、0.1040、0.0376、0.0132、0.2548、0.1295、0.0826、0.0830、0.3711、0.1668。指标 9 的标准差最大，所以，根据第四章的理论分析和实证结果，最优化结果必然是标准差最大的指标权重等于 1，其他指标权重等于 0。同时建立 PPC 模型②，求得目标函数值 $Q(\boldsymbol{a})=1.1135$，$S_z=0.4167$，$D_z=0.6968$；求得样本投影值为 0.4451、1.3576、0.4379、0.4451、1.1122、0.4404，2 个样本的投影值相等，4 个样本的投影值比较接近；求得最佳权重为 0、0、0、0、0.4807、0、0、0、0.8769、0，除指标 5 和 9 外，其他指标的权重都等于 0，成为无效用指标。这个结果欠合理，但确实是真正的全局最优解。

从表 9-4 的 PP1* 结果可知，只有指标 $x(9)$ 的权重等于 1，其他 9 个指标真的都是无效用指标吗？理论上以及有关文献认为这些指标不是无效用指标，而造成这 9 个指标权重等于 0 的原因，就是因为权重的约束条件是 $\sum_{j=1}^{p}a(j)=1$ 而不是 $\sum_{j=1}^{p}a^2(j)=1$。为此，采用约束条件 ① 求得最佳权重，见表 9-4（表中 PP1#）。可见，除 $x(5)$、$x(9)$ 外，其他 8 个指标的权重绝对值都很小，即这些指标效用很低，6 个样本的投影值分别为 0.390、1.324、0.390、0.390、1.052、0.390，样本 1、3、4、6 的投影值从原来的几乎相等变为了相等，这是 PPC 模型的最大特点，一般总会有几个（对）样本的投影值是相等的。当然，只有两个指标的权重较

表 9 - 4 评价指标集、评价指标值及其评价结果

样本/模型	x(1)	x(2)	x(3)	x(4)	x(5)	x(6)	x(7)	x(8)	x(9)	x(10)	T - PP	T - PP*	PP1	PP1*	PP2	PP3
1	4 860	3.6	2.52	11.78	0.95	21.3	6.2	7.1	0.258	0.196	0.217	0.092	0.613	0.236	0.616	0.217
2	4 800	3.7	2.58	11.77	0.47	32.0	6.4	7.3	0.061	0.226	0.931	1	0.984	1	0.984	0.935
3	5 320	4.6	2.37	11.47	0.98	23.3	7.5	8.7	0.258	0.134	0.127	0.085	0.553	0.236	0.556	0.126
4	5 390	4.8	2.33	11.45	1.51	21.3	7.8	8.9	0.181	0.128	0.127	0.092	0.546	0.337	0.546	0.125
5	5 235	4.2	2.41	11.50	0.96	21.3	6.9	7.8	0.061	0.160	0.695	0.756	0.841	1.000	0.837	0.696
6	5 300	4.5	2.38	11.48	1.56	23.3	7.4	8.3	0.181	0.156	0.129	0.088	0.557	0.337	0.557	0.128
T - PP	0.093	0.040	0.108	0.225	0.115	0.010	0.040	0.071	0.288	0.011						
T - PP*	0	0	0	0	0.354	0	0	0	0.646	0						
PP1*	0	0	0	0	0	0	0	0	1	0						
PP1#	0.018	−0.002	0.012	0.004	0.489	−0.062	−0.007	−0.026	0.869	0.007						

大,其他 8 个指标权重很小,主要是由于采用极大值归一化,导致除 $x(5)$、$x(9)$ 归一化后的最小值分别为 0.30 和 0.24 外,其他多个指标的最小值都大于 0.80,甚至于大于 0.97。根据第四章的分析,这些指标的权重必定很小。

理论分析和实证研究再次表明,采用约束条件 $\sum_{j=1}^{p} a(j) = 1, a(j) \in [0, 1]$,通常都将导致大多数指标的权重等于 0,成为无效用指标,这与实际情况不相符,是欠合理的。

另外,对于本例数据,由于采用极大值归一化,导致多个指标的最小值大于 0.50,甚至大于 0.90,使得这些指标的权重接近等于 0。实践中,选择归一化方法,应该结合实际问题的特性,慎重考虑,不能随意选用。第二,对于逆向指标,通过取相反数正向化和取倒数正向化,将得到完全不同的结果,应慎重考虑。

5. 实证研究五

我国沿海省市风暴潮灾害脆弱性研究,建立初始评价指标体系由 30 个指标构成,采用粗糙集(RS)方法进行约简,得到了由 16 个指标、11 组样本数据构成的建模样本,归一化后数据见表 9 - 5。

表 9 - 5　我国沿海 11 个省市风暴潮灾害脆弱性评价指标的归一化数据

指标	天津	河北	辽宁	上海	江苏	浙江	福建	山东	广东	广西	海南
x_1^*	0.1364	0.2710	0.2753	0.2108	0.3289	0.5833	0.4307	0.5600	1.0000	0.0756	0.0000
x_2	0.3387	0.0977	0.3185	0.5835	0.4243	0.4574	0.4279	0.8645	1.0000	0.0000	0.0046
x_3	0.0271	0.8352	0.5283	0.0000	0.6216	0.2306	0.1494	1.0000	0.3557	0.5465	0.0665
x_4	0.0055	0.1787	1.0000	0.0000	0.2676	0.1209	0.1894	0.6816	0.2707	0.0695	0.0195
x_5	0.0000	0.0838	0.4941	0.0146	0.1492	0.5213	0.9086	0.8059	1.0000	0.3726	0.4216
x_6	1.0000	0.1443	0.4247	0.9557	0.6172	0.5665	0.3682	0.3675	0.4255	0.0000	0.0596
x_7	1.0000	0.0270	0.3822	0.9305	0.1351	0.3391	0.7413	0.4826	0.4672	0.0000	0.7992
x_8	0.7541	0.3784	0.9895	0.3091	1.0000	0.4722	0.2616	0.9850	0.0000	0.7002	0.0769
x_9	0.1728	0.6813	0.2247	0.0000	0.3438	0.3160	0.5465	0.5295	0.6541	1.0000	0.8505
x_{10}	0.8284	0.3625	0.6950	0.1009	0.7191	1.0000	0.9098	0.7261	0.0000	0.2514	0.3355
x_{11}	0.8041	0.6249	0.0000	0.8185	1.0000	0.8472	0.8275	0.7511	0.6905	0.7515	0.3896
x_{12}	0.5190	1.0000	0.8788	0.0000	0.5513	0.2932	0.6312	0.7492	0.5203	0.9687	0.9957
x_{13}	0.3449	0.8255	0.7168	0.0000	0.4850	0.2756	0.6722	0.7126	0.6174	1.0000	0.8878
x_{14}	0.4818	0.7960	0.4247	0.0000	0.7168	0.6963	0.8282	0.6303	0.7683	1.0000	0.9046
x_{15}	1.0000	0.0066	0.3083	0.5138	0.0000	0.4914	0.0962	0.0804	0.1344	0.6285	0.0408
x_{16}	0.9680	0.4521	0.8995	0.0000	0.7032	0.5251	0.7534	0.7991	0.4749	1.0000	0.8539

注:* 指标 $x_1 \sim x_{16}$ 分别表示沿海城市人口、GDP、耕地面积、海水养殖面积、海岸线长度、人均 GDP、GDP 占比、65 岁及以上占比、15 岁以下占比、女性占比、公共安全等财政支出占比、城镇居民人均可支配收入、农民人均纯收入、每千人医院和卫生院床位数、城市绿化覆盖率、保险深度。

取投影窗口半径 $R=0.1S_z$，建立一维 PPC 模型①，有学者采用 AGA 最优化算法求得最优解，得到归一化后的最佳权重为 $\{\omega(1), \omega(2), \cdots, \omega(16)\} = \{0.064, 0.032, 0.1072, 0.038, 0.047, 0.0123, 0.031, 0.0401, 0.102, 0.022, 0.022, 0.089, 0.1164, 0.1334, 0.0276, 0.1175\}$。

因为最佳权重都大于 0，不妨设定约束条件为 $\sum_{j=1}^{p} a^2(j)=1$，$a(j) \in [0, 1]$。针对上述归一化数据和投影窗口半径，采用 PPA 群智能最优化算法求得真正的全局最优解，求得 $S_z=0.5454$，$D_z=2.4478$，目标函数值 $Q(a)=1.3350$，最佳权重为 $\{a^*(1), a^*(2), \cdots, a^*(16)\} = \{0.0459, 0.2467, 0.2961, 0.0558, 0.1928, 0, 0.0090, 0.2974, 0.4093, 0.0002, 0.1174, 0.2591, 0.2796, 0.4256, 0, 0.4613\}$。显然，求得真正全局最优解的目标函数值（1.3350）明显大于有关文献的目标函数值 0.3831。共有 4 个指标 $x(6)$、$x(7)$、$x(10)$、$x(15)$ 的权重几乎等于 0，真的都是无效用指标吗？将约束条件更改为 $\sum_{j=1}^{p} a^2(j)=1$，$a(j) \in [-1, 1]$，再次求得真正的全局最优解，得到 $S_z=0.6336$，$D_z=3.4849$，目标函数值 $Q(a)=2.2081$，最佳权重为 $\{a^\#(1), a^\#(2), \cdots, a^\#(16)\} = \{0.2271, -0.1260, 0.0097, 0.2713, 0.4434, -0.2770, -0.3491, -0.1846, 0.1128, 0.2090, -0.2113, 0.2473, 0.2885, 0.2727, -0.3141, 0.1050\}$。显然，上述 4 个指标的最佳权重分别为 -0.2770、-0.3491、0.2090、-0.3141，即在约束条件②时权重等于 0 的指标并不是真正的无效用指标，而是与其他指标数据之间是负相关而已。其他 3 个指标 $x(2)$、$x(8)$、$x(11)$ 的最佳权重也变为小于 0，表明这些指标与指标 $x(1)$ 等的数据之间是负相关。从相关性分析可知，指标 $x(2)$ 与 $x(12)$、$x(13)$ 显著负相关；指标 $x(6)$ 与 $x(9)$、$x(12)$、$x(13)$、$x(14)$ 显著负相关，等等。

分别求得 PPC 模型最佳权重以及信息熵权重、AHP 权重、变异系数权重等，后续权重组合一般都采用算术平均或者几何平均方法，相对比较简单。理论上，算术平均不会出现大数吃小数的情况；几何平均，一旦某个指标某种方法的权重很小，这个指标的组合权重就一定会很小。所以，如果某种方法各个指标的权重相差较大，建议采用算术平均计算组合权重。

可见，采用 PPC 模型与其他方法的组合权重，合理性主要取决于建立 PPC 模型是否求得了真正的全局最优解，以及最佳权重的正确性和合理性。因此，求得 PPC 模型的全局最优解是基础和关键，否则，组合权重必定是欠合理的。

9.2 根据 PPC 模型的权重筛选重要指标

根据 PPC 模型最佳权重的大小，筛选重要指标，是目前一种常用的建模方法，具有很好的理论意义和实践价值。有文献采用 BPNN 模型研究国际黄金收盘价与 10 个相关因素（评价指标）之间的关系，采集了 29 个样本数据，见表 9-6。由于样本数据较少，有关文献首先采用建立 PPC 模型筛选重要指标，作为 BPNN 模型的输入变量。

表 9 - 6　国际黄金收盘价与 10 个相关因素指标值

时间	x_1	x_2	x_3	x_4	x_5	x_6	x_7	x_8	x_9	x_{10}	y
28/02/2006	67.04	1.11	104.4	110	4.5	87.84	14 606.83	6 330.95	9.75	315.55	561.30
31/03/2006	68.28	1.12	104.6	130	4.75	88.28	14 755.64	6 343.74	11.49	319.01	583.20
30/04/2006	72.1	1.13	104.4	140	4.75	88.54	14 931.78	6 373.75	13.67	322.22	654.00
31/05/2006	71.25	1.12	103.7	100	5	88.59	15 099	6 360.78	12.49	324.45	643.30
30/06/2006	73.15	1.13	103.9	90	5.25	88.64	15 267.47	6 362.23	10.96	327.50	612.60
31/07/2006	76.08	1.13	103.7	101	5.25	88.47	15 489.2	6 363.54	11.29	331.00	634.20
31/08/2006	74.1	1.13	103.3	91	5.25	88.18	15 717.15	6 360.45	12.87	333.07	626.40
30/09/2006	68.57	1.13	103.7	86	5.25	87.93	15 907.3	6 373.1	11.4	332.61	597.80
31/10/2006	67.63	1.13	103.9	65	5.25	87.77	16 151.64	6 400.43	12.24	330.93	606.10
30/11/2006	69.96	1.13	103.8	80	5.25	87.30	16 403.92	6 405.1	13.94	330.11	647.80
31/12/2006	67.53	1.14	104.4	85	5.25	86.85	16 802.38	6 410.23	12.87	329.47	636.30
31/01/2007	63.52	1.14	104	81	5.25	86.35	17 171.61	6 413.78	13.5	328.54	652.70
28/02/2007	68.2	1.14	103.7	119	5.25	85.81	17 512.69	6 415.4	14.13	327.15	669.60
31/03/2007	69.9	1.14	104.1	98	5.25	85.38	17 801.81	6 417.78	13.37	324.88	663.10
30/04/2007	71.65	1.13	103.9	121	5.25	84.76	18 116.14	6 416.9	13.38	324.04	678.00
31/05/2007	69.89	1.14	104	115	5.25	84.23	18 461.1	6 419.73	13.41	322.49	660.20
30/06/2007	72.57	1.15	103.9	63	5.25	83.93	18 826.2	6 420.34	12.39	320.05	648.90
31/07/2007	72.95	1.15	104.6	11	5.25	83.65	19 349.56	6 418.54	12.82	318.57	663.00
31/08/2007	69.86	1.15	103.6	84	5.25	83.33	19 900.74	6 417.67	12.04	315.88	672.60
30/09/2007	75.25	1.16	103.7	158	4.75	82.79	20 627.25	6 428.66	13.76	314.73	743.70
31/10/2007	85.84	1.16	103.2	100	4.5	82.18	21 624.41	6 430.12	14.47	316.30	795.80
30/11/2007	85.2	1.16	102.8	95	4.5	81.48	22 417.31	6 483.19	13.97	318.75	782.50
31/12/2007	91.44	1.16	102.6	101	4.25	80.86	23 095.05	6 525.19	14.77	322.52	833.20
31/01/2008	90.34	1.17	102.1	98.8	3	80.31	23 416.14	7 006.76	16.87	325.94	925.00
29/02/2008	99.7	1.16	101.9	129	3	79.60	23 728.06	7 116.77	19.79	333.48	972.10
31/03/2008	98.79	1.17	101.9	77	2.25	78.68	23 923.97	6 998.45	17.21	339.60	915.30
30/04/2008	110.2	1.16	102	63	2	77.89	24 359.96	6 809.22	16.82	346.52	869.95
31/05/2008	127.1	1.17	101.9	97	2	77.17	24 697.98	6 829.22	16.83	354.04	887.00
30/06/2008	141.2	1.17	102	124	2	76.53	24 825.33	7 000.19	17.36	364.76	924.10

注:评价指标(自变量、影响因素) $x_1 \sim x_{10}$ 分别表示原油期货(美元/桶)、GDP($\times 10^{13}$ 亿元)、领先指数(指数)、基金持仓量($\times 10^3$ 手)、联邦基舍(点数)、美元指数(指数)、恒生指数(指数)、黄金产量(千吨)、银(克/元)、CRB(指数);因变量 y 表示国际黄金收盘价。

首先对自变量(评价指标)数据采用极大值归一化,取投影窗口半径 $R=0.1S_z$ 和约束条件①,建立一维 PPC 模型①。有学者采用 GA 进行最优化,求得最优解,得到最佳权重为 $\{a(1), a(1), \cdots, a(10)\}=\{0.516, 0.332, 0.013, 0.122, 0.005, 0.018, 0.134, 0.522, 0.532, 0.220\}$。指标 $x(3)$、$x(5)$、$x(6)$ 的权重很小,可以删除,继而筛选其他 7 个重要指标,作为输入变量,建立 BPNN 模型。

针对上述归一化数据,采用 PPA 群智能最优化算法求得全局最优解。先采用约束条件②,求得最佳权重为 $a^*(1) \sim a^*(10)=(0, 0, 0, 0, 1, 0, 0, 0, 0, 0)$,$S_z=0.2197$,$D_z=5.6895$。只有指标 $x(5)$ 的权重等于 1,其他指标的权重都等于 0。这个结果确实是 PPC 模型真正的全局最优解,但显然是不合理的。

事实上,已经正向归一化的自变量(评价指标)数据之间仍然可能是负相关。因此,采用约束条件①,再次建立一维 PPC 模型①,求得真正的全局最优解,最佳权重为 $a^\#(1) \sim a^\#(10)=(-0.4780, -0.0600, 0.0504, 0.1278, 0.7462, 0.0922, -0.3636, -0.1054, 0.0473, -0.1954)$,$S_z=0.2747$,$D_z=5.0232$,目标函数值 $Q(a)=1.3800$。可见,指标 $x(5)$ 最重要,其次是 $x(1)$,然后是 $x(7)$、$x(10)$ 等;归一化权重为 0.2286、0.0036、0.0025、0.0163、0.5567、0.0085、0.1322、0.0111、0.0022、0.0382,指标 $x(5)$ 的权重占比为 55.7%,超过其他所有指标权重之和,指标 $x(1)$ 权重占比 22.9%,指标 $x(7)$ 权重占比 13.2%,3 个指标之和占比 91.7%,其他 7 个指标仅占比 8.3%。共有 4 个指标 $x(2)$、$x(3)$、$x(6)$、$x(9)$ 的权重占比小于 1%,可以删除。如果要进一步压缩指标,指标 $x(4)$、$x(8)$ 也可以删除,其他指标可以作为输入变量,建立 BPNN 模型。

相关性分析表明,指标 $x(5)$ 与 $x(1)$、$x(2)$、$x(7)$、$x(8)$、$x(9)$ 数据之间是显著负相关,多个指标的权重小于 0 是正确的。结果反映了指标之间的关系,而不是理论性质。可见,采用约束条件①,才能筛选真正重要的指标,揭示指标之间的关系。

采用欠合理的权重约束条件②,不能筛选重要的指标,导致后期 BPNN 建模结果也不合理。不仅如此,针对 27 组训练样本(建模样本)、2 组测试样本,建立 BPNN 模型时,没有检验样本,采用的网络结构为 7-9-1。网络连接权重个数达到了 82 个($8 \times 9 + 10$),明显大于训练样本个数,不满足建立 BPNN 模型时训练样本数量必须多于网络连接权重个数的基本条件,必然会发生过训练、过拟合,泛化能力和实用价值难以保证。

即使建立正确的 PPC 模型①,筛选 3 个最重要指标,权重占比为 91.3%。如果训练样本占 50%,只有 15 个,隐层节点个数即使取 1 个,网络连接权重个数等于 6 个,训练样本数量也达不到网络连接权重个数的 3 倍,不能建立具有泛化能力的 BPNN 模型等。

其实,完全可以直接建立 PPR 模型进行可靠、合理预测,也可以筛选重要指标,对 29 组样本数据的自变量进行去均值归一化。为便于比较,前 27 组数据为建模样本,后 2 组为预留(测试)样本。采用 PPA 群智能最优化算法求得全局最优解,建立最高阶数为 7 阶的 Hermite 正交多项式岭函数 PPR 模型,求得最佳权重为 $a(1) \sim a(10)=(0.1463, 0.0559, -0.1134, 0.0346, -0.3100, 0.4675, 0.7320, 0.2941, -0.0126, -0.1558)$,正交多项式系数为 $c_1 \sim c_7=(4069.82, -5470.17, 9193.86, -7640.87, 7536.19, -3132.36, 1978.96)$,建模(训练)样本的 $RMSE$、$MAPE$、MAE、Max_AE、Max_RE 分别为 6.24、0.66%、4.51、16.58、2.11%,两个测试样本的模型性能指标值分别为 1.95、0.2%、1.93、2.20、0.24%,模型预测值分别为 885.33 和 926.30,绝对误差分别为 1.67 和 -2.20,相对

误差分别为 0.19% 和 −0.24%，预测精度非常高。如果 Hermite 最高阶数为 5 阶，PPR 模型的精度会所有降低，但两个测试样本的相对误差也分别达到了 −5.05% 和 −2.87%，也完全能够满足实际需求。当然，为了进一步提高拟合精度，还可以建立第 2 个岭函数的 PPR 模型等。

还可以建立 P – PPR 模型。如果建立 3 次多项式的 P – PPR 模型，求得最佳权重为 $a(1) \sim a(10) = (0.302\,0, 0.032\,0, 0.066\,2, 0.060\,1, 0.140\,5, 0.523\,3, 0.706\,8, 0.266\,1, 0.189\,3, 0.000\,0)$，3 次多项式系数 $c_0 \sim c_3 = (718.609, 201.261, 20.720, −29.440)$，建模（训练）样本的 RMSE、MAPE、MAE、Max_AE、Max_RE 分别为 9.81、1.15%、7.76、30.22、4.70%，两个测试样本的性能指标值分别为 3.29、5.40%、48.89、50.14、5.43%，模型预测值分别为 934.65 和 974.24，绝对误差分别为 −47.65 和 −50.14，相对误差分别为 −5.37% 和 −5.43%，预测精度也非常高。当然，采用 1 次、2 次多项式岭函数，模型精度会略有降低，但两个测试样本的相对误差也均小于 7%，完全能够满足实际需求。

比较 H – PPR 模型和 P – PPR 结果，$x(7)$ 都是最重要指标，其次是 $x(6)$，$x(2)$、$x(4)$ 的权重很小，可以删除，其他指标的重要性排序在两个模型中有差异，但 $x(1)$、$x(5)$、$x(8)$ 在两类模型中都是重要的。显然，PPR 模型的指标重要性排序结果与文献结果明显不同，与求得全局最优解的一维 PPC 模型结果也存在一定差异。因为 PPC 模型是无监督建模，判定的重要指标不一定直接与因变量有关。因此，对于本例数据来讲，PPR 模型判定的重要指标更为可靠。

事实上，建立 PPC 模型筛选重要指标存在一个原理性问题。因为 PPC 模型的结果，只保证在这个投影方向上，样本投影点的整体聚类效果最好，只表示指标在某一感兴趣方向上是重要的，但这个感兴趣方向是否与因变量有关或者直接相关，不得而知。因此，采用建立 PPC 模型筛选重要指标，须特别慎重。如果是有教师值的综合评价与数据拟合问题，建议建立 PPR 模型拟合数据和筛选重要指标。

9.3 根据 PP 模型的最佳权重进行组合评价

PP 常常与其他综合评价方法相结合，进行组合评价，具有较好的理论意义和实践价值。

1. 实证研究一

涡北井田原始水质评价数据由 7 个评价指标、13 个样本构成，见表 9 - 7。

有学者采用 RAGA 进行最优化，建立 PPC 模型①，得到的最佳权重为 $a(1) \sim a(7) = (0.185\,4, 0.433\,2, 0.475\,6, 0.125\,1, 0.226\,8, 0.696\,2, 0.009)$。设定分别采用极差归一化和去均值归一化两种情况，取 $R = 0.1S_z$，采用 PPA 群智能最优化算法，求得真正的全局最优解，采用极差归一化时的最佳权重为 $a(1) \sim a(7) = (−0.042\,3, 0.710\,6, 0.438\,8, −0.253\,2, 0.035\,3, 0.484\,1, 0.031\,4)$，采用去均值归一化时的最佳权重为 $a(1) \sim a(7) = (−0.034\,7, 0.711\,8, 0.451\,0, −0.229\,9, 0.011\,2, 0.484\,9, 0.026\,5)$。显然，两种归一化方式的最佳权重略有差异。因此，如果 PPC 模型的权重欠合理，与集对分析法（SPA）进行组合，结果必定欠合理。

表 9-7 涡北井田原始水质评价数据

采样点	x_1	x_2	x_3	x_4	x_5	x_6	x_7
68孔小井水	0	16.15	25.11	0.1	14.84	330	0
8-91孔小井水	0	8.55	13.99	0.1	14.64	300	2.56
73孔小井水	0	15.2	19.76	0.3	14.3	332	5.6
111孔小井水	0	38	46.51	0.6	16.49	385	3.68
涡28孔一含水	0.07	22.31	47.13	0.4	23.38	623	2.58
涡20孔三含水	0.02	152.66	185.22	1.8	6.12	994	0
涡8孔三含水	0.02	180.55	215.68	1.7	10.01	1034	0
107孔四含水	0	873.05	913.34	0	18.43	3160	0
71孔8煤水	0.06	989.88	895.64	0.7	17.17	3365	0.16
F22断层水	0.06	1073.5	632.22	0	14.5	2957	0
8-92孔太灰水	0.04	923.28	1045.7	1.2	20.72	3420	0.2
涡37孔太灰水	0	147.43	771.66	0.6	33.28	1941	2.8
涡22孔奥灰水	0	128.9	362.62	0	24.45	1043	1.78

注:指标 $x_1 \sim x_7$ 分别表示 Fe^{3+}、Cl^-、SO_4^{2-}、F^-、硬度、矿化物、COD。

2. 实证研究二

研究指挥控制系统的性能,建立了由 21 个评价指标构成的指标体系,采集了 5 个控制系统的数据,见表 9-8。样本数据少于评价指标个数,显然是贫样本问题。有学者建立 DCPP 模型[17],采用改进萤火虫算法进行最优化,求得最佳权重见表 9-8(用 a 表示)。在建模时没有说明将样本分成几类,也没有明确说明哪些评价指标属于效益型、哪些指标属于成本型。为此,分几种情况分别进行讨论。

假定所有指标都属于效益型,采用极差归一化方式,求得了分成 2 类、3 类、4 类、5 类时的真正全局最优解,最佳权重见表 9-8 的 $a_2^* \sim a_5^*$。可见,分类数不一样时,最佳权重也不一样,但投影值都是样本 4 最大,样本 2 最小。无论分成几类,指标 I12、I16、I21、I22、I25、I42 的权重都小于 0,指标 I34 和 I52 的权重(绝对值比较小)有时大于 0,有时小于 0。

作为对比,以分成两类为例,试图使所有指标的权重都大于 0,改变 I12、I16、I21、I22、I25、I34、I42 合计 7 个指标的归一化方式(即将这些指标改变为越小越好的成本型指标),求得全局最优解,最佳权重见表 9-8 的 $a_2^{\#}$。此时,所有指标的权重都大于 0。继而又求得了分成 3 类、4 类、5 类时的最佳权重,见表 9-8 的 $a_3^{\#}$、$a_4^{\#}$、$a_5^{\#}$。可见,个别指标的权重又变为小于 0。所以,分类数不同,建模结果也必然不同。

因此,将 PPC 模型权重应用于 GRA、SA 等方法,关键是必须求得真正的全局最优解,

表 9 - 8　指挥控制系统的评价指标值及其不同分类时的最佳权重对比

样本	I11	I12	I13	I14	I15	I16	I21	I22	I23	I24	I25	I31	I32	I33	I34	I41	I42	I43	I44	I51	I52
1	0.891	0.957	81.2	86.7	0.297	0.054	81.4	76.1	78.7	120	0.657	13	5	4	74.6	91.3	75.1	87.1	86.1	0.12	0.08
2	0.863	0.906	79.6	77.6	0.171	0.103	90.5	80	76.5	65	0.829	6	2	3	78.9	81.5	81.9	79.6	75.2	0.09	0.17
3	0.927	0.915	89.5	91.4	0.234	0.092	91.3	84.2	84.9	90	0.694	9	5	4	77.6	84.1	67.7	87.5	90.3	0.16	0.14
4	0.904	0.849	80	88.3	0.249	0.043	75.5	79.6	87.6	107	0.317	12	7	5	82.3	89.6	84.4	83.7	83.8	0.15	0.2
5	0.765	0.964	83.7	85.3	0.186	0.075	85.1	85.4	90.3	95	0.438	9	3	3	78.4	85.7	85.5	82.9	91.7	0.06	0.04
a	0.152	0.170	0.164	0.303	0.313	0.237	0.290	0.187	0.286	0.187	0.155	0.226	0.217	0.195	0.158	0.145	0.152	0.167	0.232	0.270	0.235
a_2^*	0.279	-0.118	0.094	0.258	0.313	-0.210	-0.155	-0.142	0.012	0.226	-0.073	0.265	0.307	0.323	-0.030	0.234	-0.217	0.297	0.096	0.331	0.106
a_3^*	0.105	-0.052	-0.057	0.195	0.300	-0.340	-0.304	-0.171	0.091	0.304	-0.211	0.334	0.283	0.283	-0.008	0.339	-0.009	0.212	0.116	0.163	-0.009
a_4^*	0.193	-0.171	0.034	0.252	0.258	-0.281	-0.251	-0.090	0.137	0.236	-0.212	0.276	0.331	0.345	0.081	0.256	-0.071	0.220	0.115	0.276	0.112
a_5^*	0.169	-0.139	-0.023	0.218	0.280	-0.311	-0.282	-0.143	0.101	0.262	-0.208	0.302	0.317	0.330	0.052	0.294	-0.040	0.207	0.093	0.238	0.083
$a_2^\#$	0.279	0.118	0.094	0.258	0.313	0.210	0.155	0.142	0.012	0.226	0.073	0.265	0.307	0.323	0.030	0.234	0.217	0.297	0.096	0.331	0.106
$a_3^\#$	0.105	0.052	-0.057	0.195	0.300	0.340	0.304	0.171	0.091	0.304	0.211	0.334	0.283	0.283	0.008	0.339	0.009	0.212	0.116	0.163	-0.009
$a_4^\#$	0.108	0.115	-0.064	0.197	0.265	0.342	0.320	0.140	0.132	0.278	0.250	0.314	0.302	0.309	-0.061	0.317	-0.027	0.176	0.102	0.179	0.043
$a_5^\#$	0.170	0.139	-0.023	0.218	0.280	0.311	0.282	0.144	0.102	0.262	0.208	0.302	0.317	0.330	-0.051	0.294	0.040	0.207	0.093	0.238	0.083

注：下划实线 ＿＿＿ 表示的权重小于 0。

否则,PPC 模型权重欠合理,后续组合评价结果也不可能合理和可靠。

9.4　基于 PPC 模型的 GRA、TOPSIS、SFA 等组合模型

GRA、TOPSIS、SFA 等综合评价方法各具特色和不足,采用 PPC 模型将上述方法的结果进行有机组合,理论上可提高客观性和合理性,具有较好的理论意义和实践价值。

1. 实证研究一

针对表 6-1 供应商选择与评估问题,建立基于 PPC 模型的 TOPSIS-GRA 组合模型。因为样本数量少于评价指标个数,是典型的贫样本综合评价问题,采用主成分分析法(PCA)等大多数传统综合评价方法很难得到合理的结果。基于 PPC 模型将 GRA 和理想解法(TOPSIS)进行组合,建立了基于 PPC 模型的 GRA-TOPSIS 组合方法。有学者首先采用TOPSIS 法,分别计算得到每个样本(方案)与正理想解(方案)、负理想解(方案)的距离;其次采用 GRA 方法,分别计算得到每个样本(方案)与正理想解(方案)、负理想解(方案)的灰色关联度;第三,对求得的距离和灰色关联度进行极大值归一化;第四,对归一化后的各样本(方案)与正理想解、负理想解的距离(简称距离)和灰色关联度(简称关联度)进行线性加权组合;第五,根据 TOPSIS 原理,求得各个样本(方案)的相对贴近度 $Z(i)$;第六,针对 $Z(i)$ 建立一维 PPC 模型①,令目标函数为 $Q(\boldsymbol{a})=\max(S_z D_z)$,取投影窗口半径 $R=0.1S_z$。在上述建模过程中,设定约束条件为:①权重约束条件为 $\sum_{j=1}^{p} a(j)=1$, $a(j) \in [0, 1]$;②对"距离"和"灰色关联度"进行加权线性组合时,设定距离与灰色关联度的权重(对距离的偏好系数分别用 α_1、β_1 表示)之和等于1,并且大于等于0,小于1;③计算灰色关联系数时的分辨系数 $\xi \in [0, 1]$。

上述计算过程是一个同时含有多个不等式和等式约束条件的高维、非线性最优化问题。采用 RAGA 进行最优化,得到各个指标的最佳权重为 $a(1) \sim a(9)=(0.108\,4, 0.103\,3,$ $0.112\,7, 0.110\,0, 0.111\,738, 0.109\,713, 0.112\,958, 0.115\,328, 0.115\,60)$,目标函数值 $Q(\boldsymbol{a})=2.487\,234\,9$,线性加权(偏好)系数 $\alpha_1=0.115\,959$(小于 0.50,说明更偏好关联度值), $\alpha_2=(1-\alpha_1)=0.883\,041$;$\beta_1=0.079\,555$(小于 0.50,说明更偏好关联度值),$\beta_2=(1-\beta_1)=$ $0.920\,445$;分辨系数 $\xi=0.002\,080$,求得 6 个样本(方案)的综合评价值 $Z(1) \sim Z(6)=$ $(0.305\,8, 0.325\,324、0.684\,029、0.948\,958、0.411\,3、0.909\,307)$。各样本(方案)的优劣排序为 A_4、A_6、A_3、A_5、A_2、A_1,与 LDSPPC 模型的排序结果有一定差异。

根据有关文献给出的各方案(样本)综合评价值 $Z(i)$,计算得到的目标函数值仅为 $0.056\,2$。根据建立上述组合模型的计算原理,采用 PPA 群智能最优化算法求得真正的全局最优解,得到最佳权重为 $a(1) \sim a(9)=(0.209\,5, 0, 0, 0, 0.012\,1, 0, 0, 0.778\,3,$ $0)$,$S_z=0.366\,5$,$D_z=0.502\,0$,$R=0.036\,6$,目标函数值 $Q(\boldsymbol{a})=0.184\,0$,线性加权的(偏好)系数 $\alpha_1=1.0$(大于 0.50,说明更偏好 TOPSIS 法的距离),$\alpha_2=(1-\alpha_1)=0$;$\beta_1=1.0$(大于 0.50,说明更偏好 TOPSIS 的距离),$\beta_2=(1-\beta_1)=0.0$;分辨系数 $\xi=$ $0.022\,3$,得到的加权标准化矩阵 $\boldsymbol{U}$、正理想解 $\boldsymbol{U}_0^+$、负理想解 $\boldsymbol{U}_0^-$、归一化后各个样本(方案)与正理想解,负理想解的距离与灰色关联度的组合值 $\boldsymbol{V}^+$、$\boldsymbol{V}^-$ 以及各个样本(方案)的综合

评价值 $Z(i)$ 等如下。

$$U = \begin{pmatrix} 0.095\,75 & 0 & 0 & 0 & 0.002\,73 & 0 & 0 & 0.286\,48 & 0 \\ 0.076\,60 & 0 & 0 & 0 & 0.005\,70 & 0 & 0 & 0.335\,39 & 0 \\ 0.086\,89 & 0 & 0 & 0 & 0.002\,05 & 0 & 0 & 0.345\,87 & 0 \\ 0.077\,17 & 0 & 0 & 0 & 0.007\,97 & 0 & 0 & 0.335\,39 & 0 \\ 0.088\,60 & 0 & 0 & 0 & 0.004\,56 & 0 & 0 & 0.279\,49 & 0 \\ 0.086\,60 & 0 & 0 & 0 & 0.004\,33 & 0 & 0 & 0.317\,92 & 0 \end{pmatrix}, \tag{9-1}$$

$$U_0^+ = (0.076\,60 \quad 0 \quad 0 \quad 0 \quad 0.007\,97 \quad 0 \quad 0 \quad 0.345\,87 \quad 0),$$
$$U_0^- = (0.095\,75 \quad 0 \quad 0 \quad 0 \quad 0.002\,05 \quad 0 \quad 0 \quad 0.279\,49 \quad 0),$$
$$V^+ = (0.104\,838 \quad 0.884\,006 \quad 1 \quad 0.884\,037 \quad 0.113\,074 \quad 0.590\,871),$$
$$V^- = (0.927\,156 \quad 0.158\,797 \quad 0.175\,788 \quad 0.155\,403 \quad 1 \quad 0.442\,806)。$$

最后得到 6 个样本(方案)的贴近度值(综合评价值)$Z(1) \sim Z(6) = (0.101\,6$、$0.847\,721$、$0.850\,5$、$0.850\,5$、$0.101\,6$、$0.571\,6)$,6 个样本(方案)的优劣排序为 A_3 与 A_4 同,A_2、A_6,A_1 同 A_5。

最优化结果具有如下几个特点:①综合评价值充分体现整体上尽可能分散和局部尽可能密集的特性,S_z 值比较大,有 2(对)、4 个样本的投影值相等,如 $A_3 = A_4$,$A_1 = A_5$。②多个指标的最佳权重等于 0。因为权重的约束条件为大于等于 0,有些指标如 $x(2) \sim x(3)$ 之间是负相关,$x(4)$ 与 $x(8)$、$x(4)$ 与 $x(9)$ 之间显著线性相关,存在共线性问题。采用权重之和等于 1 的约束条件时,往往导致 PPC 模型多个指标权重等于 0 的结果。③偏好系数等于 1,说明对于本例数据,GRA 方法基本不起作用。上述求得的结果确实是真正的全局最优解,多个指标权重等于 0,成为无效用指标,评价结果主要取决于指标 8 和 1。针对贫样本问题,建立一维 PPC 模型①,必然会出现多对(个)样本投影值相等的结果,充分体现了 PPC 模型局部尽可能密集的特性。

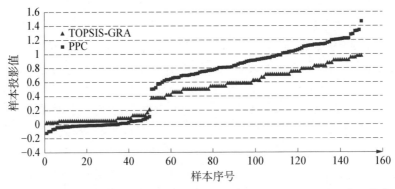

图 9 - 1 Iris 数据采用基于 PPC 的 TOPSIS - GRA 组合模型与 PPC 模型①投影值的比较

2. 实证研究二

针对 Iris 的归一化数据,建立上述基于 PPC 的 TOPSIS - GRA 组合模型,求得全局最优解,得到最佳权重 $(a_1, a_2, a_3, a_4) = (0, 0.013\,1, 0.029\,1, 0.957\,8)$,样本投影值如图 9 - 1

所示,作为对比,图9-1也列出一维PPC模型①的样本投影值。建立基于PPC的TOPSIS-GRA组合模型,有更多样本的投影值是相等的。$S_z = 0.312\,3$,$D_z = 56.762\,3$,$R = 0.031\,2$,目标函数值$Q(a) = 17.725\,5$,线性加权的(偏好)系数$\alpha_1 = 1.0$(大于0.50,说明更偏好TOPSIS法的"距离"),$\alpha_2 = (1 - \alpha_1) = 0$;$\beta_1 = 1.0$(大于0.50,说明更偏好TOPSIS的距离),$\beta_2 = (1 - \beta_1) = 0$;分辨系数$\xi = 0.239\,0$(实际上因为$\alpha_1 = 1.0$、$\beta_1 = 1.0$,分辨系数可以取任意值)。

比较实证研究一、二的结果可知,无论是贫样本问题,还是大样本问题,建立基于PPC的TOPSIS-GRA模型,实际上是基于PPC的TOPSIS模型,GRA方法的加权系数等于0。实证研究了很多案例,结果都是如此。

与一维PPC模型①相比,基于PPC的TOPSIS法局部密集程度更高,整体分散程度稍低,样本识别正确率基本相当,也是94.67%。

9.5 建立 PPC 模型与云模型的组合模型及实证研究

针对有单指标评价区间(等级)标准的综合评价问题,既可以在每个指标的各个等级区间内随机生成足够多样本,也可以直接针对分界值样本,建立 IPP 模型。

事实上,在各个等级区间内,各个评价指标数据存在一定的随机分布性,而云模型正是表征各个等级区间数据随机分布的常用方法之一,已得到广泛应用。正态云模型由李德毅院士首先提出,继而有学者将 PPC 模型与正态云(Cloud)组合,建立 PP-C 模型。

9.5.1 PPC 模型与云模型组合建模的基本思路和步骤

(1)针对待评价样本数据或者分界值样本数据或者随机生成的足够多样本,首先建立PPC模型,得到各个评价指标的权重,或者再将PPC模型的权重与AHP、信息熵等其他方法的权重进行组合,得到组合权重。

(2)生成云模型。正态云模型用期望值E_x、熵E_n和超熵H_e表征概念的不确定性。生成云模型的过程为:①生成以E_x为期望值(均值)、熵E_n为标准差的一个正态随机数x_i。②生成以E_n为期望值(均值)、超熵H_e为标准差的一个正态随机数E'_{ni}。③计算$y_i = \exp\left[-\dfrac{(x_i - E_x)^2}{2(E'_{ni})^2}\right]$,则$y_i$就是$x_i$属于定性概念的确定度。④$\{x_i, y_i\}$完整地反映了定性概念到定量数据的转换。⑤重复上述过程,直至生成足够多的云滴N。

(3)根据生成的足够多(如1000个)云滴,计算待评价样本每个指标的隶属度y_i,并与(组合)权重相乘,求得待评价样本属于各个等级的隶属度,从而判定待评价样本的等级。

9.5.2 确定云模型的合理参数值

1. 确定期望值 E_x

针对上述步骤(2),具有单指标评价区间(等级)标准时,期望值E_x取每个等级区间的指标中(均值)值,$E_{xj} = \dfrac{(x_{ij}^a + x_{ij}^b)}{2}$。其中,$x_{ij}^a$、$x_{ij}^b$分别是第$j$个指标第$i$个等级区间的下界和上界值。

2. 确定熵 E_n

不同学者的取值方法存在明显差异,建模结果也出现较大的差异,甚至是完全不同的结果。主要有两种方法。第一种方法,取 $E_{nj} = \dfrac{(x_{ij}^b - x_{ij}^a)}{6}$(简称 E_{n6}),即认为某个等级的所有云滴以 99.7% 的概率落在这个等级区间内,设定区间大小等于 6 倍的标准差(熵)。第二种方法,各个评价指标的边界值对相邻等级的隶属度相等,属于相邻等级的隶属度均等于 0.5,继而提出每个指标的边界值应该满足

$$y_i = \exp\left[-\frac{(x_i - E_x)^2}{2(E_{ni})^2}\right] = \exp\left[-\frac{(x_{ij}^b - x_{ij}^a)^2}{8(E_{nij})^2}\right] = 0.5。$$

推导第二种取值方法,即 $E_{nj} = \dfrac{(x_{ij}^b - x_{ij}^a)}{2.355}$(简称 E_{n2})。 显然,对于相同的问题、相同的等级区间、同一个云模型概念,E_{n2} 是 E_{n6} 的 2.5 倍。所以,上述两种确定 E_n 的方法,只有一个是正确的。当然,两种计算熵值的公式(方法)也有可能都欠合理。

事实上,评价指标的边界值对相邻等级的隶属度确实是相等的,但相等不一定就等于 0.5。对于边界值,不仅有相邻等级的隶属度,还存在次相邻等级的隶属度。如指标 C_6,4 个等级(I～IV)的区间分别为 $[95, 100]$、$[85, 95)$、$[75, 85)$、$[40, 75)$,对于边界值 85,如果根据 E_{n2} 的计算公式,属于 II 级的隶属度 $y_{II} = 0.5$,属于 III 级的隶属度 $y_{III} = 0.5$,属于 IV 级的隶属度 $y_{IV} = \exp\left[-\dfrac{(85 - 57.5)^2}{2 \times 14.9^2}\right] = \exp[-1.7032] = 0.18$。因此,这个边界值属于不同等级的隶属度之和等于 1.18,大于 1。当然,指标值为非边界值时,如果隶属度之和可以不等于 1,那么,取边界值时隶属度之和为什么必须等于 1。如取指标 6 的值为 70,$y_{III} = 0.06$,$y_{IV} = 0.70$,隶属度之和小于 1。事实上,采用正态云模型,绝大多数指标值和边界值的隶属度之和都不等于 1,这就更加说明设定边界值的相邻等级隶属度都等于 0.5 是欠合理的。

此外,根据单指标评价等级区间标准,指标 C_6 的最小值是 35,而根据其熵 $E_{n2} = 14.9$,IV 级区间的最小值就变为 $57.5 - 3 \times 14.9 = 12.8$ 了,远小于原区间的下限边界值 35。其他绝大多数指标都存在这样的情况,尤其是在最高等级或者最低等级区间,或者最小值远小于该区间原来设定的最小值,或者最大值远大于该区间原来设定的最大值。所有采用 E_{n2} 计算公式的文献,都存在上述问题。因此,根据边界值对于相邻等级的隶属度都等于 0.5 的假设欠合理,E_{n2} 的计算公式欠合理。

实际上,边界值属于相邻等级的隶属度可以都等于 0.40、0.30、0.20、0.10,等等。E_{n6} 计算公式实际上就是设定边界值属于相邻等级的隶属度都等于 $y_i = \exp\left[-\dfrac{(x_{ij}^b - E_x)^2}{2(E_{ni})^2}\right] =$

$$\exp\left[-\frac{\left(x_{ij}^b - \dfrac{x_{ij}^b + x_{ij}^a}{2}\right)^2}{2\left(\dfrac{x_{ij}^b - x_{ij}^a}{6}\right)^2}\right] = \exp\left[-\frac{\left(\dfrac{x_{ij}^b - x_{ij}^a}{2}\right)^2}{2\left(\dfrac{x_{ij}^b - x_{ij}^a}{6}\right)^2}\right] = e^{-4.5} = 0.011。$$ 显然,这个隶属度又太低了。

边界值到底取多大的隶属度才是合理的,主要取决于要求这个正态云的分布到底有多分散(宽)。采用 E_{n6} 计算公式,使正态云几乎只分布在本等级区间范围内,显然偏窄了;而采用 E_{n2} 计算公式,正态云分布又可能跨越到次相邻等级,分布又太宽了。所以,上述两种确定熵值 E_n 的计算公式,都欠合理。

因此,为了保证正态云分布既有一定的跨(宽)度,又不至于跨越到次相邻等级区间,可以设定指标边界值的隶属度为 0.20~0.30,或者设定相邻等级期望值(均值)的隶属度不大于 0.10,再设定云分布不能跨越到次相邻等级,求得合理的熵 E_n。

3. 确定超熵 H_e 值

确定超熵 H_e 值的计算方法也存在较大差异。有的文献认为 H_e 一般根据经验取常数值,有的文献针对不同指标的不同等级区间,不同指标的 H_e 取 0.01~1 不等的常数,还有的取 10^{-4}~20 不等的常数;有的文献认为 H_e 一般取常数,直接取 0.01、0.20;有的文献 H_e 取 $0.1E_n$。H_e 越大,表示云模型分布曲线越扩散。

9.5.3　建立 PP‐C 组合模型的实证研究

1. 投影窗口半径 R 取值方案

在建立 PP‐C 组合模型时,投影窗口半径 R 取较小值的方案欠合理,有的取较大值方案,不成立。有的建立 PP 模型,没有明确说明 R 取值方案。采用 GA、AGA、RAGA 等进行最优化,很难求得真正的全局最优解。

建立 PPC 模型后,应该采用 $\omega_i = \dfrac{a(i)}{\sum\limits_{i=1}^{m} a(i)}$(其中,$a(i)$ 是最佳权重)计算每个指标的归一化权重。不能采用公式 $\omega_i = \dfrac{G^*(i)}{\sum\limits_{i=1}^{n} G^*(i)}$ 计算归一化权重,其中,n 是样本数量,$G^*(i)$ 是样本投影值。

边坡稳定性的单指标评价区间(等级)标准见表 9‐9。建模样本数据由 6 个评价指标 20 个(S1~S20)样本构成,另有 5 个(S21~S25)待评价样本见表 9‐10。

表 9‐9　边坡稳定性单指标评价区间(等级)标准

评价指标	Ⅰ(极稳定)	Ⅱ(稳定)	Ⅲ(基本稳定)	Ⅳ(不稳定)	Ⅴ(极不稳定)
$x(1)$	[0.22, 0.32]	[0.12, 0.22]	[0.08, 0.12]	[0.05, 0.08]	[0, 0.05]
$x(2)$	[37, 45]	[29, 37]	[21, 29]	[13, 21]	[0, 13]
$x(3)$	[0, 20]	[20, 30]	[30, 45]	[45, 60]	[60, 80]
$x(4)$	[0, 75]	[75, 175]	[175, 300]	[300, 500]	[500, 800]
$x(5)$	[0, 0.1]	[0.1, 0.2]	[0.2, 0.3]	[0.3, 0.4]	[0.4, 0.6]
$x(6)$	[18, 30]	[17, 18]	[16, 17]	[15, 16]	[0, 15]

注:指标 $x(1)$~$x(6)$ 分别表示黏聚力、内摩擦角、边坡角、边坡高度、孔隙水压力比、天然容重。

表 9 - 10　边坡稳定性评价指标值

序号	$x(1)$	$x(2)$	$x(3)$	$x(4)$	$x(5)$	$x(6)$
S1	0.015	30	25	10.7	0.38	18.8
S2	0.055	36	45	239	0.25	25
S3	0.025	13	22	10.7	0.35	20.4
S4	0.033	11	16	45.7	0.2	20.4
S5	0.063	32	44.5	239	0.25	25
S6	0.063	32	46	300	0.25	25
S7	0.014	25	20	30.5	0.45	18.8
S8	0.007	30	31	76.8	0.38	21.5
S9	0.048	40	45	330	0.25	25
S10	0.069	37	47.5	263	0.25	31.3
S11	0.012	26	30	88	0.45	14
S12	0.024	30	42	20	0.12	18
S13	0.069	37	47	270	0.25	31.3
S14	0.059	35.5	47.5	438	0.25	31.3
S15	0.100	40	45	15	0.25	22.4
S16	0.020	36	45	50	0.5	20
S17	0.068	37	47	360	0.25	31.3
S18	0.068	37	8	305.5	0.25	31.3
S19	0.005	30	20	8	0.3	18
S20	0.035	35	42	359	0.25	27
S21	0.040	35	43	420	0.25	27
S22	0.050	40	42	407	0.25	27
S23	0.032	33	42.4	289	0.25	27
S24	0.014	31	41	110	0.25	27.3
S25	0.032	33	42.6	301	0.25	27

注:前 20 组为建模样本,后 5 组为待评价样本。

　　指标 $x(1)$、$x(2)$、$x(6)$ 的数值越小边坡稳定性越差,其他 3 个指标的性质正好相反。针对前 20 组建模样本,对指标 $x(3)$、$x(4)$、$x(5)$ 采用越小越好极差归一化,其他指标采用越大越好极差归一化。有学者理论部分取投影窗口半径 $r_{\max} + \dfrac{p}{2} \leqslant R \leqslant 2p$(实际取 $R =$

$0.1Sz$),采用RAGA进行最优化,得到最优解,求得目标函数值$Q(a)=0.4493$,20个样本的投影值$Z(1)\sim Z(20)=(0.0523、0.5368、0.0447、0.114、0.5349、0.6616、0.0894、0.1923、0.7266、0.5905、0.2102、0.0784、0.6048、0.9516、0.0743、0.144、0.7908、0.6639、0.0445、0.7842)$,最佳权重$a(1)\sim a(6)=(0.1480、0.1853、0.1599、0.9055、0.2488、0.1908)$。从最佳权重可知,边坡高度$x(4)$对边坡稳定性的影响最大,而且显著大于其他指标;其次是空隙水压力比$x(5)$、天然容重$x(6)$等。

针对上述20个样本的归一化数据,投影窗口半径取$R=0.1S_z$时,采用PPA群智能最优化算法求得全局最优解,得到最佳权重$a(1)\sim a(6)=(0.5236、0.3478、-0.3727、-0.3678、0.0531、0.5727)$,目标函数值$Q(a)=1.7905$。20个指标数据的相关性分析表明,归一化后指标$x(3)$、$x(4)$与指标$x(1)$、$x(2)$、$x(6)$的数据之间是显著负相关,指标$x(3)$、$x(4)$的实际数据属性与理论属性相反。

2. 建立PP-C组合模型

期望值取各等级的均值,采用E_{n6}公式计算熵,超熵H_e取常数0.01。根据隶属度公式,求得样本1各个评价指标值对应各个等级的隶属度,以及加权(PPC模型的归一化权重)后的综合隶属度等,见表9-11,同时列出了加权综合隶属度。

表9-11 样本1各个评价指标值及对应的各个等级的隶属度和综合加权隶属度

	$x(1)$	$x(2)$	$x(3)$	$x(4)$	$x(5)$	$x(6)$	综合加权	有关文献
等级	0.015^{V*}	30^{II}	25^{II}	10.7^{I}	0.38^{IV}	18.8^{I}	/	/
I	0.0000	0.0000	0.0000	0.1004	0.0000	0.0340	0.0530	0.0950
II	0.0000	0.0796	1.0000	0.0000	0.0000	0.0000	0.0950	0.0530
III	0.0000	0.0009	0.0000	0.0000	0.0000	0.0000	0.0001	0.0002
IV	0.0000	0.0000	0.0000	0.0000	0.1979	0.0000	0.0268	0.0340
V	0.4868	0.0000	0.0000	0.0000	0.0015	0.0000	0.0394	0.0399
归一化权重	0.0805	0.1008	0.0870	0.4926	0.1353	0.1038	/	/

注:*指标值右上角的罗马数字表示该指标值所处于的等级;♯表示归一化权重。

因此判定样本1属于II级,有关文献判定结果是I级。事实上,该样本$x(1)\sim x(6)$的指标值分别处于V、II、II、I、IV和I等级范围内,$x(4)$指标值属于I级的隶属度相对较小,两个指标值处于II级,而且$x(3)$指标属于II级的隶属度等于1,分别有一个指标值处于IV级和V级。所以,将其判定为I级显然欠合理,判定为II级比较合理。同理,可以计算得到其他(部分)样本对于各个等级的综合加权隶属度,见表9-12。

对照求得真正全局最优解时得到的综合隶属度(样本S1~S5)和有关文献的综合隶属度(表9-12中S1♯~S5♯)可知,每个样本的最大综合隶属度值基本相等,但所对应的等级基本都不同。如求得全局最优解时S1的最大隶属度为0.095,对应II级,但有关文献S1♯的最大隶属度也是0.095,对应I级;S2的最大隶属度为0.628,对应III级;S2♯的最大隶属度0.629,却对应I级。

表 9-12　部分样本对于各个等级的加权综合隶属度及其判定等级

等级	S1	S2	S3	S4	S5	…	S21	S22	S23	S24	S25	S1#	S2#	S3#	S4#	S5#
Ⅰ	0.053	0.092	0.070	0.435	0.092	…	0.034	0.110	0.034	0.027	0.034	0.095	0.629	0.138	0.057	0.632
Ⅱ	0.095	0.008	0.017	0.002	0.076	…	0.033	0.000	0.101	0.361	0.101	0.053	0.008	0.017	0.009	0.076
Ⅲ	0.000	0.628	0.000	0.002	0.628	…	0.143	0.153	0.171	0.168	0.151	0.000	0.091	0.000	0.010	0.091
Ⅳ	0.027	0.012	0.136	0.000	0.075	…	0.412	0.483	0.002	0.000	0.006	0.033	0.034	0.070	0.004	0.068
Ⅴ	0.0394	0.000	0.082	0.062	0.000	…	0.016	0.001	0.057	0.034	0.057	0.039	0.008	0.081	0.435	0.004
文献*	Ⅰ	Ⅰ	Ⅰ	Ⅴ	Ⅰ	…	Ⅳ	Ⅳ	Ⅲ	Ⅱ	Ⅲ	Ⅰ	Ⅰ	Ⅰ	Ⅴ	Ⅰ

注:* 表示有关文献判定的等级。下划粗实线 ▁ 表示综合隶属度最大的值,对应判定的等级,如样本4的最大隶属度为 0.4350,判定结果为Ⅰ级。♯表示有关文献的加权综合隶属度。

根据 PPC 模型全局最优解的权重和期望值、熵等云模型参数计算的结果表明,PP-C 组合模型的判定结果与所谓的专家判定工程实际等级之间存在较大差异。如样本2的工程实际等级为Ⅰ级,PP-C 组合模型的判定结果为Ⅲ级,其中,样本2的6个指标值分别属于Ⅳ、Ⅱ、Ⅲ～Ⅳ(等于Ⅲ～Ⅳ的边界值)、Ⅲ、Ⅲ、Ⅰ级,只有指标 $x(6)$ 处于Ⅰ级,而且该指标权重较小(有关文献的归一化权重仅为 0.10),所以,将其判定为Ⅰ级显然欠合理,将其判定为Ⅲ级比较合理。类似的样本还有多个,如样本20,在6个指标中,只有指标 $x(1)$ 处于Ⅴ级(有关文献的归一化权重为 0.08),指标 $x(2)\sim x(6)$ 分别处于Ⅱ、Ⅲ、Ⅳ、Ⅲ、Ⅰ级,工程实际等级却为Ⅴ级,显然欠合理。样本17和18,除了指标 $x(3)$(有关文献归一化权重仅为 0.08)分别处于Ⅳ级和Ⅰ级外,其他指标的等级都相同,而工程实际等级却分别判定为Ⅳ级和Ⅰ级,差异那么大,显然欠合理。样本4的6个指标值分别属于Ⅴ、Ⅴ、Ⅰ、Ⅰ、Ⅱ～Ⅲ、Ⅰ级,工程实际等级为Ⅴ级,也不合理。

3. PP-C 组合模型的结果分析

表 9-9 将边坡稳定性分成5个等级。假设不同等级样本之间存在比较明显的差距,或者假设相邻等级的样本之间的最小距离大于同一等级内样本之间的最大距离,则取投影窗口半径 $R = \dfrac{r_{max}}{11}$。另外,因为有等级评价标准,为了更准确地判定待评价样本的等级,应该将4个边(分)界值以及最大(小)值样本纳入建模样本中,构建了26个训练样本。对指标 $x(3)\sim x(5)$ 采用越小越好极差归一化,其他指标越大越好归一化,求得全局最优解,得 $S_z = 0.3899$,$D_z = 56.5955$,目标函数值 $Q(a) = 22.0653$,20个样本的投影值 $Z(1)\sim Z(20) = $(1.4275、1.4000、1.3402、1.4148、1.3767、1.3322、1.3734、1.3759、1.3759、1.4751、1.2207、1.4220、1.4744、1.3506、1.5814、1.2975、1.4220、1.7083、1.4744、1.3451),最佳权重 $a(1)\sim a(6) = $(0.3642、0.4011、0.5237、0.4557、0.2561、0.3987),归一化权重为 0.152、0.167、0.218、0.190、0.107、0.166;最大值样本、4个分界值样本和最小值样本的投影值分别为 2.3829、1.8286、1.4657、1.1240、0.7510、0.0000,即边坡稳定性为Ⅰ、Ⅱ、Ⅲ、Ⅳ和Ⅴ级的投影值范围分别为 > 1.8286、[1.4657,1.8286)、[1.1240,1.4657)、[0.7510,1.1240)、< 0.7510。

不同指标的重要性存在一定差异,指标3几乎是指标5的2倍,但整体上指标的重要性比较均衡。根据 PPC 模型分界值样本的投影值（投影值越大边坡稳定性越好），可以判定样本的等级，样本 10、13、15、18 和 19 共计 5 个样本处于 II 级，其他 15 个样本处于 III 级，样本 21～25 的投影值分别为 1.309 5、1.379 4、1.361 1、1.437 7、1.353 0，都属于 III 级。

将上述最佳权重与云模型进行组合评价，求得各个样本对应于各个等级的加权综合隶属度如表 9-13 所示。根据表 9-13，综合隶属度的最大值普遍都比较小，如样本 3 的最大隶属度只有 0.154（有关文献给出的综合隶属度值更小，如表 9-12 中样本 S1# 的隶属度最大值只有 0.095；有关文献即使熵采用 E_{n2} 计算公式，加权综合隶属度最大值也只有 0.286，明显偏小），不仅给判定最终结果带来困难，更有可能引起判定结果的错误。

表 9-13　求得全局最优解时部分样本对于各个等级的加权综合隶属度及其判定等级

等级	S1	S2	S3	S4	S5	…	S21	S22	S23	S24	S25
I	0.025	0.147	0.052	**0.229**	0.147		0.054	0.180	0.054	0.043	0.054
II	**0.232**	0.013	0.043	0.001	0.126		0.054	0.000	**0.167**	0.181	**0.167**
III	0.000	**0.299**	0.000	0.001	**0.300**		0.126	0.150	0.148	**0.189**	0.136
IV	0.021	0.023	0.109	0.000	0.141		**0.159**	**0.187**	0.001	0.000	0.002
V	0.074	0.000	**0.154**	0.115	0.000		0.030	0.002	0.107	0.064	0.107
文献*	I	I	I	V	I		IV	IV	III	II	III

注：* 表示有关文献判定的等级。下划粗实线 __ 表示综合隶属度的最大值，对应左侧的判定等级，如样本 4 的隶属度最大值为 0.229，对应判定结果为 I 级。

采用云模型，通过隶属度表示不确定性，是一种比较好的方法。但无论是采用 E_{n2} 还是 E_{n6} 公式计算熵值，一旦指标值偏离期望值（均值），其隶属度值迅速下降，采用 E_{n6} 计算公式下降更快。所以，即使指标值在某个等级区间内，其相应的隶属度值可能也很小。一旦指标值等于期望值，其隶属度就等于 1，这样的隶属度计算结果明显弱化了偏离期望值的指标效用。如对于表 9-10 的样本 1，除了 $x(3)$ 属于 II 级的隶属度等于 1 外，其他 5 个指标在其对应等级的最大隶属度分别只有 0.486 8、0.079 6、0.100 4、0.197 9、0.034 0。这 5 个指标的权重虽然都不等于 0，即使指标 4 的权重最大（接近于 0.50）。但由于其指标值偏离均值，其隶属度值就很小，在判定等级时实际上是无效用或者效用很小的，这是不合理的。因此，应该对每个指标相对于各个等级的隶属度先进行归一化，这样处理具有显著的优点，各个评价指标以及各个等级区间在名义上是等效的，即每个指标值在不同等级区间的隶属度之和等于 1，在同一等级区间内，所有指标的隶属度之和也等于 1，各个指标的差异主要由最佳权重的大小及其偏离均值的程度来体现，再求加权综合隶属度，这样可有效降低由于采用云模型而导致偏离期望值的指标值的"隶属度"显著降低的问题。通过这样的改进，求得的各个样本（部分）对应于各个等级的加权综合隶属度值，见表 9-14。

加权综合隶属度数值明显提高，每个样本不同等级的隶属度之和等于 1，不同等级的隶属度大小表征了所处于相应等级的概率，根据隶属度最大值所在等级就可以很便捷地判定其相应的等级。仔细研究表 9-14 不同等级的隶属度发现，有些样本不同等级的隶属度比较均衡，甚至出现两头大（I 级和 V 级）、中间小的情况（如样本 3、4 等）。这主要是由以下几个

表 9 - 14　采用改进隶属度方法求得部分样本对于各个等级的加权综合隶属度及其判定等级

等级	样本 1	样本 2	样本 3	样本 4	样本 5	…	样本 21	样本 22	样本 23	样本 24	样本 25
Ⅰ	0.356	0.168	**0.358**	**0.574**	0.166	…	0.166	**0.333**	0.166	0.166	0.166
Ⅱ	**0.385**	0.165	0.217	0.053	0.167	…	0.167	0.000	0.167	**0.357**	0.167
Ⅲ	0.000	**0.406**	0.000	0.053	**0.515**	…	**0.323**	0.325	**0.500**	0.325	**0.409**
Ⅳ	0.106	0.259	0.190	0.000	0.153	…	0.192	0.266	0.015	0.000	0.106
Ⅴ	0.153	0.002	0.235	0.319	0.000	…	0.152	0.076	0.152	0.152	0.152
文献*	Ⅰ	Ⅰ	Ⅰ	Ⅴ	Ⅱ	…	Ⅳ	Ⅳ	Ⅲ	Ⅱ	Ⅲ

注：* 表示有关文献判定的等级。

原因造成的：①各个指标值处于不同等级，或者说，不同指标值分布很均衡。如样本 21，6 个指标中，分别有 1、1、2、1、1 个指标值属于Ⅰ、Ⅱ、Ⅲ、Ⅳ、Ⅴ级，所以导致加权综合隶属度比较均衡。②指标值本身就是两头多、中间少，如样本 3，分别有 2、1、0、1.5（表示其中有 1 个是边界值）、1.5 个的指标值处于Ⅰ、Ⅱ、Ⅲ、Ⅳ、Ⅴ级范围内，加权综合隶属度也呈现两头大、中间小的情况。③由于本例各个指标的最佳权重差异不大，导致加权综合隶属度比较均衡。④熵值采用 E_{n6} 公式，如果指标值比较接近边界值，则在相邻等级的隶属度基本等于 0，导致加权综合隶属度比较均衡。如样本 21 的指标 3，指标值为 43，Ⅲ～Ⅳ级的边界值是 45，计算得到属于Ⅲ级和Ⅳ的隶属度分别为 0.088 9 和 0.000 7，归一化隶属度分别为 0.991 8 和 0.008 2。即使如此接近于Ⅲ～Ⅳ级的边界值，但属于Ⅳ级的归一化隶属度几乎等于 0。又如样本 23 的指标 4，指标值为 289，Ⅲ～Ⅳ级的边界值为 300，计算得到属于Ⅲ级和Ⅳ的隶属度分别为 0.047 10 和 0.003 91，归一化隶属度分别为 0.923 4 和 0.076 6，属于Ⅳ的归一化隶属度也很小。

采用云模型计算隶属度，有时会出现很难解释的结果。如某样本的 6 个指标值分别为 0.27、13、60、500、0.40、15，采用有关文献的权重和 E_{n6} 计算熵值，指标 1 处于等级Ⅰ的均值，所以隶属度等于 1，其他 5 个指标都是Ⅳ～Ⅴ级分界值，属于Ⅳ级和Ⅴ级的隶属度等于 0.011，所以该样本属于 5 个等级的加权综合隶属度分别为 0.148、0、0、0.018、0.018，根据最大隶属度判定原则，该样本属于Ⅰ级。这个结果非常不合理，但建立 PP - C 模型的过程是正确的，这就是 PP - C 模型的缺陷之一，即明显弱化偏离均值的指标作用。实际上，该样本显然应该属于Ⅳ级，并偏向Ⅳ～Ⅴ级的分界值。

9.5.4　小结

（1）应用云模型进行综合评价时，熵值采用 E_{n6} 公式和 E_{n2} 公式，将得到完全不同的结果；采用 E_{n6} 公式，云滴分布太窄，采用 E_{n2} 公式，云滴分布太宽，都欠合理，应该根据数据特性确定。

（2）建立 PP - C 组合模型的基础和关键仍然是建立 PPC 模型。同时，必须求得真正的全局最优解。

（3）一般情况下，由于采用 E_{n6} 或者 E_{n2} 公式计算隶属度，使得指标值偏离各等级均值时隶属度值显著降低,导致隶属度值很小,不利于判定结果。因此,在加权之前,应对隶属度进行归一化。

(4) 采用 PP－C 模型,有可能得到无法合理解释的结果,应该慎用。

9.6 建立 PP 模型与神经网络组合模型

将 PPC 模型的结果作为 BPNN 模型的输入变量(或者之一)或者确定 RBFNN 模型的某些参数(如隐层节点的均值),以 PPC 模型的综合评价结果为基础,协调耦合度以及前沿面回归分析等,构建 PPC 模型与其他模型的组合模型。

1. PP 模型与 BPNN 模型构建 PP－BP 组合模型

对多变量数据进行相关分析、逐步线性回归分析、PCA 分析和建立 PPC 模型,将 3 个主成分和 PPC 样本一维投影值(合计 4 个)作为 BP 模型的输入变量,建立 PP－BP 模型。共计采集到 61 个样本,前 56 个为建模(训练)样本,后 5 个为测试样本。建模过程如下。

(1) 采用相关分析法,提取相关系数绝对值大于 0.20 的 27 个预测因子。

(2) 采用逐步线性回归方法,从 27 个预测因子中,筛选出 9 个预测因子。

(3) 采用 PCA 方法,从 9 个预测因子中提取 3 个方差贡献率分别为 18.73％、15.60％、11.36％的主成分(与预测量、因变量的相关程度较高)。

(4) 针对 9 个预测因子数据,采用粒子群(PSO)算法进行最优化,建立 PPC 模型,得到样本的一维投影值。

(5) 把 3 个主成分和 PPC 模型的一维投影值作为 BPNN 模型的输入变量,在 2～6 区间内取隐层节点个数,采用 GA 算法优化隐层节点个数和网络权重,建立 100 个 BPNN 模型,并进行加权集成,建立最终的 BP 模型。有关文献没有给出具体数据,无法进行实证研究。

2. 建立 PPC 模型与 RBFNN 模型的 PP－RBF 组合模型

在建立径向基神经网络(RBFNN)模型时,针对高维、大样本数据问题,首先建立一维 PPC 模型,求得最优投影方向和样本一维投影值,实现对高维原始数据的合理分类,并计算得到各类样本投影值的均值,作为 RBFNN 模型中隐层节点的初始中心,进而建立 RBFNN 模型。

(1) PP－RBF 组合模型的优点

① 针对样本一维投影值进行分类,可以显著减少计算时间。

② 每个类都至少有一个样本。

③ 改变隐层节点个数时,不需要重新进行迭代计算,只需对样本投影值重新分类即可。

(2) 建立 PP－RBF 组合模型的过程

① 设定 RBFNN 模型的隐层节点个数 M,建立 PPC 模型。根据样本的一维投影值,采用聚类方法将样本分成 M 类,得到各类样本的均值,作为隐层各个节点的中心值。

② 隐层节点的宽度为常数 σ(通常取 $\sigma=1$)。根据各个节点的中心值和宽度,计算得到各个隐层节点的输出值。

③ 最优化 RBFNN 模型输出层的权重和阈值以及模型输出值,计算模型误差。如果满足精度要求则结束训练,否则执行④。

④ 调整 σ 值,执行②、③,使模型误差满足精度要求为止;若反复调整 σ 后仍不能满足精

度要求,则调整 M,返回①重新训练。

(3) PP - BP、PP - RBF 组合模型存在的主要问题　PCA、PPC 等是无教师值建模,而 BPNN、RBFNN 是有教师值建模。两者的组合模型是否真的更加高效和可靠,还有待论证和探索。

3. 基于 PPC 模型样本一维投影值进行协调耦合度 PP - Co、随机前沿面 SFA 分析的组合模型

在进行多个方面的协调耦合度、SFA 等研究时,首先要计算各个方面、每个指标的得分。在协调耦合度研究中,绝大部分采用因子分析法或者信息熵加权综合法等求得每个指标的权重和每个方面的得分。近年来,部分学者开始应用 PPC、DCPP 模型等进行综合评价,求得各个指标的最佳权重和各个方面(指标)的综合得分,再进行协调耦合度、SFA 分析等。理论上,针对高维、非线性问题,采用 PP 模型比 FA、加权综合评价法更合理和稳健,能取得更可靠的结果。但必须确保求得 PPC、DCPP 模型的全局最优解。

4. 基于 PP 和 DEA 的组合模型

由于指标个数太多,很难直接进行多变量 DEA 分析。可首先建立 PPC 模型,得到各个方面的得分,作为 DEA 模型的投入变量和产出变量,再建立 DEA 模型。

5. 小结

(1) 建立 PP - BP、PP - RBF、PP - DEA 等组合模型的基础和关键是求得 PP 模型全局最优解。否则前置 PP 模型的结果是错误的,后期 BPNN、RBFNN、耦合协调度、DEA 模型的建模结果不可能正确。

(2) 建立 BPNN、RBFNN 模型和协调耦合度、DEA 模型时必须遵循基本原则和步骤,否则模型的泛化能力难以保证,没有实用价值。

9.7 PP 组 合 模 型 及 常 见 错 误

1. 什么问题(数据)需要建立 PP 组合模型

一般的综合评价问题,直接建立一维 PPC 模型就可以了。对于小样本、贫样本问题,没有必要先建立 PPC 模型,再将 PPC 模型的最佳权重与其他诸如 TOPSIS、GRA 等建立组合模型开展综合评价,应该直接根据 PPC 模型的结果进行综合评价、排序与分类。

对于复杂的非线性逼近和数据拟合问题,除非建立 PPR 和 PPBP 等模型都不能满足精度要求,尽可能不采用 PPC 模型与 ANN(包括 BPNN、RBFNN、GRNN 等)模型的组合模型。建立 PP 模型求得各个评价指标的最佳权重,遴选重要指标,再建立 BPNN 等其他模型,存在一个原理性问题。在建立 PPC 模型时,仅从自变量数据出发,建立 PPC 模型仅仅实现使样本投影值(点)整体上尽可能分散、局部尽可能密集,但并不能说明 PPC 模型权重比较大的自变量就一定与因变量之间存在重要的关系。因此,根据自变量最佳权重大小遴选重要自变量缺乏理论依据。

建立基于 PPC 模型与 GRA、TOPSIS 的组合模型,GRA 模型的结果实际上没有发挥作用,加权系数等于 0,就变成了 PPC - TOPSIS 组合模型,局部聚类效果优于一维 PPC 模型①,整体分散性劣于一维 PPC 模型①。

建立 PPC 模型与云模型的 PP - C 组合模型具有一定的理论意义和实践价值,用于解决具有一定模糊性、不确定性问题。必须合理确定云模型的参数,目前采用的熵 E_{n2} 和 E_{n6} 的计算公式都欠合理。评价指标的区间标准不同,熵 E_n 的计算公式应随之改变,以确保得到合理的正态分布规律。

建立 PPC 模型与耦合协调度、SFA、DEA 等组合模型,是一种比较可行的方法。因为无论是理论角度还是实践角度,PPC 模型都比 FA、PCA、TOPSIS 法更合理和可靠,而且还可以增加决策者偏好,实现专家主观知识与 PPC 模型客观结果的有机结合,得到更合理的结果。

2. PP 组合模型的常见错误

建立 PPC 模型的常见错误,一是没有求得全局最优解,二是采用错误的约束条件,三是选用的 PP 模型欠合理。后续建立 ANN 模型的常见错误是没有遵循建立 ANN 的基本原则和步骤,没有将样本分成性质相似的训练样本、检验样本和测试样本,尤其是没有采用检验样本实时监控训练过程以避免发生过训练;采用太大的网络结构,不满足训练样本数量是网络连接权重个数的3~5倍以上,导致建立的 ANN 模型发生过训练、过拟合,模型没有泛化能力。

PP - C 组合模型的常见错误是,确定云模型的参数(尤其是熵)不合理。建立基于 PPC 与 TOPSIS、GRA 等组合模型时,采用错误的约束条件,等等。

PP 模型及实证研究

10.1 建立 DCPP、IPP 和 MPPC 模型

在创新项目(技术、工程等)的研发(R&D)过程中,中止(项目)决策是非常重要的一个环节,可避免因对具有潜在失败危险的在研或开发项目追加无谓的投资而造成更大的损失,既能节约大量人力物力和资源,又能遴选优秀项目。一系列研究中止决策的实例,采用了 Fuzzy、DEA、区域映射模型、TOPSIS、FA、GRA、(粗糙集、混合)支持向量机(SVM)模型、判定分析法、可拓理论、前景理论(小波、Hamming)、ANN 模型等众多综合评价方法和模型。中止决策研究的样本都较少(通常是十几个到几十个),指标数据基本都不服从正态分布,传统综合评价方法结果的合理性、可靠性难以保证。而 ANN 主要适用于大样本建模,必须采用检验样本实时监控训练过程以避免发生过训练,否则模型没有泛化能力。

10.1.1 实证研究案例一

某大型企业 R&D 项目中止决策案例数据由 12 个评价指标 24 个样本组成,见表 10-1、表 10-2。其中前 20 个项目的属性已由专家判定,序号 1~7 为成功类项目(用 $A1$ 表示),序号 8~14 为暂缓类项目(用 $A2$ 表示),序号 15~20 为失败类项目(用 $A3$ 表示)。

表 10-1 20 个 R&D 项目及 3 类项目中心的评价指标值、专家判定类别

序号	$x(1)$	$x(2)$	$x(3)$	$x(4)$	$x(5)$	$x(6)$	$x(7)$	$x(8)$	$x(9)$	$x(10)$	$x(11)$	$x(12)$	类别
1	5.1	4.9	4.7	4.8	4.7	4.3	4.9	4.6	4.1	3.7	3.9	3.8	A1
2	4.8	4.7	4.5	4.5	4.9	4.4	4.8	4.8	3.8	4.0	3.9	3.6	A1
3	4.6	4.8	4.6	4.6	4.7	4.2	5	4.5	4.1	3.8	3.9	3.6	A1
4	4.8	4.4	4.7	4.3	4.7	4.1	4.7	4.4	3.7	3.7	4.0	3.6	A1
5	4.3	4.7	4.7	4.5	4.7	4.2	4.8	4.5	4.0	3.6	3.9	3.2	A1
6	4.3	4.6	4.2	4.5	4.7	3.5	4.3	4.4	4.0	3.8	3.9	3.2	A1
7	4.3	4.6	4.4	4.0	4.5	3.8	4.1	4.5	3.8	3.8	3.8	2.9	A1

序号	$x(1)$	$x(2)$	$x(3)$	$x(4)$	$x(5)$	$x(6)$	$x(7)$	$x(8)$	$x(9)$	$x(10)$	$x(11)$	$x(12)$	类别
8	4.6	4.7	4.0	4.1	4.4	3.8	4.7	3.9	3.5	3.6	3.6	2.8	A2
9	4.1	3.9	3.9	3.0	4.0	3.6	4.5	3.8	3.2	3.6	4.1	3.9	A2
10	3.9	4.0	4.0	4.6	4.2	3.5	3.8	4.2	4.2	3.5	3.5	2.5	A2
11	3.8	3.9	3.6	4.4	4.0	4.2	4.6	3.8	3.0	3.6	4.0	3.8	A2
12	3.8	3.8	3.7	4.2	4.0	4.2	4.6	3.8	3.0	3.6	4.0	4.0	A2
13	3.9	4.1	3.9	3.5	4.4	3.5	3.4	3.3	4.0	3.1	3.4	2.4	A2
14	3.9	4.1	3.9	3.9	3.6	3.7	3.5	3.4	2.8	3.1	4.0	3.2	A2
15	4.5	4.8	3.8	2.6	3.9	4	3.8	2.5	2.1	2.0	3.1	3.8	A3
16	3.8	4.3	3.7	3.4	3.6	3.3	3.7	2.8	2.9	2.4	3.6	2.3	A3
17	3.7	4.0	3.7	3.3	3.3	3.3	3.4	2.9	3.5	2.3	3.3	2.2	A3
18	3.7	3.7	3.7	3.1	3.6	3.3	3.4	2.6	3.0	3.0	3.0	3.0	A3
19	4.0	3.7	3.9	2.3	3.9	3.2	3.2	2.4	3.2	2.9	3.1	2.8	A3
20	2.6	3.4	3.5	2.9	3.9	3.1	3.5	2.3	3.4	2.4	3.0	2.4	A3
$\overline{A1}$	4.60	4.67	4.54	4.46	4.74	4.07	4.66	4.53	3.93	3.77	3.90	3.41	
$\overline{A2}$	4.00	4.07	3.86	3.96	4.09	3.79	4.16	3.74	3.39	3.44	3.80	3.23	
$\overline{A3}$	3.72	3.98	3.72	2.93	3.70	3.37	3.50	2.58	3.02	2.50	3.18	2.75	
$a_Y(j)$	0.180	0.138	0.229	0.338	0.269	0.251	0.319	0.467	0.292	0.370	0.278	0.162	
$a_{YY1}(j)$	0.000	0.000	0.193	0.100	0.883	0.000	0.000	0.225	0.092	0.000	0.338	0.000	
$a_{YY2}(j)$	−0.314	0.333	0.489	0.138	0.547	−0.044	−0.237	−0.019	0.045	0.212	0.311	0.176	
$a_I(j)$	0.205	0.155	0.210	0.347	0.242	0.299	0.368	0.445	0.240	0.344	0.269	0.199	
$a_M(j)$	0.205	0.121	0.311	0.270	0.255	0.235	0.037	0.531	0.320	0.367	0.311	0.193	
$a_M^{\#}(j)$	0.309	0.173	0.265	0.295	0.207	0.295	0.248	0.467	0.257	0.328	0.292	0.222	

注:下划粗实线 ___ 表示最大权重,下划双实线 ＝ 表示次大权重。$\overline{A1}$~$\overline{A3}$ 表示 $A1$~$A3$ 类项目的均值。

从 3 类项目各个评价指标的均值(聚类中心)可以看出,指标值越大项目成功概率越高,反之,项目越可能失败。现要求根据表 10-1 的专家判定结果,建立 PP 模型,判定表 10-2 的 4 个 R&D 项目的中止决策类别。

表 10 - 2　待判定中止决策类别项目的评价指标值及判定结果

序号	$x(1)$	$x(2)$	$x(3)$	$x(4)$	$x(5)$	$x(6)$	$x(7)$	$x(8)$	$x(9)$	$x(10)$	$x(11)$	$x(12)$	类别
S1	2.6	2.3	2.4	3.4	2.4	3.1	4.6	2.8	2.0	2.1	2.6	4.1	$A3$
S2	4.9	4.7	4.5	4.5	4.9	4.45	4.8	4.8	3.8	4.1	3.9	3.4	$A1$
S3	3.2	3.1	3.6	3.6	3.9	4.1	4.3	3.6	3.2	3.7	3.9	3.6	$A2$
S4	3.6	3.1	3.3	3.7	3.6	3.8	4.3	3.8	3.2	3.8	4.0	4.1	$A2$

显然,这是一个有教师值或有监督的模式识别或分类评价问题。计算 4 个待评价样本(项目)与 3 类样本聚类中心的加权(广义)欧氏距离来判断项目的类别,结果与各个评价指标的主观赋权重直接相关,存在较强的主观性和一定模糊性。根据各个项目与各类项目聚类中心的最短距离判定项目类别,粗看起来比较合理,但实践中很可能出现难以解释的结果。如某项目与 3 类聚类中心的距离分别为$(0.50,1.00,0.50)$,就无法判定项目类别。不仅如此,既然与成功类项目和失败类项目同等距离,那就应该离暂缓类项目最近。但结果却不是这样,这是难以解释的。又如某项目与 3 类聚类中心的距离分别为$(0.50,0.50,0.50)$,也无法判定其类别。事实上,针对上述有教师值问题,最适合建立 PP 模型,以及 PPBP、PPR模型等。

1. 建立 DCPP 模型⑱

因为多数指标是先由专家打分评定再转换成得分的,因此,宜采用极差(当然也可以采用极大值)归一化。建立 DCPP 模型⑱,约束条件为 $\sum\limits_{j=1}^{p} a^2(j) = 1, -1 \leqslant a(j) \leqslant 1$。采用PPA 群智能最优化算法求得全局最优解,得到最佳权重见表 10 - 1 的 $a_Y(j)$ 行,目标函数值$Q(a)$、类内样本点之间的距离和 $d(a)$、不同类样本之间的距离和 $[s(a) - d(a)]$ 分别为135.99、14.922、150.911,"成功""暂缓""失败" 类项目的投影值范围分别为 $2.472\,2 \sim 3.043\,8$、$1.638\,6 \sim 2.303\,1$、$0.821\,0 \sim 1.204\,0$。显然,3 类项目的得分是实数,而且相邻类样本的得分之间存在"空白" 区间。因此,如果某待评价项目的投影值位于"空白" 区间,则可以判定其为"不确定"。当然,为了方便,可以用相邻类样本的"空白" 区间的中值来表示相邻类项目的分界值,从而得到"成功""暂缓""失败" 类项目的修正投影值范围分别为 $> 2.387\,7$、$1.421\,3 \sim 2.387\,7$、$< 1.421\,3$(后续都作相似的处理)。将表 10 - 2 中 4 个待评价样本的归一化数据代入上述建立的 DCPP 模型 ⑱,得到样本投影值分别为 $0.669\,7$、$3.023\,9$、$1.986\,0$、$2.026\,6$。根据修正投影值范围,可以判定 4 个待评价样本分别为"失败""成功""暂缓""暂缓" 类。

虽然有关文献的判定结果与上述判定结果一致,但建立 DCPP 模型⑱,判定结果不存在歧义和模糊性,是实数,判定更便捷,也不会出现无法合理解释的结果。而且,求得的评价指标权重是根据教师值样本得到的,具有较好的客观性和合理性。再将上述 3 类项目聚类中心指标值的归一化数据代入 DCPP 模型⑱,得到投影值分别为 $2.796\,4$、$2.061\,5$、$1.061\,0$。可见,相邻类样本聚类中心投影值的中值并不能作为区分不同类别样本的分界值。

根据表 10 - 1 的最佳权重 $a_Y(j)$,在 12 个指标中,指标 $x(8)$ 的最佳权重最大,对判定R&D 的中止决策类别最重要;其次是 $x(10)$,指标 $x(2)$ 最不重要。最大权重与最小权重之比为 3.38,说明指标权重比较均衡,都是重要指标,不能删除,这与实际情况一致。

比较 4 个待评价样本的投影值与 3 类样本的投影值范围可知,S2 不仅是成功类项目,而且在成功类项目中,是比较优秀的,在所有项目中排第 2 名;S1 不仅是失败类项目,在所有项目中列最后。

2. 建立 DCPP 模型⑲

也可以建立 DCPP 模型⑲。针对 20 个教师值样本的归一化数据,采用 PPA 群智能最优化算法求得全局最优解,权重约束条件采用 $\sum_{j=1}^{p} a^2(j)=1, 0 \leqslant a(j) \leqslant 1$(约束条件②),得到最佳权重,见表 10-1 的 $a_{YY1}(j)$ 行。目标函数值 $Q_{YY}(a)$、各类类内样本与其均值的距离之和 SSE、所有样本与均值的距离之和 SST 分别为 0.8648、0.8212、6.0746,成功、暂缓、失败类项目的投影值范围分别为 1.6178～1.7414、1.0624～1.3455、0.7242～0.8855;修正投影值范围分别为 >1.4817、>0.9740～1.4817、<0.9740。将表 10-2 中 4 个待评价样本的归一化值代入上述建立的 DCPP 模型⑲,得到样本投影值分别为 0.0891、1.7414、1.1430、1.0565。根据前述修正投影值范围,可以判定 4 个待评价样本分别为"失败""成功""暂缓""暂缓"类。建立 DCPP 模型⑲的结果不存在歧义和模糊性,判定很便捷,不会出现无法解释的结果。求得的评价指标权重也是根据教师值样本得到的,具有较好的客观性。3 类项目聚类中心的投影值分别为 1.6686、1.2428、0.7948。可见,用各个样本与聚类中心的最短距离来判定样本类别欠合理,容易受个别样本异常值的影响,扭曲结果。

DCPP 模型⑲中,有 6 个指标的最佳权重几乎等于 0,而指标 $x(5)$ 的权重却高达 0.883,显著大于其他指标。从分类评价的理论角度讲是允许的,但从工程实践的角度看,显然欠合理。多达 6 个无效用指标,还有 2 个几乎是无效用指标,这与实际情况不符。

为此,将权重约束条件修改为 $\sum_{j=1}^{p} a^2(j)=1, -1 \leqslant a(j) \leqslant 1$(约束条件①),再次建立 DCPP 模型⑲,求得真正的全局最优解,最佳权重见表 10-2 的 $a_{YY2}(j)$ 行,目标函数值 $Q_{YY2}(a)$、SSE、SST 分别为 0.9273、0.3097、4.2621,"成功""暂缓""失败"类项目的修正投影值范围分别为 >1.3468、>1.0379～1.3468、<1.0379。得到 4 个待评价样本的投影值分别为 0.0583、1.4880、1.0895、1.0006。可以判定上述 4 个待评价样本分别为"失败""成功""暂缓""暂缓"类。

根据表 10-1 的最佳权重 $a_{YY2}(j)$,指标 $x(5)$ 的权重最大,其次是 $x(3)$,$x(6)$ 等 3 个指标的权重绝对值很小,可以删除。

对 20 个样本数据的相关性分析表明,所有指标之间没有显著负相关的,但多个指标之间存在共线性关系(这是综合评价中很常见的情况)。所以,指标 $x(1)$、$x(7)$ 的最佳权重小于0,似乎难以解释。事实上,由于 DCPP 模型⑲有使局部更密集的倾向,为了使个别样本的投影值相等(如样本 6 与 7 相等,投影值为 1.499;样本 9 与 12～14 投影值相等,为 1.179;样本15 与 18、20 投影值相等,为 0.867),就很容易出现个别指标权重变为小于 0。这也进一步说明,DCPP 模型⑱比 DCPP 模型⑲更合理和可靠。

采用 DCPP 模型不仅可以实现分类,还可以进行精细的排序,以便更精准地判定样本"成功"或者"失败"的程度。同时可以求得每个评价指标的最佳权重,既有利于判定新研发项目的属性,更有助于分析模型结果的合理性和可靠性。

比较上述两类 DCPP 模型的结果可知,虽然结果明显不同,但都能正确识别教师值样本。而且,对 4 个待评价样本的判定结果也一致,说明两个模型确实都符合表 10 - 1 所示 20 个样本的特性,都能正确识别 20 个样本和 4 个待判定样本。这也说明,对于本例数据,有多个模型可以表征表 10 - 1、表 10 - 2 的数据特性。但两类模型的最佳权重相差很大,判定项目性质(属性)的原则存在很大差异。采用约束条件②的 DCPP 模型⑲,除 $x(5)$、$x(11)$ 等 6 个指标外,其他指标的最佳权重等于 0,是无效用指标,显然不合理。因为建立的评价指标体系是符合科学性、系统性、全面性等原则的,不可能那么多指标都是无效用的。根据 DCPP 模型⑱,指标的最大权重为 0.467,最小权重为 0.138,既说明所有指标都是重要的,又较好体现了不同指标重要性之间的差异,比较合理。采用约束条件①的 DCPP 模型⑲,为了实现使样本局部尽可能密集的目标,使 $x(1)$、$x(6)\sim x(8)$ 共 4 个指标的最佳权重小于 0,这与所有指标都是越大越好的正向指标以及指标之间都是正相关的先验知识相矛盾,使得 6 个"失败"项目中有 3 个样本的投影值相等,7 个"暂缓"项目中有 4 个投影值相等,7 个"成功"项目中有 2 个投影值相等。事实上,出现过度的局部密集,虽然有利于聚类分析,但不利于排序,要实现完全排序,必须建立第二维的 DCPP 模型。采用约束条件②的 DCPP 模型⑲,也分别有 2、3、2 个"失败""暂缓""成功"项目的投影值相等。

DCPP 模型⑲的最大特征之一是存在多对(个)样本的投影值是相等的,很容易出现局部过度密集。因此,对于本例数据,建立的 DCPP 模型⑱和⑲,理论上都正确,但在实践中,DCPP 模型⑱的结果更合理、可靠和有效,DCPP 模型⑲的结果欠合理。

3. 建立 IPP 模型

必须首先设定样本的教师期望值。为了方便又不失一般性,可设定"成功""暂缓""失败"类项目的期望教师值分别为 3、2、1。针对上述 20 个有教师值的样本,约束条件为 $\sum_{j=1}^{p} a^2(j) = 1, -1 \leqslant a(j) \leqslant 1$,建立 IPP❶,采用 PPA 最优化算法求得全局最优解,得到最佳权重,见表 10 - 1 的 $a_I(j)$ 行。目标函数值 $Q(a)$、样本投影值标准差 S_z、样本投影值与期望值的相关系数 $|R_{yz}|$ 分别为 0.7178、0.7597、0.9448,"成功""暂缓""失败" 类项目的投影值范围分别为 2.4379~3.0709、1.5812~2.3365、0.7666~1.2454,修正投影值范围分别为 >2.3872、>1.4133~2.3872、<1.4133。求得 4 个待评价样本的投影值分别为 0.7434、3.0412、1.9989、2.0450。可以判定 4 个待评价样本分别为"失败""成功""暂缓""暂缓"类。IPP 模型 ❶ 的结果不存在歧义和模糊性,判定便捷,不会出现无法合理解释的结果。评价指标权重根据教师值样本得到,具有较好的客观性。3 类项目聚类中心的投影值分别为 2.7980、2.0616、1.0518。比较上述 4 个待评价样本的投影值与 3 类样本的投影值范围可知,S2 不仅是"成功"项目,在所有项目中排第 2 名,S1 不仅是"失败"项目,是最"失败"的。

根据最佳权重 $a_I(j)$,所有指标的权重都大于 0,最大权重与最小权重之比为 2.9,既说明所有指标都是重要的,又能揭示指标重要性之间的差异。所以,建立 IPP 模型❶是有效和正确的,结果合理。

4. 建立 MPPC 模型

直接建立一维 PPC 模型①,投影窗口半径取 $R = 0.1S_z$ 时,样本 6、7、8、11、12 的投影值都等于 2.1403,无法正确区分"成功" 和"暂缓" 类项目;投影窗口半径取 $R = \dfrac{r_{max}}{5}$ 时,样本

7 与 12 的投影值都等于 2.325 6，样本 11 的投影值等于 2.322 6，也不能正确区间"成功"和"暂缓"类项目；如果取 $R = \dfrac{r_{\max}}{2}$，样本 12 的投影值大于样本 7 的投影值，样本 13 与 15 的投影值相等；如果取 $R = r_{\max} + \dfrac{p}{2}$，样本 11、12 的投影值大于样本 7 的投影值，等等。可见，不把教师值等先验知识加到约束条件中，直接建立一维 PPC 模型 ①，无论 R 取什么值，都不能正确区分 3 类项目。同理，建立一维模型 ⑧ 等基于信息熵、偏度、峰度的 PPC 模型，也都不能正确区分 3 类样本。

因此，把 20 个教师值样本的分类先验知识添加到约束条件中，即增加约束条件 $z(1)$、$z(2)$、$\cdots$、$z(7) \geqslant [z(8)+c]$，$[z(9)+c]$、$\cdots$、$[z(14)+c] \geqslant [z(15)+c]$，$[z(16)+c]$、$\cdots$、$[z(20)+c]$，$c$ 取适度值，使得样本投影点实现局部适度密集而又不过度密集。采用约束条件 ①，取 $R = \dfrac{r_{\max}}{5}$，采用 PPA 最优化算法求得全局最优解，取 $c = 0.30$ 时，最佳权重见表 10-1 的 $a_M(j)$ 行。目标函数值 $Q(\boldsymbol{a})$、样本投影值标准差 S_z、局部密度值 D_z 分别为 24.485 8、0.688 3、35.573 6，"成功""暂缓""失败"类项目的投影值范围分别为 2.448 0 ～ 2.907 0、1.681 6 ～ 2.148 0、0.800 1 ～ 1.177 5，修正投影值范围分别为 > 2.298 0、> 1.429 5 ～ 2.298 0、< 1.429 5。4 个待评价样本的投影值分别为 0.463 5、2.894 5、1.897 1、1.948 8，可以判定 4 个待评价样本分别为"失败""成功""暂缓""暂缓"。建立 MPPC 模型的结果不存在歧义和模糊性，评价指标权重根据教师值样本确定，具有较好的客观性。

根据 MPPC 模型的结果，"成功""暂缓""失败"类项目中分别有 2 个、3 个、2 个项目的投影值相等。MPPC 建模结果随 c 值不同而改变。c 值越大，局部越密集，但也可能出现局部过度密集的问题，所以，c 值既不能太大，也不能太小。如 c 取最大可能值的一半，$c = 0.17$，样本投影值都不相等，得到最佳权重见表 10-1 的 $a_M^{\#}(j)$。最大权重为 0.467，最大权重与最小权重之比为 2.7 倍，说明所有指标都是重要的，局部密集程度合适，建模结果合理和有效。

5. DCPP、IPP、MPPC 模型结果的比较

对于本例有教师值的数据，上述 3 类模型都能正确判定建模样本和待评价样本的类别，都可以建立合理、可靠、有效的模型。相比较而言，建立 DCPP 模型 ⑱、IPP 模型 ❶ 更合理和可靠，结果是确定的，而且不需要主观确定任何参数，结果的客观性好；MPPC 模型的结果虽然也正确，但最佳权重等随 c 值不同而改变，建模结果存在一定的不确定性；DCPP 模型 ⑲ 虽然也能正确识别样本，但存在局部过度密集的问题，多个指标的权重欠合理或者性质错误。

6. 与其他模型结果的比较

对上述有教师值样本数据，采用模糊聚类法（FCM）、模糊综合评价法（FCE）、可拓法、Hamming 网络法、神经网络（NN）模型以及模糊 Borda 组合法进行组合评价。针对表 10-2 的 4 个待评价样本，都得到了相同的判定结果。但 FCM、FCE、Hamming 法及其模糊 Borda 法只能得到分类结果，不能排序，无法判定项目 S1～S4 处于"成功"或者"失败"的程度，还必须用其他方法确定权重，权重不同，结果也可能不同。有关文献建立了两个 NN 模

型,都不满足建立 NN 模型的最基本条件,没有采用检验样本实时监控训练过程以避免发生过训练,泛化能力难以保证。两文献采用可拓法评价,却得到了两种不同的结果。

综上所述,对于本例有教师值的样本数据,建立 DCPP 模型⑱和 IPP 模型❶更为合理,客观性更好,整体聚类效果好。既然建立 DCPP 模型⑱、IPP 模型❶和 MPPC 模型就能满足建模要求,就没有必要再建立更复杂、柔性更好的 PPR 和 PPBP 等模型了。

10.1.2 实证研究案例二

BPNN 模型是连续映射,训练准则过于严格,存在实际分类准则与训练准则不一致的问题,导致样本识别率降低,采用 BPNN 区域映射模型更适合于中止决策研究。针对 12 个指标 60 个教师值样本,见表 10-3,分别有 16 个、22 个、21 个"成功""暂缓"和"失败"类项目,建立 BPNN 区域映射模型,BPNN 网络结构为 12-12-2,设定 3 类项目的模型期望输出分别为(0,1)、(1,0)、(1,1)。事实上,采用的网络结构太大,又没有采用检验样本实时监控训练过程以避免发生过训练,泛化能力难以保证。

表 10-3　60 个样本的指标评价值及建立不同模型的最佳权重比较

原序号*	$x(1)$	$x(2)$	$x(3)$	$x(4)$	$x(5)$	$x(6)$	$x(7)$	$x(8)$	$x(9)$	$x(10)$	$x(11)$	$x(12)$	类别	DCPP
2	4	3.5	0	5	4	5	8	4	7	3.5	2	8	A1	−0.441
22	4	3.5	0	5	4.5	5	8	6	8	3.5	2	8	A1	−0.425
32	4	3.5	0	5	4	5	9	4	7	3.5	2	8	A1	−0.417
52	4	3.5	0	5.5	4.5	6	8	6	8	3.5	2	8	A1	−0.413
15	4	4	0	5.5	4	5	8	4	7	3.5	2	8	A1	−0.397
45	4	4	0	5.5	4	5.5	8	4	7	3.5	2	8	A1	−0.391
8	4	4.5	0	4	4.5	−5	9	4.5	7	4	2	9	A1	−0.386
38	4	4.5	0	4.5	4.5	−5	9	4.5	7	4	2	9	A1	−0.371
3	4.5	4	0	4.5	4	−10	7	3	6	4.5	1	9	A1	−0.369
16	4.5	4	0	4.5	4	−10	7	3	6	4.5	1	9	A1	−0.327
19	4.5	4	0	5	4	−10	7	3	7	4.5	1	9	A1	−0.320
33	4.5	4	0	4.5	4	−10	7.5	3	6	4.5	1	9	A1	−0.295
46	4.5	4	0	4.5	4	−5	7	3	6	4.5	1	9	A1	−0.292
49	4.5	4	0	4.5	4	−10	7	4	7	4.5	1	9	A1	−0.254
7	4.5	4.5	0	5	4	0	8	4	6	4.5	1	8.5	A1	−0.253
37	4.5	4.5	0	5.5	4	0	8	4	6	4.5	1	8.5	A1	−0.210
5	4	2	0	4	3	20	7	3.5	8	3	1	5	A2	−0.140
17	4	2	0	4	4	25	7	3.5	8	4	1	5	A2	−0.113
21	4	2	0	4	3	20	7	3.5	9	4	1	5	A2	−0.096

原序号*	$x(1)$	$x(2)$	$x(3)$	$x(4)$	$x(5)$	$x(6)$	$x(7)$	$x(8)$	$x(9)$	$x(10)$	$x(11)$	$x(12)$	类别	DCPP
35	4	2	0	4	3	25	7	3.5	8	3	1	5	A2	−0.052
47	4	2	0	4	5	30	7	3.5	8	3	1	5	A2	−0.042
51	4	2	0	4	3	20	8	4	9	4	1	5	A2	0.042
50	4	3.5	1	5	3.5	25	7	4	7.5	3.5	1	6	A2	**0.651**
10	4	4	1	4	3.5	25	8	4	8	3.5	1	6	A2	**0.677**
20	4	4	1	5	3.5	25	7	4	8	3.5	1	6	A2	**0.720**
24	4	4	1.5	4.5	3.5	25	8	4	8	3.5	1	6	A2	**0.736**
25	4	4	1	4	3.5	20	7	4	7	3.5	1	6	A2	**0.767**
30	4	4	2	4.5	3.5	30	8	4	7	3.5	1	6	A2	**0.794**
40	4	4	1	4	3.5	25	9	4	8	3.5	1	6	A2	**0.837**
55	4	4	2	4.5	3.5	20	7	4	7	3.5	1	6	A2	**0.971**
60	4	4	3	4.5	3.5	35	8	4	7	3.5	1	6	A2	**0.980**
54	4	4.5	2	4.5	3.5	25	8	4	8	3.5	1	6	A2	**0.987**
6	4.5	3.5	0	4.5	4	30	7	3.5	7	4	1	5.5	A2	**0.994**
18	4.5	3.5	0	4.5	4	25	7	4	7	4	1	5.5	A2	**1.002**
23	4.5	3.5	0	4.5	4.5	30	7	3.5	7	4	1	5.5	A2	**1.006**
36	4.5	3.5	0	4.5	4.5	30	7	3.5	7	4	1	5.5	A2	**1.038**
48	4.5	3.5	0	4.5	4.5	25	6	4	7	4	1	5.5	A2	**1.042**
53	4.5	4.5	0	5	4.5	30	7	3.5	7	4	1	5.5	A2	**1.044**
1	3	2	2	3	2	30	4	4	8	2.5	0	6	A3	**1.278**
9	3	2	1	2.5	3	35	6	4	9	3.5	0	8	A3	**1.306**
13	3	2	1	2.5	3	40	8	4	9	3.5	0	8	A3	**1.307**
26	3	2	2.5	3.5	2	35	4	4	8	2.5	0	6	A3	**1.320**
28	3	2	1	2.5	3	35	6.5	4.5	7	3.5	0	8	A3	**1.320**
31	3	2	2	3	2	35	4	4	8	2.5	0	6	A3	**1.514**
39	3	2	1	2.5	3	40	6	4	9	3.5	0	8	A3	1.562
43	3	2	1	2.5	3	40	7	4	9	3.5	0	8	A3	1.571
56	3	2	3	4.5	2	35	4	4	8	2.5	0	6	A3	1.603
58	3	2	2	2.5	3	35	7	5	7	3.5	0	8	A3	1.615
11	3	2.5	2.5	3	2	30	4	4	8	2.5	0	6	A3	1.689
41	3	2.5	2.5	3	2	30	5	4	8	2.5	0	6	A3	1.691

原序号*	$x(1)$	$x(2)$	$x(3)$	$x(4)$	$x(5)$	$x(6)$	$x(7)$	$x(8)$	$x(9)$	$x(10)$	$x(11)$	$x(12)$	类别	DCPP
4	3.5	2	2	2	2.5	50	5	3.5	8	2	0	8	A3	1.698
12	3.5	2	2.5	2	2.5	45	5	3.5	8	2	0	8	A3	1.705
14	3.5	2	2	4	2.5	55	5	3.5	8	2	0	8	A3	1.712
27	3.5	2	2	2.5	2.5	45	7	3.5	8	2	0	8	A3	1.724
29	3.5	2	2	3	2.5	50	5	3.5	8	2	0	8	A3	1.724
34	3.5	2	2	2	2.5	50	6	3.5	8	2	0	8	A3	1.746
42	3.5	2	2.5	2	2.5	45	6	3.5	8	2	0	8	A3	1.835
44	3.5	2	2	4	2.5	55	6	3.5	8	2	0	8	A3	1.835
57	3.5	2	3	2.5	3	40	7	3.5	8	2	0	8	A3	1.882
59	3.5	2	2	3	2.5	50	5.5	4	8	2	0	8	A3	1.882
$a_Y(j)$	0.362	0.369	−0.325	0.325	0.255	−0.342	0.219	0.019	−0.195	0.270	0.421	0.053		
$a_{YY1}(j)$	0.424	−0.005	−0.001	0.159	0.011	−0.717	0.113	−0.011	0.029	−0.025	0.509	0.077		
$a_{YY2}(j)$	0.571	0	0.133	0.160	0	0	0	0	0.023	0.400	0.686	0		
$a_I(j)$	0.351	0.393	−0.330	0.302	0.271	−0.322	0.229	0.020	−0.216	0.305	0.377	0.101		
$a_M(j)$	0.278	0.282	−0.306	0.238	0.228	−0.411	0.293	0.038	−0.139	0.164	0.543	0.210		

注：* 表示原文献序号，为便于观察，已将相同类别的项目集中排列。指标 $x(1)$~$x(12)$ 分别表示市场前景、市场开拓前期投入强度、已出现相似产品数、与产业政策的吻合度、权威部门或人士的支持、实际投资超预算程度、本单位财务能力、技术路线优势、技术难度系数、技术协作攻关能力、可利用的现有研究成果、项目进展情况总评。下划粗实线___表示最大权重，下划双实线＿表示次大权重。

对指标数据采用越大越好的极差归一化，建立 DCPP 模型⑱，采用 PPA 群智能最优化算法求得全局最优解，得到最佳权重见表 10-3 的 $a_Y(j)$ 行。根据前述确定分界值的原则，得到"成功""暂缓""失败"类项目的修正投影值范围分别为 ＞1.5436、0.3527~1.5436、＜0.3527。60 个教师值样本的投影值见表 10-3，建模样本正确识别率 100%。根据表 10-3 的最佳权重 $a_Y(j)$，已出现相似产品数 $x(3)$、实际投资超预算程度 $x(6)$、技术难度系数 $x(9)$ 3 个指标的最佳权重小于 0。理论上，这 3 个指标确实是取值越大项目越可能失败的逆向指标，说明 DCPP 模型⑱能正确甄别出指标性质。

重新采集到 10 个测试样本（用 S 表示），见表 10-4。把 10 个测试样本的归一化数据代入 DCPP 模型⑱，得到样本投影值。根据前述原理，还可以建立 DCPP 模型⑲、IPP 模型❶、MPPC 模型（$c=0.17$），60 个建模样本的识别正确率都是 100%，求得的最佳权重见表 10-3 的 $a_{YY1}(j)$、$a_{YY2}(j)$、$a_I(j)$、$a_M(j)$，其中权重 $a_{YY2}(j)$ 采用约束条件②。10 个测试样本的判定类别见表 10-4 的 Y、YY1、YY2、IPP、M 列。

根据表 10-4 的结果，对 10 个测试样本，无论是建立哪一种模型，S1、S47、S48、S49、S52、S53、S56 等 7 个样本的判定结果相同；S2、S50 样本，3 个模型的判定结果是"成功"类，2 个模型的判定结果是"暂缓"类；S56 样本，1 个模型的判定结果是"成功"类，4 个模型的判定结果是"暂缓"类。事实上,不同模型判定结果不同的 3 个样本,基本都处于"成功"与"暂缓"类的分界值附近,由于建模原理不同,导致判定结果略有差异。YY1、YY2 和 MPPC 都存在局部过度密集的问题,尤其是采用约束条件②时的 YY2 模型,有 6 个指标的权重等于 0,严重扭曲了评价指标和模型结果之间的关系。

因此,DCPP 模型⑱和 IPP 模型❶的结果更为合理,对上述 3 个样本的判定结果是一致的。

表 10-4　建立不同模型时 10 个测试样本(项目)的中止决策类别判定结果

	$x(1)$	$x(2)$	$x(3)$	$x(4)$	$x(5)$	$x(6)$	$x(7)$	$x(8)$	$x(9)$	$x(10)$	$x(11)$	$x(12)$	O#	DCPP	Y	YY1	YY2	IPP	M
S1*	4.5	4	0	5	4	5	8	4	8	7	1	8	A1	1.869	A1	A1	A1	A1	A1
S2	5	3.5	0	5	5	30	8	4	8	7	0	5	A2	1.619	A1	A2	A1	A1	A2
S47	4.5	3	0	4	3	20	6	3.5	8	3	1	6	A2	0.915	A2	A2	A2	A2	A2
S48	4	3.5	0	4	4	30	7	4	7	4	0	5.5	A2	0.903	A2	A2	A2	A2	A2
S49	4.5	4	0	4	4	15	7	4	4.5	4	0	8.5	A1	1.617	A1	A1	A1	A1	A1
S50	4	3.5	0	4.5	4	10	8	4	7	3.5	2	8	A1	1.498	A1	A1	A1	A1	A1
S52	4	3.5	1	4	3.5	15	6	3.5	8	4	1	6	A2	0.713	A2	A2	A2	A2	A2
S53	4.5	4	0	4.5	4	−10	7	4	6	4.5	1	8	A1	0.711	A1	A1	A1	A1	A1
S55	4	3.5	1	3.5	3.5	15	6	3.5	7	4	1	6	A2	0.888	A2	A2	A2	A2	A2
S56	4	3	0	5	4	9	4	6.5	4	4	0	9	A1	1.348	A2	A2	A2	A2	A2

注:* 表示有关文献的序号;#O 表示专家判定类别。

10.2　建立基于时间序列数据 PPAR 等模型

价格预测(牛羊肉等肉蛋类价格,苹果等水果价格,棉花、奶制品、玉米等农产品价格,电价、原油、钢铁煤炭等原材料价格,以及房地产价格、大宗商品、股指期货、股票、CPI 各类指数等)是当前的研究热点和难点,与人民群众的生活息息相关,也是政府物价管理、监管部门等管控的重点领域。主要有 4 类模型:一是根据时间序列数据进行自回归建模预测,二是根据时间序列数据的影响因素对时间序列数据进行建模预测,三是时间序列自回归与其他模型的组合、耦合模型,四是对时间序列数据进行小波、EEMD 等分解再进行组合建模预测。涉及其他多种算法(方法)等,也涉及很多参数的选取等,比较复杂。

以猪肉价格时间序列数据预测为例,论述建立 PPAR、PPARTR、PPARBP 模型,开展实证研究。

猪肉月度价格及其影响因素数据来自中国畜牧业信息网(http://www.caaa.cn/),时间起自 2000 年 1 月,截至 2020 年 10 月(网站只给出了 2020 年 10 月的数据)。影响猪肉月度价格的因素很多,如仔猪等幼仔成本、玉米等的喂养成本、牛羊肉等替代品价格、消费者需求端情况,以及与非洲猪瘟、餐饮业情况、物流、国际环境等有关的喂养环境。考虑到价格预测模型不能太复杂,以及喂养环境数据很难获得等因素,一般建模时主要考虑前 3 个方面的因素。由于豆粕、小麦麸等数据缺失,主要采集了猪粮比、仔猪、待宰活猪、去骨牛肉、带骨羊肉、鸡蛋、活鸡、商品代蛋用雏鸡、玉米、育肥猪配合饲料、肉鸡配合饲料、蛋鸡配合饲料共 12 个与去皮带骨猪肉(以下简称猪肉)月度价格有关的影响因素数据。

如图 10-1 所示是猪肉月度价格随时间变化(从 2000 年 1 月起开始编号)示意图。采用集合经验模态分解 EEMD 技术,将猪肉价格按周期分解为 7 个分量 imf1～imf7。猪肉月度价格整体呈上升趋势,具有一定的大小周期波动变化的规律性特性,但很难直接判断。而且,在 2019 年 8～10 月间,价格出现明显的飙升,然后又基本稳定在每千克 47～60 元,但这部分样本数量相对比较少,给预测和建模带来较大困难。

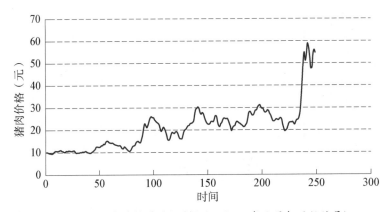

图 10-1　猪肉价格随时间变化(从 2000 年 1 月起开始编号)

猪肉月度价格 $x(i)$ 的波动存在多个小周期和大周期,大周期(低频波动)应该在 36～48 个月(即 3～5 年),大周期对月度价格预测建模来说太长了。所以,对于猪肉月度价格自回归预测建模,一般以中小周期为主,周期在 12 个月以内为宜。分析 12 个自回归延迟项 $x(i-1)$,$x(i-2)$,$\cdots$,$x(i-12)$ 是否与猪肉价格月度时间序列数据 $x(i)$ 显著相关。根据公式(8-20),计算得到延迟 $k=1$、2、3、$\cdots$、12 个月时的自回归相关系数 $R(k)=0.9628$、0.9116、0.8619、0.8215、0.7802、0.7285、0.6708、0.6145、0.5676、0.5238、0.4715、0.4213。再根据公式(8-21),计算得到自回归相关系数存在显著性的上下界基本都是 $[-0.07, 0.06]$。显然,所有 $R(k) \notin [-0.07, 0.06]$,表明 12 个月的自回归延迟项对猪肉月度价格都显著相关。从相关系数 $R(k)$ 的大小可知,延迟月度越小相关性越显著,越是近期价格对本期价格的影响越显著,这符合一般价格波动的规律。

对时间序列数据的平稳性和单位根检验表明,时间序列数据一阶差分是平稳的,服从正态分布规律,原始时间序列数据存在越来越大的整体趋势,表明数据适合于进行时间序列数据建模。分析表明,猪肉月度价格时间序列原始数据不服从正态分布规律,直接应用传统统计模型和 ARIMA 模型进行回归分析建模在原理性上欠合理,但可应用 PPR 技术建模。

(1) 样本数据归一化。考虑到猪肉月度价格的开放性,很难确定其最大值等,对 p 维(本例是 12 个)预测因子 $x(i-1)$，$x(i-2)$，$\cdots$，$x(i-12)$统一采用去均值归一化处理。为了使价格预测结果更直观以及有利于计算相对误差，对(时间序列)因变量数据 $x(i)$ 不作归一化，构建了建模样本数据。对 p 维预测因子数据 $x(i-k)$ 进行一维投影，得到样本一维投影值 $z(i)$(公式 8-22)。

（2）为了验证模型的预测能力和泛化能力，将最后 12 个月的数据作为验证样本。

（3）建立基于样本一维投影值幂指数多项式岭函数的 P-PPAR 模型。

针对上述归一化数据，采用 PPA 群智能最优化算法求得全局最优解。从最简单的模型开始尝试，建立线性岭函数的 P-PPAR 模型，得到最佳权重等，见表 10-5 的 1-1-PPAR。同时，建立第二维基于线性岭函数的 PPAR 模型，最优化结果见表 10-5 的 1-2-PPAR。作为对比，还可以建立第一维和第二维的 2 次多项式岭函数的 PPAR 模型，最优化结果见表 10-5 的 2-1-PPAR 和 2-2-PPAR。

表 10-5　不同 PPAR 模型的最佳权重、多项式系数、目标函数值对比

模型	最佳权重 $a(1)\sim a(12)$	多项式系数 c_0、c_1、c_2	$Q_T(a)$、$Q_V(a)$
1-1-PPAR	-0.273、0.226、0、0、0、0、0、0、0、0、0、0.935	20.984、11.002	253.9、234.3
1-2-PPAR	0.314、-0.845、0.401、0、0、0、0、0、0.1631、0、0	0.008、-3.739	239.3、220.3
2-1-PPAR	-0.339、0.488、-0.200、0、0、0、0、0、0、0、0.779	20.988、13.397、-0.048	246.3、234.9
2-2-PPAR	-0.321、0.687、-0.430、0、0、0、0、0、0.490、0、0	0.276、-1.002、-4.117	225.6、973.9
2-2(1)-PPAR	0.267、-0.761、0、0、0、0、0、0、0.591、0、0	0.010、-1.135	235.7、224.4

注：$Q_T(a)$、$Q_V(a)$分别表示建模样本和验证样本的误差平方和，其值越小模型的泛化能力和预测能力越好。

对于线性岭函数 PPAR 模型，二维模型的预测能力和泛化能力优于一维模型；对于 2 次多项式岭函数的 PPAR 模型，二维模型的数据拟合能力优于一维模型，但 $Q_V(a)$ 值大于一维模型的 $Q_V(a)$ 值，表明二维模型的预测能力和泛化能力劣于一维模型。为此，建立第二维采用线性岭函数的 2-2(1)-PPAR 模型，$Q_V(a)$ 值小于一维模型的 $Q_V(a)$ 值，说明对于本例数据，第二维采用 2 次多项式岭函数的 PPAR 模型发生了过拟合。建立基于 3、4 次多项式岭函数的 PPAR 模型，很明显都会发生过拟合。建立基于可变阶 Hermite 正交多项式岭函数的 PPAR 模型和 PPARBP 模型，取最高阶数为 2、3 阶时就发生了过拟合，故未在表 10-5 中列出有关结果。而阶数为 1 阶时，模型欠拟合，精度很低。

建立基于线性岭函数、2 次多项式岭函数的 PPAR 模型，都有多个预测因子(自变量)的最佳权重等于 0，这些预测因子实际上是无效用的，可以约简预测因子。为此，建立只有前 6 个预测因子 $x(i-1)$，$x(i-2)$，$\cdots$，$x(i-6)$ 的线性和 2 次多项式岭函数 PPAR 模型，发现在第一维线性岭函数的 PPAR 模型中，只有 3 个预测因子的最佳权重不等于 0。第一维 2 次多项式 PPAR 模型中，只有 4 个预测因子的最佳权重不等于 0(限于篇幅，不再一一列出)。

继续比较 3 个预测因子和 4 个预测因子的模型性能。含有 4 个预测因子的 PPAR 模型的数据拟合能力更强,但含有 3 个预测因子 PPAR 模型的泛化能力和预测能力更好。最后,确定建立含有 3 个预测因子 $x(i-1)$、$x(i-2)$、$x(i-3)$ 的 PPAR 模型。

针对含有 3 个预测因子的归一化样本数据,求得全局最优解,分别建立第一维、第二维均是线性岭函数的 PPAR、都是 2 次多项式岭函数的 PPAR,以及第一维是 2 次多项式和第 2 维是线性岭函数的 PPAR 模型、第一维是线性和第二维是 2 次多项式岭函数的 PPAR 模型,得到最佳权重、多项式系数及其目标函数值等结果见表 10-6。

表 10-6 包含 3 个预测因子的不同 PPAR 模型的最优化结果对比

模型	最佳权重 $a(1)\sim a(3)$	多项式系数 c_0、c_1、c_2	$Q_{\mathrm{T}}(a)$、$Q_{\mathrm{V}}(a)$ [#]
1-1-PPAR	0.174、−0.575、0.800	20.973、24.627	<u>131.58、178.32</u>
1-2-PPAR	−0.770、0.597、0.227	0.000 0、0.000 1	131.58、178.32
1-2(2)-PPAR	−0.208、0.775、−0.597	−0.097 7、2.777 1、35.032 8	<u>119.02、289.15</u>
2-1-PPAR	0.176、−0.574、0.800	20.916、24.563、0.868 1	138.84、244.96
2-2-PPAR	0.209、−0.778、0.592	−0.083、−2.607、32.529	120.78、392.86
2-2(1)-PPAR	0.193、−0.790、0.582	0.000 6、−0.080 4	130.83、244.02
1-PPAR	0.173、−0.545、0.820	20.913、21.674	93.591、5.549
PPARTR	−0.177、0.551、−0.816	见公式(10-1)	116.76、2 565.2
PPARTR-2	−0.172、0.551、−0.816	见公式(10-1a)	90.13、5.32

注:模型列的第 1 个数字表示第 1 个岭函数的阶次,1 表示线性,2 表示 2 次多项式等;第 2 个数字表示是第几个岭函数,括号内的数字表示与第 1 个岭函数不同的阶数。

根据表 10-6 的结果,基于第一维是线性、第二维是 2 次多项式岭函数的 PPAR 模型的数据拟合能力最强,$Q_{\mathrm{T}}(a)$ 最小,但可能发生了过拟合;一维线性岭函数 PPAR 模型的泛化能力和预测能力最好,$Q_{\mathrm{V}}(a)$ 最小。从猪肉月度价格预测、预警的实际需求看,无论是政府物价管理、监管部门,还是消费者、猪业从业人员和上下游企业及其从业人员,更关注的是模型的泛化能力和预测能力。因此,对于本例的猪肉月度价格预测问题,最终建立的模型是一维线性岭函数 PPAR(1-1-PPAR)模型,建模样本和验证样本的模型性能指标值见表 10-7。

表 10-7 样本数据截止日期不同时建模样本和验证样本 PPAR 模型性能指标值对比

模型	样本	$RMSE$ [*]	MAE	Max_AE	$MAPE(\%)$	$Max\_RE(\%)$
1-1-PPAR	建模样本	0.750	0.525	3.82	2.63	11.25
	验证样本	3.855	3.076	8.44	5.80	15.70
1-PPAR	建模样本	0.654	0.479	2.408	2.52	9.78
	验证样本	0.680	0.496	1.371	2.11	5.81

模型	样本	$RMSE^*$	MAE	Max_AE	$MAPE(\%)$	$Max\_RE(\%)$
PPARTR	建模样本	0.706	0.492	4.133	2.52	12.17
	验证样本	14.62	13.09	24.18	24.31	42.25
PPARTR-2	建模样本	0.6415	0.467	2.32	2.47	9.93
	验证样本	0.6661	0.504	1.34	2.15	5.67

根据表 10-7 的结果，在猪肉月度价格发生剧烈变化的情况下，验证样本(都是剧烈变化以后的数据)，平均百分比相对误差达到 5.80%，建模效果非常理想。相对误差最大值发生在月度价格突变后，这是可以理解的。一般情况下，价格发生剧烈变化，无论采用什么模型，预测(尤其是作为验证样本)误差相对都会比较大。基于一维 PPAR 模型的建模样本、验证样本的绝对误差(AE)和相对误差(RE)，如图 10-2 所示。

从图 10-2 可以看出，从相对误差看，建模样本和验证样本相差不大；从绝对误差来看，由于验证样本都是价格剧烈变化以后的样本，而且价格也比较高，所以，绝对误差相对比较大。但整体来看，PPAR 模型具有很好的泛化能力和实用价值。无论是 AE 还是 RE，最后 12 个验证样本的误差相对较大(表 10-7 所示的验证样本模型性能指标值比训练样本大 2～5 倍)，主要是由于验证样本的猪肉价格出现剧烈变化造成的。作为对比，取 2000 年 1 月～2019 年 6 月的数据(删除价格飙升的时间段)，同样取最后 12 个为验证样本，建立 1-PPAR模型，得到最佳权重、多项式系数、目标函数值以及模型性能指标值等，见表 10-6、表 10-7。1-PPAR 模型验证样本的模型性能指标值与建模样本基本一样(或者更小)，说明 1-PPAR模型具有很好的泛化能力和实用价值，预测误差很小。为了减小相对误差，还可以采用相对误差平方和最小为目标函数进行建模。

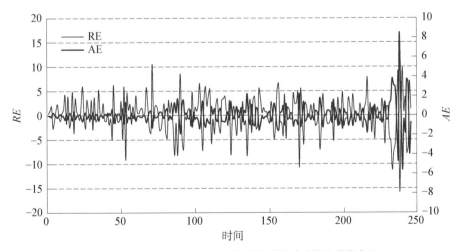

图 10-2 猪肉月度价格 1-PPAR 模型的 AE 和 RE 变化

PPAR 模型已经具有足够高的预测精度和泛化能力，完全能够满足实际需求。虽然PPARBP、H-PPAR 模型的数据拟合能力更强，但建模实践表明，由于验证样本数量较多

（达到 12 个月），很容易发生过拟合，不适用于本例。同理，对本例猪肉月度价格数据建立 PPARTR 模型。针对 12、6、4、3 个预测因子，模型的拟合精度虽然稍有改进，但泛化能力和预测能力明显降低。3 个预测因子，得到公式(8-29)(目标函数为误差平方和最小)的最佳权重，见表 10-6 的 PPARTR，模型为

$$x(i) = \begin{cases} 14.049\,8 - 36.428\,3z(i), & z(i) \leqslant -0.395\,8。 \\ 20.990\,6 - 22.297\,3z(i), & z(i) > -0.395\,8。 \end{cases} \quad (10-1a)$$

建模样本和验证样本的模型性能指标值见表 10-7 的 PPARTR。可见，PPARTR 模型的数据拟合能力略优于基于线性岭函数的一维 1-PPAR 模型，但验证样本的泛化能力和预测能力恰好相反。

验证样本的误差显著大于建模样本。分析样本一维投影值和门限值可知，只有 8 个样本的投影值小于等于门限值 -0.395 8，而所有验证样本的一维投影值都介于 -1.849 1～ -1.072 4，小于建模样本投影值的最小值 -0.766 8。所以，所有验证样本的预测值都是外插得到的，而且 PPARTR 模型的样本数量很少，模型的预测精度较低。这是必然的。

猪肉价格数据截至 2019 年 6 月，求得最佳权重、建模样本和验证样本的误差平方和见表 10-6 的 PPARTR-2，模型为

$$x(i) = \begin{cases} 18.548 - 26.645z(i), & z(i) \leqslant -0.370。 \\ 20.955 - 22.404z(i), & z(i) > -0.370。 \end{cases} \quad (10-1b)$$

建模样本和验证样本的模型性能指标值见表 10-7 的 PPARTR-2，模型的数据拟合能力和预测能力、泛化能力都略优于 1-PPAR 模型，但改进不是很大。为了简便，建议采用 1-PPAR 模型。

10.3 建立基于多维变量时间序列数据 PPAR 和 PPARBP 模型

10.3.1 PPAR 模型

虽然基于时间序列数据的 PPAR 模型已经具有相当高的拟合精度、泛化能力和预测能力，但只能进行价格预测，很难提出控制猪肉价格剧烈变化、平抑猪肉价格快速飙升等，或者为猪业发展，以及上下游企业、产业提供发展策略等，也无法研究猪肉价格的传导机制和效应等。一般需建立猪肉价格与其他诸如猪粮比、幼崽成本(仔猪价格)、待宰活猪价格(生猪价格)、喂养成本(玉米价格、育肥猪配合饲料价格)，以及牛羊肉、鸡蛋等替代品价格之间的多因素预测模型。

对 12 个影响猪肉月度价格因素(统称自变量)与猪肉价格之间的相关性分析表明，所有自变量与猪肉价格之间都显著相关，滞后 1～6 期的猪肉价格与当期价格也显著相关。另外，仔猪价格一般滞后 6 期(个月)，研究同期自变量与猪肉价格的关系没有实际意义，因为这些自变量的当期价格也需要预测。所以，通常的做法是，除仔猪价格滞后 6 期外，其他自变量可假设滞后 1 期(究竟滞后多少期，不同的学者有时会得到不同的结果)，猪肉价格与其他所有自变量滞后 1～6 期数据都显著相关，但滞后期数越多，相关性越低。指标之间的相关性分析

表明,仔猪价格与待宰活猪价格之间高度相关,所有喂养成本(价格)之间高度相关,并且与仔猪价格等也高度相关。猪粮比具有一定的独立性,但与猪肉价格也高度相关。因此,从模型的实用性考虑,以及满足研究价格传导机制的需要,首先建立猪肉月度价格与所有12个指标的PPR模型。

对仔猪价格滞后6期、其他价格滞后1期的12个自变量数据(以下统称预测因子或自变量)采用去均值归一化,对当期猪肉月度价格(因变量)$y(i)$不作归一化。求建模样本的一维投影值,对 p 维预测因子数据 $x(i,j)$ 进行一维投影,得到样本一维投影值:$z(i)=\sum_{j=1}^{p}a(j)x(i,j)$。 为了验证模型的预测能力和泛化能力,将最后12个月的数据作为验证样本。建立基于样本一维投影值幂指数多项式岭函数的PPR模型。

针对上述归一化后的数据,采用GSO群智能最优化算法求得全局最优解。从最简单的PPR模型开始尝试,首先建立线性岭函数的PPR模型,得到最佳权重等见表10-8的1-PPR。建立基于2次多项式岭函数的2-PPR模型,最佳权重等见表10-8的2-PPR。

根据表10-8的最佳权重,建立线性岭函数、2次多项式岭函数的PPR模型,除自变量(指标)$x(3)$权重接近于1外,其他指标的权重都很小,表明待宰活猪价格对猪肉价格有显著的直接影响。删除指标 $x(3)$,重新建立线性岭函数的PPR和2次多项式岭函数的PPR模型,得到最佳权重等见10-8的1-PPR-11、2-PPR-11。除自变量(指标)$x(1)$、$x(9)$的权重接近0.60以上外,其他指标的权重均较小。而且,采用2次多项式岭函数PPR模型的验证样本模型性能指标值劣于线性岭函数的PPR模型,存在发生过拟合的可能。再次删除自变量(指标)$x(1)$、$x(9)$,重新建立基于线性和2次多项式岭函数的PPR模型,得到最佳权重见表10-8的1-PPR-9和2-PPR-9。可见,除自变量 $x(2)$ 权重大于0.65外,其他自变量的权重相对较小。PPR模型的目标函数值显著大于11个指标的模型,而且建模样本的 $MAPE$ 已经大于4.26%,验证样本的 $MAPE$ 更是大于13%。显然,模型的精度已经不能满足实际预测要求了。

从上述逐步删除预测因子,建立含有不同预测因子PPR模型的过程可知,对猪肉月度价格影响最显著的预测因子主要是(重要性逐次降低)待宰活猪价格 $x(3)$、猪粮比 $x(1)$、玉米价格 $x(9)$、仔猪价格 $x(2)$,其他指标的权重相对较小。因此,影响猪肉价格的传导因素和效应,主要可以从上述4个指标着手研究。

表 10-8　含有不同预测因子 PPR 模型结果对比

模型	最佳权重 $a(1)\sim a(12)$	系数 c_0、c_1、c_2	$Q_T(\boldsymbol{a})$、$Q_V(\boldsymbol{a})$ #
1-PPR	0.020、−0.056、<u>0.955</u>、0.195、−0.075、−0.040、0.050、0.072、0.122、−0.113、−0.062、0.007	20.901、9.142	189.66、156.23
2-PPR	−0.024、−0.048、<u>0.961</u>、0.191、−0.068、−0.037、0.039、0.066、0.088、−0.126、−0.049、0.005	21.008、9.738、−0.180	189.22、198.75
1-PPR-11	<u>0.642</u>、0.116、0.157、−0.012、−0.013、0.153、−0.001、<u>0.673</u>、−0.111、−0.245、−0.030	20.820、8.5692	232.07、252.84
2-PPR-11	<u>0.688</u>、0.031、0.148、−0.058、−0.026、0.173、0.030、<u>0.650</u>、−0.072、−0.204、0.015	20.357、8.3245、0.5764	219.68、309.95

模型	最佳权重 $a(1) \sim a(12)$	系数 c_0、c_1、c_2	$Q_T(a)$、$Q_V(a)^{\#}$
1 - PPR - 9	<u>0.656</u>、-0.372、0.219、0.188、0.335、-0.152、0.245、0.092、-0.379	20.653、11.428	423.70、810.91
2 - PPR - 9	<u>0.651</u>、-0.367、0.201、0.189、0.346、-0.154、0.253、0.103、-0.384	20.542、11.327、0.2637	423.04、717.64
PPR - 13	0.015、-0.024、0.968、0.163、-0.055、-0.033、0.058、0.071、0.077、-0.113、-0.007、0.012、-0.060	21.168、9.067	188.0、162.7
PPR - 8	0.003、-0.023、0.983、0.129、<u>0</u>、<u>0</u>、0.075、0.036、-0.088、<u>0</u>、<u>0</u>、-0.043	21.188、9.093	189.8、155.7
PPR - 7	0.049、-0.031、0.939、0.195、<u>0</u>、<u>0</u>、<u>0</u>、0.127、-0.189、<u>0</u>、<u>0</u>、0.158	21.215、8.031	196.7、162.0
<u>PPR - 6</u>	-0.0474、-0.0549、0.9787、0.1305、<u>0</u>、<u>0</u>、<u>0</u>、-0.0482、<u>0</u>、<u>0</u>、<u>0</u>、0.132	21.170、-8.796	201.5、165.0
PPR - 5	-0.105、-0.045、0.633、<u>0</u>、<u>0</u>、<u>0</u>、<u>0</u>、<u>0</u>、-0.044、<u>0</u>、<u>0</u>、<u>0</u>、0.764	21.131、7.982	237.4、198.3
PPR - 2	0.028、0.001、0.992、0.077、<u>0</u>、<u>0</u>、<u>0</u>、<u>0</u>、0.050、<u>0</u>、<u>0</u>、<u>0</u>、0.076	20.990、7.789	118.2、10.69
PPR - D	0.417、-0.064、<u>0</u>、0.247、-0.099、-0.039、0.050、0.050、0.451、-0.201、-0.111、0.025、0.698	21.105、7.553	209.88、194.19
PPR - 6[b]	0.377、-0.059、<u>0</u>、0.191、<u>0</u>、<u>0</u>、<u>0</u>、0.394、-0.292、<u>0</u>、<u>0</u>、0.760	21.147、7.921	214.49、191.39

注:下划双实线 __ 表示最(或者次)大的权重。下划粗实线 <u>0</u> 表示是删除了该自变量后的建模结果。

对于本例猪肉月度价格数据,建立基于线性岭函数的 PPR 模型已能满足精度要求,采用基于 2 次多项式岭函数的 PPR 模型存在发生过拟合的嫌疑,$Q_V(a)$ 值较大。建立 H - PPR 模型,都发生了过拟合。

在满足精度要求的前提下,应该尽可能约简预测因子和模型。结合前述逐次建立 PPAR 模型的结果,如果计及猪肉价格滞后 1~3 期的价格,所有喂养成本、幼崽成本等指标的权重都将非常小而失去意义。因此,实际建模时,只计及猪肉价格滞后 1 期,从而建立基于混合多变量时间序列的 PPR 模型。

对 12 个自变量、滞后 1 期猪肉价格数据(以下统称预测因子或者自变量采用去均值归一化,对当期猪肉月度价格(因变量数据)不作归一化。针对上述归一化数据,采用 GSO 群智能最优化算法求得全局最优解。因为建立 2 次多项式岭函数 PPR 模型时都发生了过拟合,所以,只列出线性岭函数 PPR - 13 模型的结果。在不删除上述喂养成本、幼崽成本等 4 个指标的情况下,每次只删除一个最佳权重最小的(即最不重要)自变量,逐次建立约简模型,最佳权重等结果见表 10 - 8。预测因子从 13 个删减到 8 个时,建模样本的误差平方和几乎不变,验证样本的 MSE 还有所减小;当再删除 $x(5)$(羊肉价格)时,建模样本和验证样本的 MSE 都有所增大(如模型 PPR－7)。如果再删除 $x(10)$(育肥猪配合饲料价格),建模样本和验证样本的 MSE 又都有所增大(如模型 PPR－6),但还在可接受范围内。如果再删除 $x(4)$(牛肉价格),建模样本和验证样本的 MSE 将显著增大(如模型 PPR－5)。所以,最后建立的猪肉月度价格预测 PPR 模型结果见表 10－8 中 PPR－6,建模样本、验证样本的模型性能指标值见表 10－9。PPR－6 模型的泛化能力和预测能力已足够好。

表 10－9　样本数据截止日期不同时 PPR 模型性能指标值对比

模型	样本	$RMSE$	MAE	Max_AE	$MAPE(\%)$	$Max\_RE(\%)$
PPR	建模样本	0.936	0.628	6.32	3.03	15.05
	验证样本	3.873	3.462	7.53	6.62	14.92
PPR－2	建模样本	0.742	0.559	2.640	2.88	12.71
	验证样本	0.986	0.788	2.159	3.40	9.24

注:PPR、PPR－2 模型的样本数据截止日期分别为 2020 年 10 月和 2019 年 6 月。

与 PPAR 模型对应,因为 2019 年 8～10 月间,猪肉价格出现了明显的飙升,而这部分的样本数量相对较少,又多数是验证样本,所以,一定程度上使验证样本的模型性能指标值是建模样本的 2～3 倍。如果数据截止到价格飙升之前的 2019 年 6 月,同样设定验证样本是 12 个,则建立的 PPR－2 模型的性能指标值见表 10－9,得到最佳权重等结果见表 10－8,PPR－2 模型的泛化能力和预测能力都很好,验证样本的模型性能指标值与建模样本几乎相等。

上述实证结果似乎与普遍的认知(或者常识)有一定的差异。通常认为仔猪价格(幼崽成本)、玉米价格(喂养成本)等都是影响猪肉价格的最主要因素,存在高度的相关性,事实确实如此,但又并不完全如此。如图 10－3 所示是猪肉价格与猪粮比、仔猪价格、玉米价格、待宰活猪价格等滞后 1 期以及仔猪价格滞后 6 期的变化关系。猪肉价格与上述各个影响因素的价格走势确实基本一致,但也存在一定差异,其相关程度低于滞后 1 期的猪肉价格。

由于本例的验证样本数据较多(12 个月),H－PPR 模型、PPARBP 模型验证样本误差都很大,有发生过拟合的嫌疑。

同理,建立多变量混合 PPARTR 能提高建模样本的数据拟合精度,但泛化能力和预测能力难以保证。如果猪肉价格数据截至 2019 年 6 月(剔除价格飙升的数据),PPARTR 模型的拟合能力、泛化能力和预测能力均略优于 PPAR 模型。

10.3.2　PPAR 模型、混合多变量 PPR 模型和 MLR 模型结果的比较

含有滞后 1～3 期猪肉价格预测因子的 PPAR 模型,数据拟合精度、泛化能力和预测能力均高于混合多变量 PPAR 模型,这说明对时间序列数据采用诸如 ARIMA、BPNN、PPAR 等进行自回归建模和预测是基本可行的。也再次证实,时间序列数据本身就是各种影响因素综合作用的结果,在波动性、随机性变化的数据中必然包含规律性。

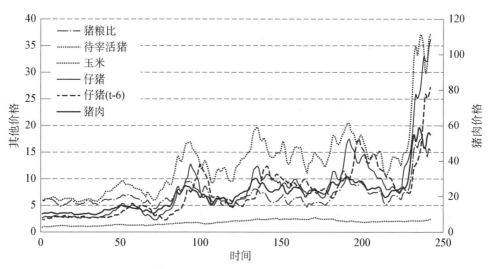

图 10 - 3　猪肉价格与猪粮比、仔猪价格等滞后 1 期、仔猪价格滞后 6 期变化关系

但与 ARIMA、BPNN 等模型相比,PPAR 模型具有模型结构更简洁、数学意义更清晰等特点。而且,根据 PPAR 模型最佳权重大小,可以判定滞后各期猪肉价格的波动和变化对当期价格的影响程度。如对于本例数据,滞后 1 期价格的最佳权重最大,为 0.800,影响最显著;其次是滞后 2 期,最佳权重为 −0.575,说明滞后前 2 期的猪肉价格具有反向调和作用,也表明猪肉价格不会一直处于上涨态势;滞后 3 期价格的最佳权重仅为 0.174,影响程度显著低于前 2 期。如果建立 ARIMA、BPNN 模型等,则无法得出类似的结论。

与 PPAR 模型相比,混合多变量 PPAR 模型的数据拟合精度虽然稍微有所降低,但泛化能力和预测能力则稍有改进,这是非常有意义的。而且,根据多变量的最佳权重大小,可以分析影响猪肉价格的传导机制和效应,从而判断影响猪肉价格波动和变化趋势的主要因素及其规律,提出更有针对性的平抑猪肉价格波动或者飙升的有效措施等。

从混合多变量 PPAR 模型的最佳权重可以看出,待宰活猪价格对猪肉月度价格影响最大,其次是牛肉(替代品)价格,然后是滞后 1 期的猪肉价格,仔猪价格和猪粮比的影响相对较小。如果删除待宰活猪价格指标,混合多变量 PPAR - D 模型建模样本的 MSE 等于 209.88,大于包含该指标模型的 MSE 值(188.0)。此时,除滞后 1 期价格外,玉米价格和猪粮比对猪肉价格影响最大,然后是牛肉(替代品)价格和育肥配合饲料价格,等等。如果再删除 6 个指标 $x(5) \sim x(8)$、$x(11)$、$x(12)$,建立混合多变量 PPAR 模型(见表 10 - 8 的 PPR - 6^b),其 SSE 等于 214.49,与包含这些指标的模型的 MSE 基本相当(209.88)。再次说明这 6 个指标的作用很小,为简化模型,应该删除。

对于本例数据,虽然绝大多数指标的数据都不服从正态分布规律,以及可靠性等难以得到保证,但也可以建立多变量线性回归(MLR)模型。包含所有自变量(除仔猪价格滞后 6 期外都滞后 1 期)的 MLR 模型如下

$$
\begin{aligned}
y(i+1) = &21.166 + 0.161x(1, i) - 0.246x(2, i) + 8.316x(3, i) + 1.412x(4, i) \\
&- 0.442x(5, i) - 0.292x(6, i) + 0.510x(7, i) + 0.606x(8, i) \\
&+ 0.711x(9, i) - 0.911x(10, i) - 0.119x(11, i) + 0.031x(12, i).
\end{aligned}
$$

$$(10 - 2a)$$

建模样本的 MSE 等于 334.97,相关系数 $R = 0.993$,MLR 是显著的,但 $x(1)$、$x(5)$、$x(6)$、$x(11) \sim x(12)$ 等绝大多数自变量都是非显著变量。采用逐步回归法,得到显著水平大于 0.10 的 MLR 猪肉价格预测方程,即

$$y(i+1) = 1.435 - 0.020x(2, i) + 1.413x(3, i) + 0.049x(4, i) \quad (10-2b)$$
$$+ 0.238x(7, i) - 1.403x(10, i)。$$

模型(10-2b)建模样本的 MSE 等于 342.22,相关系数 $R = 0.993$,MLR 是显著的。显著自变量与 PPR 模型的结果略有不同。 当然,也可以建立混合多变量时间序列的 MLR。由于自变量数据不服从正态分布规律,从建模原理讲,MLR 模型的有效性和可靠性难以保证。

10.4 基于实验优化设计数据建立 PPR 模型

PPR 模型的主要应用领域之一就是实验设计数据的建模和最优化。现有主要采用基于 SMART 算法的 PPR 模型,后期应用不够便捷。对二次理论曲面(响应面)的正交实验模拟数据建立了可变阶 Hermite 正交多项式 H-PPR 模型,取得了较好的效果。事实上,建立 2 次响应面模型的最主要目的是为了求得因变量具有极大(小)值的最优设计方案,而不仅仅是对样本数据有足够高的拟合精度。建立 H-PPR 模型,虽然拟合精度高,但很可能发生过拟合。在实验优化设计中,建立基于样本一维投影值 2 次多项式岭函数的 P-PPR 模型,可获得比响应面(RSM)和 BPNN 模型更好的拟合效果和泛化能力。

10.4.1 实证研究案例一

根据 4 个自变量(因素或者评价指标)3 水平的正交实验和 BBD 实验设计方案,分别得到 9 组和 29 组实验数据,见表 10-10。

表 10-10 BBD 实验和正交实验方案、实验结果及 RSM、PPR 建模结果对比

	序号	$x(1)$	$x(2)$	$x(3)$	$x(4)$	实验值	RSM	PPR-1	PPR-2	PPR-3	PPR-4	T-PPR	E_A	E_R
BBD 实验	1	3 200	58	12	−11	39.6	41.18	39.58	−1.77	0.92	1.43	40.16	−0.56	−1.41
	2	3 200	43.5	10	−11	28.5	28.40	25.69	1.29	−0.30	1.12	27.80	0.70	2.44
	3	3 200	72.5	10	−11	54.0	50.05	55.03	−5.07	1.01	−0.85	50.13	3.87	7.17
	4	3 200	58	8	−11	43.2	44.88	42.92	2.22	−0.06	−0.81	44.28	−1.08	−2.49
	5	3 200	58	10	−12	39.0	42.17	39.32	2.06	0.84	0.38	42.60	−3.60	−9.23
	6	3 200	58	10	−10	39.0	40.72	43.18	0.90	−3.58	−0.83	39.67	−0.67	−1.72
	7	3 600	43.5	12	−11	34.2	34.98	30.48	1.91	1.16	1.55	35.11	−0.91	−2.65
	8	3 600	58	10	−11	51.0	48.91	47.12	2.32	1.17	−0.85	49.75	1.25	2.44
	9	3 600	58	10	−11	52.5	48.91	47.12	2.32	1.17	−0.85	49.75	2.75	5.23
	10	3 600	72.5	8	−11	63.6	66.33	61.52	1.76	1.15	2.02	66.45	−2.85	−4.49

基
于
群
智
能
最
优
化
算
法
的
投
影
寻
踪
理
论

280

	序号	$x(1)$	$x(2)$	$x(3)$	$x(4)$	实验值	RSM	PPR-1	PPR-2	PPR-3	PPR-4	T-PPR	E_A	E_R
BBD实验	11	3 600	43.5	8	−11	28.8	27.58	34.07	−6.56	0.68	−0.83	27.36	1.44	4.99
	12	3 600	72.5	10	−12	55.5	55.44	58.54	−0.18	−2.07	−0.72	55.57	−0.07	−0.13
	13	3 600	43.5	10	−10	33.0	31.59	34.34	0.16	−1.96	−0.81	31.72	1.28	3.87
	14	3 600	58	12	−10	46.8	47.37	47.37	−0.13	0.05	−0.75	46.54	0.26	0.56
	15	3 600	58	8	−10	50.4	51.07	50.49	1.72	−1.60	1.11	51.72	−1.32	−2.61
	16	3 600	58	8	−12	46.8	47.27	46.88	0.21	−0.02	−0.64	46.44	0.36	0.78
	17	3 600	58	10	−11	49.5	48.91	47.12	2.32	1.17	−0.85	49.75	−0.25	−0.51
	18	3 600	72.5	12	−11	46.8	51.53	58.76	−7.23	0.64	−0.86	51.31	−4.51	−9.64
	19	3 600	58	10	−11	52.5	48.91	47.12	2.32	1.17	−0.85	49.75	2.75	5.23
	20	3 600	43.5	10	−12	28.5	27.79	30.20	−2.30	0.20	0.47	28.58	−0.08	−0.29
	21	3 600	58	10	−11	46.5	48.91	47.12	2.32	1.17	−0.85	49.75	−3.25	−7.00
	22	3 600	72.5	10	−10	61.5	59.24	61.73	−2.78	0.26	0.83	60.03	1.47	2.39
	23	3 600	58	12	−12	48.6	43.57	43.65	1.53	−1.70	0.73	44.22	4.38	9.02
	24	4 000	58	10	−10	57.0	57.72	54.40	2.16	0.87	0.72	58.15	−1.15	−2.02
	25	4 000	58	8	−11	57.6	56.63	54.17	−1.34	0.89	1.89	55.61	1.99	3.46
	26	4 000	58	12	−11	52.2	52.93	51.17	2.14	−0.12	−0.85	52.33	−0.13	−0.24
	27	4 000	72.5	10	−11	69.0	67.80	64.97	1.06	−0.37	1.55	67.20	1.80	2.60
	28	4 000	58	10	−12	46.5	48.67	50.93	1.15	−3.71	−0.75	47.62	−1.12	−2.41
	29	4 000	43.5	10	−11	31.5	34.15	38.58	−4.48	0.99	−0.86	34.23	−2.73	−8.68
正交实验	1	3 200	43.5	8	−10	27.6	23.53	29.68	−1.08	−7.18	−0.85	20.56	7.04	25.51
	2	3 200	58	10	−11	49.5	42.36	41.26	1.59	0.52	−0.44	42.94	6.56	13.25
	3	3 200	72.5	12	−12	57.6	42.93	51.82	−10.28	−0.48	0.63	41.70	15.90	27.61
	4	3 500*	72.5	10	−10	66.0	60.39	60.50	−3.73	−0.17	0.39	57.00	9.00	13.64
	5	3 500	58	8	−12	44.4	48.20	45.44	0.75	0.39	−0.77	45.80	−1.40	−3.16
	6	3 500	43.5	12	−11	36.0	34.54	28.84	2.13	1.08	2.15	34.19	1.81	5.02
	7	4 000	43.5	10	−12	42.0	29.20	36.60	−6.36	−2.07	−0.67	27.49	14.51	34.54
	8	4 000	58	12	−10	55.8	56.81	52.91	1.73	1.11	−0.70	55.05	0.75	1.35
	9	4 000	72.5	8	−11	68.4	74.78	66.25	2.32	0.29	4.99	73.84	−5.44	−7.96
最佳方案	R1	4 000	72.5	8	−10	/	79.20	67.71	2.23	0.98	7.46	78.37	/	/
	R2	3 600	72.5	8.5	−11.7	53.55	69.60	60.07	1.67	−0.18	0.48	62.04	7.36	10.60
	NN1	3 720	72.5	9.6	−10	61.74	59.89	63.44	−0.87	0.58	1.99	65.14	−5.25	−8.76
	P1	4 000	72.5	8	−10	/	79.20	67.71	2.23	0.98	7.45	78.37	/	/

注:有关文献正交实验 4、5、6 的 $x(1)$ 值为 3 500,参照 BBD 方案应该是 3 600。

根据 BBD 实验数据建立 RSM 模型。考虑到 38 组数据不能满足建立 BPNN 模型的数量要求，又随机生成 20 组实验方案，进行补充实验，得到 20 组实验数据。有学者在 38 组数据中随机抽取 75％的训练样本(29 组)，其余 25％为测试样本，没有检验样本，建立了网络结构为 4-4-3-1 的 BPNN 模型，并根据建立的 RSM 和 BPNN 模型，求得最优化实验方案，又进行验证补充实验。结果表明，BPNN 模型的误差更小，结果更可靠和有效。

模型的网络连接权重个数为 $5×4+5×3+4×1=39$ 个，大于训练样本个数(29)，不符合建立 BPNN 模型的基本原则和条件，训练时必定会发生过训练，泛化能力难以保证。

1. 建立 RSM 模型

针对 29 组 BBD 实验结果，求得完全相同的 RSM 方程，即

$$y = -350.0824 + 0.0569x_1 + 2.9825x_2 + 10.175x_3 - 21.725x_4 + 5.1724×10^{-4}x_1x_2$$
$$+ 6.5625×10^{-3}x_1x_4 - 0.0170x_2^2 - 0.1914x_2x_3。$$

$$(10-3)$$

根据 RSM 模型求得正交实验和 BBD 实验方案的预测值，见表 10-10。对于 29 组 BBD 实验数据，模型性能指标值 MAE、$RMSE$、Max_AE、$MAPE$、Max_RE、相关系数分别为 2.001、2.413、4.395、4.32％、10.49％、0.9479，对于 9 组正交实验数据，模型性能值分别为 6.325、7.719、13.04、16.73％、30.47％。可见正交实验数据(相当于测试样本)的模型性能指标值要大 2～3 倍。再把 20 个补充实验的自变量数据代入上述 RSM 模型，得到模型输出值，并求得模型性能指标值分别为 8.632、10.803、22.22、19.67％、49.83％，模型性能指标值比正交实验的模型性能指标值更大。可以基本确定，补充实验、正交实验可能存在较大误差，或者实验条件发生了改变，实验结果不具有一致性。

2. 建立基于样本一维投影值的 2 次多项式岭函数 P-PPR 模型

对 BBD 实验和正交实验的自变量(因素)$x(1)$～$x(4)$数据采用去均值归一化，对因变量不作归一化。为便于与 RSM 模型对比，将 BBD 实验数据作为建模样本，正交实验数据作为验证(测试)样本。理论上，采用样本一维投影值线性岭函数和 3 次多项式岭函数 PPR 模型，一般无法求得自变量范围内的因变量极大(小)值；采用 2 次多项式岭函数 PPR 模型，可以求得自变量范围内因变量取得极大值的最优设计方案。

针对上述归一化建模样本数据，采用 PPA 群智能最优化算法求得全局最优解，建立基于 2 次多项式岭函数的 P-PPR 模型，得到最佳权重、多项式系数、目标函数值等，见表 10-11。第一维 P-PPR 模型的样本预测值，见表 10-10 的 PPR-1，验证样本的预测值也列于表 10-10 中。可见，绝对误差最大值 Max_AE 为 11.96，相对误差最大值 Max_RE 为 25.56％，显然不能满足精度要求。将第一维岭函数 P-PPR 模型的绝对误差替代原试验值(因变量值)，建立第二维岭函数 PPR-2 模型，得到最佳权重等见表 10-11，样本预测值见表 10-10 的 PPR-2 列，Max_AE 等于 5.58，Max_RE 为 13.02％，仍然不能满足精度要求。再建立第三、四、五维 2 次多项式岭函数的 P-PPR 模型，目标函数值下降已很慢。得到最佳权重等见表 10-11，样本预测值见表 10-10 的 PPR-3、PPR-4。所以，建立由 4 个 2 次多项式岭函数构成的 T-PPR 模型，样本预测值见表 10-10 的 T-PPR，绝对误差 E_A 和相对误差 E_R 见表 10-10。29 组 BBD 实验数据的模型性能指标值 MAE、$RMSE$、Max_AE、$MAPE$、Max_RE 分别为 1.68、2.13、4.51、3.64、9.64，9 组正交实验数据的模型性能指

标值分别为 6.94、8.64、15.90、14.67、35.54。RSM 模型和 T – PPR 模型的模型性能指标值对比见表 10 – 12。

表 10 – 11 各维岭函数的最佳权重、多项式系数、目标函数值等

模型	最佳权重 $a(1) \sim a(4)$	多项式系数 c_0、c_1、c_2、c_3	$Q(a, c)$
PPR – 1	0.374 3、0.913 6、−0.104 1、0.120 0	47.123 7、9.983 5、−0.463 9	15.134 8
PPR – 2	−0.337 1、0.788 3、0.494 4、0.143 2	2.316 8、−0.171 1、−2.399 5	7.502 8
PPR – 3	− 0.487 3、− 0.243 2、− 0.180 3、0.819 1	1.166 6、0.032 3、−1.208 3	5.573 7
PPR – 4	0.501 4、0.529 2、−0.602 7、0.324 6	−0.853 2、0.135 5、0.883 7	4.524 7
PPR – 5	0.631 0、−0.189 7、0.601 7、0.451 5	0.454 1、−0.000 7、−0.470 3	4.232 5
3 – PPR – 1	0.374 1、0.913 7、−0.103 8、0.119 7	47.125 0、10.044 0、− 0.465 2、−0.025 9	15.134 0

表 10 – 12 BBD 实验数据和正交实验数据不同模型的性能指标值对比

模型	BBD 实验数据					正交实验数据				
	MAE	$RMSE$	Max_AE	$MAPE$	Max_RE	MAE	$RMSE$	Max_AE	$MAPE$	Max_RE
RSM	2.00	2.41	4.40	4.32	10.49	6.33	7.72	13.04	16.73	30.47
T – PPR	1.68	2.13	4.51	3.64	9.64	6.94	8.64	15.90	14.67	35.54
1 – PPR	2.89	3.92	11.85	6.72	25.32	6.52	8.12	17.90	14.23	44.20

可见,由四维 2 次多项式岭函数构成的 T – PPR 模型比 RSM 模型对 BBD 实验数据(建模样本数据)的拟合能力更强。

无论是 RSM 模型,还是 T – PPR 模型,正交实验(验证样本)数据的模型性能指标值是建模样本数据性能指标值的 2~3 倍,再次证实正交实验的条件与 BBD 实验条件不同,或者实验结果出现了较大偏差。

根据表 10 – 11 的最佳权重,在 4 个自变量(因素)中,指标 $x(2)$ 最重要(第一维、第二维的最佳权重最大),其次是 $x(4)$,$x(1)$ 和 $x(3)$ 的影响比较小,也基本相当。

建立了基于线性岭函数的 PPR 模型,由 2 个线性岭函数构成的 P – PPR 的模型性能指标值,见表 10 – 12 的 1 – PPR,明显大于 RSM 模型和 2 次多项式 T – PPR 模型。建立 3 次多项式岭函数 PPR 模型,第一维 PPR 模型的最佳权重、多项式系数、目标函数值等,见表 10 – 11 的 3 – PPR – 1。可见,3 次项的系数很小,所以最佳权重、目标函数值等与基于 2 次多项式岭函数 PPR 模型的结果几乎相等。再建立第二维、第三维 3 次多项式岭函数的 PPR 模型,对建模样本的拟合效果略优于 2 次多项式岭函数的模型。但对验证样本却正好相反,泛化能力下降,表明发生了过拟合。

3. 求解最优实验设计方案

根据 RSM 模型、BPNN 模型求得的最优实验方案见表 10 – 10 的 R2 和 NN1;求得全局最优解时,求得 RSM 模型和 T – PPR 模型的最优实验方案见表 10 – 11 的 R1 和 P1。

求得全局最优解时,根据 RSM 模型和 4 个 2 次多项式岭函数构成的 T‑PPR 模型的最优实验方案是相同的,模型预测值也最大。RSM 模型预测值为 79.20,T‑PPR 模型预测值为 78.37。有学者根据 RSM 模型求得的极大值为 69.40,不是真正的极大值;根据 BPNN 模型得到的最优实验方案的预测值仅为 59.89,明显低于 BBD 实验 27 的实验值 69.0。针对实验方案 NN1,RSM 模型、T‑PPR 模型的预测值分别为 64.17 和 65.14;针对实验方案 R2,RSM 模型和 T‑PPR 模型的预测值分别为 62.37 和 62.04。RSM 模型和 T‑PPR 模型的预测值比较接近,说明两个模型具有较好的一致性。

求得全局最优解时,RSM 模型和 T‑PPR 模型的最优实验方案相同,但两个模型的预测值有一定差异,都显著大于最优实验结果。建模发现,最优实验方案是边界值,说明 BBD、正交实验设计方案设定的上下边界值欠合理,$x(1)$、$x(2)$ 和 $x(4)$ 的上界值应该更大,$x(3)$ 的下界值应该更小。

4. 建立 H‑PPR、PPBP 模型

针对上述建模样本数据,建立 H‑PPR 模型取最高阶数为 4 阶,求得全局最优解,建模样本的模型性能指标值 RMSE、MAE、Max_AE、MAPE、Max_RE 分别为 5.67、6.65、13.85、13.36、37.91,验证样本的 MAE、RMSE 超过 646、747,显然已经发生过拟合,建模样本的拟合精度还明显低于第一维 2 次多项式岭函数 PPR 模型的精度。因此,不能建立合理的 H‑PPR 模型。实证研究也表明,不能建立合理的 PPBP 模型。

5. 建立 BPNN 模型

9 组测试样本作为检验样本,将表 10‑10 的 3 组最优化方案作为测试样本。随机选取 BBD 实验中序号为 4、10、13、20、21、24、25,以及正交实验中序号为 4 和 8 的样本为检验样本。采用 STATISTICA Neural Networks 软件进行训练,网络结构为 4‑4‑3‑1,几乎每次训练都发生过训练,图 10‑4 是某次训练中训练样本误差和检验样本误差(因变量已归一化)随训练迭代次数增加而变化的示意图。可见,训练迭代次数(横坐标)超过 50 次以后,检验样本误差就出现了增大趋势,发生了过训练。迭代训练 300 次时,模型性能指标值 RMSE、MAE、Max_AE、MAPE、Max_RE 分别为 1.737、1.071、5.785、2.21、12.36%,检验样本的模型性能指标值分别为 6.643、5.469、14.113、12.84、49.52%,是训练样本的 3~4 倍,表明泛化能力和预测能力较差。当然,每次建立的 BPNN 模型都不同,通常相差很大。如果重新随机选取 75% 的训练样本,相差更大。所以,建立 BPNN 模型的稳健性、可靠性、可重复性较差。即使网络结构为 4‑2‑1,网络连接权重个数少于训练样本个数,也很容易发生过训练。

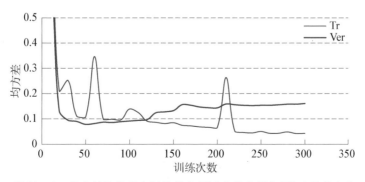

图 10‑4 某次训练过程中训练样本(Tr)和检验样本(Ver)误差变化

经常会出现第一批实验数量不够或者变量参数范围设计欠合理等情况,需要做补充实验。如本例,既安排 BBD 实验、正交实验,又补充实验,以及验证实验。建立 T - PPR 模型后,根据后续实验的均方根误差、$MAPE$、MAE 等模型性能指标值,可以判断实验条件是否已经发生了改变等,以及判定后续实验的有效性等。

10.4.2　实证研究案例二

实验数据见表 10 - 13,3 个自变量 17 组数据,样本数据较少,全部是建模样本。

1. 建立 RSM 模型

有学者求得 RSM 方程(各个自变量的最小值、中值和最大值分别为 −1、0、1)为

$$y = 94.28 + 0.75x_1 + 0.56x_2 - 0.62x_3 + 1.5x_1x_2 - 1.05x_1x_3 - 0.68x_2x_3$$
$$- 1.84x_1^2 - 4.91x_2^2 - 0.74x_3^2 。$$

$$(10 - 4)$$

采用 DPS 软件求得的 RSM 方程为

$$y = 94.7797 + 0.7488x_1 + 0.8847x_2 - 0.6188x_3 + 1.4950x_1x_2 - 1.0475x_1x_3$$
$$- 0.6850x_2x_3 - 2.2484x_1^2 - 4.6716x_2^2 - 1.1534x_3^2 。$$

$$(10 - 5)$$

两个 RSM 方程存在较大差异,得到的最优实验方案也不同,见表 10 - 13 的 R1、R2。

表 10 - 13　某实验的自变量值、实验结果及不同模型的结果对比

序号	x_1	x_2	x_3	实验值	PPR - 1	PPR - 2	PPR - 3	T - PPR	E_A	E_R
1	25	240	80	91.56	93.126	−0.609	−1.566	90.952	0.608	0.66%
2	55	270	70	89.9	90.907	−0.627	0.454	90.733	−0.680	−0.76%
3	40	210	60	87.86	87.347	0.652	0.228	88.227	0.085	0.10%
4	25	240	60	90.23	93.202	−3.252	0.419	90.369	0.245	0.27%
5	25	270	70	85.53	87.839	−1.478	0.299	86.660	−0.833	−0.97%
6	40	270	80	93.59	89.533	1.136	0.382	91.051	2.814	3.01%
7	40	210	80	87.52	88.238	1.154	−1.094	88.298	−1.789	−2.04%
8	25	210	70	88.16	89.502	−2.101	0.487	87.887	0.873	0.99%
9	40	240	70	93.68	93.170	1.102	0.471	94.743	−0.532	−0.57%
10	55	240	80	91.08	92.953	−1.501	−1.145	90.307	−0.336	−0.37%
11	40	240	70	94.74	93.170	1.102	0.471	94.743	0.528	0.56%
12	40	240	70	94.76	93.170	1.102	0.471	94.743	0.548	0.58%
13	40	270	80	88.03	89.156	1.099	−1.623	88.632	−2.135	−2.43%

序号	x_1	x_2	x_3	实验值	PPR-1	PPR-2	PPR-3	T-PPR	E_A	E_R
14	40	240	70	94.64	93.170	1.102	0.471	94.743	0.428	0.45%
15	55	210	70	86.55	85.782	−0.175	0.586	86.193	1.146	1.32%
16	55	240	60	93.94	92.722	0.418	0.253	93.393	0.589	0.63%
17	40	270	60	91.11	89.891	0.877	0.437	91.206	−0.061	−0.07%
$R1$	48.1	246.04	61.11	94.82	93.201	1.043	0.428	94.671	−1.600	−1.72%
$NN1$	51.0	235.36	66.11	95.48	92.467	0.686	0.653	93.807	1.796	1.89%
$R2$	45.08	245.51	65.23	95.14	93.211	1.147	0.651	95.010	0.704	0.74%
$P1$	43.91	244.94	65.70	/	93.212	1.157	0.654	95.02	/	/

2. 建立 PPR 模型

将上述 3 个自变量数据采用去均值归一化,因变量不作归一化,建立 2 次多项式岭函数的 P-PPR 模型,采用 PPA 群智能最优化算法,求得全局最优解,得到最佳权重、多项式系数等,见表 10-14(预测值见表 10-13)。因为不能满足精度要求,再建立第 2 维、第 3 维 2 次多项式岭函数 P-PPR 模型,得到最佳权重等见表 10-14,预测值见表 10-13。得到由 3 个 2 次多项式岭函数构成的 T-PPR 模型,预测值以及绝对误差 E_A、相对误差 E_R 等见表 10-13。模型性能指标值 $RMSE$、MAE、Max_AE、$MAPE$、Max_RE 分别为 1.107 7、0.837 1、2.814 1、0.93%、3.01%,模型的拟合精度非常高。根据 T-PPR 模型,采用 PPA 最优化算法,求得最优化实验方案见表 10-13 的 P1。模型预测值为 95.02,大于所有实测值。

表 10-14 各维岭函数 P-PPR 模型的最佳权重、多项式系数、目标函数值等

模型	最佳权重 $a(1)\sim a(3)$	多项式系数 c_0、c_1、c_2	$Q(a,C)$
P-PPR-1	0.175 3、−0.983 6、−0.042 0	93.205 3、−0.255 3、−2.600 6	3.083 6
P-PPR-2	0.965 8、0.062 7、0.251 6	1.104 6、0.496 8、−1.173 6	1.302 2
P-PPR-3	−0.074 6、0.099 4、0.992 2	0.465 9、−0.610 4、−0.495 0	0.714 9
3-PPR-1	0.177 3、−0.982 2、−0.062 2	93.297 0、−1.516 0、−2.761 0、0.694 0	2.972 2
3-PPR-2	0.593 1、0.613 2、0.521 8	0.676 9、6.583 1、−1.008 3、−2.618 5	1.204 3
3-PPR-3	0.940 5、−0.322 8、0.106 2	0.666 6、0.923 5、−0.696 5、−0.165 6	0.369 1

建立第一维 3 次多项式岭函数 P-PPR 模型,得到最佳权重等见表 10-14 的 3-PPR-1,模型性能指标值 $RMSE$、MAE、Max_AE、$MAPE$、Max_RE 分别为 1.724 0、1.446 9、3.952 8、1.58%、4.22%,优于 2 次多项式岭函数的模型 3-PPR-1。继续建立第二维、第三维 3 次多项式岭函数 P-PPR 模型 3-PPR-2、3-PPR-3,得到最佳权重等见表 10-14。由 3 个 3 次多项式岭函数构成的 P-PPR 模型的性能指标值 $RMSE$、MAE、$Max\_$

AE、*MAPE*、*Max_RE* 分别为 0.6075、0.4767、1.3872、0.53%、1.59%,表明模型的拟合精度非常高。求得最优实验方案的 3 个自变量值分别为 50.05、250.64、73.46,其中两个是边界值,因变量值达到了 98.39,明显大于所有实验结果。但这个最优方案可能是不可靠的,因为建立 3 次多项式岭函数的 PPR 模型,可能发生了过拟合。

3. 建立 BPNN 模型

针对上述实验数据建立网络结构为 3－4－1 的 BPNN 模型,网络连接权重个数为 $4 \times 4 + 5 = 21$,多于样本数量,不符合建立 BPNN 模型的基本原则和条件,训练过程必然会发生过训练,泛化能力难以保证。将上述 17 个样本全部设定为训练样本,上述 4 个最优实验方案作为检验样本,采用 STATISTICA Neural Networks 软件训练,图 10－5 是某次训练过程中训练样本(Tr)和检验样本(Ver)误差的变化。可见,迭代次数大于 50 次时就发生了过训练,模型没有泛化能力。即使网络结构为 3－2－1,网络连接权重个数为 11 个,少于训练样本数,训练过程中也很容易发生过训练。

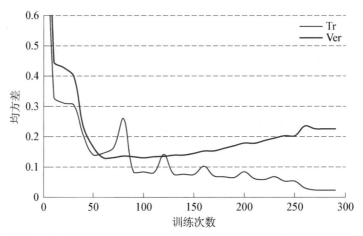

图 10－5　某次训练过程中训练样本(Tr)和检验样本(Ver)误差变化

由于 BBD 设计、均匀设计、正交试验设计等的样本数量较少,采用 BPNN 建模,即使很紧凑的网络结构(隐层只有 2、3 个节点),勉强符合建立 BPNN 模型的条件,选取不同的训练样本不同,模型结果差异很大。所以,随机选取训练样本方法是不可取的,必须说明究竟哪些是训练样本,哪些是检验样本、测试样本;而且,训练过程中很容易就发生过训练。

10.4.3　实证研究案例三

回归拟合中的"鸡和蛋"难题很容易说明变量的筛选方法和过程,揭示回归方程模型对变量的强烈依赖性。

实验数据见表 10－15,其中因变量 y 为水泥凝固时放出的总热量(cal/g, 1 cal = 4.184 J),与之相关的 4 种化学成分分别用 $x_1 \sim x_4$ 表示。x_1 为 $3CaO \cdot Al_2O_3$ 的成分(%),平均含量 7%,变幅达到 21 倍;x_2 为 $3CaO \cdot SiO_2$ 的成分(%),平均含量 48%,变幅为 2.7 倍,含量与 x_4 近似成反比,在 0.01 水平上显著负相关,相关系数为 -0.973;x_3 为 $4CaO \cdot Al_2O_3 \cdot Fe_2O_3$ 的成分(%),平均含量 12%,变幅 5.7 倍,含量与 x_1 近似成反比,在 0.01 水平上显著负相关,相关系数为 -0.824;x_4 为 $2CaO \cdot SiO_2$ 的成分(%),平均含量 30%,变幅为

10 倍。

表 10‑15　水泥凝固放热试验数据及变异系数等数据特性

序号等	x_1	x_2	x_3	x_4	实验值 y	T‑PPR	E_a	$E_R(\%)$
1	7	26	6	60	78.5	78.50	0	0
2	1	29	15	52	74.3	74.30	0	0
3	11	56	8	20	104.3	104.30	0	0
4	11	31	8	47	87.6	87.48	0.121	0.14
5	7	52	6	33	95.9	95.90	0	0
6	11	55	9	22	109.2	106.78	2.422	2.22
7	3	71	17	6	102.7	101.95	0.750	0.73
8	1	31	22	44	72.5	72.50	0	0
9	2	54	18	22	93.1	93.43	−0.330	−0.35
10	21	47	4	26	115.9	116.16	−0.261	−0.23
11	1	40	23	34	83.8	83.61	0.191	0.23
12	11	66	9	12	113.3	113.30	0	0
13	10	68	8	12	109.4	109.78	−0.376	−0.34
变异系数	0.788	0.323	0.544	0.558	0.158			
偏度 S	0.781	−0.054	0.693	0.374	−0.221			
峰度 K	0.769	−1.365	−0.994	−0.894	−1.396			
相关系数	0.731**	0.816**	−0.535	−0.821**	/			

注：** 表示在 0.01 水平上显著相关，x_3 与 y 在 0.1 水平上相关性不显著。

1. 采用逐步线性回归方法出现"鸡和蛋"的难题

应用 SPSS 软件，分别采用向前逐步回归和向后逐步回归方法就建模，目标函数为误差平方和最小，结果见表 10‑16。

表 10‑16　逐步回归建模的方程系数、模型性能值等对比

回归方法	回归方程	x_1	x_2	x_3	x_4	SAE*	MAPE/%	相关系数
向前回归	(10‑7)	/	/	/	−0.821	89.62	7.31	0.821
	(10‑8)	0.563	/	/	−0.683	26.20	2.21	0.986
向后回归	(10‑9)	0.607	0.528	0.043	−0.160	20.63	1.71	0.991
	(10‑10)	0.568	0.430	/	−0.263	20.88	1.73	0.991
	(10‑11)	0.574	0.685	/	/	24.82	2.05	0.989

注：* 表示误差绝对值之和。

从向前逐步回归结果(10-7)和(10-8)看出,如果方程只选择一个自变量,则x_4是最重要指标,首先进入回归方程。如果选择两个自变量,则x_4和x_1最重要,应选入回归方程。而且不需要其他指标,模型具有一定的精度。如果再选入指标x_2,则x_4就要退出,模型精度也会随之降低。从向后逐步回归结果(10-9)、(10-10)、(10-11)看出,如果方程只删除一个自变量,则x_3是最不重要指标,应首先被剔除;自变量x_4和x_2之间存在高度共线性,还必须删除一个自变量,软件自动把x_4剔除出方程,得到回归方程(10-11)。此时,所有自变量都是重要的,不能再被剔除。而且,模型(10-11)的拟合精度优于模型(10-8)。

自变量x_4在向前逐步回归模型中是最重要指标,而在向后逐步回归模型中却是不重要指标,甚至被剔除出回归模型。这充分说明,自变量对回归方程的贡献直接依赖于回归模型和回归方法。因此,建模面临"先有鸡还是先有蛋"的困扰,究竟是自变量选择更重要,还是回归模型的精度更重要? 是向前逐步回归方法更合理,还是向后逐步回归方法更可靠? 这个难题,给实验设计和回归拟合带来了极大的不确定性和人为随意性。因为,样本数据较少,不能采用2次回归方程,也不可能得到可靠和有效的结果。

类似的"鸡和蛋"难题问题,在实验优化设计和科学研究中是较多的。只有采用稳健、可靠的建模方法,才能得到合理的结果。

比较模型(10-11)与(10-8)可知,传统回归建模方法在剔除指标x_4和x_3后,虽然消除了自变量之间的共线性问题,建立了有一定意义的模型,但绝对误差之和SAE和$MAPE$分别增大了20.3%和19.4%,表明有效信息的损失率为20%左右。而且,从指标之间的相关性分析结果可以看出,各个指标之间还存在一定的交互作用。剔除指标x_4和x_3后重新实验,如果保持x_4和x_3的值不变,很难能得到相同的实验结果,表明这两个指标实践中也是重要的,不应直接剔除。也就是说,指标x_2和x_4是两种不同的化学成分,作用不同,但仅仅是因为数据之间高度共线性就被删除,是欠合理的。

2. 建立基于 SMART 算法的 PPR 模型

基于 SMART 算法的 PPR 模型,取光滑系数$S=0.1$,计算得到自变量权重系数$\boldsymbol{\beta}=(1.0262,0.1430,0.1004,0.0492)$,4个 SMART 岭函数的最佳权重分别为$\boldsymbol{\alpha}_1=(0.9439,0.3131,0.0377,-0.0980)$、$\boldsymbol{\alpha}_2=(0.5955,0.3169,0.6078,0.4189)$、$\boldsymbol{\alpha}_3=(0.4462,0.5184,0.5561,0.4721)$、$\boldsymbol{\alpha}_4=(-0.4846,-0.5052,-0.5150,-0.4947)$,4个自变量的相对贡献权重为0.4415、0.9089、0.4533、1.0000。可见,指标x_4最重要,其次是x_2,然后是x_3和x_1。所以,向前逐步回归得到的模型(10-8),只包含了指标x_4和x_1,剔除了第二重要的指标x_2;而向后逐步回归得到的模型(10-11),只包含了指标x_2和x_1,剔除了最重要指标x_4,说明两个模型都是欠合理的。事实上,针对每个样本,模型(10-8)和(10-11)的预测值并不同,更不能相互替代。

基于 SMART 算法的 PPR 模型,其误差绝对值之和SAE为3.44,比回归模型(10-10)下降了86.1%,比回归模型(10-11)下降了83.3%,改进效果非常显著。更为关键的是,没有采用简单的删除某(两)个指标的方法,能够更真实、全面反映4个自变量对水泥水化热现象的物理化学规律,克服了回归拟合中的"鸡和蛋"难题的困扰。基于 SMART 算法 PPR 模型的拟合精度虽然很高,但其由4个逐段线性岭函数构成,结构形式复杂,用函数表形式给出,后续应用不够便捷;而向后逐步回归得到的模型(10-11),虽然结构形式简单,后续应用便捷,但拟合精度较低,而且剔除了重要指标x_4,结果欠合理。事实上,P-PPR 模型可以较好地均衡模型的合理性和数据的拟合精度。

3. 建立基于样本一维投影值 2 次多项式岭函数的 T－PPR 模型

对表 10－15 的自变量数据采用去均值归一化,用 PPA 群智能最优化算法求得全局最优解。设定目标函数为误差绝对值之和最小,建立第一维基于样本一维投影值 2 次多项式岭函数的 2－PPR－1 模型。因为模型的拟合精度不能满足要求,再相继建立第二、三、四、五维 2 次多项式岭函数的 2－PPR－2、2－PPR－3、2－PPR－4、2－PPR－5 模型。所有岭函数模型的最佳权重、多项式系数和目标函数值(同时列出了误差平方和)见表 10－17。

表 10－17　P－PPR 模型的最佳权重、多项式系数、目标函数值等

模型	最佳权重 $a(1) \sim a(3)$	多项式系数 c_0、c_1、c_2	$Q(a, C)$	SSE
2－PPR－1	0.555 0, 0.742 0, 0.231 6, 0.296 1	95.171、22.551、1.441 8	18.728	66.311
2－PPR－2	0.417 6, 0.392 6, 0.457 6, 0.679 8	2.122 5、－0.561 5、－43.519 1	7.000	12.578
2－PPR－3	0.328 3, 0.595 0, 0.412 7, 0.606 6	－0.307 2、1.150 1、53.345 8	6.198	10.827
2－PPR－4	0.316 8, 0.514 0, 0.345 5, 0.718 4	0.585 4、－0.547 1、－26.817 7	4.453	6.801
2－PPR－5	0.241 4, 0.656 3, 0.220 9, 0.679 8	0.778 8、－0.339 0、－172.912	2.818	3.276
3－PPR－1	0.454 3, 0.722 7, 0.257 1, 0.453 1	95.997、39.654、－1.464 1、－17.986	18.627	66.311

第五维岭函数的目标函数值又比第四维有明显下降,而且 SAE 更小。当然,没有验证样本,不能判断是否发生了过拟合,但 2 次多项式岭函数一般很少发生过拟合。第四维的 SAE 稍大。为了便于与基于 SMART 算法 PPR 模型的精度进行比较,确定采用 4 个 2 次多项式岭函数构成的 T－PPR 模型,SAE 为 4.453,误差平方和 SSE 等于 6.801。模型的预测值(T－PPR)、绝对误差(E_a)、相对误差(E_R)见表 10－15。

虽然 T－PPR 模型的 SAE 约为 SMART 算法 PPR 模型的 1.29 倍,但已经足够小,比逐步回归模型(10－11)下降了 82.1%,比全自变量回归模型(10－9)下降了 78.4%。

作为对比,建立了第一维基于 3 次多项式岭函数的 P－PPR 模型,最佳权重、多项式系数、目标函数值等见表 10－17 的 3－PPR－1。可见,2 次多项式岭函数的第一维模型性能与 3 次多项式基本相当。说明基于 3 次多项式岭函数模型的性能与 2 次多项式模型基本一致。

同时必须研究各个自变量的相对重要性。通常有两种方法:一是根据删除某个指标后误差增大的程度来判定指标的重要性(相当于向后逐步回归法),误差增加越大,指标越重要;二是建立只包括一个指标的模型,模型误差越小,表明该指标越重要。对于指标之间存在严重共线性的情况,不宜采用第一种方法,现采用第二种方法。

所有指标都取 0 时,SAE 等于 156.48,即基础误差。分别针对指标 x_1、x_2、x_3、x_4 建立 T－PPR 模型,SAE 分别为 99.02、81.35、127.84 和 83.94。可见,只有指标 x_2 时,SAE 最小,是最重要指标,其次是指标 x_4,然后是指标 x_1 和 x_3。用 SAE 减小的相对值表示各个指标的相对贡献权重,得到指标 $x_1 \sim x_4$ 的相对贡献权重分别为 0.765、1.000、0.381、0.965 6。

T-PPR 建模结果表明,指标 x_4 与 x_2 在 0.001 水平上显著负相关,仅说明数据之间是显著负相关的,但两种完全不同的化学成分,在发热过程中作用不同。虽然根据指标 x_4 与 x_2 的 T-PPR 模型,误差平方和、误差绝对值之和基本相等,但每个样本的预测值相差很大。表明,其作用不同,不能简单删除。所以,采用逐步回归方法得到的模型,并不能完全表征实验条件和指标性质。

10.5 PP 模型理论与应用研究的发展趋势

1. 理论研究的发展趋势

(1)建立整体聚类效果更好、数学意义更清晰的投影指标函数　需要克服一维 PPC 模型①的三个不足:一是提出 R 取值的理论依据;二是只计算纯类内样本距离;三是同时解决聚类和评价问题,尽可能不受分类数的影响。目前的 PPC 和 DCPP 以及 LDSPPC 模型,都存在一定的不足。

(2)提出拟合能力更强、更不易发生过拟合的显式岭函数　数据拟合和预测预警必须解决两个问题:一是模型尽可能简洁,最好是显性形式;二是避免过训练或者过拟合。目前提出的 PPR 模型,都还存在一定的不足,需要改进。

(3)提出更合理的 PPC 模型与其他模型的组合原则　PPC 模型具有独特的优势,与AHP、基于决策者偏好以及与 TOPSIS、GRA 的组合模型应该可以取得更合理的结果。但目前的组合模型都还存在一定的问题,需要提出更合理的组合原则。

(4)建立性能更好的 PPR 耦合模型　如 PPR-RSM 耦合模型等,建立经验模态分解算法(EEMD)与 PPR 耦合模型等。

(5)直接建立 2、3 维 PPC 模型　整体聚类效果是否能优于 LDSPPC 模型,还有待深入研究。

(6)研发成熟的 PP 模型商品化软件　当前没有比较成熟的商品化软件,推广应用受到较大的制约。研发可靠的 PP 模型商品化软件,是 PP 模型推广应用的最基础性和急需解决的问题。

2. 应用研究的未来发展趋势

(1)根据不同综合评价目的,选取合适的投影指标函数　如果综合评价的主要目的是为了挑选出样本中的最优秀群体和淘汰最劣群体,应该选用一维 PPC 模型①,投影窗口半径 R 取中间适度值方案 $r_{max}/5 \leqslant R \leqslant r_{max}/3$;如果要求最优(劣)群体内的样本数更少,可以选用更小的投影窗口半径 R 值,如取 $R = r_{max}/9$ 等;反之,如果综合评价的主要目的是希望样本投影值尽可能服从正态分布规律,即最优秀和最劣的两头群体要少,中间群体要大,则可以采用目标函数 $\min(S_z D_z)$。如果评价目的是为了使投影点尽可能偏离正态分布,应该建立模型⑧。如果样本数据具有教师值,或者针对单指标评价区间标准,应优先采用 DCPP 模型⑱和 IPP 模型❶以及 MPPC 模型等。提出新的目标函数,整体聚类效果应该优于一维 PPC 模型①和⑧,才具有实践意义和推广价值。

(2)建立 LDSPPC 模型　目前应用还不够广泛,需要重点推广应用。基础模型除一维PPC 模型①外,也可以是 DCPP 模型⑱和模型⑧等。

（3）推广 T‐PPR 模型　由于样本数据通常都比较少，而且自变量（指标）数据都不服从正态分布规律。因此，采用 RSM 方程建模，理论上欠合理。采用 ANN 无法分成训练样本、检验样本、测试样本，很难满足建立 BPNN 模型的最基本条件，推荐优先使用 T‐PPR 模型。

（4）推广 PPR 模型　针对中小样本的数据拟合与预测预警问题，应推广 PPR 模型，少用 ANN 模型。除非数据服从正态分布规律，以及工作原理是明确的，否则应该优先推荐建立 PPR、PPBP、PPAR、PPTR、PPARBP 等模型。而且模型结构简洁，确保不发生过训练。

参 考 文 献

［1］ J B Kruskal. Toward a practical method which helps uncover the structure of a set of multivariate observations by finding the linear transformation which optimizes a new "index of condensation" ［C］. Statistical Computer. New York：Academic Press，1969.

［2］ JH Friedman, JW Tukey. A projection pursuit algorithm for exploratory data analysis ［J］. IEEE Transactions on Computer，1974，23‐C(9)：881‐890.

［3］ 付强,赵小勇. 投影寻踪模型原理及其应用[M]. 北京：科学出版社,2006.

［4］ 田铮. 投影寻踪方法与应用[M]. 西安：西北工业大学出版社,2008.

［5］ JH Friedman, W Stuetzle. Projection pursuit regression ［J］. Journal of the American Statistical Association，1981,76(376)：817‐823.

［6］ P Hall. On polynomial-based projection indices for exploratory projection pursuit ［J］. The Annals of Statistics，1989,17(2)：589‐605.

［7］ 成平,李国英. 投影寻踪——一类新兴的统计方法[J]. 应用概率统计,1986,(3)：267‐276.

［8］ MC Jones, R Sibson. What is projection pursuit ［J］. Journal of the Royal Statistical Society. Series A (General)，1987,150(1)：1‐37.

［9］ 左月明. PP 回归及其应用[J]. 山西农业大学学报,1988,8(1)：100‐109.

［10］ 邓传玲. SMART——多重平滑回归技术的原理及计算软件[J]. 八一农学院学报,1988(4)：47‐55.

［11］ 田铮. 高维观测数据的投影寻踪回归法及其应用[J]. 西北工业大学学报,1992,10(1)：126‐132.

［12］ 刘大秀,郑祖国,葛毅雄. 投影寻踪回归在试验设计分析中的应用研究[J]. 数理统计与管理,1995,14(1)：47‐51.

［13］ 张欣莉,丁晶,李祚泳. 投影寻踪新算法在水质评价模型中的应用[J]. 中国环境科学,2000,20(2)：187‐189.

［14］ 张欣莉,丁晶,金菊良. 基于遗传算法的参数投影寻踪回归及其在洪水预报中的应用[J]. 水利学报,2000,(6)：45‐48.

［15］ 楼文高,乔龙. 投影寻踪聚类建模理论的新探索与实证研究[J]. 数理统计与管理,2015,34(1)：47‐58.

［16］ T Hwang, S Lay, M Maechler. Regression modeling in back-propagation and projection pursuit learning ［J］. IEEE Transactions on Neural Networks，1994,5(3)：342‐353.

［17］ 刘宗鑫,李晓峰. 基于投影寻踪和 BP 神经网络的多因素预测模型[J]. 统计与决策,2010(1)：4‐6.

［18］ 吴孟龙,叶义成,胡南燕,等. RAGA‐PPC 云模型在边坡稳定性评价中的应用[J]. 中国安全科学学报,2019,29(9)：57‐63.

［19］ 娄伟平,陈先清,吴利红. 基于投影寻踪理论的稻飞虱发生程度预测模型[J]. 生态学杂志,2008,27(8)：1438‐1443.

［20］ 楼文高. 基于人工神经网络的三江平原土壤质量综合评价与预测模型[J]. 中国管理科学,2002,10(1)：79‐83.

[21] G Zhang，E Patuwo，M Hu． Forecasting with artificial neural networks：the state of the art［J］． International Journal of Forecasting，1998，(14)：35－62.

[22] STATSOFT． Electronic Statistics Textbook［EB/OL］．［2015－09－08］．http://www.statsoft.com/textbook.

[23] 虞玉华,楼文高.体育类期刊学术水平综合评价与实证研究——基于决策者偏好的投影寻踪建模技术［J］.北京体育大学学报,2015,38(12):46－54.

[24] 郑祖国.投影寻踪自回归模型及其在新疆春旱期降水量长期预测中的应用[J].八一农学院学报,1993,16(2):1－7.

[25] 王顺久,张欣莉,丁晶.投影寻踪聚类模型及其应用［J］.长江科学院院报,2002,19(6):53－55,61.

[26] 熊聘,楼文高.基于投影寻踪分类的长江流域水质综合评价模型及其应用模型［J］.水资源与水工程学报,2014,25(6):156－162.

[27] 楼文高,熊聘,乔龙.投影寻踪分类模型建模中存在的问题及其改进［J］.科技管理研究,2014,(6):166－171.

[28] 裴巍,付强,刘东.基于改进投影寻踪模型黑龙江省土地资源生态安全评价［J］.东北林业大学学报,2016,47(7):92－100.

[29] 赵小勇,崔广柏,付强.K－L绝对信息散度投影寻踪分类模型及其应用［J］.人民长江,2010,41(5):91－93.

[30] 于晓虹,楼文高.低维逐次投影寻踪模型及其应用［J］.统计与决策,2019,(14):83－86.

[31] 于晓虹,楼文高,康海燕.供应链线上企业信贷风险动态聚类投影寻踪建模与实证研究［J］.数学的实践与认识,2018(11):32－40.

[32] S Hou，PD Wentzell． Fast and simple methods for the optimization of kurtosis used as a projection pursuit index［J］． Analytica Chimica Acta，2011,704(1－2):1－15.

[33] 金菊良,魏一鸣,丁晶.水质综合评价的投影寻踪模型［J］.环境科学学报,2001,21(4):431－434.

[34] 金菊良,汪明武,魏一鸣.客观组合评价模型在水利工程方案选优中的应用［J］.系统工程理论与实践,2004(12):111－116.

[35] 雷秀娟.群智能优化算法及其应用［M］.北京:科学出版社,2012.

[36] 丁琨,金菊良,张礼兵.基于信息熵的污水处理厂规划改造决策评价投影寻踪模型［J］.给水排水,2010,36(6):166－170.

[37] 钱龙霞,张韧,王红瑞.一种改进投影寻踪风险评估函数模型［J］.应用科学学报,2019,37(1):112－125.

[38] 姚奕,倪勤.基于K-Means动态聚类的投影寻踪分类模型［J］.南京师大学报(自然科学版),2009,32(4):16－20.

[39] 于晓虹,楼际通,楼文高.突发事件网络舆情风险评价的投影寻踪建模与实证研究［J］.情报科学,2019,37(11):79－88.

[40] 于晓虹,楼文高.线上供应链金融风险评价的低维逐次投影寻踪建模研究［J］.金融理论与实践,2017,(12):49－52.

[41] 于晓虹,楼文高,冯国珍.低维逐次投影寻踪聚类模型综合评价方法、装置及应用:中国,107423759A［P/OL］.2017－12－01［2020－08－10］.

[42] 刘宗鑫,李晓峰.基于投影寻踪和BP神经网络的多因素预测模型［J］.统计与决策,2010(1):4－6.

[43] 杨建辉,黎绮熳,谢洁仪.区域科技金融发展评价指标体系——基于投影寻踪模型分析［J］.科技管理研究,2020(6):69－74.

[44] 赵勇,刘家勇,李旭娟.一种综合评价甘蔗新品系的方法:中国,110046814A［P/OL］,2020－07－08.

[45] 熊聘,楼文高.投影寻踪建模中关键参数合理值的确定与分析［J］.计算机工程与应用,2016,52(9):50－55.

[46] 金菊良,张欣莉,丁晶.评估洪水灾情等级的投影寻踪模型［J］.系统工程理论与实践,2002,22(2):

140 - 144.

[47] 张雯雰,刘华艳. 改进的群搜索优化算法在 MATLAB 中的实现[J]. 电脑与信息技术,2010,18(3):44 - 46.

[48] 陈广洲,汪家权,李如忠. 基于 D - S 证据理论的水利工程招标评价[J]. 水力发电学报,2012,31(3): 263 - 266.

[49] 赵勇,赵培方,赵俊. 基于投影寻踪分类法评价 43 份澳大利亚甘蔗种质资源[J]. 亚热带农业研究, 2019,15(1):7 - 13.

[50] 楼文高,熊聘,冯国珍. 影响投影寻踪聚类建模的关键因素分析与实证研究[J]. 数理统计与管理,2017, 36(5):783 - 801.

[51] 倪长健,王顺久,崔鹏. 投影寻踪动态聚类模型及其在天然草地分类中的应用[J]. 安全与环境学报, 2006,6(5):68 - 71.

[52] 钱龙霞,王红瑞,张韧. 基于投影寻踪的水资源脆弱性 S 型函数模型及其应用[J]. 应用基础与工程科学学报,2016,24(1):185 - 196.

[53] 钱龙霞,王红瑞,张韧. 基于降维思想的水资源脆弱性非线性评估模型及其应用[J]. 工程科学与技术, 2017,49(3):60 - 67.

[54] 张银雪,田学民,曹玉苹. 改进搜索策略的人工蜂群算法[J]. 计算机应用,2012,32(12):3326 - 3330.

[55] 李祥蓉,崔东文. 静电放电算法——投影寻踪融合模型及其在水质综合评价中的应用[J]. 水资源与水工程学报,2019,30(6):96 - 101.

[56] 于晓虹,楼文高,洪赢政. 城市大型商场火灾风险评价的投影寻踪模型与应用[J]. 灾害学,2017,32(4): 17 - 22.

[57] 楼文高. 湖库富营养化人工神经网络评价模型[J]. 水产学报,2001,25(5):474 - 478.

[58] 李祚泳,魏小梅,汪嘉杨. 基于指标规范变换的广义环境系统评价的普适指数公式[J]. 环境科学学报, 2020,40(6):2286 - 2299.

[59] 赵静远,熊智新,梁龙. 投影寻踪分类模型在常见造纸纤维原料综合评价中的应用[J]. 中国造纸学报, 2020,35(3):53 - 58.

[60] Q Guo, W Wu, F Questier, et al. Sequential projection pursuit using genetic algorithms for data mining of analytical data [J]. Analytical Chemistry,2000,72(13):2846 - 2855.

[61] 孙晓东,焦玥,胡劲松. 基于灰色关联度和理想解法的决策方法研究[J]. 中国管理科学,2005,13(4): 63 - 68.

[62] 王硕,杨善林,胡笑旋. 基于投影寻踪的组合评价方法研究[J]. 中国工程科学,2008,10(8):60 - 64.

[63] 张莉,夏佩佩,李凡长. 基于余弦相似性的供应商选择方法[J]. 山东大学学报(工学版),2017,47(1): 1 - 6.

[64] 吴屏,刘宏,刘首龙. 试析线上供应链金融信用风险——基于 BP 神经网络的模型设计[J]. 财会月刊, 2015(23):104 - 108.

[65] 宫经伟,付英杰,宋兵伟,等. 基于 PPR 全固废胶凝砂砾石筑坝材料抗压强度计算模型[J]. 水力发电, 2020,46(8):43 - 47.

[66] 骆正山,姚梦月,王小完. 基于 RS - SCA - PPR 的充填管道失效风险预测精度研究[J]. 有色金属工程, 2020,10(1):87 - 94.

[67] M Durocher, F Chebana, TBMJ Ouarda. A nonlinear approach to regional flood frequency analysis using projection pursuit regression [J]. Journal of Hydrometeorology,2015,16:1561 - 1575.

[68] RS Geiger, K Yu, Y Yang, et al. Garbage in, garbage out? Do machine learning application papers in social computing report where human-labeled training data comes from? [C]. Proceedings of the 2020 Conference on Fairness, Accountability, and Transparency(FAT'20), Jan. 27 - 30, 2020. Barcelona, Spain. ACM, New York, NY, USA, 325 - 336. https://doi. org/10. 1145/3351095. 3372862.

[69] H Tong, KS Lim. Threshold autoregression, limit cycles and cyclical data [J]. Journal of the Royal

Statistical Society, Series B, 1980,42(3):245－290.

［70］ MJ Willis, GA Montague, AJ Morris, et al. Artificial neural networks: a panacea to modelling problems? ［C］. Proceedings of the 1991 American Control Conference, June 26－28,1991, Boston.

［71］ S Farouq, S Mjalli, HEA Al-Asheh. Use of artificial neural network black-box modeling for the prediction of wastewater treatment plants performance ［J］. Journal of Environmental Management, 2008,83(3):329－338.

［72］ Z Hassanzadeh, P Ebrahimi, M Kompany-Zareh, et al. Radial basis function neural networks based on projection pursuit approach and solvatochromic descriptors: single and full column prediction of gas chromatography retention behavior of polychlorinated biphenyls ［J］. Journal of Chemometrics, 2016, 30(10):589－601.

［73］ 王健,张晓丽,刘陶. 机织物透气性预测的投影寻踪回归模型[J]. 纺织学报,2011,32(8):46－50.

［74］ 陆克芬,方崇,张春乐. 非参数投影寻踪回归在粉煤灰混凝土强度预测中的应用[J]. 计算机工程与设计,2010,31(6):1394－1396.

［75］ T Kwok, D Yeung. Use of bias term in projection pursuit learning improves approximation and convergence properties ［J］. IEEE Transactions on Neural Networks, 1996,7(5):1168－1183.

［76］ 于国荣,叶辉,夏自强. 投影寻踪自回归模型在长江径流量预测中的应用[J]. 河海大学学报(自然科学版),2009,37(3):263－266.

［77］ 金菊良,魏一鸣. 投影寻踪门限自回归模型在海洋冰情预测中的应用[J]. 海洋预报,2002,19(4):60－66.

［78］ 王永成,韩跃东,赵小勇. 投影寻踪门限自回归模型在水稻单产变化预测中的应用. 黑龙江水利科技,2007,35(2):12－14.

［79］ 崔东文. 飞蛾火焰优化算法——投影寻踪回归模型在需水预测中的应用[J]. 华北水利水电大学学报(自然科学版),2017,38(2):25－29.

［80］ 李琳琳. 我国沿海省市风暴潮灾害脆弱性组合评价研究[D]. 青岛:中国海洋大学,2014.

［81］ 张壮,李琳琳,余宏锋. 改进投影寻踪——灰色关联的指控系统效能评估[J]. 计算机科学,2019,46(9):298－302.

［82］ 王顺久,侯玉,张欣莉. 灌区改造综合评价的投影寻踪模型[J]. 灌溉排水,2002,21(4):32－34.

［83］ 李柏洲,董恒敏. 基于PP－SFA的协同创新中科研院所的价值创造效率研究—以中科院12所分院为例[J]. 科研管理,2017,38(9):60－68.

［84］ 官建成,刘权,曹彦斌. R&D项目中止决策的实证研究[J]. 北京航空航天大学学报,2001,27(6):640－643.

［85］ 冯英浚,孙佰清,王雪峰. R&D项目中止决策的区域映射模型[J]. 管理工程学报,2004,18(3):69－73.

［86］ 张大斌,蔡超敏,凌立文. 基于CEEMD与GA－SVR的猪肉价格集成预测模型[J]. 系统科学与数学,2020,40(6):1061－1073.

［87］ B Qin, X Lin. Construction of response surface based on projection pursuit regression and genetic algorithm ［J］. Physics Procedia, 2012,33:1732－1740.

［88］ 庞祎帆,傅戈雁,王明雨. 基于响应面法和遗传神经网络模型的高沉积率激光熔覆参数优化[J/OL]. 中国激光. 2021－02－28.

［89］ 胡欣颖,李洪军,李少博. 对比研究响应面法和BP神经网络——粒子群算法优化调理松板肉加工工艺[J]. 食品与发酵工业,2019,45(24):179－186.

后 记

Afterword

　　不经意间，撰写本书已超过了一年。撰写本书的想法，源自 20 年前笔者受国家留学基金委项目资助在加拿大 UBC 大学访学期间，在开展试（实）验优化设计、综合评价、排序、分类以及预测预警建模研究过程中。通过大量阅读文献，发现有两种典型的现代数据挖掘（处理）技术——投影寻踪技术（PP）和神经网络（NN）技术，在国外已经获得广泛的理论研究和实际应用，国内也正在兴起研究热潮，相关理论和应用研究的文献越来越多。两种模型（技术）都具有独特的优势和魅力，都具有很强的非线性逼近能力。与传统统计模型和回归模型理论上只能适用于正态分布规律数据不同，PP 和 NN 模型都可以应用于高维非正态分布数据的处理和建模。PP 模型尤其适用于中小样本甚至贫样本的评价和建模；而 NN 模型主要适用于大样本数据的建模。为此，编制了多种最优化程序，对有关文献进行了大量的验证，发现只有很少文献的结果可以重复。这个问题一直困扰着我。期间，应用 NN 商品化软件（STATISTICA Neural Network）开展研究，发现 NN 建模结果具有不确定性，不遵守建模基本原则和步骤时很容易发生过训练、过拟合等。应用商品化软件 DPS 开展 PP 应用研究，发现建模结果也具有不确定性。这迫使我们课题组更深入地研究 PP 建模理论，如窗口半径到底取什么值是合理的？较大值方案和较小值方案哪一个更合理？是否有更合理的方案？哪一种约束条件是正确的？各种模型具有哪些特性？如何判断最优化过程是否已经求得了真正的全局最优解？不同的归一化方式对建模结果会产生什么影响？等等。幸运的是，我们在应用和理论方面都取得了一定的突破，提出了取合理 R 值的方案，提出了判定最优化过程求得真正全局最优解的定理和推论，等等。更值得庆幸的是，得到了《数理统计与管理》《计算机工程与应用》《金融论坛》《统计与决策》等期刊的审稿专家和编辑老师的大力支持，发表了一系列研究论文，这大大激发了我们的研究热情和探索精神。

　　借本书出版的机会，特向有关期刊的审稿专家和编辑老师们表示崇高的敬意和衷心的感谢！向所有课题组成员和支持我们开展研究的各种基金委、国家统计局等表示衷心的感谢！

　　PP 与 NN 技术差不多同时在国外提出，数据拟合能力、非线性逼近能力等基本相当，但 PP 技术的应用远不及 NN。究其原因，一是 NN 有很成熟、高质量的商品化软件，而 PP 迄今都没有；二是作为具有确定性结果的 PP 模型，多数文献的结果无法证实，这严重挫伤了研究者（尤其是初学者）的积极性、自信心。笔者虽然很早就有撰写 PP 专著的想法，但得到复旦大学出版社以及朋友的鼓励和帮助后，才最后促成了本专著的写作。

本书在引用有关文献时本着实事求是的原则,既不避讳错误或者存在的问题,也不否定前期研究成果,而是继承和发展。这可以为后期研究者(初学者)提供指导、参考和帮助,共同推动 PP 理论与应用的进步,对学术交流和 PP 技术进步有百益而无一害。

本书指出有关文献存在的不足和问题等,文责由笔者承担,与复旦大学出版社、编辑老师无关,不当之处,敬请谅解,也欢迎来邮件进一步讨论和验证。本书提供了大量实证研究结果,虽然经过多次验证、校正,但难免也会存在差错,欢迎读者不吝赐教,指出和勘正。

希望本书能够帮助 PP 技术初学者、研究者解决实际问题,指明研究思路和今后发展方向,使得更多的读者、初学者能够更深入理解和科学、正确使用 PP 技术,使 PP 技术能更好地发挥其适用于高维非线性、非正态分布、中小样本、贫样本数据建模的独特优势,更好地服务于我国经济社会发展和科学研究工作。

图书在版编目(CIP)数据

基于群智能最优化算法的投影寻踪理论:新进展、应用及软件/楼文高编著.—上海:
复旦大学出版社,2021.12
ISBN 978-7-309-16009-3

Ⅰ.①基⋯　Ⅱ.①楼⋯　Ⅲ.①计算机算法-最优化算法　Ⅳ.①TP301.6

中国版本图书馆 CIP 数据核字(2021)第 229848 号

基于群智能最优化算法的投影寻踪理论:新进展、应用及软件
楼文高　编著
责任编辑/张志军

复旦大学出版社有限公司出版发行
上海市国权路 579 号　邮编:200433
网址:fupnet@ fudanpress.com　http://www.fudanpress.com
门市零售:86-21-65102580　　团体订购:86-21-65104505
出版部电话:86-21-65642845
上海丽佳制版印刷有限公司

开本 787×1092　1/16　印张 19.25　字数 468 千
2021 年 12 月第 1 版第 1 次印刷

ISBN 978-7-309-16009-3/T·708
定价:69.00 元